教育部高等学校材料科学与材料工程教学指导委员会
金属材料与冶金工程教学指导委员会　规划教材(冶金资源造块系列)

铁 矿 造 块 学

PRINCIPLE AND TECHNOLOGY
OF AGGLOMERATION OF IRON ORES

主　编　姜　涛

副主编　范晓慧　李光辉

中南大学出版社
www.csupress.com.cn

教育部高等学校材料科学与材料工程教学指导委员会
金属材料与冶金工程教学指导委员会 规划教材

（冶金资源造块系列）

编审委员会

丛书主编
邱冠周

编委会委员（以姓氏笔画为序）

白晨光　　朱德庆　　杨永斌　　李光辉

沈峰满　　张建良　　范晓慧　　姜　涛

郭宇峰　　黄柱成

序

  冶金资源造块(烧结、球团等)是处于选矿与金属提炼之间的加工作业，是以高炉－转炉为主体的钢铁生产流程的第一个工序，担负着为钢铁冶炼制备优质炉料的任务。

  现代钢铁生产工艺可以分为以高炉－转炉为主体的长流程和以电炉为中心的短流程，前者以烧结矿和球团矿为冶炼炉料，后者以废钢和直接还原铁为炉料。目前，发达国家钢产量中电炉钢比已接近50%，我国因废钢和直接还原铁短缺，电炉钢比仅约10%。我国钢铁生产每年消耗各类含铁原料约10亿t，这些原料绝大部分需要经过进行造块加工后才能进行冶炼生产，这使得铁矿造块作业成为现代钢铁联合企业中物料处理量居于第二位、能耗居于第三位的重要工序。巨大的钢铁生产规模也使得我国成为产量连续多年占世界50%以上的人造块矿第一生产大国。

  进入新世纪以来，我国钢铁工业持续快速发展，对广大造块工作者提出了更高的要求。此外，钢铁高效、节能、清洁生产的需要不仅要求造块生产本身高效、清洁、低耗，而且对造块产品质量提出了更高的要求，如严格的粒度组成、理想的化学成分和优良的冶金性能等。此外，我国优质铁矿资源严重短缺和进口矿价的起伏不定，要求我国造块生产不仅能利用磁铁矿、赤铁矿等传统原料，还必须尽可能多地利用各类难处理的非传统含铁资源，如褐铁矿、镜铁矿、复杂共生铁矿以及钢铁、化工、有色冶金企业的含铁二次资源。这就要求我国造块与炼铁科技工作者努力开拓创新，深入探索和研究造块新概念、新理论，不断开发含铁资源高效清洁造块新方法、新技术。

  经过多年特别是近十年广大造块工作者的努力，我国铁矿造块生产不仅在产量上遥遥领先世界其他国家，在产品质量和技术水平上也取得长足进步。设备大型化、自动化水平显著提高，造块新方法、新技术不断涌现并投入工业应用，褐铁矿等难处理资源得到大量利用，一批重点大中型企业的技术经济指标跨入世界先进行列。当今我国的造块生产及技术水平与20世纪90年代相比，已经不可同日而语。

  冶金工业的持续发展需要大批掌握现代科学技术的专业人才，而教材建设是人才培养的重要基础。冶金资源造块专业目前使用的教材，大多是20世纪80—90年代编写出版的。近十年冶金资源造块理论、方法、技术和装备都得到快速发展，原有教材已无法适应新时期人

1

才培养、科学研究和生产管理的要求。此外，过去出版的造块专业教材大多只介绍造块原理与工艺技术，而在工厂设计、机械设备和研究测试方法方面很少看到公开出版的教材，相关高校一般采用自编讲义教授相关内容，这不仅影响人才培养质量，也使从事科研、设计和生产的造块工作者深感可供参考的书籍太少。因此，尽快编写出版一套反映21世纪造块科学技术最新发展，包括造块原理、工艺、设备、工厂设计和研究方法等内容的冶金资源造块专业教材不仅十分必要，而且非常紧迫。

创建于1956年的原中南矿冶学院的团矿专业，经过近60年的发展，已成为我国冶金资源造块领域高级专门人才培养中心和科研开发基地。此次编写工作，集中该校造块专业(方向)的优秀教师和国内相关高校的知名专家组成编委会，确定了编写原则和要求，制订了编写大纲和编写计划，各分册均由经验丰富的专家领衔主编。在长达数年的编写过程中，编写人员参阅了大量国内外文献，并对书稿进行了多次修改、补充，形成了内容新颖、系统完善、相互独立而又相互支撑的系列教材。相信这套教材的出版对我国资源造块领域高级专门人才的培养一定能够起到应有的促进作用，对从事造块科研、设计和生产的科技工作者也有较大的参考价值。

感谢参加教材编写工作的全体教师以及在编写过程中给予帮助和支持的所有人员，感谢中南大学出版社热情周到的服务。

邱冠周

2015 年 10 月

前　言

　　铁矿造块是以高炉－转炉为标志的现代钢铁生产流程的第一步工序，对钢铁生产能耗、排放及产品质量具有重要影响。目前我国钢铁生产每年消耗各类含铁原料超过10亿t，这些原料绝大部分需要经过造块加工后才能入炉冶炼。

　　钢铁工业的持续发展，需要大批掌握现代铁矿造块科学技术知识的专业人才。教材建设不仅是培养造块领域后备专业人才的需要，也是钢铁企业工程技术人员更新知识的需要。铁矿造块专业(方向)目前使用的教材，大多是20世纪八、九十年代编写出版的，已难以适应新时期人才培养、科学研究和生产管理的要求。

　　此次编写参阅了大量国内外文献，重新构建了烧结和球团两类造块方法的基本理论框架，对原有教材中的概念、公式、术语、图表、单位等进行了全面审查和校订，并根据近十年来国内外的新发展，补充了大量新的内容。

　　本书将烧结过程的理论体系归纳为物理化学基础、气体运动规律、燃烧与传热规律和烧结矿矿物学与微观结构四个部分。在物理化学基础部分，本次编写新增了烧结成矿的铁酸钙理论，更新和补充了水分蒸发与冷凝、固相反应的相关内容，充实了烧结成矿相图分析的内容；在气体运动规律部分，进一步澄清了烧结料层透气性的概念，补充了料层各带气体运动阻力的实验测定与计算方法，讨论了烧结过程料层透气性的变化规律；在燃烧与传热部分，新增了料层热交换特点、混合料单位空气需要量、热波移动速率数学解析的内容，补充和完善了热波、传热前沿、燃烧前沿、传热前沿速率、燃烧前沿速率、热波移动速率等概念与术语的定义，充实了影响传热速率与燃烧速率因素的内容，进一步阐明了两种速率匹配对烧结生产的影响与重要意义；烧结矿矿物学与微观结构部分则根据近年来国内外烧结技术的发展，充实了与高碱度、厚料层及特殊矿种烧结相关的内容。

　　本书将球团过程基本理论界定为矿粉成球和球团焙烧固结两大部分。在矿粉成球理论部分，增加了国内外及编者团队应用界面化学原理与方法研究矿粉成球的新成果，并增加了膨润土与典型有机黏结剂与铁矿表面相互作用的内容。在球团焙烧固结部分，将生球团干燥内容纳入其中，并根据近年来的发展变化，增加了内配煤粉赤铁矿球团和熔剂性球团焙烧固结机理等新内容。

在工艺技术方面,除按现代生产工艺流程顺序,结合主要设备全面介绍相关技术外,还根据国内外发展变化,摒弃一些落后、陈旧的工艺、技术与装备,补充了近十年发展的新内容。

为促进我国烧结球团节能环保和自动控制技术的发展与应用,此次编写专设两章,分别介绍国内外各种烧结球团节能减排方法原理与技术特点,以及烧结球团生产过程控制原理与方法。为了进一步推动我国铁矿造块工业的发展和技术进步、更好应对资源短缺和节能减排的挑战,还专门编写了铁矿造块新方法与新技术一章。内容包括我国自主研发的复合造块法,以及烟气循环烧结、小球团烧结、其他烧结方法、熔剂性球团、新型球团黏结剂等。厚料层烧结和低温烧结技术没有收入此章,其原因是料层的厚、薄和温度的高、低都是相对概念,实践中,厚料层烧结和低温烧结主要是通过原料准备、烧结工艺技术优化实现的,况且经过近十年的发展,国内外烧结生产料层普遍提高,固体燃耗也普遍下降,已在较大程度上实现了厚料层和低温烧结,因而此时再作为新技术收入书中已不合时宜。

本书由姜涛担任主编。参加编写的有姜涛(第1章、第2章、第5章和第12章)、范晓慧(第4章、第7章部分内容和第14章)、李光辉(第8章、第9章和第13章)、郭宇峰(第3章、第6章)、杨永斌(第10章、第11章和第7章部分内容)。

虽然编写人员付出了很多努力,但由于水平所限,书中肯定存在许多不足和谬误之处,恳望读者批评指正。感谢黄艳芳、饶明军和陈凤博士在资料收集、整理和文稿校对过程中给予的帮助。

姜涛

2016 年 3 月

目　录

第1章 铁矿造块概论

1.1 概述

1.1.1 铁矿造块概念与方法

造块(Agglomeration)可以定义为利用水和黏结剂作介质将粉末状固体物料制备成具有一定形状和机械强度的块状物料的过程。作为一种自然现象,造块早在史前时代就已存在。作为一种改善粉体物料性能的"工具"或手段,造块被我国古代劳动人民广泛应用,如用泥土配加植物秸秆制备建筑用泥坯,用蜜糖作黏结剂将粉状药物制成药片或药丸等。然而,作为一门工程技术,造块仅有160年的历史,始于19世纪中叶人类应用造块作为回收和利用粉煤的方法。此后,随着造块领域的不断扩展、科学研究的不断深入和造块知识的不断汇集,至20世纪50年代,逐渐形成了独立的造块科学。现在,造块被广泛应用于冶金、化工、建材、煤炭、医药和食品等领域。

传统的铁矿造块是将铁矿粉或铁精矿制备成供高炉炼铁用块状炉料的过程。随着冶金科学技术的进步、优质铁矿资源的不断减少和人类对自身生存环境的关切,现代铁矿造块已不限于制备成块状炉料,还要求造块产品具有良好的机械强度、适宜的粒度组成、理想的化学成分和优良的冶金性能。其处理对象也扩展到钢铁厂内各种含铁尘泥、化工及有色冶金渣尘等二次含铁资源。铁矿造块产品也不仅限于高炉炼铁,对一些成分合格的含铁原料,通过造块可直接制备电炉或转炉炼钢用炉料。

铁矿造块学(Agglomeration of Iron Ores)是研究由含铁粉状物料制备钢铁冶炼炉料方法、原理、工艺技术和设备的科学。粉状物料造块的基本方法包括滚动造块、加热造块和加压造块三类,用于钢铁生产的铁矿造块方法有烧结法、球团法、压团法等。烧结法属加热造块,压团法属加压造块,而球团法属滚动造块与加热造块组合的方法。通过造块制得的产品统称为人造块矿,以区别于钢铁生产早期采用、目前仍少量使用的铁矿石块矿。

烧结法(Sintering)是将粉状物料进行高温加热,在不完全熔化的条件下烧结成块的方法,所得产品称为烧结矿,外形为不规则多孔状。烧结所需热量由配入烧结料内的燃料与通入料层的空气燃烧提供,故又称氧化烧结。烧结矿主要靠熔融的液相将未熔矿粒黏结成块获得强度。依据二元碱度($R = CaO/SiO_2$)的不同,可将烧结产品分为酸性($R < 1.0$)、自熔性($R = 1.0 \sim 1.3$)和碱性($R > 1.3$)烧结矿,碱性烧结矿中$R > 1.8$时为高碱度烧结矿。长期的炼铁生产实践表明,高碱度烧结矿不仅机械强度高,而且冶金性能好,碱度$1.8 \sim 2.2$的高碱度烧结矿为现代烧结生产的主流产品。

球团法(Pelletizing)是将细粒物料尤其是细精矿加入适量水分和黏结剂在专门造球设备上滚动制成生球,然后再进行焙烧固结的方法,所得产品称为球团矿,外观呈球形,粒度均匀。焙烧时的热量主要由外部燃料的燃烧提供。球团矿的强度主要靠固相固结起作用，熔融液相黏结的作用很小。根据焙烧过程气氛的不同，产品可分为氧化球团矿和还原球团两类。前者依据产品成分又可分为酸性(不加碱性熔剂)、熔剂性(加碱性熔剂)和镁质(加含镁添加剂)球团矿等，后者依据铁氧化物还原程度又可分为供炼铁用的预还原球团和供炼钢用的金属化球团。在现代球团生产中，酸性氧化球团矿(一般 $R<0.3$)占主要地位。

压团法(Briquetting)是将粉状物料在一定外压力作用下在模具内受压，形成形状和大小一定的团块的方法，团块强度主要由添加的黏结剂或粉状物料本身具有的黏结性保持。成型后团块一般还需要进行某种方式的固结。由于单机生产能力小、难以满足现代钢铁工业大规模生产的需要，目前压团法在钢铁生产中较少采用，不过对于少数烧结法和球团法难以处理的原料如钢铁厂含铁尘泥，压团法是一种有效的造块方法。

在烧结和球团两种主要方法中，烧结法适宜处理粒度较粗(0～8 mm)的原料，而球团法适宜处理细粒物料尤其是经磨矿和分选获得的精矿(－0.074 mm)。两种方法在原料粒度上的互补性，客观上形成了高碱度烧结矿配搭酸性球团矿的高炉炉料结构，并被认为是理想的炉料结构之一。但是，由于历史的原因，我国造块生产中高碱度烧结矿占据支配地位，酸性料严重不足，酸、碱炉料不平衡成为长期困扰我国钢铁企业的难题。此外，进入新世纪后，随着我国钢铁工业的快速发展，自产细粒铁精矿迅速增加，不仅其供应量远超过现有球团生产的处理能力，而且部分细粒精矿采用球团法也无法有效处理。酸碱炉料不平衡和细粒铁精矿的高效造块成为新世纪来我国钢铁生产必须解决的紧迫问题。

复合造块法(Composite Agglomeration)是中南大学基于上述背景开发的一种新的铁矿造块方法。它将质量比占30%～60%的细粒含铁原料或铁精矿制备成直径为8～12 mm酸性生球，而将其余40%～70%的含铁原料与熔剂、燃料、返矿混匀、制粒，制成碱性基体料，然后再将生球和基体料混合并布料到带式烧结机上进行烧结、焙烧，制成由酸性球团嵌入高碱度基体料组成的人造复合块矿。该法集烧结法和球团法的优点于一体，可利用现有烧结的主体设备在碱度由1.2至2.0的范围内制备优质炼铁炉料，同时解决酸、碱炉料不平衡和细粒精矿的造块问题。研究发现，复合造块法还可以大量处理烧结法和球团法难以处理的各类非传统含铁资源。该法于2008年在我国包头钢铁公司投入工业应用。

1.1.2　铁矿造块的地位与作用

图1-1是目前国内外含铁原料加工处理与钢铁生产的原则流程。铁矿造块是处于矿石破碎、磨矿分选和钢铁冶炼之间的加工作业，担负着为钢铁冶炼提供优质炉料的任务。由于全球范围内高品位块矿的稀缺，绝大部分的含铁物料须经细磨、分选并造块后才能进行冶炼，使得造块加工成为现代钢铁联合企业中物料处理量居于第二位(仅次于炼铁)、能耗居于第三位(仅次于炼铁和轧钢)的重要生产工序。

高炉炼铁时为了保证炉内料柱透气性良好，要求炉料粒度均匀、粉末少、机械强度高。为了提高生产效率，要求炉料含铁品位高，脉石成分和有害杂质少。为了降低炼铁焦比，还要求炉料具有优良的冶金性能。

这些要求只有通过对含铁原料的加工处理才能达到。大部分的铁矿石必须经过深磨细选；少量铁品位达到入炉要求的富矿，也要经过破碎和筛分，使粒度均匀。天然富矿粉、破碎筛分过程中所产生的粉矿和选别后所得到的细粒精矿，都必须经过造块加工后才能供高炉

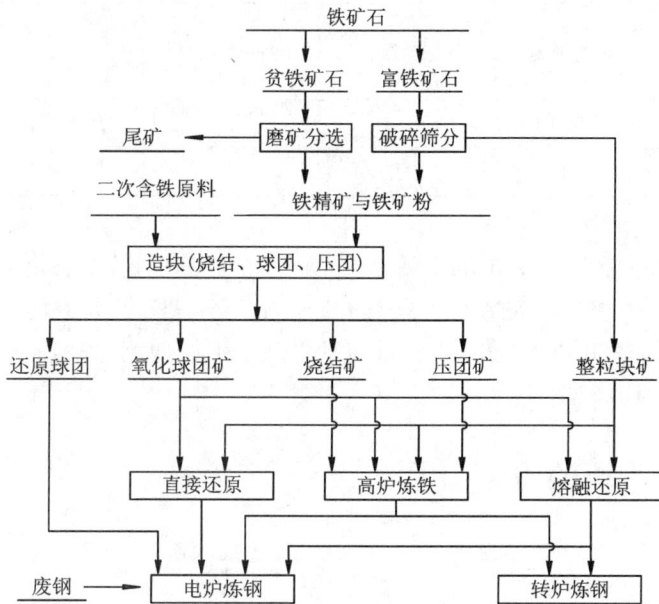

图 1-1 造块在钢铁冶金中的地位示意图(未包括燃料、熔剂、水、气等)

使用。对于含碳酸盐(如菱铁矿)、结晶水(如褐铁矿)较多的矿石,以及含有有害成分硫和砷等的矿石,需要通过造块加工脱除挥发成分和有害杂质、提高铁品位后再入炉冶炼。一些难还原的矿石,或者在还原过程中易碎裂或体积膨胀的矿石,需要加入熔剂或添加剂进行造块处理后,变成冶金性能良好的炉料。随着优质铁矿资源的不断减少和人类对环境的日益关切,各种复杂共生铁矿和含铁二次资源,如钢铁厂、化工厂和有色冶炼厂产生的含铁渣尘等的处理和利用的要求日益迫切,造块加工则为这些物料的处理和利用提供一条重要途径。此外,造块生产可以采用焦化和炼铁过程产生的碎焦粉、煤气和煤粉等作燃料,从而降低钢铁生产过程中焦炭的消耗。

因此,铁矿造块的作用及优势可以概括为:

(1)将细粒铁矿粉或精矿制备成具有一定强度的块状物料;

(2)去除原料中的挥发成分和有害杂质;

(3)调整化学成分、改善原料的冶金性能;

(4)扩大可利用的冶金资源范围;

(5)降低钢铁生产过程中燃料的消耗。

由于造块不仅将粉状物料制备成块状物料,而且还对原料的冶炼性能进行调整优化,起着火法预处理的作用,冶炼过程使用人造块矿可以使燃耗、电耗显著降低,成本下降,设备生产能力提高,在大型高炉冶炼中效益尤为显著。表 1-1 所示为国外对各种炉料的高炉冶炼效果的对比。使用人造块矿后高炉冶炼技术经济指标显著改善,其效果不仅表现于随炉料中熟料比增加而增加,而且还随造块精制程度的提高而提高。

表 1－1　各种炉料对高炉冶炼的影响

指标 ＼ 炉料	天然块矿	天然富矿	普通烧结矿	球团矿 普通	球团矿 熔剂性	球团矿 预还原
焦比/(kg·t^{-1}铁水)	850	670	615	550	500	300
相对生产率/%	100	127	139	155	170	256

造块已成为钢铁生产不可缺少的步骤，现代钢铁企业都把提高冶炼熟料比作为追求的目标。1937 年，世界高炉炉料中人造块矿只占 1% 左右，至 1957 年人造块矿比例增加到 31%，1970 年增加到 67%，1980 年达到 80%。目前世界炼铁生产使用人造块矿的比例平均已超过 90%，部分高炉达到 100%。

1.2　世界铁矿造块的发展

1.2.1　烧结法

1.2.1.1　发展历史

1887 年，T. Huntington 和 F. Heberlein 申请了硫化铜矿烧结专利，此法以烧结锅为主体设备，采用鼓风方法进行间断烧结作业，这是冶金界公认的烧结法最早的专利。

此后，W. Job 将硫酸渣、铁矿粉与煤混合，采用鼓风方式进行烧结，发明了倾动式烧结炉，并于 1902 年申请了专利，这是铁矿粉烧结的第一个专利。第一座根据 Job 发明专利建造的烧结炉于 1904 年在比利时建成。

1905 年，E. J. Savelsberg 首次用 T. Huntington 和 F. Heberlein 发明的烧结锅烧结铁矿粉并获得专利。

1909 年，S. Penbach 申请了连续环式烧结机专利，用于烧结铅矿石。

1906—1909 年，A. S. Dwight 和 R. L. Lloyd 首次建议采用抽风烧结，并发明了连续带式抽风烧结机，即 D－L 型烧结机。1911 年美国的 Brooke 公司建成投产世界第一台钢铁生产中应用的 D－L 烧结机。

1914 年，J. E. Greenwalt 发明了抽风间断烧结的烧结盘，并用于铁矿粉烧结。

在 20 世纪初期，烧结工艺主要循着两个不同的途径发展：一方面是不断改进间歇式烧结法，提高间歇式烧结机的效率，其中最具代表性的是 Greenwalt 烧结机，在早期规模相对较小的烧结生产中被应用多年。另一方面是抽风连续带式 D－L 烧结法的不断完善和发展，随着钢铁生产规模的不断扩大，D－L 烧结法逐渐演变为主要烧结方法，在现代大型钢铁企业中几乎是唯一的烧结方法。

1.2.1.2　烧结矿产量的增长

20 世纪 30 至 40 年代末，受世界大战的影响，世界烧结生产发展缓慢，1948 年世界烧结矿产量仅为 0.3 亿 t。

二次世界大战结束至 20 世纪 70 年代中期，是世界烧结生产的第一个高速增长期。1955 年增至 0.975 亿 t，1960 年为 1.95 亿 t，1970 年 4.4 亿 t，1976 年达到 6.8 亿 t。

自 20 世纪 70 年代中期至上世纪末，受全球经济危机的影响，世界钢铁生产徘徊不前，烧结矿产量增长幅度较小，2000 年全球产量约为 8 亿 t。

进入 21 世纪后，随着全球钢铁工业的复苏，特别是在中国钢铁工业快速发展的带动下，世界烧结生产进入第二个高速发展期。据估计，目前全世界烧结矿年产量已达到 14 ~ 15 亿 t，主要生产大国为中国、欧盟、日本和原独联体国家。

1.2.1.3　烧结设备的发展

第一台烧结机的台车宽度仅为 1 m，烧结面积为 6 m^2。1914—1918 年烧结机面积扩大到 10 m^2。1926 年第一台台车宽 1 m、面积为 21 m^2 的烧结机建成，1919 年台车宽 1.5 m 的烧结机投放市场，1927 年 2 m 宽台车的烧结机建成，有效面积为 60 m^2。

1936 年，烧结机台车宽度增加至 2.5 m，有效烧结面积达到 75 m^2。这种烧结机的问世，在全世界得到了广泛的采用，直至 1952 年烧结机面积才进一步增至 90 m^2，1956 年增至 120 m^2。1957 年世界第一台 3 m 宽台车的烧结机建成，1958 年澳大利亚 BHP 公司和美国琼斯和劳林钢铁公司首先建成台车 4 m 宽的烧结机，其抽风面积达到 400 m^2。日本于 1971 年率先建成投产台车宽 5 m、面积 500 m^2 烧结机，1973 年扩大到 550 m^2，1975 年又扩大到 600 m^2，1976 年、1977 年又连续投产 2 台 600 m^2 烧结机。随后虽有报道德国和日本又设计出 1000 m^2 超大型烧结机，但最终未投入建设。我国 2010 年在太钢（即太原钢铁公司）及随后在其他公司建成投产的 660 m^2 烧结机是目前世界上单台面积最大的。

1.2.1.4　烧结技术的进步

1936 年以前生产的烧结矿均为酸性烧结矿。1936 年开始将石灰石粉添加到酸性矿石中，生产自熔性烧结矿，1941 年以后开始研究添加生石灰和消石灰来强化烧结。在以后的若干年里，烧结料中碱性熔剂的加入量越来越多，烧结矿碱度不断提高。

从现代钢铁生产实践来看，添加碱性熔剂是烧结技术发展史上一个具有里程碑意义的转折。一方面添加石灰石生产高碱度烧结矿可以改善烧结矿的冶金性能，另一方面，由于石灰石等熔剂的分解和二氧化碳的传热防止了热量在料层下部聚积，为采用厚料层烧结创造了条件，提高烧结料层厚度又可以降低烧结能耗，并进一步改善烧结矿质量。

深入研究和查明含铁原料中各种成分对烧结性能的影响，通过优化原料结构改善烧结技术经济指标，是烧结技术发展史上的另一个重要进步。早期的研究表明，烧结矿中 Al_2O_3 含量对所有特性均有影响，除了烧结产量和烧结矿强度受其他因素影响外，其他所有指标均随 Al_2O_3 含量的降低而改善。此后世界各国烧结生产对原料中的 Al_2O_3 含量进行了严格控制。由添加白云石转变为添加橄榄石来控制烧结矿中的 MgO 含量，也有助于降低热耗，提高烧结矿强度和生产效率。

1973 年石油危机以后，从烧结矿冷却风和烧结废气中回收热能的技术迅速发展，烧结技术的发展进入新阶段。在经历了断断续续的试验研究后，将冷却用风引入点火和保温炉的构想于 1976 年首先在新日铁的若松烧结厂实现。1978 年日本钢管公司首先采用冷却机热废气生产蒸汽，每吨烧结矿可生产 100 kg 蒸汽，约相当于 70 × 4.18 MJ/t-s（t-s 表示吨烧结矿，以下同）或烧结厂总能耗的 1/5。此外，日本还率先建成了烧结余热发电系统。采用这些技术后烧结能耗不断下降，1957 年法国烧结鲕状褐铁矿需要 3333 MJ/t-s 的能耗，1982 年烧结高品位铁矿石的能耗降至 2512 MJ/t-s，到 1989 年德国的平均烧结能耗降至 1758 MJ/t-s，在日本则降至 1654 MJ/t-s，日本有些厂如住友公司烧结厂，能耗降至 1300 MJ/t-s。

20 世纪 80 年代以后，日本、澳大利亚等国研究开发了低温烧结和小球团烧结技术。Y. Ishikawa 及其同事们阐述了低温烧结的必要条件：混合料的制备必须包括良好的制粒（造成制粒小球）和在混合料中配入所需的各种成分。小球团烧结法将烧结混合料制成直径为 5~8 mm 的小球，并将其裹上一层细磨燃料，用以处理含大量细粒原料的烧结混合料。我国也在 90 年代开发出针对细磨精矿烧结的小球团烧结法，并在酒泉钢铁公司和安阳钢铁公司投入生产。此间发展的还有偏析布料技术。新日铁研制了一种强化筛分布料装置（SF 布料器），可在台车宽度方向实现混合料均衡布料。

针对世界范围内传统优质铁矿资源不断减少，特别是我国优质铁矿资源短缺的现实，进入 21 世纪后，中国、日本、澳大利亚等国开展了劣质铁矿资源烧结的研究与应用。褐铁矿是除磁铁矿、赤铁矿之外的另一类重要铁矿资源，但研究发现使用高比例褐铁矿后烧结矿成品率和生产率大幅下降，迫切要求改善传统的烧结工艺技术。陆续开发的各种原料制粒新技术、新型布料技术以及改善烧结料层透气性的技术，都有助于大量配用褐铁矿的烧结生产。在日本目前的烧结生产中，使用澳大利亚产褐铁矿（低品位、高结晶水铁矿石）比例已超过 60%，而且使用马拉曼巴矿（微粉比率高的褐铁矿）的比率正在增加。我国目前的烧结生产中使用褐铁矿的企业越来越多，配加比例也不断增加。

西方发达国家很早就重视烧结清洁生产问题。欧洲、日本在 20 世纪 70 年代建设的一部分大型烧结厂，先后采用了烧结烟气脱硫法，脱硫方式主要为湿式吸收法。1987 年，日本新日铁在名古屋钢铁厂的 3 号烧结机设置了一套利用活性炭吸附的烧结烟气脱硫、脱硝装置，处理烧结烟气量 90 万 m^3/h。经过多年的运行，该装置不仅可以同时实现较高的脱硫率和脱硝率，而且具有良好的除尘效果。后来名古屋钢铁厂的 1、2 号烧结机也应用该种装置，并于 1999 年 7 月投产使用。

欧盟各国在降低烧结粉尘和烟气排放方面开发了一批新技术并投入工业应用。这些技术包括：先进的静电集尘技术（ESP）、静电集尘加布袋除尘器、加压湿法涤气系统等，采用这些技术后，在一般运行情况下粉尘排放量小于 50 mg/m^3。废气循环利用技术：可在烧结产质量基本不变的情况下，循环利用从烧结机出来的部分废气。SO_2 排放量最小化技术：利用含硫分低的焦粉，降低烧结焦粉消耗量，利用含硫分低的铁矿石作为原料，可使 SO_2 的排放浓度小于 500 mg/m^3。湿法废气脱硫技术：可使废气的排放量降低 98% 以上，SO_2 的排放浓度小于 100 mg/m^3。NO_x 排放量最小化技术：采用废气循环、废气脱氮、活性炭吸附工艺、选择催化还原等，降低烟气中 NO_x 的排放。

1.2.2 球团法

球团法的发展大约分为三个阶段。发展球团法最初的动因与烧结法是相同的，都是处理不断增加的细粒铁矿粉的需要。在烧结法诞生初期，当时的冶金工作者们并不认为烧结是处理粉矿的最佳方法，他们试图寻找能够替代烧结法的另一种造块方法。1912 年瑞典人 A. G. Anderson 申请了球团法的专利，但未获得应用。1913 年德国人 C. A. Brackelsberg 将矿粉加水或黏结剂混合、造球，然后在较低的温度下焙烧固结，获得了德国专利。1926 年德国的 Rheinhausen 钢铁厂，采用 Brackelsberg 发明的方法建成了一座日产 120 t 的球团试验厂，并于 1935 年进行了改建。但是在 1937 年，为了腾出场地建大型烧结厂，这个试验厂又被拆除了，球团法发展的第一个阶段便告结束，此后球团法的发展沉寂了近十年。

球团法发展的第二个阶段始于美国。第二次世界大战结束时，美国的富矿几近枯竭，而北部的梅萨比矿区有储量巨大的贫矿资源，即常说的铁燧岩，其全铁含量约 30%，并且几乎全部以磁铁矿形态存在。经深度细磨磁选后获得的精矿中小于 0.045 mm 的粒级在 85% 以上，这些细粒精矿用于烧结时严重恶化了混合料的透气性。细粒精矿的造块问题重新引发了世界范围内发展球团法的热潮。

大约在 1943 年前后，美国矿业局的 E. P. Barre 和 S. R. Dean 研究了铁燧岩精矿制备球团的可行性，他们采用圆筒造球，然后将球团在 500℃ 至矿粉熔点的温度下焙烧。与此同时，明尼苏达大学的 E. A. Dvavies 及其同事们开展了圆筒造球和竖炉焙烧处理梅萨比地区铁燧岩精矿的系统研究。1944—1946 年美国的研究者相继发表了一批研究成果。

球团法的先驱者瑞典人在获悉这一消息后立即组织研发工作，他们于 1946 年在斯德哥尔摩钢铁研究院成立了一个应用铁精矿生产球团的专门委员会。在 M. Tiegerschiold 的领导下，他们不久就在瑞典建成了数座小型工业性竖炉球团厂。因此，现在公认的世界第一个球团厂（竖炉球团厂）是在瑞典诞生的。随后美国里塞夫（Reserve）矿业公司在明尼苏达州的巴比特（Babbitt）建成了有四座竖炉的工业性球团厂。由于竖炉产能较小，1951 年美国又开始了大型带式焙烧机球团法的研究与建设，并于 1955 年在里塞夫厂建成年产 60 万 t 的世界第一个带式焙烧机球团厂。另一个发展球团矿较早的国家是加拿大，他们于 1955 年建成了年产 50 万 t 的竖炉球团厂，1956 年建成年产 100 万 t 的带式焙烧机球团厂。随后美国与加拿大的冶金工作者又研究采用生产水泥的链箅机 - 回转窑设备生产球团矿的可行性，并于 1960 年在美国的 Humboldt 建成世界第一座处理铁精矿的链箅机 - 回转窑球团厂，最终使这一移植设备获得了成功。虽然在此期间和随后若干年，全世界研究开发的其他球团生产方法有数十种之多，但都未能获得发展，此后 50 年内，竖炉法、带式机法和链箅机 - 回转窑法成为球团矿生产的三种主要方法。

球团矿生产在瑞典、美国和加拿大取得成功以后，前苏联、法国、原西德以及我国等相继结合本国的情况，开展球团法试验研究，并陆续建设一批球团厂。20 世纪 60 年代以前，生产球团矿的国家主要是美国、加拿大、瑞典等，年产总量约 1600 万 t，至 1970 年世界球团产量增至 1.15 亿 t。

大约在 1970 年后（也有学者认为是稍晚一些），球团法的发展进入了第三阶段。其主要标志是，球团设备不断向大型化发展；球团矿质量不断改善；产品由酸性球团矿向熔剂性、含镁球团等多品种发展；球团法处理的原料由单一铁精矿扩大到细粒粉矿、混合矿、含有色金属复杂矿和各种含铁二次资源。

20 世纪 50 年代所建的竖炉单台面积为 7.81 m²（1955 年美国伊利厂），而在 1961 年建成的格雷斯厂为 15.95 m²，到 1975 年阿根廷希拉格邦厂则为 25 m²。1955 年建成的第一台带式焙烧机面积为 94 m²（美国里塞夫厂），1970 年荷兰艾莫伊登厂扩大到 430 m²，到 1977 年巴西乌布角厂则为 704 m²，年产球团矿 500 万 t，巴西淡水河谷公司（CVRD）2002 年投产的带式焙烧机年产能扩大到 600 万 t。美国 1960 年建成的第一套链箅机 - 回转窑生产线中回转窑直径为 3.05 m、长 36.6 m，年产球团矿 33 万 t，到 1974 年美国蒂尔登厂建成的回转窑直径达 7.62 m、长 48.77 m，年产量增到 400 万 t，我国武汉钢铁厂 2005 年在鄂州建成投产的链箅机 - 回转窑生产线，产能达到 500 万 t/a。

虽然在早期的研究中生石灰曾被用作球团黏结剂，但随后生产的球团矿均为酸性球团矿，绝大部分是以膨润土为黏结剂制备的。但高炉冶炼实践逐渐发现，这种球团矿的高温冶金性能不及熔剂性烧结矿。添加膨润土不仅降低球团矿的铁品位，而且其带入的碱金属和脉石等杂质也对球团矿的冶金性能产生不良影响。为改善球团矿的冶金性能，冶金工作者分别从开发膨润土替代品和改变球团矿的物质组成开展研究。荷兰恩卡公司开发的有机黏结剂佩利多(Peridur)，已在美国依利矿山公司球团厂、内陆钢铁公司米诺卡球团厂使用，其最佳用量每吨混合料为 0.45~0.73 kg。佩利多在球团矿高温焙烧时会燃烧殆尽，不留残余物。但后来更多的研究与实践发现，这种黏结剂似乎只适用于某些特定工艺，加之其价格昂贵等因素，佩利多并未在世界范围内得到广泛应用，其他新型黏结剂的开发仍是目前造块工作者的重要课题。

瑞典研究出添加白云石或橄榄石的球团矿，以提高其还原和软熔性能，降低还原膨胀指数，到目前为止，瑞典生产橄榄石球团已近 30 年。经高炉冶炼证明，含镁质球团矿与普通酸性球团矿相比，生产吨铁的焦比降低 40~50 kg，节能效果明显。

1970—1985 年是世界球团矿高速发展时期。1980 年世界球团矿总产量为 3.39 亿 t，1985 年达到 4.35 亿 t。此后由于以球团矿为主要炼铁炉料的北美、欧洲等国钢铁工业走向衰落，世界球团矿生产不断下降，至 2001 年降至谷底 2.39 亿 t。2001 年后又逐年增加，2008 年世界球团矿产量再突破 4 亿 t。目前球团矿生产主要分布北美、南美、原独联体、欧洲和中国等国家。

1.2.3 压团法

压团法始于 19 世纪 30 年代，19 世纪后期被引入钢铁生产领域用于处理铁矿粉，是钢铁工业应用最早的细粒含铁物料造块方法。1907 年瑞典用于铁矿粉制团的工厂已达 20 多家。早期世界各地皆用辊式压团法造块，1913 年发明冲压式压团机之后，人们可以利用高压力(>3000 N/cm²)使难压制的物料成型并获得高强度团块，与此同时还建造了具有相同高压力的环式压团机。

1975 年以后，对辊式压团机进行了改进，通过增设供料预压装置和双辊增压弹簧后，使团压压力增到 10000 N/cm²，从而代替了冲压式和环式两种压团机，使维修过程简化，生产成本降低。

由于压团设备的单机生产能力小，难以满足现代钢铁工业大规模生产的需要，压团法未能像烧结和球团法那样获得较大发展。不过，近几年来这种方法在细粒海绵铁热压块、转底炉还原法处理钢铁厂含铁二次资源中获得了新的应用。最近日本和我国学者正在研究的用于高炉炼铁的含碳热压团块，所采用的造块方法也是压团法。

1.3 我国铁矿造块的发展

1.3.1 烧结法

据资料记载，我国第一台烧结机于 1926 年在鞍钢建成投产，烧结面积为 21.8 m²。此后又在 20 世纪 30—40 年代建成 2 台 50 m² 烧结机和若干台小型烧结机。1949 年以前全国共有烧结机 10 台，总面积 330 m²，烧结矿最高年产量达到 24.7 万 t(1943 年)，主要生产酸性热烧结矿。

新中国成立后，经过三年恢复时期，烧结矿产量增至 138 万 t。以设备规格、产品特性和工艺技术的发展为线索，可将近 60 年来我国烧结工业的发展分为四个阶段。

第一阶段(1953—1970 年)，是新中国烧结的起步期。在前苏联的帮助下，鞍钢、本钢、武钢、包钢、马钢先后建成了 22 台 75 m^2 烧结机，太钢投产 2 台 90 m^2 烧结机，此间还建成了 20 余台 65 m^2 以下的烧结机。这些烧结机全部生产碱度在 1.0 ~ 1.3 之间的自熔性烧结矿。这一时期的烧结工艺很不完善，料层厚度低于 200 mm，无自动配料、烧结矿整粒、铺底料等设施，大部分无烧结矿冷却设施，烧结技术经济指标非常落后。

第二阶段(1970—1985 年)，是我国烧结发展的探索期。20 世纪 60 年代后期，随着前苏联专家的撤出，我国开始探索自主设计和建造烧结机，并于 1970 年在攀钢建成投产 130 m^2 烧结机，随后又在酒钢、梅山、本钢等地建成了 7 台相同规格的烧结机。这些烧结机工艺开始采用自动配料，增设烧结矿整粒和铺底料设施，实施烧结矿冷却技术，并开始发展高碱度和厚料层烧结技术。1985 年料高平均提至 350 mm、碱度平均升至 1.5 倍，烧结利用系数平均为 1.34 $t \cdot m^{-2} \cdot h^{-1}$，烧结矿平均铁品位 52.01%，工序能耗为 85 kg/t - s。

第三阶段(1985—2000 年)，是我国烧结发展的转折期。在此期间，我国烧结生产实现了设备由小到大、料层由薄到厚、产品碱度由低到高的全面转变。1985 年，宝钢从日本引进的 450 m^2 大型烧结机投产，此后在消化吸收宝钢和国外烧结新技术的基础上，自主设计建成 300 ~ 500 m^2 烧结机 6 台，同时新建 90 ~ 180 m^2 烧结机 24 台，积累了自主建设现代化大型烧结机的丰富经验。此间，我国的烧结工艺技术得到进一步发展：一批大中型企业建成综合原料场；燃料分加、小球团烧结、低温烧结、混合料预热、热风保温烧结等技术投入应用；烧结过程实现自动操作、监视、控制及管理；高效干式电除尘器在许多厂应用；料层厚度继续提高、高碱度烧结矿生产更加广泛。主要技术经济指标进一步提高。至 2000 年，我国烧结矿年产量增至 1.68 亿 t，料层平均料厚升至 470 mm，烧结矿平均铁品位升至 56%，碱度升至 1.6 ~ 1.7 倍，利用系数达到 1.46 $t \cdot m^{-2} \cdot h^{-1}$，工序能耗降至 69.5 kg/t - s。

第四阶段(2000—2013 年)，是我国烧结发展的繁荣期。进入新世纪后，我国的烧结工业进入了空前高速发展阶段。在此期间，一大批大型烧结机建成投产。这一时期也是我国烧结大量研发和采用新工艺、新技术、新设备的时期，高铁低硅烧结、新型点火、偏析布料、超高料层烧结、降低漏风技术被广泛采用；烧结余热回收利用、烟气脱硫技术在大部分钢铁企业获得应用；烧结生产自动控制水平显著提高；高碱度烧结矿($R = 1.8 ~ 2.2$)得到普遍发展；料层平均厚度达到 600 mm，最高达到 800 mm。

2009 年我国的烧结矿产量超过 6 亿 t，2011 年达到 7.9 亿 t。随着装备及技术水平的提高，烧结生产技术经济指标进一步改善，2008 年重点企业烧结工序能耗降至 55.4 kg/t - s。经过新世纪十余年的快速发展，我国烧结不仅在产量上遥遥领先世界

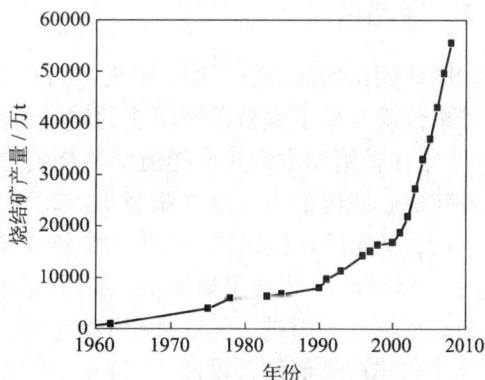

图 1 - 2　我国烧结矿产量变化趋势

其他国家，而且一批重点大中型企业的技术经济指标也跨入世界先进行列。

图1-2至图1-6分别是我国烧结矿产量、全铁品位、碱度、料层厚度和工序能耗变化情况。

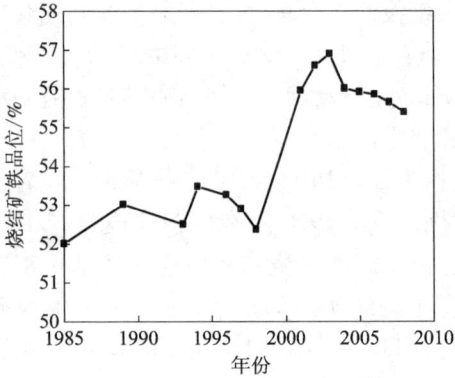

图1-3 我国烧结矿全铁品位变化趋势

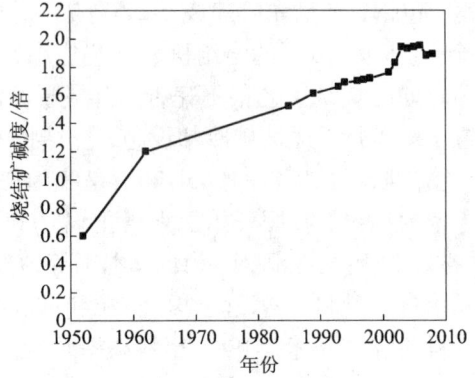

图1-4 我国烧结矿碱度变化趋势

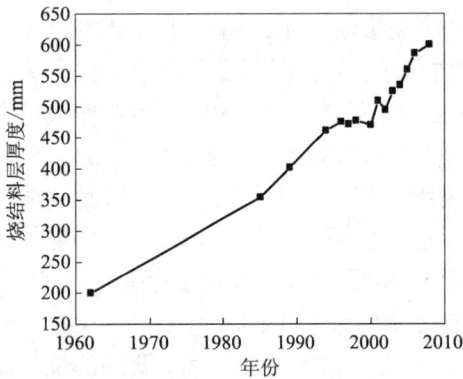

图1-5 我国烧结料层平均厚度变化趋势

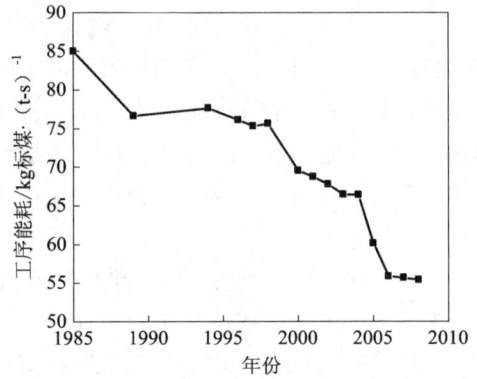

图1-6 我国烧结工序能耗变化趋势

1.3.2 球团法

我国球团法的起步并不晚，但发展过程较为曲折。1955年原中南矿冶学院、原北京钢铁学院等单位就开始了铁精矿球团法的试验研究。1958年国家组织有关单位进行工业试验，并于1959年在鞍钢和本钢建成隧道窑焙烧装置进行球团矿生产。1968年，济南钢铁公司自主设计并建成了我国的第一座球团竖炉。20世纪70年代我国曾经出现过发展球团矿的热潮，继济钢后，又先后在杭钢、莱钢等八个钢铁厂陆续建成20余座5~8 m² 竖炉，1972年在武钢建成两台135 m² 带式球团焙烧机，随后包钢从日本引进一台162 m² 带式球团焙烧机，70年代后期南京钢铁厂引进一套处理硫酸渣的链箅机-回转窑球团设备，并在承德、成都、沈阳自行设计和建造类似设备投产。

但我国竖炉球团的发展遇到了许多困难。由于初期用石灰作为黏结剂，生产自熔性球团矿，炉内频繁结块，生产不正常。另外，在没有查明和掌握不同矿种球团焙烧性能的情况下，用竖炉生产赤铁矿、褐铁矿球团矿，浪费了人力和物力，使竖炉球团的发展一度受到挫折。直到发明了炉内导风墙和烘干床，用膨润土代替石灰生产酸性球团矿，竖炉才走上健康发展的道路，并一度成为我国生产球团矿的主要方法。20 世纪 80 年代以来，我国陆续又建成投产一批球团竖炉，1988 年在本钢建成第一台 16 m² 大型球团竖炉，至 2000 年，我国有球团竖炉 27 台。1989 年鞍钢引进一套 320 m² 带式球团焙烧机。由于高热值煤气和重油的供应受到限制，带式焙烧机在我国推广缓慢，而且武钢两台带式机也已停产。直到 2011 年京唐钢建成年产 400 万 t 带式机球团厂，现在全国只有包钢、鞍钢和京唐钢的三台带式球团焙烧机。

自 20 世纪 80 年代至 20 世纪末，我国球团矿的发展较为缓慢。主要原因是我国早期受前苏联发展模式的影响，将细磨精矿主要用于烧结，这是我国铁矿造块工业发展的一个误区。竖炉球团法之所以得到发展，得益于我国创造出具有导风墙和炉顶干燥床的新型竖炉。

进入 21 世纪后，我国球团矿生产获得了突飞猛进的发展。2000 年首钢矿业公司年产 120 万 t 链箅机 - 回转窑生产线改造成功，为我国链箅机 - 回转窑球团法的发展提供了示范。至 2010 年，我国建成投产的链箅机 - 回转窑生产线达 91 条，其中包括目前亚洲最大的武钢鄂州年产 500 万 t 生产线。链箅机 - 回转窑法的生产能力已经占全国球团矿总产能的 50% 以上。加上 2000 年以来又新建一批球团竖炉，目前我国球团矿产能已超过 2 亿 t/年。

进入新世纪后，我国冶金工作者加大了球团法的研究力度，高压辊磨、润磨预处理技术，赤铁矿、镜铁矿生产球团技术，混合原料球团制备与焙烧技术等获得工业应用，为我国球团生产的高速发展提供了重要支撑。

表 1-2 是 2000 年至 2012 年我国与世界球团矿的发展情况。

表 1-2 世界及我国球团矿生产情况

年份	世界球团矿产量/亿 t	我国球团矿产量/亿 t	我国竖炉/座	我国链箅机-回转窑/套	我国带式焙烧机/条	我国球团矿占高炉炉料比例/%
2000	2.60	0.14	27	2	2	6.31
2001	2.39	0.19	43	2	2	6.95
2002	2.66	0.26	59	4	2	9.29
2003	2.85	0.35	63	8	2	10.38
2004	3.00	0.46	76	24	2	11.14
2005	3.11	0.58	89	38	2	10.69
2006	3.23	0.85	106	41	2	12.72
2007	3.49	0.99	118	52	2	12.77
2008	3.80	1.20	123	55	2	15.45
2009	2.94	1.75			2	
2010	3.88	1.98	211	91		
2011	4.16	2.04	211	91	3	
2012		1.67				

1.3.3 我国铁矿造块的现状与展望

1.3.3.1 我国铁矿造块工业现状

2000 年以来，我国的铁矿造块不仅在数量上增长迅猛，在技术装备水平上也有一个大的飞跃。2000—2012 年重点企业的烧结机结构对比如表 1-3 所示。

目前我国已投产的烧结机中，有 48 台 300 m^2 以上大型烧结机（见表 1-4），总面积达 18430 m^2，平均单机面积 384 m^2。其中 2000 年以后共增加了 23 台。

表 1-3 2000—2012 年我国重点企业烧结机构成情况（台）

年度	>130 m^2	90~129 m^2	36~89 m^2	19~35 m^2	<18 m^2	总计/台数
2000	33	28	64	95	2	222
2001	35	37	68	87	6	233
2002	38	40	68	100	7	253
2003	45	43	75	102	7	272
2004	61	56	88	104	9	318
2005	79	63	119	104	4	369
2006	98	77	141	96	2	414
2007	125	81	153	62	0	421
2008	145	88	157	50	0	440
2010	192	112				463
2011	232	105				474
2012	275	121				520

表 1-4 我国重点企业大中型烧结机统计情况（截至 2012 年）

企业名称	台数	总面积/m^2	企业名称	台数	总面积/m^2
宝钢	3	1485	安钢	2	760
鞍钢	6	2185	天钢	1	360
武钢	4	1665	承钢	2	720
首钢	2	910	南钢	1	360
太钢	2	1110	湘钢	1	360
邯钢	3	1120	济钢	1	320
马钢	4	1320	宣钢	1	360
沙钢	5	1800	北台	2	660
本钢	1	360	新余	1	360
宁波	1	435	柳钢	1	360
天铁	1	400	昆钢	1	300
韶钢	2	720	总计	48	18430

从表 1 - 3 和表 1 - 4 可以看出，我国大、中型烧结机所占的比重逐渐增加，中小型烧结机所占比重逐渐减少，我国大中型烧结机约占整个烧结面积的 2/3 以上，已占明显优势。由于烧结机大型化和现代化，烧结矿质量和环保状况得到改善，工序能耗也大幅降低。

至 2011 年底全国共有竖炉 211 座，生产能力 8665 万 t；带式焙烧机 3 台，生产能力 750 万 t，链算机 - 回转窑 91 条，生产能力 10280 万 t，球团矿总生产能力 19695 万 t，链算机 - 回转窑所占装备产能比例超过竖炉产能比例。京唐钢铁公司年产 400 万 t 带式焙烧机开始建设，改写带式焙烧机发展停滞不前的状态。表 1 - 5 为截至 2011 年底我国球团矿生产装备及产能情况。

表 1 - 5　我国球团矿生产装备及产能情况 (截至 2011 年)

装备	数量/台	装备数百分比/%	生产能力/万 t	产能百分比/%
竖炉	211	69.18	8665	44.00
链算机 - 回转窑	91	29.84	10280	52.20
带式焙烧机	3	0.98	750	3.80
总计	305	100	19695	100

2000—2012 年我国大中型企业烧结主要技术指标如表 1 - 6 所示。从表中可以看出，我国烧结日历作业率和从业人员劳动生产率逐年稳步提升，烧结矿强度和合格率越来越高，固体燃料消耗和工序能耗逐年下降，利用系数和碱度趋于稳定。

表 1 - 6　我国大中型企业烧结主要技术经济指标

年份	利用系数/$(t \cdot m^{-2} \cdot h^{-1})$	烧结矿品位/%	合格率/%	日历作业率/%	劳动作业率/$(t \cdot 人^{-1} \cdot a^{-1})$	固体燃料消耗/$[kg \cdot (t-s)^{-1}]$	转鼓强度/%	碱度(R)/倍	工序能耗/$[kg \cdot 标煤 \cdot (t-s)^{-1}]$	含铁原料消耗/$[kg \cdot (t-s)^{-1}]$
2000	1.44	55.65	89.71	85.61	3754				68.71	923
2001	1.47	55.95	90.27	86.44	3847	59	71.62	1.76	68.71	905
2002	1.48	56.6	91.31	89.42	4634	57	83.72	1.83	67.75	932
2003	1.48	56.9	91.83	88.6	4694	55	71.83	1.94	66.42	934.26
2004	1.46	56	91.39	88.94	4707	54	73.24	1.93	66.38	932.54
2005	1.48	55.85	92.57	90.58	5430	53.15	83.78	1.94	64.83	916.35
2006	1.43	55.85	93.5	89.92	6034	54	75.75	1.95	55.61	929.86
2007	1.42	55.65	94.32	90.3	6792	54	76.02	1.88	55.21	931.51
2008	1.36	55.39	93.87	89.77	7211	53	76.59	1.884	55.49	922.51
2009	1.34			89					54.96	929.94
2010	1.324	55.53	94.15	89.83		54	78.77	1.914	52.65	928.06
2011	1.306	55.13	95.2	88.5		54	78.72	1.877	54.36	923.01
2012	1.275	54.81	94.04	84.86		53	79.01	1.887	50.6	917.91

注：数据来源于中国钢铁统计。

1.3.3.2　我国铁矿造块发展展望

随着钢铁产量的不断增加，发达国家铁矿造块的发展重点已由早期追求产量和质量，转变到稳定产质量、降低能耗和清洁生产上来。我国已是世界公认的铁矿造块大国，但由于不同地区、不同企业发展不平衡，多层次、不同技术水平装备并存，目前铁矿造块的整体水平与国际先进水平相比仍存在差距，能耗和环境方面的差距尤为显著。

未来我国铁矿造块应该在进一步提高产品质量的同时，努力降低工序能耗，发展循环经济、实现清洁生产，并大力研发造块新方法、新装备、新产品，为实现我国钢铁强国的目标做贡献。

1)加快淘汰落后设备，实现装备大型化

虽然在烧结机大型化方面取得长足进步，但总体来说，我国烧结机的平均面积偏小，不能满足提高质量和节能减排的要求。《钢铁产业发展政策》规定烧结机准入条件是，新建烧结机使用面积≥180 m²。未来我国烧结机将继续向大型化发展，装备水平将不断提高，太钢660 m²烧结机是世界目前最大的烧结机。球团厂大型化趋势明显，继武钢后，湛江龙腾物流有限公司年产500万t链箅机–回转窑生产线于2009年建成投产，京唐钢铁公司400万t/a带式焙烧机2011年建成投产。我国烧结球团装备以大代小，先进代替落后成必然趋势。

2)积极推动节能减排，发展循环经济

节能减排是未来我国各行业工作的重点，钢铁行业作为高能耗、高污染行业，节能减排的任务十分繁重。烧结节能应以降低固体燃料消耗和回收烧结废烟气余热为主。要进一步发展厚料层烧结等各种低能耗烧结技术；用烧结矿冷却产生的余热发电技术对优化烧结生产、降低工序能耗、推动循环经济发展起到积极的作用，具有良好的社会效益和经济效益。我国造块工作者应加快研究开发，使烧结余热发电设备和技术早日国产化、普及化。

烧结过程SO_2排放量约占钢铁企业总排放量的40%~60%，因此烧结烟气脱硫任务十分迫切。目前国外使用的技术主要有氨–硫酸铵法、循环流化床法、活性炭吸附法和石灰–石膏法等。我国大部分企业已开始实施烧结烟气脱硫。结合我国实际情况，开发设备简单、操作方便、投资省、脱硫率高、运行成本低且不产生二次污染的烧结烟气脱硫新技术，是我国科技工作者的重要任务。

此外，还要积极开发大型烧结机烟气循环富集和余热综合利用技术。此技术不仅利用了烟气余热，而且为降低脱硫设备投资和生产成本打下了基础。

3)加大低碱度炉料发展，优化炼铁炉料结构

目前我国的炼铁炉料中，高碱度的烧结矿占主导地位。虽经近十年来的快速发展，但球团矿在人造块矿中的比例还不到20%，在钢铁工业快速发展的今天，中低碱度炉料的不足成为困扰我国许多钢铁企业发展的新问题。与烧结法相比，球团法具有产品含铁高、能耗低、污染小等优点，我国酸性氧化球团工序能耗为每吨30~35 kg标煤，烧结工序能耗为每吨55~57 kg标煤。多生产一吨球团矿，可使炼铁系统能耗下降每吨20 kg标煤以上。

我国自产铁矿原料几乎都是磨选的精矿，而且大部分为磁铁精矿，这种精矿粉最适合制备成球团，而用作烧结原料，不仅对烧结矿产质量都不利，而且造成严重的环境污染。就目前我国铁精矿和钢铁生产规模来看，即使将自产精矿全部用于生产球团矿，其在炼铁炉料中

的比例仍达不到 50%。而北美和欧洲一些高炉目前球团矿的比例已达到 70% ~ 80%，个别达到 100%。

4）开发劣质原料造块技术，扩大可利用的资源

我国钢铁生产对含铁原料需求量大，按目前生铁生产规模和国际铁矿平均品位计算，每年需要消耗 10 亿 t 高品位含铁原料。我国铁矿资源尤其是优质资源短缺、自产精矿生产成本高，对外依存度已连续十年超过 50%。低成本非传统资源，包括各种难焙烧矿、低品位和复杂共生矿以及二次资源造块技术的开发和利用，是我国造块工业的必然选择。

5）改革现有造块和炼铁方法，推动我国向钢铁强国转变

现代钢铁生产分为以高炉 - 转炉为主体的长流程和以电炉为中心的短流程。长流程需要经过炼焦、造块、高炉炼铁等能耗高、污染大的复杂环节，进而以高炉铁水入转炉炼钢。短流程则以废钢和直接还原铁为原料采用电炉炼钢，省去了长流程中的焦化、造块、高炉炼铁等生产环节，流程短、投资省、能耗低、污染小且易控制，是世界钢铁生产的发展方向。目前发达国家钢产量中电炉钢比已接近 50%，而我国电炉钢比约 10%。基本沿用长流程生产，是我国钢铁产业能耗高、环境污染严重的结构性原因。

我国目前虽因废钢和直接还原铁短缺，大规模发展短流程的条件不完全成熟，但必须大力研究开发适合我国资源特点的直接还原铁大规模生产技术，以解决目前电炉原料短缺的问题，并为未来我国短流程炼钢的快速发展奠定技术基础。

在我国目前以长流程为主的背景下，改革现有的造块和炼铁方法，是冶金工作者面临的迫切任务。我国的铁矿造块和炼铁工作者要勇于创新，突破带式抽风烧结和氧化球团等传统造块方法和产品结构的束缚，积极研究开发具有自主知识产权的造块新方法、新产品，如复合造块法、金属化烧结法、含碳球团和预还原球团技术等，为钢铁生产提供新型炉料，通过自主创新和科技进步，从根本上提高我国钢铁生产的国际竞争力。

1.4　钢铁冶炼和环境保护对铁矿造块的要求

1.4.1　冶炼对造块产品质量的要求

为了实现高效、优质、低耗和清洁生产，钢铁生产对原料提出了严格的要求。高炉对人造块矿质量的要求主要包括化学成分、物理性能和冶金性能三个方面。在化学成分方面要求含铁品位高、成分稳定、有害杂质含量低；在物理性能方面要求人造块矿机械强度高、粒度均匀；在冶金性能方面要求还原度高、还原粉化率低、荷重还原软熔性能好。

1.4.1.1　含铁品位

炼铁入炉矿含铁品位要高是精料技术的核心。炼铁原料铁品位刀高 1%，炼铁焦比下降 1.5%，高炉产量提高 2.5%，吨铁渣量减少 30 kg、允许高炉增喷 15 kg/t 煤粉。2000 年全国炼铁会议提出的我国人造块矿铁品位要求为：烧结矿大于 58%，球团矿大于 64.5%。2009 年实施的《全国球团工程设计规范》又进一步将球团矿的铁品位提高至 65% 以上。

1.4.1.2 化学成分

炼铁厂生产实践表明,炉料化学成分的稳定对高炉生产非常重要。入炉矿含铁品位波动1%,会影响高炉产量3.9%~9.7%,使焦比变化2.5%~4.6%;碱度每波动0.1,高炉产量会影响2.0%~4.0%,焦比变化1.2%~2.0%。2008年发布的我国《烧结厂设计规范》对烧结矿成分波动的要求分别为:铁品位≤±0.5%、碱度≤±0.08%、FeO含量≤±1.0%。

1.4.1.3 有害杂质含量

1)硫

硫是钢与铁的有害元素,硫在钢液的凝固过程中以Fe-FeS共晶形式凝固在晶体边界上,会显著降低钢的塑性。在热加工过程中晶粒边界先熔化,因而出现热脆现象。此外硫对铸造生铁同样有害,它降低生铁的流动性及阻止碳化铁分解,使铸件容易产生气孔和难于加工。虽然炼钢过程中可以脱除大部分的硫,但是需要消耗脱硫剂,更主要的是降低了设备生产率。

2)磷

磷也是钢与铁的有害元素,磷使钢铁具有冷脆的性质。磷化物聚集于晶界周围减弱晶粒间的结合力,使钢冷却时产生很大的脆性,从而造成冷脆现象。但磷可以改善铁水流动性,所以对浇注形状复杂的普通铸件时,允许生铁含有一定的磷,一般对生铁含磷要求愈低愈好。磷在造块过程中不易脱除,炼铁过程中磷又全部进入生铁,控制磷的唯一办法就是控制入炉原料中的含磷量。

3)铜、铅、锌、锡、砷

铜在高炉冶炼时全部还原进入生铁中,炼钢时又进入钢中。铜的含量在不超过0.3%时能改善钢的耐腐蚀性能。但当含铜量超过0.3%时,钢的焊接性能变差,并产生热脆现象。

铅在高炉内易还原。由于密度大于铁水,极易渗入耐火砖缝,破坏炉底砌砖,甚至使炉底砌砖浮起。铅能在高炉内循环富集,造成高炉结瘤。

锌在炉内易还原,还原后在高温区以锌的蒸气大量挥发上升,并在炉身上部被氧化而沉积,有时使砌砖膨胀而引起炉壳破裂,严重时引起结瘤。

锡在高炉中的行为及其对冶炼过程的影响与锌相似。

砷在高炉冶炼过程中全部还原进入生铁,钢中含砷>0.1%时使钢脆性增加,并使焊接性能变坏。

4)氟

原料中含氟过高会使它在高炉内成渣过早,不利于矿石还原。氟进入渣中增加炉渣流动性、降低炉渣的熔点。同时高氟炉渣侵蚀高炉风口及炉衬。氟还会在高炉内循环富集,它破坏烧结矿、球团矿的高温冶金性能,氟与碱金属相结合是造成高炉结瘤的主要原因之一。

5)碱金属

碱金属在高炉内有"自动富集"倾向。炉料碱金属进入高炉,超过一定量后对高炉有很大的危害。

高碱金属烧结矿及球团矿软熔温度低,低温还原粉化率高,并导致球团矿恶性膨胀。K_2O 和 Na_2O 在高炉中上部易富集,产生结瘤,并破坏炉缸内的碳砖。如果焦炭中含K,Na

高，会使焦炭的热性能变差，焦炭产生裂纹粉化后使高炉生产顺行遇到破坏，煤气阻力增加，喷煤比下降等。碱金属与氟同时存在于炉料中危害性更大。

表 1-7 列出了高炉冶炼对人造块矿中各种有害杂质的要求。

表 1-7 高炉冶炼对人造块矿中有害杂质的要求

成分	S	P	Cu	Pb	Zn	Sn	As	$K_2O + Na_2O$	F
要求/%	I级≤0.10~0.19 II级≤0.20~0.40	I级≤0.05~0.09 II级≤0.10~0.20	≤0.10~0.20	≤0.10	≤0.10~0.20	≤0.08	≤0.04~0.07	≤0.25	≤1.0

1.4.1.4 机械强度和入炉粉末量

炼铁入炉原料机械强度提高，特别是热强度的提高，可减少冶炼过程中炉料粉末的产生。炉料中粉末少，可有效地提高炉料的透气性、矿石的间接还原反应率和煤气利用率，为提高高炉喷煤比例创造良好条件。烧结矿转鼓强度提高1%，高炉焦比可下降0.5%，生铁产量提高1.0%~1.9%。高炉炼铁要求入炉料中小于5 mm粒级的比例要小于5%。高炉入炉料粉末减少1%，高炉利用系数可提高0.4%~1.0%，炼铁焦比下降0.5%。

人造块矿的机械强度越高，在炉内产生的粉末就越少。我国中型高炉要求烧结矿的转鼓强度(+6.3 mm)大于71%、球团矿的抗压强度大于2000 N/个球，大型高炉则要求烧结矿转鼓强度大于77%、球团矿的抗压强度大于2500 N/个球。

1.4.1.5 粒度

炼铁炉料的粒度组成对高炉内的透气性起着决定性的作用。炉料粒度越均匀，料柱的透气性越好，可提高矿石的间接还原度。实践表明，间接还原度提高1%，焦比可下降6~7 kg/t。入炉料中大粒度级和较小粒度级的增加，都会使料柱的孔隙度变小，炉料的透气性变差。所以要求高炉炉料粒级差别越小越好。国内外高炉炼铁要求天然铁矿石粒度在8~25 mm，中小高炉的粒级下限为8~15 mm。对球团矿的粒度要求在10~15 mm。对烧结矿的粒级要求一般为5~50 mm，其中5~10 mm粒级所占的比例要小于30%。

不同粒级的烧结矿最好是分级入炉，不要进行混装。如将6~13 mm和13~40 mm级的烧结矿分别入炉，会使高炉焦比下降3%。

1.4.1.6 还原性

一般要求人造块矿的还原度大于60%。还原性取决于炉料的矿物类型、气孔率及气孔大小等的物理性能。人造块矿的各类矿物中，铁酸钙和赤铁矿易还原，磁铁矿较难还原，而铁橄榄石($2FeO \cdot SiO_2$)更难还原。

矿石还原性改善10%，炼铁焦比可降低8%~9%。由于烧结矿中易形成铁橄榄石，所以烧结矿中含FeO高，还原性会变差。一般要求控制烧结矿中FeO含量在6%~10%。

1.4.1.7 低温还原粉化率

在高炉上部(500~600℃)低温区内Fe_2O_3被还原为Fe_3O_4和FeO，发生晶型转变，导致块状炉料易粉化。粉末的产生会使高炉生产顺行和煤气流分布受到影响；还原粉化率升高，会导致高炉产量和煤气利用率下降，炼铁焦比升高。低温还原粉化率与原料的矿物种类和微观结构有关。赤铁矿在还原过程中由于晶型转变，还原粉化率相对较高。生产高碱度烧结矿和含 MgO 烧结矿可以降低烧结矿还原粉化率。含 TiO_2，K_2O，Na_2O 高的烧结矿粉化率也高。

1.4.1.8 还原膨胀率

还原膨胀率用来评价球团矿还原过程中 Fe_2O_3 向 Fe_3O_4 发生晶型转变，以及浮氏体还原可能出现铁晶须导致的体积膨胀程度。当还原膨胀率较大时，球团矿机械强度大幅度下降并在高炉内形成粉末，影响高炉顺行和煤气的分布。球团矿的还原膨胀性能主要取决于球团矿的矿物成分与结构。在 Fe_2O_3 到 Fe_3O_4 还原阶段发生晶型转变导致的球团膨胀一般认为是不可避免的，属正常膨胀。关于球团矿在还原过程中异常膨胀的原因目前尚无定论。高炉炼铁生产一般要求球团矿的还原膨胀率低于 15%。

1.4.1.9 荷重还原软熔性能

入炉矿石的荷重还原软熔性能对高炉冶炼过程中软熔带的形成——软熔带的位置、形状、厚薄起着极为重要的作用。从提高高炉生产的技术经济指标角度看，要求入炉矿石的荷重软化温度要高一点，软化到熔化的温度区间要窄一些，软熔过程中气体通过时的阻力损失要尽可能地小一些。因为这样可使高炉内软熔带的位置下移，软熔带变薄，高炉炉料透气性改善。

人造块矿软熔性能主要取决于它的渣相成分和熔点。还原过程中产生的含铁矿物及金属铁的熔点也对矿石的熔化和滴落性能有重大影响。渣相的熔点取决于它的组成，显著影响渣相熔点的是碱度和 MgO 含量。提高碱度和 MgO 含量均可改善人造块矿的软熔性能，降低人造块矿中的 FeO 含量也能改善其冶金性能。

表1-8是2009年发布的《球团工程设计规范》提出的我国球团矿的质量标准。

表1-8 我国球团矿的质量标准

	项目	高炉用球团矿	直接还原用球团矿
化学成分	TFe/%	≥65±0.3	≥65±0.3
	R	≤0.3 或≥0.8±0.025	≥0.8±0.025
	S. P/%	S≤0.03 P≤0.03	S≤0.03 P≤0.03
粒度组成	8~16 mm/%	≥90	≥95
	-5 mm/%	≤3.0	≤3.0
物理性能	转鼓强度(+6.3 mm)/%	≥95	≥95
	耐磨指数(-0.5 mm)/%	≤4.5	≤4.5
	抗压强度/(N·个球$^{-1}$)	≥2500	≥3000
冶金性能	还原度(RI)/%	≥65	≥65
	还原膨胀指数/%	≤15.0	≤15.0
	还原后抗压强度/(N·个球$^{-1}$)	≥450	≥450

1.4.2　环境保护对造块生产的要求

随着社会的不断进步和人类对自身生存环境的日益关切，对钢铁生产过程的环境保护提出了更为严格的要求。铁矿造块生产中产生的污染物主要为固体粉尘和废气。在原料的准备、烧结和焙烧、产品的处理过程中都会产生粉尘，而气体污染物主要源于高温烧结和焙烧过程，如表1-9所示。

表1-9　铁矿造块过程中的主要污染源和污染物

序号	生产工序	污染源	主要污染物
1	原料场	原料的装卸、堆取	粉尘
2	原料准备	煤粉及熔剂的制备、卸车、破碎、筛分、干燥、运输	粉尘
3	配料混合	配料、混合、制粒/造球	粉尘
4	烧结/焙烧	烧结/球团焙烧设备	烟(粉)尘、SO_2、NO_x、CO、CO_2、HF、PCDD/F 等
5	破碎冷却	破碎、鼓风	粉尘
6	成品整粒	破碎、筛分	粉尘

烧结烟气中的 SO_2，主要来源于在烧结原料中硫的化合物燃烧的结果。这些硫的化合物主要是通过固体燃料引入的，每吨烧结矿中硫的输入从 0.28 kg/t 变化到 0.81 kg/t 烧结矿不等。每生产一吨烧结矿产生 SO_2 0.8 ~ 2.0 kg。

烧结烟气中的 NO_x，主要由烧结固体燃料及含铁原料中的氮与空气中的氧在高温烧结时相互作用产生的。在烟气中，由燃料生成的 NO_x 可以占到 80%。每生产一吨烧结矿约产生 NO_x 0.4 ~ 0.65 kg。烧结烟气中 NO_x 的浓度一般在 200 ~ 310 mg/m^3。

烟气中的氟化物主要来源于矿石中的氟。氟化物的排放很大程度上取决于烧结矿给料的碱度。碱度的提高可使得氟化物的排放有所减少。氟化物的排放量为 1.3 ~ 3.2g/t 烧结矿或 0.6 ~ 1.5 mg/m^3。造块中的含氟废气主要为氟化氢、四氟化碳等气体。氟化氢对人体的危害比 SO_2 大 20 倍，对植物的危害比 SO_2 大 10 ~ 100 倍。氟化氢可在环境中积蓄，通过食物影响人体和动物，造成骨骼、牙齿病变，骨质疏松、变形。

有关烧结过程中二噁英(PCDD/F)形成的研究表明，PCDD/F 由烧结床本身所形成的，大概是在火焰峰前缘，因为热气被渗入到烧结床。当火焰传播受到破坏，也就是处于不稳定状态时，导致排放出更多的 PCDD/F。

为了进一步限制铁矿造块中的粉尘和气体污染物的排放，我国 2012 年发布新的《钢铁烧结、球团工业大气污染物排放标准》(GB 28662—2012)，规定自 2012 年 10 月 1 日起至 2014 年 12 月 31 日止现有企业执行表1-10 所列的大气污染物排放限值。现有企业自 2015 年 1 月 1 日起、新建企业自 2012 年 10 月 1 日起执行表1-11 规定的大气污染物排放限值。与旧标准相比，新标准更为严格。

表1-10　2012—2014现有企业大气污染物排放浓度限值（单位：mg/m^3，二噁英除外）

生产工序或设施	污染物项目	限值	污染物排放监控位置
烧结机 球团焙烧设备	颗粒物	80	车间或生产设施 排放气筒
	二氧化硫	600	
	氮氧化物（以 NO_2 计）	500	
	氟化物（以 F 计）	6.0	
烧结机机尾 带式焙烧机机尾 其他生产设备	二噁英（$ng-TEQ/m^3$）	1.0	
	颗粒物	50	

表1-11　现有企业和新建企业大气污染物排放浓度限值新标准（单位：mg/m^3，二噁英除外）

生产工序或设施	污染物项目	限值	污染物排放监控位置
烧结机 球团焙烧设备	颗粒物	50	车间或生产设施 排放气筒
	二氧化硫	200	
	氮氧化物（以 NO_2 计）	300	
	氟化物（以 F 计）	4.0	
烧结机机尾 带式焙烧机机尾 其他生产设备	二噁英（$ng-TEQ/m^3$）	0.5	
	颗粒物	30	

1.5　造块生产主要技术经济指标

1.5.1　设备利用系数

造块设备单位有效面积或单位有效体积在单位时间内的产品产出量称为该设备的利用系数。利用系数是评价造块设备效用的指标，通常用设备的台时产量与有效面积或体积的比值来表示：

$$利用系数 = \frac{台时产量\ t/(台·h)}{有效面积\ m^2/台}，t/(h·m^2) \qquad (1-1)$$

或

$$利用系数 = \frac{台时产量\ t/(台·h)}{有效体积\ m^3/台}，t/(h·m^3) \qquad (1-2)$$

式（1-1）适用于烧结机、带式球团焙烧机、链箅机和竖炉的计算；式（1-2）用于回转窑的计算。

1.5.2　设备作业率

作业率是表示设备工作状况的一项指标，用设备实际作业时间占设备日历时间的百分数来表示，因而又称为日历作业率：

$$设备作业率 = \frac{实际作业时间(台·h)}{日历时间(台·h)} \times 100,\ \% \qquad (1-3)$$

1.5.3　产品质量合格率

质量合格率是衡量产品质量好坏的综合指标。在工业生产中，由于造块产品不能进行总体检验，有关产品质量的指标以其被检样品的指标作为依据。通过检验后，凡符合规定的质量标准的为合格品，反之为出格品。

$$质量合格率 = \frac{产品检验总量 - 出格品量}{产品检验总量} \times 100,\ \% \qquad (1-4)$$

1.5.4　物料消耗指标

每生产一吨产品所消耗的原料、燃料、动力、材料等的数量，包括含铁原料、熔剂、焦粉、煤粉、煤气、重油、水、电、炉箅条、胶带、破碎机锤头、润滑油、蒸汽等。

1.5.5　工序能耗与生产成本

工序能耗指的是造块工序每生产一吨产品消耗的各种固体燃料、液体燃料、气体燃料、水、电、蒸汽和压缩空气之和，是衡量造块工序能源消耗高低的综合指标，以千克标煤/吨产品表示。计算时先将各种不同的实物消耗全部折合成千克标准煤/吨产品，再将各项消耗相加，即获得工序能耗指标。

生产成本是指生产一吨产品所需要的费用，它由原料费用与加工费用两部分组成。

加工费是生产一吨产品所需要的辅助材料费(如燃料、润滑油、胶带、箅条、水及动力费等)、工人工资、车间经费(包括设备折旧、维修费等)之和。

1.5.6　劳动生产率

劳动生产率是指全厂工人每人每年生产产品的吨数，它反映了工厂的管理水平和技术水平。

$$劳动生产率 = \frac{全厂年产产品吨数}{全厂工人数},\ t/(年·人) \qquad (1-5)$$

思考题

1. 什么是烧结法、球团法？
2. 简述铁矿造块在钢铁冶炼中的地位与作用。
3. 比较烧结与球团造块方法的异同，分析其未来发展的趋势。
4. 钢铁生产对造块产品质量有哪些要求？

第 2 章　铁矿造块原料

2.1　含铁原料

造块所用原料主要包括含铁原料、燃料以及熔剂和添加剂三大类。含铁原料又可分为天然铁矿石和二次含铁原料。根据矿石中含铁矿物种类，天然铁矿石可分为磁铁矿石、赤铁矿石、假象或半假象赤铁矿石、钒钛磁铁矿石、褐铁矿石、菱铁矿石，以及由其中两种或两种以上含铁矿物组成的混合矿石。按有害杂质（S、P、F、As）含量的高低，可分为高硫铁矿石、低硫铁矿石、高磷铁矿石、低磷铁矿石等。按结构、构造可分为浸染状矿石、网脉浸染状矿石、条纹状矿石、条带状矿石、致密块状矿石、角砾状矿石，以及鲕状、豆状、肾状、蜂窝状、粉状、土状矿石等。

由于天然铁矿石在造块之前均需进行某种形式的加工，根据加工过程的不同，造块采用的铁矿原料又可分为两类：在开采、破碎和筛分加工过程中获得的粒度较粗的产品一般称为铁粉矿，而经过细磨和分选获得的细粒产品一般称为铁精矿。

2.1.1　天然铁矿石

2.1.1.1　原生铁矿石的性质

铁矿石主要由一种或几种含铁矿物和脉石组成。工业上最常遇到的铁矿物主要有四类，即磁铁矿、赤铁矿、褐铁矿和菱铁矿。4 种铁矿物的主要特征如表 2 – 1 所示。

1）磁铁矿

磁铁矿俗称"黑矿"，其化学式为 Fe_3O_4，亦可写成 $FeO \cdot Fe_2O_3$，理论含铁量为 72.4%，晶体呈八面体，组织结构比较致密坚硬，一般呈块状，莫氏硬度达 5.5 ~ 6.5，密度为 4.9 ~ 5.2t/m³，其外表呈钢灰色或黑灰色，具黑色条痕，难还原和破碎；其显著特性是具有磁性，易用磁力选矿方法分选富集。

在自然界中，由于氧化作用，磁铁矿可以部分氧化成赤铁矿，成为既含 Fe_2O_3 又含 Fe_3O_4 的矿石。为衡量磁铁矿的氧化程度和磁性的强弱，通常以全铁（TFe）与氧化亚铁（FeO）的质量百分比值来区分，比值愈大，则说明该矿石氧化程度愈高，其磁性就越弱。

当 TFe/FeO < 2.7 时，为原生磁铁矿；

当 TFe/FeO 介于 2.7 ~ 3.5 时，为混合型矿；

当 TFe/FeO > 3.5 时，为弱磁性矿。

对纯磁铁矿而言，TFe/FeO 的值为 2.33（理论值）。上述划分比值只是对矿物成分简单、具有单一的磁铁矿和赤铁矿组成的铁矿床或矿石才适用。若矿石中含有硅酸盐、硫化铁和碳酸铁时，将影响 TFe/FeO 计算值，不能真实地反映铁矿石的磁性。

磁铁矿石中的主要脉石矿物有：石英、硅酸盐和碳酸盐，有时还含有少量黏土。此外，矿石中还可能含黄铁矿和磷灰石，甚至还含有黄铜矿和闪锌矿等。

表 2 - 1　铁矿石常见矿物的分类及特性

矿石名称	含铁矿物名称和化学式	矿物中的理论含铁量/%	矿石密度/(t·m⁻³)	颜色	条痕	实际含铁量/%	有害杂质	强度及还原性
磁铁矿（磁性氧化铁矿石）	磁性氧化铁 Fe_3O_4	72.4	4.9~5.2	黑色或灰色	黑色	45~70	S、P 高	坚硬、致密、难还原
赤铁矿（无水氧化铁矿石）	赤铁矿 Fe_2O_3	70.0	4.8~5.3	红色至淡灰色甚至黑色	红色	55~60	少	较易破碎、较易还原
褐铁矿（含水氧化铁矿石）	水赤铁矿 $2Fe_2O_3·H_2O$	66.1	4.0~5.0	黄褐色、暗褐色至黑色	黄褐色	37~55	P 高	疏松、大部分属软矿石，易还原
	针铁矿 $Fe_2O_3·H_2O$	62.9	4.0~4.5					
	水针铁矿 $3Fe_2O_3·4H_2O$	60.9	3.0~4.4					
	褐铁矿 $2Fe_2O_3·3H_2O$	59.8	3.0~4.2					
	黄针铁矿 $Fe_2O_3·2H_2O$	57.2	3.0~4.0					
	黄赭石 $Fe_2O_3·3H_2O$	52.2	2.5~4.0					
菱铁矿（碳酸盐铁矿石）	碳酸铁 $FeCO_3$	48.2	3.8	灰色带黄褐色	灰色或带黄色	30~40	少	易破碎、最易还原（焙烧后）

一般开采出来的磁铁矿含铁量为 30%~60%。当含铁量大于 65% 时称为富矿，其整粒块矿可供直接还原和熔融还原使用；品位在 55% 和 65% 之间，可供高炉冶炼使用；当含铁量低于 55% 或含有害杂质含量超标时，必须先经过选矿富集、除杂并造块后才能使用。

磁铁矿可烧性良好，因其在高温处理时氧化放热，且 FeO 易与脉石成分形成低熔点化合物，故造块能耗低且结块强度好。

2）赤铁矿

赤铁矿俗称"红矿"，其化学式为 Fe_2O_3，理论含铁量为 70%，铁呈高价氧化物，为氧化程度最高的铁矿物，为弱磁性矿物。赤铁矿的组织结构多种多样：由非常致密的结晶体到疏松分散的粉体；矿物结构形态也有多种，晶形多为片状和板状。外表呈片状具金属光泽、明亮如镜的叫镜铁矿；外表呈云母片状而光泽不如前者的叫云母状赤铁矿；质地松软、无光泽、含有黏土杂质的为红色土状赤铁矿（又称铁赭石）；此外还有鲕状赤铁矿、豆状赤铁矿和肾状赤铁矿等。

结晶的赤铁矿外表颜色为钢灰色或铁黑色，其他为暗红色。但所有赤铁矿的条痕检测皆为暗红色。赤铁矿密度为 4.8~5.3 t/m³，硬度视赤铁矿类型而不一样。结晶赤铁矿硬度为 5.5~6.0，其他形态的硬度较低。赤铁矿所含 S 和 P 杂质比磁铁矿少。呈结晶状的赤铁矿，其颗粒内孔隙多，而易还原和破碎。但因其铁氧化程度高而难形成低熔点化合物，故其可烧性较差,造块时燃料消耗比磁铁矿高。

3) 褐铁矿

褐铁矿为含结晶水的赤铁矿($mFe_2O_3 \cdot nH_2O$)。因含结晶水量不同,褐铁矿有多个亚种:水赤铁矿($2Fe_2O_3 \cdot H_2O$),针铁矿($Fe_2O_3 \cdot H_2O$),水针铁矿($3Fe_2O_3 \cdot 4H_2O$),黄针铁矿($Fe_2O_3 \cdot 2H_2O$),黄赭石($Fe_2O_3 \cdot 3H_2O$),自然界中的褐铁矿绝大部分以褐铁矿($2Fe_2O_3 \cdot 3H_2O$)形态存在,其理论含铁量为59.8%。

褐铁矿的外观为黄褐色、暗褐色至黑色,呈黄色或褐色条痕,密度为3.0~4.2 t/m^3,硬度为1~4,弱磁性。褐铁矿是由其他矿石风化而成,其结构疏松,密度小,含水量大,气孔多,且在结晶水脱除后又留下新的气孔,故还原性比前两种铁矿好。

自然界中褐铁矿富矿很少,一般含铁量为37%~55%,其脉石主要为黏土、石英等,但杂质S、P含量较高。一般均需进行选矿处理。目前,褐铁矿主要用重力选矿和磁化焙烧-磁选联合法处理。

褐铁矿因含结晶水和气孔多,用烧结或球团造块时收缩性很大,产品质量低,延长高温处理时间,产品强度可相应提高,但导致燃料消耗增大,加工成本提高。

4) 菱铁矿

其化学式为$FeCO_3$,理论含铁量48.2%,FeO达62.1%。在碳酸盐内的一部分铁可被其他金属混入而部分生成复盐,如($Ca \cdot Fe$)CO_3和($Mg \cdot Fe$)CO_3等。在水和氧作用下,易转变成褐铁矿而覆盖在菱铁矿矿床的表面。在自然界中分布最广的是黏土质菱铁矿,其夹杂物为黏土和泥沙。

常见的致密坚硬的菱铁矿,外表颜色呈灰色或黄褐色,风化后则转变为深褐色,具有灰色或带黄色条痕,玻璃光泽,密度为3.8 t/m^3,硬度为3.5~4,磁性较弱。

对含铁品位低的菱铁矿,可用重选法和磁化焙烧—磁选联合法富集,亦可用磁选—浮选联合法处理。这类矿石因在高温下碳酸盐分解,可使产品含铁量显著提高。但在烧结球团造块时,因收缩量大、导致产品强度降低和设备生产能力低,燃料消耗也因碳酸分解而增加。

上述铁矿类型划分外,在生产实践中还根据脉石成分的碱度划分为:碱性矿石($R = \dfrac{CaO + MgO}{SiO_2 + Al_2O_3} > 1.3$),自熔性矿石($R = 1.0 \sim 1.3$)和酸性矿石($R < 1.0$)。

2.1.1.2 世界铁矿资源与铁矿石生产

据美国地质调查局(USGS)报道,截至2012年底,世界铁矿石基础储量为3700亿t,储量为1700亿t。世界铁矿石储量主要集中在澳大利亚、巴西、俄罗斯和中国,分别为350亿t、290亿t、250亿t和230亿t,分别占世界总储量的20.6%、17.1%、14.7%和13.5%,四国储量之和占世界总储量的65.9%;另外,印度、乌克兰、哈萨克斯坦、美国、加拿大和瑞典铁矿资源也较为丰富。

由于品位不同,世界铁储量与铁矿石储量分布并非完全一致。世界铁储量主要集中在澳大利亚、巴西和俄罗斯,储量分别为170亿t、160亿t和140亿t,分别占世界总储量的21.3%、20.0%和17.5%,三国储量之和占世界总储量的58.8%。中国虽然铁矿石储量较大,但由于铁矿石品位低,铁储量仅为72亿t。

世界主要铁矿资源大国的铁矿石和铁的储量见表2-2。

表 2 - 2 世界主要国家铁矿石和铁储量(单位：亿 t)

国家	平均铁品位/%	铁矿石储量	铁储量
澳大利亚	49	350	170
巴西	55	290	160
俄罗斯	56	250	140
中国	31	230	72
印度	64	70	45
加拿大	37	63	23
乌克兰	35	60	21
美国	30	69	21
世界总计		1700	800

2011 年世界铁矿石产量为 20.4 亿 t，较十年前增加了 10.32 亿 t，年均增长量约为 1.03 亿 t。铁矿石生产较为集中，除中国外，世界铁矿石储量前 10 名国家的产量合计占全球总产量的 80% 左右，2003—2011 年全球铁矿石产量位于前十位国家的生产情况见表 2 - 3。表 2 - 4 列出国外典型铁矿石的主要化学成分。

表 2 - 3 世界主要铁矿石生产国情况(万 t)

年份 国家	2003	2004	2005	2006	2007	2008	2009	2010	2011
巴西	24560	27052	29240	31863	33653	34600	30500	37200	39100
澳大利亚	21200	23470	25753	27509	29906	34980	39390	43280	48790
印度	9910	12060	14271	18092	20694	22300	21860	21200	19600
俄罗斯	9137	9698	9676	10390	10495	9927	9205	9906	10380
乌克兰	6250	6554	6857	7310	7743	7181	6583	7917	8119
美国	4848	5470	5430	5290	5240	5360	2650	4950	5360
南非	3809	3927	3954	4133	4156	4900	5540	5690	5290
加拿大	3332	2826	3013	3497	3410	3210	3300	3750	3710
瑞典	2150	2227	2326	2330	2471	2380	1770	2530	2610
委内瑞拉	1920	2002	2118	2210	2065	2150	1490	1400	1600

表 2 - 4 国外典型铁矿石的化学成分及烧损(%)

成分 产地	TFe	FeO	SiO_2	Al_2O_3	CaO	MgO	P	S	烧损
巴西(里奥多西)	67.45	0.09	1.42	0.69	0.07	0.02	0.031	0.006	1.03
巴西(MBR)	67.50	0.37	1.37	0.94	0.10	0.10	0.043	0.008	0.92
巴西(卡拉加斯)	67.26	0.22	0.41	0.86		0.10	0.110	0.008	2.22
南非(伊斯科)	65.61	0.30	3.47	1.58	0.09	0.03	0.058	0.011	0.39

成分 产地	TFe	FeO	SiO$_2$	Al$_2$O$_3$	CaO	MgO	P	S	烧损
南非(阿苏曼)	64.60	0.11	4.26	1.91	0.04	0.04	0.035	0.011	3.64
加拿大(卡罗尔湖)	66.35	6.92	4.40	0.20	0.30	0.26	0.007	0.005	0.26
委内瑞拉	64.17	0.52	1.33	1.09	0.02	0.03	0.084	0.028	3.64
瑞典	66.52	0.35	2.09	0.26	0.27	1.54	0.025	0.004	0.86
澳大利亚(哈默斯利)	62.60	0.14	3.78	2.15	0.05	0.08	0.066	0.013	2.10
澳大利亚(纽曼山)	63.45	0.22	4.18	2.24	0.02	0.05	0.068	0.008	2.34
澳大利亚(扬迪)	58.57	0.20	4.61	1.26	0.04	0.07	0.036	0.010	8.66
澳大利亚(罗布河)	57.39	0.07	5.08	2.58	0.37	0.20	0.042	0.009	8.66
印度(卡洛德加)	64.54	0.14	2.92	2.26	0.06	0.06	0.022	0.007	0.65
印度(果阿)	62.40	2.51	2.96	2.02	0.05	0.10	0.035	0.004	1.27

2.1.1.3　我国铁矿资源特点与铁矿石生产

我国铁矿床类型齐全，世界上已发现的成因类型铁矿在我国均有发现。其中以沉积变质型为主，储量占57.8%，居各类型铁矿床之首，其次是接触交代-热液型(占12.7%)、岩浆晚期型(占11.6%)、沉积型(8.7%)，其他类型占9.2%。

我国铁矿石自然类型复杂，有磁铁矿石、钒钛磁铁矿石、赤铁矿石、菱铁矿石、褐铁矿石、镜铁矿石及混合矿石。在铁矿石保有储量中，磁铁矿石最多(占55.5%)，是开采的主要矿石类型；其次是赤铁矿石(占18%)，随着选矿技术的突破，赤铁矿石也成为目前开采利用的主要对象；钒钛磁铁矿石(占14.4%)成分复杂，虽然选冶技术已基本解决，但由于伴生金属特别是钛的回收率低，目前仅部分开采利用；菱铁矿石(占3.4%)、褐铁矿石(占2.3%)、镜铁矿石(占1.1%)、混合矿石(占5.3%)等矿石，因选别性能差，其贫矿多数尚未利用。

截至2012年，我国查明铁矿资源量约670亿t，其中储量为230亿t。这些资源虽然分布在全国29个省、市、自治区，但又显示相对集中分布的特点，其中三分之二集中在鞍(鞍山)—本(本溪)、攀(攀枝花)—西(西昌)、冀东、宁(南京)—芜(芜湖)、太(太原)—古(古交)—岚(岚县)、包头以及鄂东—鄂西等七个地区。除鄂西地区鲕状铁矿因选冶难度大尚未大规模开发利用外，其余均已成为我国钢铁企业的原料基地。我国现有铁矿资源的特点是：

(1)贫矿多，富矿少　查明资源储量平均铁品位约为31%，绝大部分铁矿品位在25%～40%之间，占我国铁矿查明资源储量的81.2%；而铁品位大于48%的铁矿资源储量，仅占我国铁矿查明资源储量的1.9%。

(2)矿物嵌布粒度细　我国的铁矿资源大多属于细粒、微细粒嵌布的矿石。要达到铁矿物单体解离的分选要求，需要细磨至-200目、-300目甚至-400目。如，鄂西等地储量数十亿吨的鲕状赤铁矿石，铁矿物的嵌布粒度为十几微米甚至几微米，选矿难度特别大，在现有技术条件下无法有效分选。

(3)共、伴生组分多　这类矿约占全国储量的三分之一，涉及一批大、中型铁矿区，如攀—西地区的铁矿含钒、钛、钴、镍等，包头白云鄂博地区铁矿含稀土、铌和氟等，鄂东地区的铁矿含铜、硫、钴、金等，广东大顶和内蒙黄岗地区的铁矿含锌、锡、砷等。

在这些共伴生矿中，有的共、伴生组分储量很大。如白云鄂博铁矿中，稀土储量占我国总储量的97%、占世界总储量的80%，铌的储量居世界第二位。攀—西地区的钒钛磁铁矿中，钒的储量占我国总储量的82%，居世界首位，钛的储量占我国总储量的97%，居世界第二位。这些共、伴生组分具有极高的综合利用价值，但同时也使选冶难度增大。

表2-5列出我国一些主要铁矿石的化学成分。

表2-5 我国主要铁矿石的化学成分(%)

成分 矿山名称	TFe	FeO	SiO_2	Al_2O_3	CaO	MgO	MnO	S	P	其他
弓长岭(赤)	44.00	6.90	34.38	1.31	0.28	1.16	0.15	0.007	0.02	
弓长岭(赤贫)	28.00	3.90	55.24	1.53	0.22	0.73	0.35	0.013	0.037	
东鞍山(贫)	32.73	0.70	49.78	0.19	0.34	0.30		0.031	0.035	
齐达山(贫)	31.70	4.35	52.94	1.07	0.84	0.80		0.010	0.050	
南芬(贫)	33.63	11.90	46.36	1.425	0.58	1.59	Mn 0.037	0.073	0.056	
攀枝花钒钛矿	47.14	30.66	5.00	4.98	1.77	5.49	0.36	0.75	0.009	TiO_2: 15.46, V_2O_5: 0.48, Co: 0.024
庞家堡(赤)	50.12	2.00	19.52	2.10	1.50	0.36	0.32	0.067	0.156	
承德钒钛矿	35.83		17.50	9.78	3.32	3.51	0.31	0.50	0.134	TiO_2: 9.49, V_2O_5: 0.41
邯郸	42.59	16.30	19.20	0.47	9.58	5.00	0.11	0.208	0.048	
海南岛	55.90	1.32	16.20	0.95	0.26	0.08	Mn 0.14	0.098	0.020	
梅山(富)	59.35	19.88	2.50	0.71	1.99	0.93	0.323	0.452	0.399	
武汉铁山矿	54.38	13.90	11.30					0.32	0.056	
马鞍山南山矿	58.66		5.38					0.005	0.550	
马鞍山凹山矿	43.19		14.12		9.30			0.113	2.855	TiO_2: 0.161
马鞍山姑山矿	50.82		23.40		1.20			0.056	0.26	
包头(赤)	52.30	5.55	4.81	0.22	8.78	0.99	0.79	$SO_3$0.213	P_2O_5 0.935	F: 5.87, Re_xO_y: 2.73, K_2O: 0.09, Na_2O: 0.25
大宝山矿	53.05	0.70	3.60	5.88	0.12	0.12	0.048	0.316	0.124	Cu: 0.26, P: 0.072, As: 0.184

按世界铁矿石平均含铁量计，2003 年我国铁矿石产量为 1.23 亿 t，2012 年达到 4.36 亿 t，10 年内增加了 3.13 亿 t，但同期我国的生铁产量由 2.14 亿 t 增长到 6.6 亿 t，净增了 4.46 亿 t，致使铁矿石的需求量由 3.42 亿 t 增加到 10.56 亿 t。近 10 年我国铁矿石自产量和需求量如表 2 - 6 所示。

表 2 - 6 2003 至 2012 年我国铁矿石自产量和需求量/亿 t

年度	2003	2004	2005	2006	2007	2008	2009	2010	2011	2012
生铁产量	2.14	2.68	3.44	4.12	4.77	4.69	5.49	5.90	6.30	6.60
铁矿石自产量	1.23	1.46	1.98	2.76	3.32	3.21	3.33	3.57	4.42	4.36
铁矿石需求量	3.42	4.29	5.50	6.59	7.63	7.50	8.78	9.44	10.08	10.56
铁矿石缺口量	2.19	2.83	3.52	3.83	4.31	4.29	5.45	5.87	5.66	6.20

注：铁矿石自产量为按世界铁矿石平均含铁量折算后的产量。

由于自产铁矿供不应求，自 2001 年以来，我国铁矿石进口量连年大幅增长，2003 年以来进口铁矿的依赖度一直在 50% 以上，而进口铁矿石的价格自 2001 年至 2008 年上涨了 5 倍。过度依赖国外资源已经为我国钢铁工业的发展带来了极为不利的影响。我国铁矿石供不应求的原因固然是由于钢铁生产增长过快，但已查明的矿床因采选难度大和交通运输条件差等而没有开发利用也是重要原因。我国铁矿品位贫、细、杂的特点不仅增大了选别和利用的难度，也使加工成本大幅上升。研究开发适合我国资源特点的采、选、冶新理论、新工艺、新装备、新技术，在提高产质量的同时降低生产成本，是我国矿冶科技工作者未来十分艰巨的任务。

2.1.2 二次含铁原料

在冶金和化工生产过程中，产生大量含铁物料，类别较多，主要包括含铁渣尘(高炉灰，转炉尘泥，转炉渣，轧钢皮等)、黄铁矿烧渣和有色冶金渣等。这些二次含铁原料如不进行处理和利用，不仅浪费资源，而且对环境造成严重污染。

高炉灰含铁一般在 35% ~ 45%，粒度 0 ~ 1 mm，另外含有较多的碳和碱性氧化物，实际上是矿粉、熔剂和焦粉的混合物。转炉尘泥是在炼钢时的吹出物，铁水在吹炼时部分金属铁被氧化，含铁成分较高。转炉渣虽然含铁较低，但碱性氧化物较高，加入烧结料中可代替部分熔剂。轧钢皮(亦叫氧化铁皮)，含铁达 70% ~ 80%，是轧钢时加工钢锭表层脱皮物，杂质最少，有时甚至是纯金属铁皮，其粒度皆较粗。此外，还有金属切削时产生的铸铁屑等。表 2 - 7 列出了部分烧结厂使用的含铁二次原料的物理化学性质。

表 2 - 7 部分烧结厂使用的二次含铁原料的物理化学性质[*]

名称	编号	化学成分及烧损/%										物理性质	
		TFe	FeO	SiO_2	CaO	MgO	Al_2O_3	S	P	C	烧损	水分/%	粒度
高炉灰	1	41.51	2.90	6.88	3.58	0.63	2.60	0.041	0.072	22.19	22.15	—	—
	2	43.66	—	8.02	4.91	1.74	1.35	0.24	0.0176	—	22.36	7.00	—
	3	42.00	6.80	9.80	7.30	3.84	—	—	—	—	18.00	—	—

名称	编号	化学成分及烧损/%										物理性质	
		TFe	FeO	SiO_2	CaO	MgO	Al_2O_3	S	P	C	烧损	水分/%	粒度
轧钢皮	1	74.10	65.50	0.81	1.07	—	0.27	0.023	—	—	—	1.40	—
	2	70.28	—	1.11	1.47	0.50	0.02	—	—	—	0.025	—	<5 mm
	3	70.00	—	2.70	0.00	1.43	0.18	0.05	0.036	—	—	—	—
转炉污泥	1	68.85	61.60	1.90	7.99	1.88	0.12	—	P_2O_5 0.23	2.5	—	—	−30μm 100%,
	2	48.18	18.00	4.15	10.92	5.90	—	0.031	—	—	—	—	− 0.074 mm 为 71.69%
转炉渣	1	15.87	9.33	11.55	42.56	8.78	2.46	0.081	P_2O_5 0.31	—	8.46	—	—
	2	15.04	11.12	15.87	43.12	7.40	6.10	0.264	—	—	4.39	6.00	<8 mm

注：表中"—"表示该项未分析。

　　黄铁矿烧渣是以黄铁矿为原料制造硫酸时的副产品，其产量较大，含铁量 40%～60%，颗粒粒度较宽并呈多孔性。硫酸渣通常有红、黑两种颜色。红色的含 Fe_2O_3 多，粒度较粗，为沸腾炉产物，含铁量较低；黑色的含 Fe_3O_4 较多、粒度细、含铁量较高，为由旋风除尘器捕集物。但总的来看其含硫量较高，有的含铜、铅、锌等有色金属，在造块前或造块过程中应进一步脱除。常用硫酸渣化学成分见表 2 – 8。由于烧渣孔隙大、堆密度小，采用烧结法处理单一硫酸渣时，因其收缩大，造块产品强度差，故烧结时一般与其他铁矿石配合使用。通过润磨或高压辊磨预处理后，采用球团法可处理单一或配加部分铁精矿的黄铁矿烧渣原料。

　　此外，一些含铁高的有色冶金渣也可通过造块加工后利用，如铜、镍硫化物经焙烧和浸出得到的残渣已用于球团生产。

表 2 – 8　我国部分企业硫酸渣的化学成分(%)*

成分 编号	TFe	S	SiO_2	Cu	Pb	Zn
1	48～50	1～0.5	14～17	—	—	—
2	59～63	0.43	10.06	0.20～0.35	0.01～0.04	0.04～0.08
3	47	0.5	15	0.16	0.07	—
4	48～50	0.92	18.6	0.069	—	—
5	53.14	0.54	16.19	—	—	—
6	42	0.16	—	0.23	0.08	0.09

注：表中"—"表示该项未分析。

2.2　锰矿石

　　锰矿石是钢铁工业中应用很广泛的重要原料。锰是钢铁的重要合金元素，能增加钢的强度和硬度，使钢铁制件的耐磨耐冲击等强度提高，使用寿命延长。锰钢在国防工业中应用广泛。

　　按锰矿的自然类型可分为氧化锰矿和碳酸锰矿。重要的锰矿物类型及其特性列于表 2 - 9。

通常锰和铁共生在一起。工业上，按锰铁比(Mn/Fe)大小将锰矿分为下列几类。

1) 锰矿石

锰铁比在 0.8 ~ 1.0 以上，主要成分是锰。锰含量大于 30%、锰铁比不小于 3 的富锰矿石，可直接用于冶炼锰质铁合金；锰含量小于 30%，锰铁比小于 3 的高铁贫锰矿需经选矿后应用。

2) 铁锰矿石

锰铁比在 0.5 ~ 0.8 之间，通常需经选矿后才能作为冶炼锰质合金原料，一般用于冶炼非标准锰铁、镜铁和炼铁配料。

3) 含锰铁矿石

这类矿石以含铁为主，含锰仅 5% ~ 10%，一般用来冶炼含锰生铁。

富锰矿可直接工业应用，贫锰矿需经选矿处理后使用。冶金用锰矿石贫富划分的一般标准列于表 2 - 10。

锰粉矿烧结球团法造块，其燃耗比铁矿粉略高。对菱锰矿高温造块时，因碳酸盐类分解后释放 CO_2，可使锰品位提高 8% ~ 10%。

表 2 - 9 锰矿物类型及结构

矿物名称	化学分子式	含锰量*/%	密度/(t·m⁻³)	莫氏硬度	颜色	矿物结构
软锰矿	MnO_2	63.2/55 ~ 63	4.3 ~ 4.8	2 ~ 5	黑，钢灰	疏松状、烟灰状
硬锰矿	$MnO·MnO_2·nH_2O$	35 ~ 60	3 ~ 4.3	4 ~ 6	黑，有时灰黑	胶状、粒状
偏锰酸矿	$MnO_2·nH_2O$	40 ~ 45	3 ~ 3.2	2 ~ 3	黑，褐，巧克力灰	胶质、疏松、或结晶不好的块
水锰矿	$Mn_2O_3·H_2O$	62.4/50 ~ 62	4.2 ~ 4.4	3 ~ 4	黑，条痕为灰	结晶状、粒状
褐锰矿	Mn_2O_3	69.6/60 ~ 69	4.7 ~ 4.8	6 ~ 6.5	黑，条痕为浅褐	密集粒状
黑锰矿	Mn_3O_4	72/65 ~ 72	4.8 ~ 4.9	5 ~ 5.5	黑，条痕褐	粒状
菱锰矿	$MnCO_3$	47.8/40 ~ 45	3.4 ~ 3.5	3.5 ~ 4.5	粉红、白、灰白	结晶粒状、肾状
锰方解石	$(Ca·Mn)CO_3$	7 ~ 25	2.7 ~ 3.1	3.5 ~ 4.0	白、灰白带微红	粒状、密集状
菱锰铁矿	$(Mn·Fe)CO_3$	23 ~ 32	3.5 ~ 3.7	3.5 ~ 4.5	粉红	密集状、粒状、致密状
钙菱锰矿	$(Mn·Ca·Mg)CO_3$	30 ~ 33				

注：*斜杠上方为纯矿物中的锰含量，斜杠下方为实际矿石中的锰含量。

表 2 – 10　锰矿石的边界品位

矿石类型		Mn/%		Mn + Fe /%	Mn/Fe	SiO₂ /%	每1%锰含磷 /%
		品位边界	平均品位				
氧化锰	富矿	≥20~25	≥30		≥4	≤25	0.005
	贫矿	≥10~15	≥20			≤35	0.005
碳酸锰	富矿	≥15~20	≥25		≥4	≤25	0.005
	贫矿	≥8	≥15			≤35	0.005
锰铁矿石			≥10~15	≥30		≤35	0.005

2.3　熔剂和添加剂

2.3.1　熔剂

使矿物中脉石造渣用的熔剂，按其性质可分为碱性熔剂(石灰类)、中性熔剂(高铝类)和酸性熔剂(石英类)三类。由于铁矿石的脉石成分绝大多数以 SiO_2 为主，故生产中常用含 CaO 和 MgO 的碱性熔剂。常用的碱性熔剂有石灰石、生石灰、消石灰和白云石。

(1)石灰石($CaCO_3$)　理论含 CaO 量为 56%。在自然界中石灰石都含有铁、镁、锰等杂质，故一般含 CaO 为 50%~55%。石灰石呈块状集合体，硬而脆，易破碎，颜色呈白色或乳白色。有时其成分中还含有 SiO_2 和 Al_2O_3 杂质。

(2)白云石($CaCO_3 \cdot MgCO_3$)　它具有方解石和碳酸镁中间产物性质。白云石理论含 $CaCO_3$ 54.2%（CaO 为 30.4%），$MgCO_3$ 45.8%（MgO 为 21.8%）。呈粗粒块状，较硬难破碎，颜色为灰白或浅黄色，有玻璃光泽，在自然界中分布没有石灰石普遍。

(3)生石灰(CaO)　是石灰石煅烧后的产物，一般 CaO 含量为 85% 左右；易破碎，具有极强的吸水性。

(4)消石灰($Ca(OH)_2$)　为生石灰遇水消化的产物，其 CaO 含量一般为 70%~75%，分散度大，具黏性，密度小。

2.3.2　添加剂

为改进产品的质量及其冶金性能，在铁矿造块中也采用一些酸性添加剂。主要有：

(1)橄榄石及蛇纹石　橄榄石($Mg \cdot Fe$)$O_2 \cdot SiO_2$，蛇纹石 $3MgO \cdot 2SiO_2 \cdot 2H_2O$，这类熔剂同时带入两种造渣成分即 MgO 和 SiO_2，可提高造块产品强度。

(2)石英石　其主要成分为 SiO_2，用于补充铁矿中 SiO_2 的不足，尤其在有色冶金中需酸性渣冶炼时的原料造块中广泛使用。

表 2 – 11 列出了我国造块用的熔剂和添加剂主要物理化学性质。

表 2 – 11　我国造块用熔剂和添加剂物理化学性质

名称	序号	化学成分/%						水分/%
		CaO	MgO	SiO_2	Al_2O_3	S	烧损	
石灰石	1	54.43	0.40	0.69	0.26	0.006		
	2	53.07	1.60	3.70	—	—	41.42	
	3	52.38	1.40	1.27	0.96	—	42.49	
白云石	1	32.61	19.94	0.16	—	—	42.35	
	2	31.50	20.42	1.00	—	—	42.66	4.00
	3	29.50	19.30	3.70	—	—	44.80	4.30
蛇纹石	1	1.52	38.4	38.22	0.92	0.028	—	
	2	1.4	36.29	38.19	0.98	—	13.72	
生石灰	1	85.69	1.06	—	0.24	0.004	—	
	2	85.00	2.85	1.95	—	0.002	13.95	
	3	84.65	4.90	2.46	—	—	4.00	
	4	85.00	2.00	2.50	—	—	5.00	
消石灰	1	65.97	1.14	2.17	0.41	—	26.75	
	2	62.30	2.20	5.18	—	—	28.95	20.00

2.3.3　黏结剂

黏结剂主要用于球团矿生产，分为有机和无机两大类。目前球团生产中最常用的黏结剂是膨润土，其主要成分是蒙脱石，化学式是 $Al_2O_3 \cdot 4SiO_2 \cdot nH_2O$。根据蒙脱石中吸附阳离子的不同，可分为钙基和钠基膨润土两大类。钙基膨润土分布广，但黏结性能差。因此，大多数情况下，为了提高膨润土的性能，将钙基膨润土改性，人工进行钠化。

由于使用膨润土会降低球团矿的铁品位。造块工作者一直致力于开发有机黏结剂或有机 – 无机复合黏结剂。有机黏结剂首先在还原球团的制备中获得了应用，如以纤维素为主要成分的佩利多黏结剂。中南大学以风化煤为原料开发的复合黏结剂在国内先后建成投产的四个链箅机 – 回转窑还原球团厂应用。

2.4　燃料

2.4.1　固体燃料

铁矿造块生产所使用的燃料，主要为固体燃料和气体燃料。液体燃料国外虽然有应用，但在我国很少应用。固体燃料具体分为焦炭和煤两种。

1）焦炭

主要用于烧结生产，它是炼铁厂和焦化厂焦炭的筛下物（即碎焦和焦粉），其质量用工业分析和化学性质来评定。工业分析包括固定碳、挥发分、灰分含量和硫含量等。燃料性质与粒度组成及化学性质有关，化学性质主要指其燃烧性和反应性。燃烧性表示碳与氧在一定温度下的反应速度,反应性表示碳与 CO_2 在一定温度下的反应速度。这些反应速度愈快,则表示燃烧性和反应性愈好。一般情况下碳的反应性与燃烧性成正比关系。

2)煤

视在造块中用途不同,选用的煤种有异。

(1)无烟煤 当供烧结作燃料时,主要作为热源提供者,一般破碎成 0~3 mm,选用含固定碳高(70%~80%),挥发分低(低于2%~8%)、灰分少(6%~10%)的无烟煤,结构致密,呈黑色,具亮光泽,含水分很低,常作焦粉代用品以降低生产成本。当用作还原剂时,当然同时也提供热源,主要用于还原球团的焙烧。若用于氧化球团焙烧则主要通过燃烧提供热源,此时无烟煤应细碎到 <200 目占80%以上,用喷枪喷射燃烧;若用作还原球团焙烧时,则粒度应破碎至 5~25 mm 加入还原设备内。

(2)烟煤 烟煤不能在抽风烧结中使用。用作还原球团生产的还原剂和提供热源的燃料主要是年轻的烟煤和褐煤,其他类型烟煤经研究和生产实践证明不可取。生产还原球团时对烟煤和褐煤利用的主要成分是挥发分和固定碳,并要求二者含量高,而要求灰分和硫含量低,灰分软熔温度1200℃以上。烟煤和褐煤的平均固定碳含量50%~60%,密度小,着火点低,易燃,但含水分高,发热值低,通常挥发分可达40%~50%。

2.4.2 气体燃料

气体燃料在造块领域中主要用于烧结料点火和球团焙烧。

气体燃料分为天然和人造两种。天然气体燃料为天然气,仅有少数国家使用,大部分使用人造气体燃料。人造气体燃料主要是焦炉煤气、高炉煤气和发生炉煤气。

气体燃料根据其发热值可分为三类,即高发热值燃料(大于 15072 kJ/m^3),中热值燃料(6280~15072 kJ/m^3)和低发热值燃料(小于 6280 kJ/m^3)。天然气发热值介于 33490~41870 kJ/m^3,属高发热值气体燃料。

高炉煤气是炼铁过程中从高炉上部排出的气体副产物,主要成分 CO 为25%~31%,发热值 3150~4190 kJ/m^3,经清洗排除煤气中水分和灰尘后即可使用。高炉煤气成分与冶炼时所用燃料类型、冶炼焦比、生铁品种和操作制度有关。在一般用焦炭冶炼情况下,其高炉煤气成分范围见表 2-12。

表 2-12　高炉煤气成分范围

成分	CO_2	CO	CH_4	H_2	N_2
含量/%	9.0~15.5	25~31	0.3~0.5	2~3	55~58

焦炉煤气是炼焦炉排出的副产品。其含可燃成分多且高,如 H_2,CO 和 CH_4,总计可达75%以上,发热值 16330~17580 kJ/m^3,经清洗除煤焦油后即可使用。焦炉煤气成分范围见表 2-13。

表 2-13　焦炉煤气成分范围

成分	H_2	CO	CH_4	C_mH_n	CO_2	N_2	O_2
含量/%	54~59	5.5~7	23~38	2~3	1.5~2.5	3~5	0.3~0.7

我国全部烧结厂和绝大部分球团厂位于高炉和焦炉附近,通常将二者产生的煤气按一定比例制成混合煤气,其发热值取决于二者混合的比例。我国部分钢铁厂所用的混合煤气发热值在 5360 ~ 6700 kJ/m³ 范围,其化学组成见表 2 - 14。

表 2 - 14 混合煤气成分范围

成分	CO_2	CO	CH_4	H_2	N_2
含量/%	11.2 ~ 5.5	13.5 ~ 25.2	2.8 ~ 16.8	7.8 ~ 38.6	52.7 ~ 23.8

2.4.3 液体燃料

液体燃料主要用于烧结料点火和球团焙烧。液体燃料来自石油加热分馏后的产品,在造块领域内主要用密度较大的重油。

重油发热值较高,达 37680 kJ/m³,呈黑色,黏性大,按黏度不同,可分为 20 号,60 号,100 号,200 号重油。它基本上由 C、H、N、O、S 五种元素组成。黏度愈大,H 含量愈小,发热值愈低。我国重油的含 S 量都在 1% 以下,灰分低于 0.1%,着火温度为 500 ~ 600℃。

我国仅在小型烧结厂的烧结盘上用重油点火,国外大部分用于焙烧球团。

2.5 造块生产对原料的要求

2.5.1 烧结生产对原料的要求

2.5.1.1 含铁原料

我国《烧结厂设计规范》对烧结用含铁原料提出的入厂条件见表 2 - 15。对硫、磷等杂质含量的要求以产品满足高炉冶炼要求为准。

表 2 - 15 我国含铁原料入厂条件

化学成分	磁铁矿为主的原料				赤铁矿为主的原料				水分/%
TFe/%	≥67	≥65	≥63	≥60	≥65	≥62	≥59	≥55	磁铁矿为主原料 Ⅰ级≤10.00 Ⅱ级≤11.00 赤铁矿为主原料 Ⅰ级≤11.00 Ⅱ级≤12.00
	波动范围 ±0.5				波动范围 ±0.5				
SiO_2/% Ⅰ类	≤3	≤4	≤5	≤7	≤12	≤12	≤12	≤12	
SiO_2/% Ⅱ类	≤6	≤8	≤10	≤13	≤8	≤10	≤13	≤15	

烧结含铁原料的化学成分应稳定,混匀矿铁品位波动的允许偏差为 ±0.5%,SiO_2 含量的允许偏差为 ±0.2%。表 2 - 16 列出主要产钢国对烧结用混匀矿成分波动的要求。

表2-16 主要产钢国对烧结用混匀矿成分波动的要求

国家及厂名	TFe/%	SiO_2/%	CaO/SiO_2/%	Al_2O_3/%
日本大分	±(0.2~0.5)	±0.12	±0.03	±0.3
日本若松	±0.42	±0.165	—	—
日本福山	±0.05	±0.03	±0.03	—
日本千叶	—	±0.2	—	±0.3
日本君津	±0.167	±0.08	±0.025	—
日本户火田	—	±0.128	—	—
德国西马克	±(0.3~0.4)	—	±0.03	—
德国曼内斯曼	±0.3	±0.2	±0.05	—
前苏联	±0.2	±0.2	±0.03	—
英国	±(0.3~0.5)	—	±(0.03~0.05)	—
美国凯萨	—	—	±0.13	—
中国宝钢	±0.5	±0.3	±0.03	—

2.5.1.2 熔剂和添加剂

《烧结厂设计规范》提出的我国各种熔剂入厂条件见表2-17。

表2-17 我国各种熔剂入厂条件

名称	化学成分/%	粒度/mm	水分/%	备注
石灰石	CaO≥52，SiO_2≤3，MgO≤3	0~80 及 0~40	<3	—
白云石	MgO≥19，SiO_2≤4	0~80 0~40	<4	—
生石灰	CaO≥85，MgO≤5， SiO_2≤3.5，P≤0.05，S≤0.15	≤4	—	生烧率 + 过烧率≤12%； 活性度[①]≥210 mL
消石灰	CaO>60，SiO_2<3	0~3	<15	—

注：①指在 40±1℃水中，50 g 石灰 10 min 消耗 4 mol/L HCl 的毫升数。

2.5.1.3 燃料

我国部分烧结厂固体燃料入厂条件见表2-18。

表2-18 我国部分烧结厂固体燃料入厂条件

名称	序号	固定碳/%	挥发分/%	硫/%	灰分/%	水分/%	粒度/mm
无烟煤	1	≥75	≤10	≤0.05	≤15	<6	0~13
	2	≥75	≤10	≤0.50	≤13	≤10	≤25 mm(≥95%)
焦粉	1	≥80	≤2.5	≤0.60	≤14	≤15	0~25
	2	≥80	—	≤0.8	≤14	≤18	<3 mm(≥80%)

2.5.2 球团生产对原料的要求

2.5.2.1 含铁原料

铁精矿中 TFe 含量宜大于 66.5%，波动允许偏差为 ±0.5%；SiO_2 含量应小于 4.5%，波动允许偏差为 ±0.2%；铁精矿的水分含量应小于 10%；铁精矿的比表面积根据造球工艺的不同，圆盘造球工艺宜为 1800~2000 cm^2/g，圆筒造球工艺应为 2000~2200 cm^2/g。

2.5.2.2 黏结剂和添加剂

选用膨润土作黏结剂时，应对其造球性能的优劣进行评价，应选用造球性能好的膨润土，且应经模拟工业性试验证实。应优先采用钠基膨润土，其次是活化钙基膨润土。在满足生球质量的前提下，应减少膨润土用量。

生产熔剂性球团矿和含镁球团矿时，宜配加石灰石、白云石等添加剂，其中小于 0.045 mm 的含量不小于 90%。该物料的细磨设施不宜设在球团厂内，但应在配料室设有一定容量的贮仓。并应采用密封罐车进厂，然后用气力输送的方式送入贮仓，储存时间应满足生产需要。

2.5.2.3 燃料

带式机焙烧和链箅机–回转窑焙烧采用天然气、焦炉煤气或具有较高热值的煤气时，燃气的发热值应不低于 16 MJ/m^3。铁精矿干燥宜采用高炉煤气。竖炉焙烧宜采用较高热值的混合煤气和经预热后的具有较高热值的高炉煤气。

思考题

1. 磁铁矿、赤铁矿、褐铁矿、菱铁矿在成分与性质上有何不同？
2. 烧结生产和球团生产对原料各有什么要求？

第 3 章　烧结过程物理化学基础

3.1　概述

现代烧结生产是一种抽风烧结过程。该过程可以概括为：将烧结料(铁矿粉、熔剂、燃料、返矿等)配以适量水分，经混合、制粒后铺到烧结机上，在下部抽风作用下，进行点火并自上而下进行烧结反应，在料层燃料燃烧产生的高温作用下，混合料发生一系列物理化学变化，最后冷凝变成烧结矿。

对一高度为 500 mm、烧结开始 5 min 后的料层进行冷却、解剖分析，发现沿烧结料层高度方向上呈现出结构和性质不同的若干带，按温度高低和其中发生的物理化学变化，可将正在烧结的料层分五个带，自上而下依次为烧结矿带、燃烧带、干燥预热带、过湿带和原始料带，如图 3 - 1 所示。表 3 - 1 列出烧结料层各带的物理化学特征和温度区间。

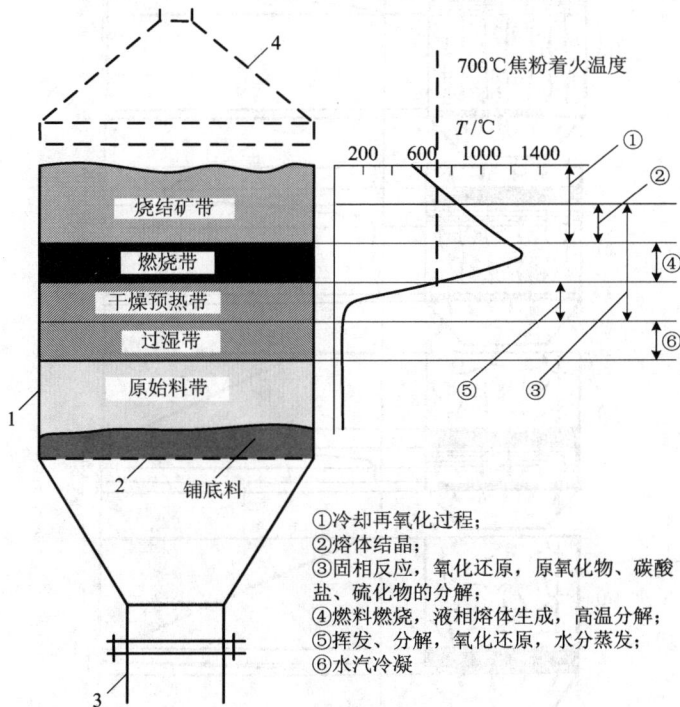

① 冷却再氧化过程；
② 熔体结晶；
③ 固相反应，氧化还原，原氧化物、碳酸盐、硫化物的分解；
④ 燃料燃烧，液相熔体生成，高温分解；
⑤ 挥发、分解，氧化还原，水分蒸发；
⑥ 水汽冷凝

图 3 - 1　烧结开始 5 min 后沿料层高度方向各带及温度分布(料层高度 500 mm)
1—烧结杯；2—炉箅；3—废气出口；4—点火器

表 3-1　烧结料层各带的特征和温度区间

烧结料层各带	主要特征	温度区间/℃
烧结矿带	冷却固化形成烧结矿区域	<1200
燃烧带	焦炭燃烧，石灰石分解、矿化，固-固反应及熔融区域	700~最高温度~1200
干燥预热带	低于原始混合料含水量的区域	100~700
过湿带	超过原始混合料含水量的区域	<100
原始料带	与原始混合料含水量相同的区域	原始料温

随着烧结过程的推进，各带的相对厚度不断发生变化，烧结矿带不断扩大，原始料带不断缩小，至烧结终点时燃烧带、干燥预热带、过湿带和原始料带全部消失，整个料层均转变为烧结矿带。图 3-2 是在烧结杯中烧结时，料层各带随烧结时间的变化情况(图中将原始料带并入过湿带)。实际烧结生产是一个连续稳定过程，图 3-3 是在生产过程中沿烧结机长度方向料层各带厚度的演变和分布示意图。

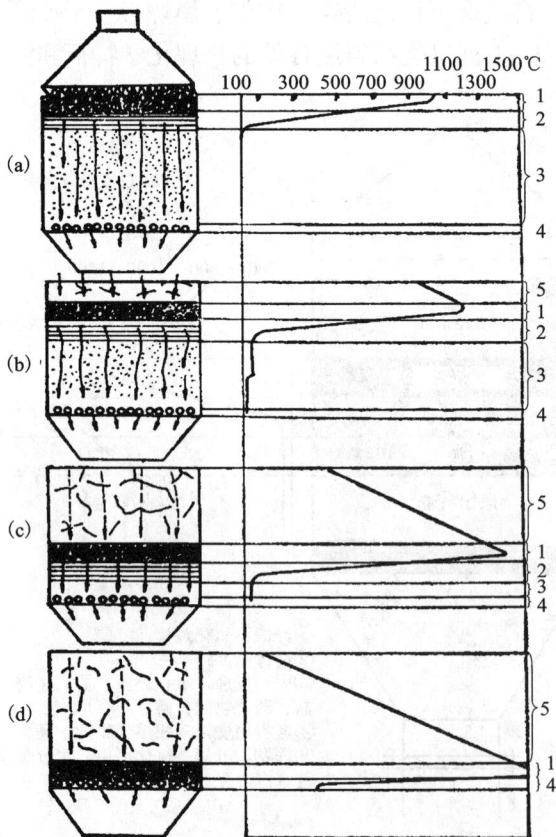

图 3-2　烧结杯烧结过程中料层各带的演变

(a)点火瞬间；(b)点火后 1~2 min；(c)烧结 8~10 min；(d)烧结终了前

1—燃烧带；2—干燥预热带；3—过湿与原始料带；4—铺底料；5—烧结矿带

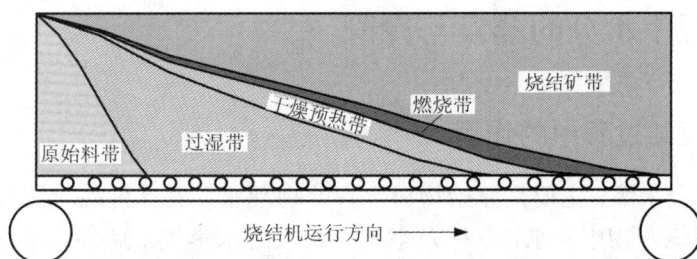

图 3 - 3　沿带式烧结机长度方向烧结各带的演变与分布示意图

（1）烧结矿带　从点火开始，烧结矿带即开始形成，并逐渐加厚，这一带的温度在 1200℃ 以下。在冷空气作用下，温度逐渐下降，熔融液相被冷却，伴随着结晶和矿物析出，物料凝固成多孔结构的烧结矿，透气性变好，抽入的冷空气被预热，烧结矿被冷却。通常烧结矿的表层由于高温保持时间短和冷却速率快等原因，一般强度较下层差，表层厚度一般为 20 ~ 30 mm。

（2）燃烧带　燃烧带是从燃料着火（约 700℃）开始，至最高温度（1250 ~ 1400℃）并下降至 1200℃ 为止，其厚度一般为 20 ~ 40 mm，并以 15 ~ 30 mm/min 的速度向下移动。这一带进行的主要反应有燃料的燃烧，碳酸盐的分解，铁、锰氧化物的氧化、还原、热分解，硫化物的脱硫和低熔点矿物的生成与熔化等。由于燃烧带的温度最高并有液相生成，这一带的透气性很差。燃烧带厚度对烧结矿的产量和质量影响极大，过厚影响通过料层的风量，导致产量降低，过薄则烧结温度低，液相量不足，影响烧结矿强度。

（3）干燥预热带　干燥预热带的温度在 100 ~ 700℃ 范围内，厚度一般为 20 ~ 40 mm。在此带，混合料水分完全蒸发，并被加热到燃料着火温度。由于导热性好，料温很快升高到 100℃ 以上，混合料水分开始激烈蒸发，随着温度的进一步升高，料层内发生部分结晶水和碳酸盐分解、硫化物分解氧化、矿石的氧化还原以及固相反应等。

（4）过湿带　来自预热干燥带的废气中含有较多的水分，当温度降到露点（烧结过程一般为 60℃ 左右）以下发生冷凝析出，形成过湿带。过湿带增加的冷凝水介于 1% ~ 2% 之间。但在实际烧结时，发现在烧结料下层有严重的过湿现象，这是因为在强大的气流和重力作用下料层中的水分向下迁移，特别是那些湿容量较小的物料容易发生这种现象。水汽冷凝使料层的透气性显著恶化，对烧结过程产生很大影响。

（5）原始料层带　处于料层的最下部，此带与原始混合料含水量和料温相同，来自过湿带的废气对此带不产生明显影响。

铁矿烧结是一个涉及物理化学变化、气体流动、燃料燃烧和传热传质的复杂过程。本章将主要讨论水分的蒸发与冷凝，固体物料的分解、氧化、还原，固 - 固相反应，液相形成与冷凝等过程的基本原理。

3.2 烧结过程中水分的蒸发与冷凝

3.2.1 水分在烧结过程中的作用

烧结料中的水分来源，主要是原始物料含有的物理水，混合料混匀制粒时外加的水，燃料中碳氢化合物燃烧产物中的水汽，以及空气中带入的水蒸气。此外，还有混合料中褐铁矿等含结晶水矿物分解释放的化合水。

一般认为，水分在烧结过程中可以起到以下几个方面的作用：

（1）制粒作用　烧结混合料加入适当的水分，水在混合料粒子间产生毛细力，在混合料的滚动过程中互相接触而靠紧，制成小球粒，改善烧结料层的透气性。

（2）导热作用　水的导热系数为 $130 \sim 400$ kJ/（$m^2 \cdot h \cdot \text{℃}$），而矿石的导热系数为 0.60 kJ/（$m^2 \cdot h \cdot \text{℃}$），烧结料中水分的存在，改善了烧结料的导热性，使料层中的热交换速率加快，有利于使燃烧带限制在较窄的范围内，减少了烧结过程中料层的阻力，同时保证了在燃料消耗较少的情况下获得必要的高温。

（3）润滑作用　水分子覆盖在矿粉颗粒表面，起类似润滑剂的作用，降低了表面粗糙度，减小了气流通过时的阻力。

（4）助燃作用　固体燃料在完全干燥的混合料中燃烧缓慢，水分在高温下能与固体 C 发生水煤气反应，生成 CO 和 H_2，利于固体燃料的燃烧。

水分的上述作用，是保证烧结过程顺利进行，提高烧结矿产量和质量必不可少的条件之一。

下面的实验可以充分说明水分在烧结过程中的作用。将制粒后的混合料烘干到水分含量为 2.3%，其烧结效果与正常水分的烧结料相比，利用系数从 1.11 t/（$m^2 \cdot h$）下降到 0.66 t/（$m^2 \cdot h$），烧结时间由 9 min 延长到 21 min，平均真空度由 7000 Pa 增加到 7360 Pa。

不同烧结料的适宜水分含量不同。一般来说，物料粒度越细，比表面积越大，所需适宜水分含量就越高。此外，适宜水分含量与原料类型关系很大，松散多孔的褐铁矿烧结时所需含水量可达 20%，而致密的磁铁矿烧结时适宜水分含量为 6% ~9%。

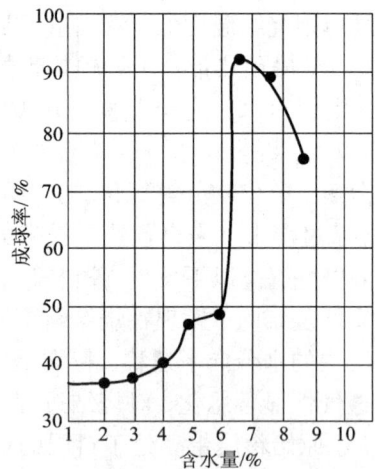

图 3-4　某物料成球性与含水量的关系

烧结最适宜水分含量是以使混合料达到最高成球率或最大料层透气性来评定的。当适宜的水分含量范围较小，实际水分含量变化超过 ±0.5% 时，就会对混合料的成球性产生显著影响。图 3-4 为某物料成球性与含水量的关系。

3.2.2 水分的蒸发

在烧结过程中，水分的蒸发主要指的是烧结混合料中物理水的蒸发，该过程发生在干燥预热带内。含有水分的混合料与来自上部燃烧带的热废气先接触，混合料中的水分开始蒸发而转移到气相中。

当热气体与湿料接触时，在较长一段时间内，蒸发过程进行得较为缓慢，物料含水量没有多大变化，但物料温度却有了明显的升高。在这段期间内，热量主要消耗于预热物料，直至传给物料的热量与用于汽化的热量之间达到平衡为止。

物料达到蒸发平衡温度时，水分开始等速蒸发，物料中的水分随时间直线下降。该阶段物料表面的蒸汽压等于同一温度下纯水的饱和蒸汽压。水分蒸发速率取决于干燥介质（热废气）的性质（温度、湿度等），而与物料的水分含量无关。这个阶段持续到物料达到临界湿度为止。

在达到临界湿度以后，物料表面润湿面积不断减少，汽化面移向固体颗粒内部，热废气传给湿物料的热量大于水分汽化所需热量，物料表面温度逐步上升而接近于废气温度。这一阶段水分蒸发速率取决于物料的水分含量，而与废气关系不大。

3.2.3　水汽的冷凝

3.2.3.1　水汽冷凝与过湿带的形成

从干燥带出来的废气，其中含有较多的水汽，由于其水蒸气分压(P_a)大于物料表面上的饱和蒸汽压(P_s)，废气中的水汽再次返回到物料中，即在下部物料表面冷凝下来。

湿空气中的水汽开始在料面冷凝的温度称为露点，烧结废气的露点为60℃左右。

烧结废气中的水汽首先在与其紧邻的下层物料表面冷凝。在废气所带热量和水汽冷凝潜热的作用下，该冷凝带的物料被加热，当该层物料温度达到干燥带排出气体的温度时，这一层中水汽冷凝即告结束，此后在该层中不再发生冷凝。废气的冷却和由此而发生的水汽冷凝转到下一层中进行。这样冷凝层就像过湿带的前沿，在气流运动方向移动，而在它经过的地方变成过湿带。当干燥带下部全部变为过湿带后，过湿带的温度等于干燥带排出气体的温度，从此开始，干燥带蒸发的水分与废气一起全部从烧结料中排出去。当干燥带继续向下迁移时，过湿带逐渐缩小，当干燥带接近床层时，过湿带全部消失。

3.2.2.2　烧结冷凝现象的实验研究

烧结料层过湿完成的时间可以根据炉箅底下废气温度的变化来判断。图3-5所示为烧结废气温度曲线的一般特征，点火后2~3 min内废气温度从原始料温跳跃到60~65℃（曲线ab，bc），表明在这段时间内完成了整个床层的过湿过程，这个温度一直保持到约10 min（曲线cd），至干燥带接近炉箅为止。这一实验结果表明，虽然过湿带存在的时间较长，但过湿带的形成在烧结开始后2~3 min内即完成，而不是烧结的全部时间。

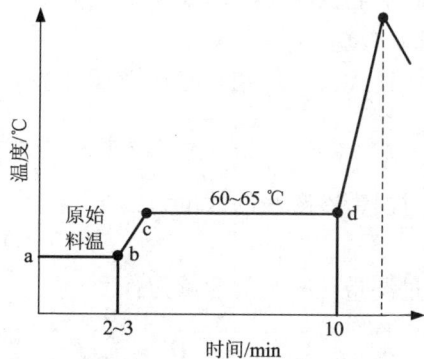

图3-5　烧结杯烧结过程废气温度的变化

图3-6所示为料层高度300 mm、烧结开始后很短时间内料层温度的变化。烧结料层中从上向下依次等距离地安放1，2，3，4共四支温度计，其中4号靠近床层底部。在烧结开始2 min内，依次地显示出每支温度计都是从原始料温跃升到60~65℃。这一现象与烧结料过湿有关，料温随着冷凝放热的同时被加热到露点 t_d，t_1，t_2，t_3 和 t_4 分别代表各温度计水平面

完成过湿的时间，在 2 min 时，4 号温度计达到 t_d，表明整个料层已经完成了冷凝过程。需要说明的是，烧结料层完成过湿的时间与料层厚度密切相关，近年来烧结料层厚度不断增加，其过湿完成的时间相应延长。

在冷凝过程中，有关废气和物料的湿度和温度变化如图 3-7 所示。

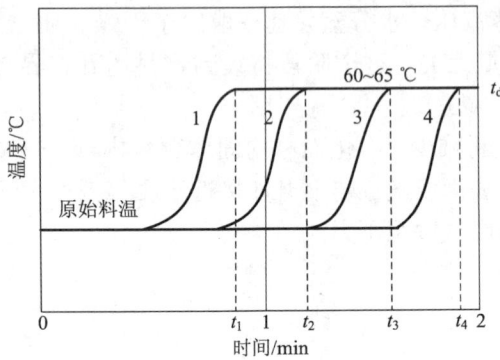

图 3-6 300 mm 厚度料层中最初 2 min 温度变化曲线

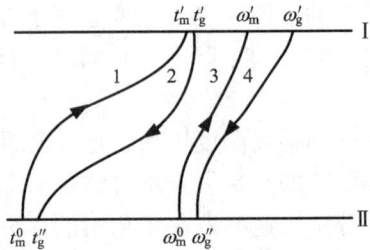

图 3-7　冷凝过程中烧结料和气体参数变化

I、II—冷凝过程的上、下限；
1、2—烧结料和气体的温度；
3、4—烧结料和气体的湿度

由于烧结料的比表面积较大，气体和物料间的热交换进行得很强烈，单元冷凝层的厚度一般介于 20~40 mm。在过湿带形成的整个周期中，烧结料和气体间的热交换完全。在冷凝过程中，烧结料从原始温度 t_m^0 被加热到 t_m'，接近于干燥带排出的湿气体的温度 t_g'；气体从温度 t_g' 冷却到 t_g''，接近于烧结料的原始温度 t_m^0；物料的湿度从原始湿度 ω_m^0 增加到 ω_m'；而气体的湿度从温度 t_g' 时的饱和含湿量 ω_g' 降低到温度 t_g'' 时的饱和含湿量 ω_g''。

烧结料中过湿带形成的热平衡可以下式表示：

$$M_m(C_m + C_\omega \omega_m')(t_g' - t_g'') = M_g(C_g + C_s \omega_g')(t_g' - t_g'') + M_g(\omega_g' - \omega_g'')P \qquad (3-1)$$

式中：M_m 为过湿带烧结料量，kg；M_g 为形成过湿带所需气体的量，kg；P 为水汽冷凝时的放热量（等于汽化热），kJ/kg；C_m、C_ω、C_g、C_s 为烧结料、水分、气体、水蒸气的比热，kJ/(kg·℃)。

根据式(3-1)可以求出形成过湿带所需的气体量为：

$$M_g = M_m \frac{(C_m + C_\omega \omega_m')(t_g' - t_g'')}{(C_g + C_s \omega_g')(t_g' - t_g'') + (\omega_g' - \omega_g'')P}$$

过湿带冷凝水的数量为：

$$Q = M_g(\omega_g' - \omega_g'') \qquad (3-2)$$

过湿带冷凝水的含量为：

$$Q' = \frac{(C_m + C_\omega \omega_m')(t_g' - t_g'')(\omega_g' - \omega_g'')}{(C_g + C_s \omega_g')(t_g' - t_g'') + (\omega_g' - \omega_g'')P} \times 100 \qquad (3-3)$$

从式(3-3)可见，在一定的原料条件下，冷凝水量与烧结料的含水量及气体与混合料的温度差成正比，烧结料的含水量越高、气体与混合料的温度差越大，过湿带冷凝水量就越多。

在过湿带增加的冷凝水数量，根据不同的料温和物料特性，一般介于 1%~2% 范围内。但在实际烧结过程中，有时发现烧结烟道积水现象，湿容量较小的物料特别容易产生这种现象，这种现象是由于在强大的气流和重力作用下，烧结料的原始结构被破坏和料层中的水分向下发生机械迁移的结果，而不是由于气体中所含水蒸气在过湿带不断冷凝的结果。

3.2.4　防止烧结料层过湿的主要措施

水分对烧结过程的不利影响，主要是在烧结过程中，水分在烧结料层中发生的蒸发及冷凝等一系列变化，导致烧结料层中部分物料超过原始水分而形成过湿带，冷凝水充塞粒子间空间，增大料层阻力，过湿带中的过量水分还可能使混合料制成的小球破坏。这两种作用均使烧结过程进行缓慢，导致烧结矿的产、质量下降。

由于废气冷凝的前提条件是其水蒸气分压(P_a)大于物料表面上的饱和蒸汽压(P_s)，冷凝水的数量取决于两者的差值($P_a - P_s$)。P_a 取决于废气中的水分含量，P_s 取决于料层的原始温度，温度越高则 P_s 越大。因此，降低料层水分冷凝量的主要途径是提高料层的原始温度、降低废气中的水分含量。烧结生产中，防止烧结料层过湿可以采取以下主要措施：

1)提高混合料的原始温度

从水分冷凝的机制来分析，将料温提高到露点温度以上，就可以从根本上防止水分的凝结。烧结废气的露点温度与它的含水量和空气消耗量有关。例如，在 450 m² 烧结机上，烧结料含水 8%，料温 20℃，烧结料堆密度为 1.8 t/m³，烧结机机速为 3 m/min，料层高度 0.7 m，抽风系统总压为 101325 × 0.9 Pa，根据以上数据可以求出烧结混合料应当预热的温度。

每分钟从烧结料中抽走的水汽量为：

$$3 \times 5 \times 0.7 \times 1.8 \times 0.08 = 1.512 \ t/min = 1512000 \ g/min$$

式中：5 为烧结机台车宽度，m。

每分钟通过烧结料层的废气量为：

$$\frac{40500 \times (1 - 0.6)}{0.9} = 18000 \ m^3/min$$

式中：40500 m³/min 为烧结机的抽风机铭牌能力，0.6 为烧结机漏风率。

如果大气湿度为 36g/m³，则废气中的总水汽含量为：

$$\frac{1512000}{18000} + 36 = 120 \ g/m^3$$

根据饱和蒸汽压图表，可以查得废气中含水汽 120 g/m³ 时，其相应露点温度为 54℃，即料温提高到 54℃ 以上时，理论上即可消除过湿现象。

提高混合料温度的方法有：

(1)热返矿预热混合料　将热返矿(600℃)直接添加在铺有配合料的皮带上，再进入混合机，在混合过程中，返矿的余热将混合料加热至一定温度。这种方法简单，不需外加热源，合理利用了返矿热量，预热效果是几种方法中最好的，在 1 ~ 2 min 内可将混合料加热到 50 ~ 60℃ 或更高。

(2)蒸汽预热混合料　在二次混合机内通入蒸汽来提高料温，近年来也有在混合料槽内和布料时通蒸汽来提高料温的。其优点是既能提高料温又能进行混合料润湿和水分控制、保持混合料的水分稳定。由于预热是在二次混合机内进行，预热后的混合料即进入烧结机上烧结，因此热量的损失较小。生产实践证明，蒸汽压力愈高，预热效果愈好，如鞍钢在二次混合机内使用蒸汽压力为 $(1 ~ 2) \times 10^5$ Pa 时，可提高料温 4.2℃。当压力增加到 $(3 ~ 4) \times 10^5$ Pa 时，可提高料温 14.8℃。使用蒸汽预热的主要缺点是热利用效率较低，一般仅为 40% ~

50%，单独使用不经济，与其他方法配合使用比较合理，可以考虑改进蒸汽的加入方法以进一步提高热利用率。

(3)生石灰预热混合料　利用生石灰消化放热提高混合料的温度，其消化反应如下：

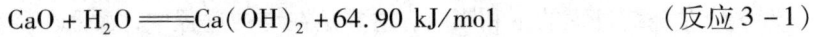

$$CaO + H_2O =\!=\!= Ca(OH)_2 + 64.90 \ kJ/mol \qquad (反应3-1)$$

即 1 mol CaO（56 g）完全消化放出热量 64.90 kJ。如果生石灰含 CaO 85%，混合料中加入量为 5%，若混合料的平均热容量为 1.047 kJ/(kg·℃)，则放出的消化热全部利用后，理论上可以提高料温 47℃。但是，由于实际使用生石灰时要多加水，以及热量散失，故料温一般只提高 10～15℃。鞍山钢铁厂二烧在采用热返矿预热的条件下，配入 2.87% 的生石灰，混合料温由 51℃ 提高到 59℃，平均每加 1% 的生石灰提高料温 2.7℃。

2)提高烧结混合料的湿容量

凡添加具有较大表面积的胶体物质，都能增大混合料的最大湿容量，由于生石灰消化后，呈极细的消石灰胶体颗粒，具有较大的比表面（其平均比表面达 $3 \times 10^5 \ cm^2/g$），可以吸附和持有大量水分。例如，鞍山细磨铁精矿加入 6% 的消石灰（相当于 4.5% 生石灰所生成的量），可使混合料的最大分子湿容量的绝对值增大 4.5%，最大毛细湿容量增大 13%。因此，烧结料层中的少量冷凝水，将为混合料中的这些胶体颗粒所吸附和持有，既不会引起制粒小球的破坏，亦不会堵塞料球间的通气孔道，仍能保持烧结料层的良好透气性。

3)降低废气中的含水量

实际上是降低废气中的水汽的分压。将混合料的含水量降到比适宜的制粒水分低 1.0%～1.5%，可以减少过湿带的冷凝水。采用双层布料烧结，将料层下部的含水量降低，也有一定的效果。

3.3　烧结过程的气-固反应

烧结过程中发生的固体物料分解、化合物的还原及氧化、某些有害元素的脱除均属气-固反应，下面将分别讨论上述气-固反应的一般规律及其对烧结过程的影响。

3.3.1　固体物料的分解

3.3.1.1　结晶水的分解

在烧结混合料中的矿石和添加物中往往含有一定量的结晶水，它们在预热带及燃烧带将发生分解。表 3-2 是部分水合物、结晶水的开始分解温度及分解后的产物。

表 3-2　结晶水开始分解的温度及分解后的固体产物

原始矿物	分解产物	开始分解温度/℃
水赤铁矿 $2Fe_2O_3 \cdot H_2O$	赤铁矿 $\alpha - Fe_2O_3$	150～200
褐铁矿 $2Fe_2O_3 \cdot 3H_2O$	针铁矿 $Fe_2O_3 \cdot H_2O (\alpha - FeO \cdot OH)$	120～140
针铁矿 $Fe_2O_3 \cdot H_2O (\alpha - FeO \cdot OH)$	赤铁矿 Fe_2O_3	190～328
针铁矿 $Fe_2O_3 \cdot H_2O (\gamma - FeO \cdot OH)$	磁性赤铁矿 $\gamma - Fe_2O_3$	260～328

原始矿物	分解产物	开始分解温度/℃
水锰矿 $MnO_2 \cdot Mn(OH)_2(MnO \cdot OH)$	褐锰矿 Mn_2O_3	$300 \sim 360$
三水铝矿 $Al(OH)_3$	单水铝矿 $\gamma - AlO(OH)$	$290 \sim 340$
单水铝矿 $\gamma - AlO(OH)$	刚玉（立方） $\gamma - Al_2O_3$	$490 \sim 550$
硬水铝矿 $\alpha - AlO(OH)$	刚玉（三斜） $\alpha - Al_2O_3$	$450 \sim 500$
高岭石 $Al_2O_3 \cdot 2SiO_2 \cdot 2H_2O$	偏高岭石 $Al_2O_3 \cdot 2SiO_2$	$400 \sim 500$
拜来石 $(Fe,Al)_2O_3 \cdot 3SiO_2 \cdot 2H_2O$	—	$550 \sim 575$
石膏 $CaSO_4 \cdot 2H_2O$	半水硫酸钙 $CaSO_4 \cdot 0.5H_2O$	120
半水硫酸钙 $CaSO_4 \cdot 0.5H_2O$	硬石膏 $CaSO_4$	170
臭葱石 $FeAsO_4 \cdot 3H_2O$	—	$100 \sim 250$
鳞绿泥石 $8FeO \cdot 4(Al,Fe)_2O_3 \cdot 6SiO_2 \cdot 9H_2O$	—	410
鲕绿泥石 $15(Fe,Mg)0.5Al_2O_3 \cdot 11SiO_2 \cdot 16H_2O$	—	390

对含水赤铁矿的研究表明，只有针铁矿（$Fe_2O_3 \cdot H_2O$）是唯一真正的水合矿物，而其他一系列的所谓的含水赤铁矿都只是水在赤铁矿和针铁矿中的固溶体。

从表 3 - 2 可以看出，在 700℃ 的温度下，烧结料中的水合物都会在干燥和预热带强烈分解。由于混合料处于预热带的时间短（$1 \sim 2$ min），如果矿石粒度过粗和导热性差，就可能有部分结晶水进入烧结带。在一般的烧结条件下，$80\% \sim 90\%$ 的结晶水可以在燃烧带下面的预热带中脱除掉，其余的水则在更高温度下脱除。由于结晶水分解热消耗大，故其他条件相同时，烧结含结晶水的物料时，一般较烧结不含结晶水的物料，最高温度要低一些。为保证烧结矿质量，需增加固体燃料。如烧结褐铁矿时，固体燃料用量可达 $9\% \sim 10\%$。如果水合矿物的粒度过大，固体燃料用量又不足时，一部分水合物及其分解产物未被高温带中的熔融物吸收，而进入烧结矿中，就会使烧结矿强度下降。

3.3.1.2　碳酸盐的分解

烧结混合料中通常含有碳酸盐，它是由矿石本身带进去的，或者是为了生产熔剂性烧结矿而加进去的。这些碳酸盐在烧结过程中必须分解后才能最终进入液相，否则烧结矿带有夹生料或者白点，影响烧结矿的质量。了解碳酸盐矿物的分解行为，对于控制烧结矿质量具有指导意义。

1）碳酸盐分解的热力学

碳酸盐分解反应的通式可写为：

$$MCO_3 \Longrightarrow MO + CO_2 \qquad （反应 3 - 2）$$

碳酸盐分解反应可以看做碳酸盐生成的逆反应。图 3 - 8 绘制几种碳酸盐生成的 $\Delta G^\ominus$ 与温度的关系，从中可以看出碳酸盐的稳定性顺序为：$ZnCO_3 < FeCO_3 < PbCO_3 < MnCO_3 < MgCO_3 < CaCO_3 < BaCO_3 < Na_2CO_3$。

碳酸盐分解反应的分解压与温度的关系：

$$\lg p_{CO_2} = \frac{A}{T} + B \qquad (3-4)$$

其中 A，B 为碳酸盐的分解常数，可利用碳酸盐标准生成吉布斯自由能求出。

碳酸盐的分解压 p_{CO_2} 与温度的关系如图 3-9 所示，曲线上每一点表示 MCO_3、MO 和 CO_2 同时平衡存在。若以 p'_{CO_2} 表示外界 CO_2 的分压，曲线下面的区域，$p_{CO_2} > p'_{CO_2}$，MCO_3 发生分解反应；曲线上面的区域，$p_{CO_2} < p'_{CO_2}$，MO 和 CO_2 化合生成碳酸盐；在曲线上，$p_{CO_2} = p'_{CO_2}$，MCO_3 分解反应达到平衡。

铁矿石烧结时最常遇到的碳酸盐有 $FeCO_3$、$MnCO_3$，以及作为熔剂的添加物 $CaCO_3$、$MgCO_3$ 等，上述碳酸盐的分解压与温度的关系如图 3-9 所示。图的上部虚线是烧结料层中的总压，而下部的虚线为烧结料层中 CO_2 的分压。从图 3-9 中可以看出在烧结料层中它们开始分解的次序是：$FeCO_3$、$MnCO_3$、$MgCO_3$、$CaCO_3$。

对于碳酸钙的分解反应：

$$CaCO_3 = CaO + CO_2 \qquad （反应 3-3）$$

其分解压与温度的关系式为：

$$\lg p_{CO_2} = -\frac{8920}{T} + 7.54 \qquad (3-5)$$

在大气中 CO_2 的平均含量约为 0.03%，即大气中 CO_2 的分压 $p_{CO_2} = 30.39\ Pa(0.0003\ atm)$，由上式得出碳酸钙在大气中的开始分解温度 $T_{开}$ 为 530℃。当分解压达到体系的总压时的分解温度称为碳酸盐的沸腾温度。由上式得出碳酸钙在大气中的沸腾温度 $T_{沸}$ 为 910℃。类似地，可以分别求得大气中 $MgCO_3$ 开始分解温度为 320℃，沸腾温度 680℃；$FeCO_3$ 开始分解温度为 230℃，沸腾温度 400℃。

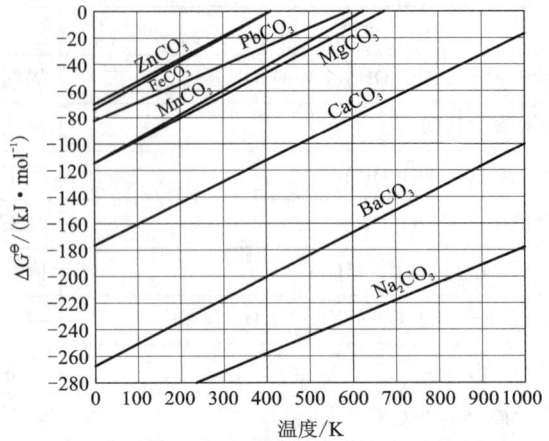

图 3-8 碳酸盐生成的 $\Delta G^{\ominus}$ 与温度的关系

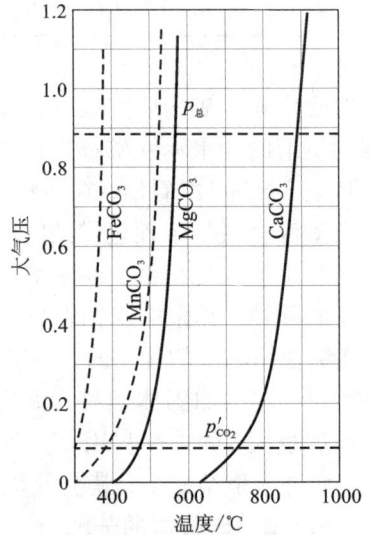

图 3-9 某些碳酸盐矿物的分解压与温度的关系

在铁矿烧结时，烧结料中的某些碳酸盐的分解不同于纯的碳酸盐矿物。例如 $CaCO_3$，它的分解产物 CaO 可以与其他矿物进行化学反应，生成新的化合物，这样就使得烧结料中 $CaCO_3$ 的分解压在相同的温度下相应地增大，分解得更完全。如：

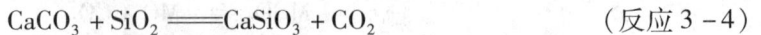

$$CaCO_3 + SiO_2 = CaSiO_3 + CO_2 \qquad （反应 3-4）$$

其分解压：

$$\lg p_{CO_2} = -\frac{4580}{T} + 8.57 \qquad (3-6)$$

$$CaCO_3 + Fe_2O_3 = CaFe_2O_4 + CO_2 \qquad （反应 3-5）$$

其分解压：

$$\lg p_{CO_2} = -\frac{4900}{T} + 8.57 \qquad (3-7)$$

将式(3-6)、式(3-7)与式(3-5)比较，可以看出当温度相同时，公式(3-6)、式(3-7)所得分解压较公式(3-5)要大得多。

以上热力学分析结果表明，碳酸盐矿物在烧结料层内部都不难分解，一般在烧结预热带可以完成，但实际烧结过程中，仍有部分石灰石进入高温燃烧带才能分解完成，特别是当石灰石粒度较大时，这主要是碳酸盐分解反应动力学因素造成的。石灰石进入高温燃烧带分解，将降低燃烧带的温度，增加燃料的消耗。

2)碳酸盐分解的动力学

碳酸盐的分解为多相反应，由相界面上的结晶化学反应和CO_2在产物层 MeO 中的扩散环节组成。当分解过程由界面上结晶化学反应控制时，由于天然碳酸盐结构都很致密，球形或立方体颗粒分解反应符合收缩未反应核模型，其动力学方程为：

$$1-(1-R)^{1/3} = \frac{k}{r_0\rho}t = k_1 t \qquad (3-8)$$

式中：R 为反应分数，又称分解率；k 为分解反应速度常数；r_0 为碳酸盐颗粒半径；ρ 为碳酸盐密度；t 为反应时间。

分解产物虽然是多孔性的，但随着反应向颗粒内部推移，CO_2 离开反应界面向外扩散的阻力将增大，当粒度较大时尤甚。此时，CO_2 的扩散成为过程的控制环节，反应的动力学方程为：

$$1-\frac{2}{3}R-(1-R)^{2/3} = \frac{De}{r_0^2\rho}t = k_2 t \qquad (3-9)$$

De 为 CO_2 的扩散系数。由于固相产物层内扩散阻力的存在，反应界面上 CO_2 的分压将被提高，而接近于该温度下的分解压。因此，为使反应能继续进行，必须把矿块加热到比由气流的 CO_2 分压所确定的分解温度更高的温度。并且矿块越大，完全分解的温度也越高，时间也越长。

当气流速度比较小时，CO_2 的扩散还可受到矿块外面边界层扩散阻力的影响。

碳酸钙分解的限制环节是和其所在的条件(温度、气流速度、孔隙度和粒度等)有关。可根据矿块的物性数据及反应条件利用上述的动力学方程确定分解速度的限制环节。如果界面反应是限制环节、由实验测得的 $1-(1-R)^{1/3}$ 对 t (反应时间)的关系是直线关系，表明矿块完全分解的时间与其半径的一次方成正比。相反，如 CO_2 的扩散是限制环节，那么 $1-\frac{2}{3}R-(1-R)^{2/3}$ 对 t 是直线关系，表明矿块完全分解的时间与其半径的二次方成正比。但在混合限制范围内，$1-(1-R)^{1/3}$ 对 t 的关系是曲率较小的"S"形曲线。现有资料认为，在一般条件下石灰石的分解是位于过渡范围内的，即界面反应和 CO_2 的扩散在不同程度上限制了石灰石的分解速度。

3)烧结过程中碳酸盐分解产物的矿化

在烧结生产过程中，不仅要求碳酸盐特别是碳酸钙完全分解，而且要求其分解产物与其他组分完全化合。如果烧结矿中有游离的 CaO 存在，则遇水消化，体积增大一倍，烧结矿会因内应力而粉碎。

碳酸盐分解产物与其他组分发生化合反应称为矿化，一般用矿化度表示。

碳酸钙的分解度用下式表示：

$$D = (CaO_{石} - CaO_{残})/CaO_{石} \times 100\% \qquad (3-10)$$

式中：D 为碳酸钙分解度，%；$CaO_{石}$ 为混合料中以 $CaCO_3$ 形式带入的总 CaO 量，%，$CaO_{残}$ 为烧结矿中以 $CaCO_3$ 形式残存的 CaO 含量，%。

氧化钙的矿化度用下式表示：

$$K_H = (CaO_{总} - CaO_{游} - CaO_{残})/CaO_{总} \times 100\% \qquad (3-11)$$

式中：$CaO_{总}$ 为混合料或烧结矿中以各种形式存在的 CaO 总含量，%；$CaO_{游}$ 为烧结矿中游离 CaO 含量，%；K_H 为氧化钙的矿化度，%。

必须指出，$CaO_{石}$ 和 $CaO_{总}$ 是有区别的，一般地，$CaO_{总} > CaO_{石}$；当混合料中的 CaO 仅以 $CaCO_3$ 形式存在时，$CaO_{总} = CaO_{石}$。

图 3－10、图 3－11 是各因素对 CaO 的矿化度的影响，从中可以看出，降低石灰石粒度、提高烧结温度或降低烧结矿碱度均可提高 CaO 的矿化度。

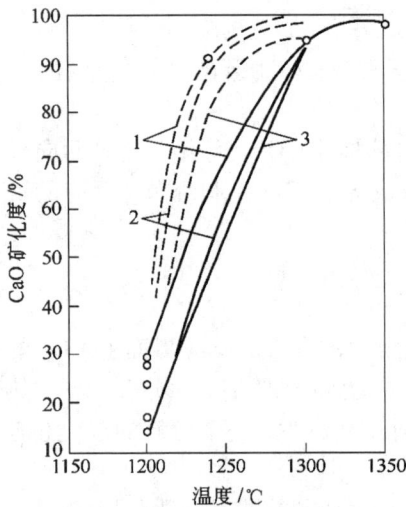

图 3－10　碱度和石灰石粒度
对 CaO 矿化程度的影响

1～3—代表碱度 0.8，1.3 和 1.5；
虚线—石灰石粒度为 0～1 mm；
实线—石灰石粒度为 0～3 mm

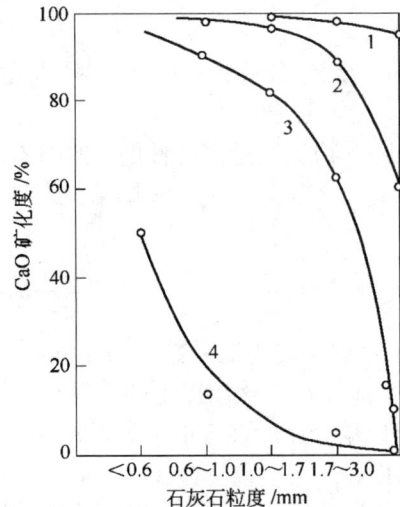

图 3－11　温度和石灰石粒度对
CaO 矿化程度的影响

1—1350℃；2—1300℃；3—1250℃；4—1200℃

从图 3－12 还可看出铁矿石或精矿的粒度对 CaO 的矿化度也有很大影响。一般精矿使用的石灰石粒度可以较粗一些（如 0～3 mm），而粒度较粗的粉矿要求石灰石的粒度要细一些（如 0～2 mm 甚至 0～1 mm）。

3.3.1.3　氧化物的分解

1）氧化物分解的热力学

氧化物如 MO 的分解可表示为：

$$2MO_{(s)} \Longrightarrow 2M_{(s)} + O_2 \qquad (反应 3-6)$$

如 MO 和 M 是以固相存在而不互相溶解，则上式的平衡常数应等于其分解压：$K^{\ominus} = p_{O_2(MO)}$，从而 $\Delta G_{分}^{\ominus} = -RT\ln K^{\ominus} = -RT\ln p_{O_2(MO)}$。当气相中氧的分压为 p'_{O_2} 时，$\Delta G_{分} = RT\ln p'_{O_2} -$

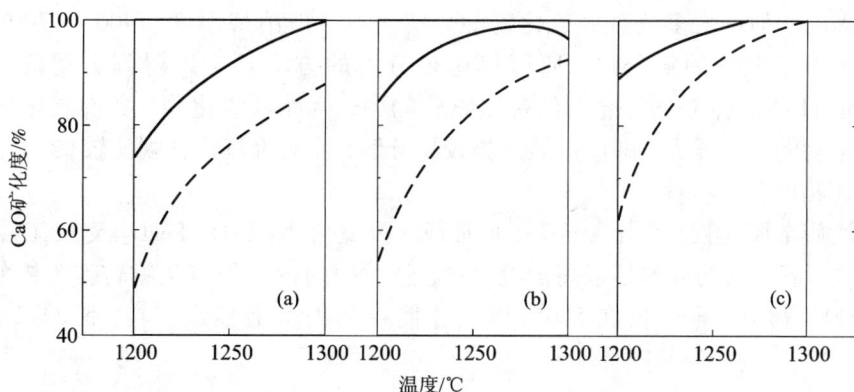

图 3 – 12　磁铁矿粒度对 CaO 矿化程度的影响

（a）、（b）、（c）磁铁矿粒度分别为 6 ~ 0，3 ~ 0，0.2 ~ 0 mm；

实线、虚线所示石灰石粒度分别为 1 ~ 0 mm，3 ~ 0 mm

$RT\ln p_{O_2(MO)}$，当 $p'_{O_2} > p_{O_2(MO)}$ 时，$\Delta G_分 > 0$，反应向生成氧化物的方向进行；当 $p'_{O_2} < p_{O_2(MO)}$ 时，$\Delta G_分 < 0$，氧化物分解；当 $p'_{O_2} = p_{O_2(MO)}$ 时，$\Delta G_分 = 0$，反应趋于平衡状态。由此可见，氧化物的分解压 $p_{O_2(MO)}$ 越大，则其 $\Delta G^\ominus$ 的负值就越大，氧化物就越易分解，而氧化物的稳定性也就越小。因此，分解压也是氧化物稳定性的度量。

某些氧化物的分解压可由实验测定外，一般也可根据由氧化物的标准生成 $\Delta G^\ominus_生$ 计算其分解压。因为氧化物的分解压等于分解反应的平衡常数，故由 $\Delta G^\ominus_分 = -\Delta G^\ominus_生$ 可通过计算获得：

$$\lg p_{O_2(MO)} = \frac{A}{T} + B \qquad (3-12)$$

例如，FeO 的分解：$2FeO_{(s)} = 2Fe_{(s)} + O_2$，其分解压与温度的关系式为：

$$\lg p_{O_2(FeO)} = -\frac{27628}{T} + 6.76 \qquad (3-13)$$

根据上式，可以计算不同温度下 FeO 的分解压。例如，在 960 K，FeO 的分解压为 6.55×10^{-23} atm[1]，即在 960 K 的温度下 FeO 不发生分解。

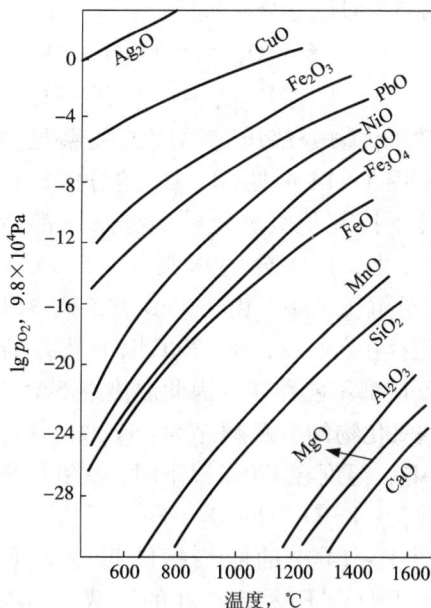

图 3 – 13　氧化物的分解压与温度的关系

根据上述分解压与温度 T 的关系可求出氧化物的分解温度，一般将分解压等于体系中氧的分压（大气中为 0.21 atm）时的分解温度称为开始分解温度，而把分解压等于体系总压（一般为 1 atm 大气压）时的分解温度称为分解的沸腾温度。

图 3 – 13 为各种金属氧化物分解压与温度的关系。各种金属氧化物的分解压都是随温度

---

① 　1 atm = 1.013×10^5 Pa。

的升高而增大的。但绝大多数金属氧化物的分解压在一般冶炼温度（1400～1700℃）下都是比较小的，远小于大气的氧分压，所以仅用热分解的方法是难以得到金属的。此外，从图3-13中还可以发现，在同一金属的许多氧化物中，例如铁氧化物，高价氧化物的分解压要比低价氧化物的分解压大，即高价氧化物较易分解，而低价氧化物则比较难一些。

2）铁氧化物的分解特性

铁是过渡族金属元素，有几种价态，可形成3种氧化物：FeO、Fe_3O_4及Fe_2O_3，其分解是逐级进行的，即氧化铁的分解是以高价氧化物，经过中间价态的氧化物转变为铁的，这称为逐级转变原则。但是，FeO仅在570℃以上才能在热力学上稳定存在，570℃以下要转变成Fe_3O_4：

$$4FeO \Longrightarrow Fe_3O_4 + Fe_{(s)} \qquad \Delta G^\ominus = -48525 + 57.56T \quad J \cdot mol^{-1} \qquad （反应3-7）$$

上述反应的$\Delta G^\ominus$在570℃以下为负值，所以氧化铁的分解以570℃为界，在570℃以上，分为三步进行：

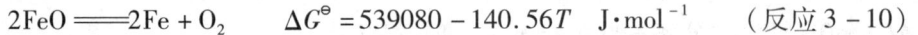

$$6Fe_2O_3 \Longrightarrow 4Fe_3O_4 + O_2 \qquad \Delta G^\ominus = 5867770 - 340.20T \quad J \cdot mol^{-1} \qquad （反应3-8）$$

$$2Fe_3O_4 \Longrightarrow 6FeO + O_2 \qquad \Delta G^\ominus = 6361300 - 255.67T \quad J \cdot mol^{-1} \qquad （反应3-9）$$

$$2FeO \Longrightarrow 2Fe + O_2 \qquad \Delta G^\ominus = 539080 - 140.56T \quad J \cdot mol^{-1} \qquad （反应3-10）$$

在570℃以下分两步进行：

$$6Fe_2O_3 \Longrightarrow 4Fe_3O_4 + O_2 \qquad \Delta G^\ominus = 5867770 - 340.20T \quad J \cdot mol^{-1} \qquad （反应3-11）$$

$$1/2Fe_3O_4 \Longrightarrow 3/2Fe + O_2 \qquad \Delta G^\ominus = 563320 - 169.24T \quad J \cdot mol^{-1} \qquad （反应3-12）$$

铁氧化物分解压与温度的关系见图3-14。由图3-14可见，Fe_2O_3的分解压，在一切温度下比其他级氧化铁的分解压都高。在570℃以上，FeO分解压最小，570℃以下，Fe_3O_4分解压最小。由于FeO在570℃以下不能稳定存在，所以，在570℃以下凡有FeO参加的反应都不能存在。因此温度在570℃以上时，铁氧化物的分解顺序为：$Fe_2O_3 \rightarrow Fe_3O_4 \rightarrow FeO \rightarrow Fe$，温度在570℃以下时，铁氧化物的分解顺序为：$Fe_2O_3 \rightarrow Fe_3O_4 \rightarrow Fe$。

图3-14中的曲线把图形分为Fe_2O_3、Fe_3O_4、FeO及Fe稳定存在的区域。利用此图可以确定各级氧化铁分解或形成的温度和氧分压。

图3-14　铁氧化物分解压对数值与温度的关系

表3-3列出了铁氧化物和锰氧化物在部分温度下的分解压。在烧结条件下，进入烧结矿冷却带气体中氧的分压介于0.18～0.19 atm，经过燃烧带进入预热带的气相氧分压一般为0.07～0.09 atm。将表3-3中的数据与烧结料层内气相氧的分压比较可知，在1383℃时Fe_2O_3的分解压已达0.21 atm，故在1350～1450℃的烧结温度下，Fe_2O_3将发生分解，Fe_3O_4和FeO由于分解压极小（1500℃以下分别为$10^{-7.5}$ atm和$10^{-8.3}$ atm），在烧结条件下将不发生分解；但在有SiO_2存在的条件下，温度高于1300～1350℃以上时，Fe_3O_4可能按以下反应进行分解：

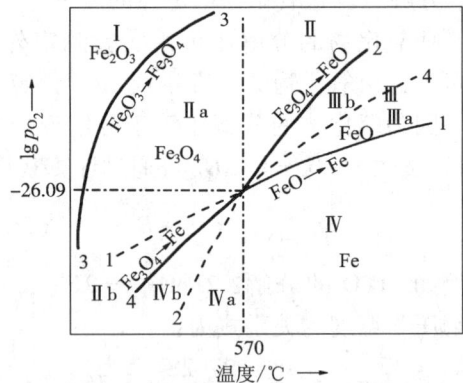

$$2Fe_3O_4 + 3SiO_2 \Longrightarrow 3[(FeO)_2 \cdot SiO_2] + O_2 \qquad (反应 3-13)$$

MnO_2 和 Mn_2O_3 有很大的分解压,故在烧结条件下都将剧烈分解。

表 3-3　铁锰氧化物的分解压(1 atm 或 98066.5 Pa)

温度/℃	Fe_2O_3	Fe_3O_4	FeO	MnO_2	Mn_2O_3
327	—	—		8.9×10^{-3}	—
460	—	—		0.21	—
527	—	—		0.69	2.1×10^{-4}
550	—	—		1.00	3.7×10^{-4}
570	—	—		9.50	1.2×10^{-2}
727	—	7.6×10^{-19}		—	—
827			$10^{-18.2}$		—
927	—	2.2×10^{-13}	$10^{-16.2}$	—	0.21
1027	—		$10^{-11.5}$		
1100	2.6×10^{-5}				1.0
1127	—	2.7×10^{-9}	10^{-13}		
1200	9.2×10^{-4}	—		—	1.25
1227			$10^{-11.7}$		
1300	19.7×10^{-3}	—			
1337	—	3.62×10^{-8}	$10^{-10.6}$	—	—
1383	0.21	—	—	—	—
1400	0.28	—	—	—	—
1452	1.00	—			
1500	3.00	$10^{-7.5}$	$10^{-8.3}$	—	—
1600	25.00	10^{-5}			

3.3.2　铁氧化物的还原与氧化

在烧结过程中,由于温度和气氛的影响,金属氧化物将会发生还原和氧化反应,这些过程的发生,对烧结熔体的形成,进而对烧结矿的质量影响极大。以下重点讨论铁氧化物的还原与氧化行为及其对烧结过程和烧结矿质量的影响。

3.3.2.1　烧结过程铁氧化物的还原

根据热力学研究结果,铁氧化物的还原反应也是逐级进行的。用气体还原时,还原产物主要取决于还原温度和气相组成,用固体碳还原时,还原产物主要取决于还原温度。

根据理论计算,Fe_2O_3 还原成 Fe_3O_4 的平衡气相中 CO% 含量要求很低,即 CO_2/CO 的比值很大。因此,在烧结过程中,甚至极微量的 $CO(H_2$ 也是一样)就足以使 Fe_2O_3 完全还原成

为 Fe_3O_4。还原反应主要在料层的燃烧带发生，也可能在预热带进行。

在烧结过程中，Fe_3O_4 也可以被还原。Fe_3O_4 还原反应在 900℃时的平衡气相中 CO_2/CO 为 3.47，1300℃时为 10.75，而实际烧结过程的气相中 $CO_2/CO = 3 \sim 6$，所以在 900℃以上，Fe_3O_4 被还原是可能的。在还原烧结时，气相中 CO_2/CO 比值更大，可使大部分 Fe_3O_4 还原成浮氏体甚至金属铁。SiO_2 存在时，可促进 Fe_3O_4 的还原：

$$2Fe_3O_4 + 3SiO_2 + 2CO === 3(2FeO \cdot SiO_2) + 2CO_2 \qquad (反应 3-14)$$

由于 CaO 的存在不利于 $2FeO \cdot SiO_2$ 的生成，因而提高烧结矿碱度，可以降低 FeO 含量。

在一般烧结条件下，FeO 还原成 Fe 是困难的。因为反应在 700℃的平衡气相组成 $CO_2/CO = 0.67$，温度升高，这一比值下降，1300℃时为 0.297。因此，在一般烧结条件下烧结矿中不会有金属铁存在。但在燃料用量很高，如生产预还原或金属化烧结矿时，可获得一定数量的金属铁。

必须指出，在烧结料中由于碳的分布不均，在整个烧结料层断面的气相组成也是极不均匀的。燃料颗粒周围的 CO_2/CO 的比值可能很小，而远离燃料颗粒中心的区域 CO_2/CO 的比值可能很大，O_2 的含量也可能较高。在前一种情况下铁的氧化物甚至可能被还原成金属铁，后一种情况下，Fe_3O_4 和 FeO 有可能被氧化。因此，在普通烧结条件下，不可能使所有的 Fe_3O_4 甚至所有的 Fe_2O_3 还原。此外，实际的还原过程还取决于过程的动力学条件，如矿石本身的还原性、反应表面积和反应时间。虽然烧结料中铁矿石粒度小、比表面积大，但由于高温保持时间较短，CO 向矿粒中心的扩散条件差，以及磁铁矿本身还原性不好，所以 Fe_3O_4 还原受到限制。因此从热力学分析 Fe_3O_4 有可能被还原成 FeO，而实际上被还原多少，还取决于高温区的平均气相组成和动力学条件。

当料层局部还原性较强时，不仅铁氧化物可以还原，而且使在烧结过程中形成的铁酸钙系列化合物也可能被还原，其反应如下：

铁酸钙的还原

$$2(CaO \cdot Fe_2O_3) + CO === 2CaO \cdot Fe_2O_3 + 2FeO + CO_2$$
$$2CaO \cdot Fe_2O_3 + CO === 2FeO + 2CaO + CO_2$$
$$2FeO + 2CO === 2Fe + 2CO_2$$

总反应式：

$$CaO \cdot Fe_2O_3 + 3CO === 2Fe + CaO + 3CO_2 \qquad (反应 3-15)$$

铁酸半钙的还原

$$1/2CaO \cdot Fe_2O_3 + 3CO === 2Fe + 1/2CaO + 3CO_2 \qquad (反应 3-16)$$

铁酸二钙的还原

$$2CaO \cdot Fe_2O_3 + 3CO === 2Fe + 2CaO + 3CO_2 \qquad (反应 3-17)$$

在还原过程中还可以形成中间化合物 $CaO \cdot FeO \cdot Fe_2O_3$，或 $CaO \cdot Fe_2O_3$ 变为 $2CaO \cdot Fe_2O_3$。当生产自熔性金属化烧结矿时，成品中不含有铁酸钙，因为铁酸钙已被还原。

燃料配比对于还原反应有很大的影响。图 3-15 为烧结料中配碳不同时铁氧化物的变化。图 3-15 中的曲线表明，用富赤铁矿粉烧结的自熔性烧结矿，随着配碳量的提高，烧结矿中 Fe_2O_3 减少，Fe_3O_4 上升。继续增加配碳量，烧结矿中 Fe_3O_4 减少而 FeO 上升，再增加配碳量，可以看出有金属铁的生成。

金属化烧结工业试验表明：当使用高品位精矿（TFe 62% ~ 63%）及 10% 富矿粉配加

22% 焦粉时（混合料中固定碳为 10% ~ 12%）。烧结矿含金属铁 17%，这说明当配碳高时，有相当多的金属铁被还原出来。

燃料颗粒大小对铁氧化物的还原与分解亦有影响。在相同的燃料消耗下，大颗粒焦粉由于缓慢燃烧并增加燃烧带的宽度，因而有较大程度的还原和分解。在燃烧带，炽热的焦粒与液相中的铁氧化物紧密接触，还原速度也很高。

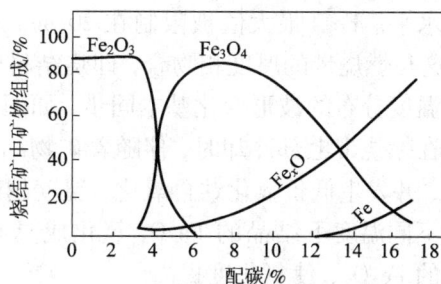

图 3 - 15   富赤铁矿粉烧结自熔性烧结矿时铁氧化物与碳配比的关系

3.3.2.2   低价铁氧化物的氧化

1）烧结料的氧化度

（1）氧化度概念   氧化度的定义是矿石或烧结矿中与铁结合的实际氧量与假定全部铁（TFe）为三价铁时结合的氧量之比。氧化度（η）的计算式为：

$$\eta = (1 - Fe^{2+}/3TFe) \times 100\% = (1 - 0.259FeO/TFe) \times 100\% \qquad (3-14)$$

铁氧化物的氧化度分别为：Fe_2O_3——100%，Fe_3O_4——88.89%，FeO——66.67%。

烧结矿的氧化度既反映了其中 Fe^{2+} 与 Fe^{3+} 之间的数量关系，在一定程度上也反映烧结矿中矿物组成和结构的特点，通常认为氧化度高的烧结矿还原性好而强度较差。生产低碱度或自熔性烧结矿时，在烧结总铁品位变化不大的情况下，往往用 FeO 含量代替氧化度作为评价成品烧结矿强度和还原性的特征标志。由于 FeO 含量与燃料消耗量有着密切关系，故亦被视为烧结过程中温度和热量水平的标志。实际上用同一含铁原料可以生产不同品位和碱度的烧结矿，当含铁原料或烧结矿碱度发生变化导致总铁品位变化较大时，氧化度与 FeO 含量没有直接对应关系，如表 3 - 4 所示。因此，只有在相同的总铁含量前提下，采用 FeO 含量比较两种烧结矿的氧化度时才有实际意义。

表 3 - 4   烧结矿在不同碱度时氧化度和 FeO 含量

碱度	0.39	0.9	1.08	1.4	2.1	2.5	3.1
TFe/%	60.54	56.71	55.81	57.38	53.39	50.66	44.37
FeO/%	16.48	17.50	15.86	16.84	15.84	14.40	12.44
η/%	92.95	92.0	92.64	92.36	92.31	92.64	92.82

烧结矿的 FeO 含量与其强度和还原性也只有定性而无定量的对应关系，如 Fe^{2+} 存在于磁铁矿中与存在于铁橄榄石中，对烧结矿的强度和还原性的影响并不相同，与 Fe^{2+} 存在于磁铁矿中相比，Fe^{2+} 存在于铁橄榄石中烧结矿的强度虽好，但还原性差。同样 Fe^{3+} 存在于赤铁矿中与存在铁酸钙中的作用也不一样，甚至 Fe_2O_3 的生成路线和结晶不同，其行为也各异。

对同一原料而言，尽力提高烧结矿的氧化度，降低结合态的 FeO 的生成，是提高烧结矿质量的重要途径。

（2）烧结料层氧化度的变化   烧结过程料层的温度和气氛由上而下出现不同的变化，导致烧结料层氧化度也不同。根据烧结通液氮骤冷取样分析发现，表层烧结矿带比燃烧带的

Fe^{2+} 低 15% ~ 20%，燃烧带下部很快降至混合料含 Fe^{2+} 量的水平。Fe^{2+} 最大值被限制在 20 mm 左右的狭窄范围内，这与燃烧带的厚度相吻合，即烧结料层中 FeO 变化趋势与温度分布的波形变化基本同步，如图 3-16 所示。

在燃烧带上部冷却时，伴随着矿物结晶、再结晶和重结晶，并发生低价氧化铁再氧化，温度越高则氧化速度越快。不同温度下结晶的 Fe_3O_4 氧化成具有多种同质异构变体的 Fe_2O_3，使氧化度提高。

在燃烧带的高温及碳的作用下，使局部高价铁氧化物分解为 Fe_3O_4，甚至还原成浮氏体，氧化度降低。

在燃烧带下部料层，靠近炽热的碳燃烧处或 CO 浓度较高的区域内，高价氧化铁可发生还原，生成 Fe_3O_4 和 Fe_xO，氧化度降低。随着废气温度的迅速降低，其还原反应也相应减弱，甚至不发生还原反应，此时料层的 FeO 含量即原始烧结料层的 FeO 含量，氧化度恢复到原始烧结料的水平。

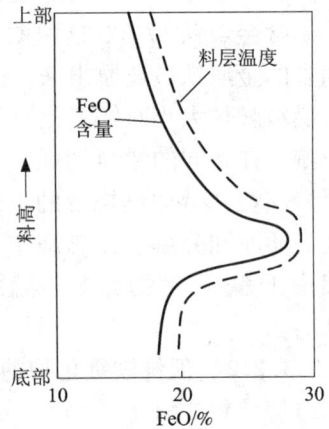

图 3-16 磁铁矿烧结时料层断面某瞬间 FeO 含量的分布

以上只是宏观上的分析，实际上同一料层中在靠近炭粒处的铁矿颗粒发生局部还原，而靠近气孔处的颗粒则可能发生氧化。

使用高品位的赤铁矿粉的烧结试验表明，在正常配碳条件下，燃烧带中的赤铁矿全部还原为磁铁矿，氧化度降低，但燃烧带上部受氧化作用，烧结矿 Fe^{2+} 逐步减少，氧化度逐步提高。随着固定碳的减少，氧化更加剧烈，以至于又可以重新氧化到赤铁矿水平。

当烧结磁铁矿时，氧化反应得到相当大的发展，特别在燃料偏低的情况下，燃烧带的温度小于 1350℃，氧化进行得非常剧烈。磁铁矿的氧化先在预热带开始进行，然后在燃烧带不含碳的烧结料中，最后在烧结矿冷却带中进行。

当燃料配比高于正常值时，磁铁矿在预热带的氧化对最后烧结矿的结构影响不大，因为磁铁矿被氧化成赤铁矿后，在燃烧带又完全还原或分解。在较低的燃料消耗时所得到的烧结矿结构，通常含有沿着解理平面被氧化的最初的磁铁矿粒，在这种情况下，热量及还原气氛都较弱，不足使它们被还原。赤铁矿带的宽度通过显微镜观察到从几个微米到 0.5 ~ 0.6 mm，这种结构类型常具有天然氧化磁铁矿及假象赤铁矿的特征。

当烧结矿最后的结构形成后，将经受微弱的第二次氧化。在一般条件下，分布在硅酸盐液相之间的磁铁矿结晶来不及氧化，因为氧难以扩散到它的表面。磁铁矿氧化一般只是在烧结矿孔隙表面、裂缝以及各种有缺陷的粒子上发生。

2）烧结料层的氧势

（1）氧势的概念 气相与凝聚相中有氧元素参与的化学反应，其氧的相对化学势，即：$\pi_{O(O_2)} = \mu_{O_2} - \mu_{O_2}^{\ominus} = RT\ln p_{O_2}$，常称为氧势。氧势决定了氧的传递方向，亦即决定了化学反应的平衡移动方向，通过控制氧势，即可控制有氧参加的化学反应方向。

对于有 CO 和 CO_2 气体参与的反应中，如烧结过程中存在着 $2CO + O_2 = 2CO_2$，反应的平衡常数 $K_P = \dfrac{p_{CO_2}^2}{p_{O_2}p_{CO}^2}$，即 $\ln p_{O_2} = -\ln K_P + 2\ln\left(\dfrac{p_{CO_2}}{p_{CO}}\right)$。气相分压比等于其成分含量比，所以，烧

结气相中 p_{O_2} 或 $\dfrac{\%CO_2}{\%CO}$ 越高，氧势越高。

在有熔体参与的反应中，气相氧势与熔体中的氧势直接相关联，如烧结液相中存在着 $(Fe_2O_3) + CO = 2(FeO) + CO_2$，即 $2(Fe^{3+}) + 3(O^{2-}) + CO = 2(Fe^{2+}) + 2(O^{2-}) + CO_2$，反应的平衡常数 $K'_P = \dfrac{(Fe^{2+})^2 (O^{2-})^2 p_{CO_2}}{(Fe^{3+})^2 (O^{2-})^3 p_{CO}}$，因此：

$$\frac{p_{CO_2}}{p_{CO}} = K'_P \left(\frac{Fe^{3+}}{Fe^{2+}}\right)^2 (O^{2-})$$

同时，对于反应 $2CO + O_2 = 2CO_2$，$\dfrac{p_{CO_2}}{p_{CO}} = (K_P p_{O_2})^{1/2}$，由于两个反应的 $\dfrac{p_{CO_2}}{p_{CO}}$ 应相等，故有 $p_{O_2}^{1/2} = \dfrac{K'_P}{K_P^{1/2}} \cdot \left(\dfrac{Fe^{3+}}{Fe^{2+}}\right)^2 (O^{2-})$，即 $\ln p_{O_2} = 2\ln \dfrac{K'_P}{K_P^{1/2}} + 4\ln \left(\dfrac{Fe^{3+}}{Fe^{2+}}\right) + 2\ln (O^{2-})$，故熔体中的氧势可以用 (Fe^{3+}/Fe^{2+}) 或 (O^{2-}) 来表示。

(2)烧结过程料层氧势的变化　温度和气氛的变化，使烧结料层由上而下出现不同的变化。在上部料层可用气相中 p_{O_2} 表示氧势，在燃烧带可用 (Fe^{3+}/Fe^{2+}) 表示氧势，在下部料层氧分压较低，可用气相组分 $\dfrac{\%CO_2}{\%CO}$ 表示氧势。上述变化将对烧结料中铁氧化物的行为产生影响。

Ⅰ. 上部料层冷却时低价铁氧化物的氧化。

抽风冷却时，气相 p_{O_2} 较高，气相下移时伴随着矿物结晶、再结晶和重结晶时，发生低价铁氧化物的再氧化，即 Fe_3O_4、FeO 氧化为 Fe_2O_3 或 Fe_3O_4：

$$2M + O_2 = 2MO$$
$$\Delta G^\ominus = RT\ln p_{O_2}$$

$$\Delta G = \Delta G^\ominus + RT\ln \frac{1}{p'_{O_2}} = RT\ln \frac{p_{O_2}}{p'_{O_2}} \tag{3-15}$$

当气相氧分压 p'_{O_2} 大于铁氧化物分解压 p_{O_2} 时，$\Delta G < 0$，发生氧化反应，使料层氧化度提高，气相氧势降低。

因此，在冷却时液相析出的 Fe_3O_4 将被氧化为 Fe_2O_3，温度越高则氧化速度越快，不同温度结晶的 Fe_3O_4、FeO 氧化为 Fe_2O_3 具有多种同质异构变体。

Ⅱ. 高温熔融带高价铁氧化物的分解。

在空气中温度高于 $1385^\circ C$ 时，Fe_2O_3 便会分解（$6Fe_2O_3 = 4Fe_3O_4 + O_2$，$p_{O_2(Fe_2O_3)} = 2 \times 10^4 Pa$）。

烧结料层内为负压，燃料燃烧消耗氧，故氧分压低于 $2 \times 10^4 Pa$，Fe_2O_3 的开始分解温度将降低至 $1300 \sim 1350^\circ C$，Fe_2O_3 分解使熔体液相中 (Fe^{3+}) 浓度降低，即氧势降低，对铁酸钙系的生成和稳定不利。但分解出的氧却提高了下部料层的氧势。这部分氧可以参加燃烧反应，使气相中 CO_2/CO 升高，燃烧速率加快。

Ⅲ. 下部料层被加热时高价铁氧化物的还原。

在高温熔融带的下部，烧结料被升温加热，靠近炽热的炭粒处或 CO 浓度高的区域内，高价铁氧化物 Fe_2O_3、Fe_3O_4 可发生还原，分别生成 Fe_3O_4、FeO，反应通式为：

$$MO_2 + CO = 2MO + CO_2$$

$$\Delta G^\ominus = -RT\ln\frac{p_{CO_2}}{p_{CO}}$$

$$\Delta G = \Delta G^\ominus + RT\ln\frac{p'_{CO_2}}{p'_{CO}} = RT\ln\left(\frac{p'_{CO_2}}{p'_{CO}} - \frac{p_{CO_2}}{p_{CO}}\right) \qquad (3-16)$$

当气相 p'_{CO_2}/p'_{CO} 低于铁氧化物还原平衡气相 p_{CO_2}/p_{CO} 时，$\Delta G < 0$，铁氧化物发生还原反应，温度越高还原速率越快，使料层中 FeO 含量迅速升高，料层氧化度降低。但烧结持续的时间短，还原反应的发展是有限的。但烧结料配碳高，废气成分中 CO_2/CO 将很低，烧结料又是磁铁精矿时，对还原反应的发展极为有利，将使自由的 Fe_2O_3 减少，阻碍固相反应和液相反应时铁酸钙的生成。

（3）烧结过程料层氧势的实际意义　空气中氧的浓度变化不大，故上部料层中气流的氧势差别不会很大。高温熔融带则因碳燃烧产生温度和 CO 浓度不同，可能造成熔融液相的氧势相差较大，故对燃烧带而言，温度越高则氧势越低。低配碳同时改善焦粉的燃烧特性，则可控制烧结温度和废气中 CO 的含量，这是提高下部料层氧势的主要途径。

烧结料层氧势与烧结料原始氧化度决定了烧结过程化学反应的方向：在高氧势的条件下，自由的 Fe_2O_3 得以保存而能与 CaO 发生形成铁酸钙的固相反应，升温时首先产生低熔点的铁酸钙液相，使料层氧化度提高；在低氧势的条件下，自由的 Fe_2O_3 多被还原成 Fe_3O_4 或 FeO，与 SiO_2 发生形成 $2FeO \cdot SiO_2$ 的固相反应，升温时首先出现的是低熔点的硅酸盐液相。

3.3.2.3　影响烧结矿 FeO 含量的因素

烧结矿 FeO 含量对其冶金性能有重要影响。烧结矿中 FeO 主要以磁铁矿和铁橄榄石形式存在，前者主要取决于烧结料层的气氛、原料中的磁铁矿含量，后者主要取决于烧结料层的气氛和 SiO_2 的含量。

1）燃料配比

随着燃料配比的增加，料层还原气氛增强，不利于磁铁矿的氧化、甚至于使赤铁矿还原，因此烧结矿中的 FeO 随燃料配比的增加而增加，如图 3 - 17 所示。

2）磁铁矿比例

国内精矿多为细磨磁选的磁铁矿，与赤铁矿粉矿相比，其氧化度低，容易与 SiO_2 反应生成橄榄石（$2FeO \cdot SiO_2$），因而使烧结矿的 FeO 含量提高，如图 3 - 18 所示。由于烧结矿 FeO 含量还受 SiO_2 含量、燃料配比等因素影响，图 3 - 18 为不同条件下的统计结果。

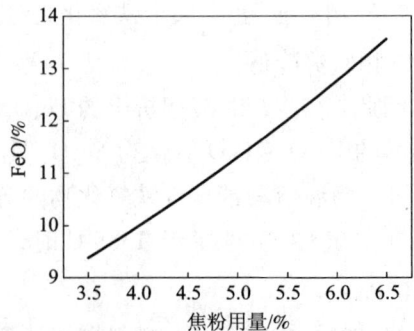

图 3 - 17　焦粉用量对烧结
矿中 FeO 含量的影响

3）原料中 SiO_2 含量

高二氧化硅含量有利于橄榄石、硅酸盐玻璃相矿物的生成，因而随着 SiO_2 的升高，烧结矿的 FeO 升高，如图 3-19 所示。

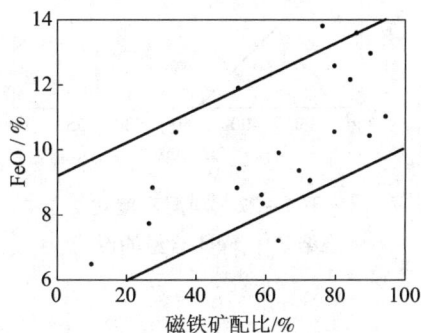

图 3-18　磁铁矿比例对
烧结矿中 FeO 含量的影响

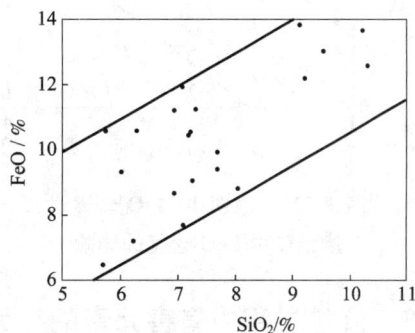

图 3-19　原料中 SiO_2 含量对
烧结矿中 FeO 含量的影响

4）碱度

随着碱度的提高，有利于形成低熔点化合物，降低燃烧带温度，使还原反应过程受限，铁酸钙、硅酸钙的形成又抑制了磁铁矿和橄榄石的发展，故烧结矿中 FeO 下降。当烧结料中加入石灰石时，$CaCO_3$ 分解放出的 CO_2 增多，料层氧化气氛增强，也使烧结矿 FeO 含量降低。如图 3-20 所示。

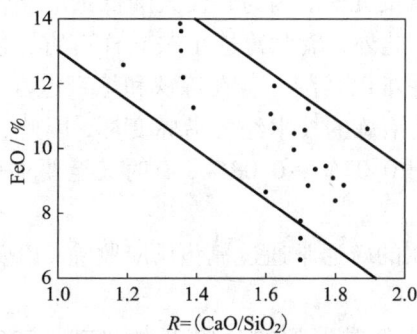

图 3-20　碱度对烧结矿中 FeO 含量的影响

5）原料中 MgO 含量

当烧结料中 MgO 增加时，MgO 易进入磁铁矿晶格，抑制磁铁矿的氧化，且 MgO 存在时易形成高熔点化合物，使燃烧带温度及烧结矿中的 FeO 都上升，如图 3-21 所示。

6）料层高度

随着料层高度的提高，"自动蓄热"作用增强，固体燃耗随之降低，FeO 含量降低。

此外，为高效合理利用高料层蓄热发展的偏析布料技术，改善了燃料沿料层高度的合理分布，而使烧结矿 FeO 含量进一步降低，如图 3-22 所示。

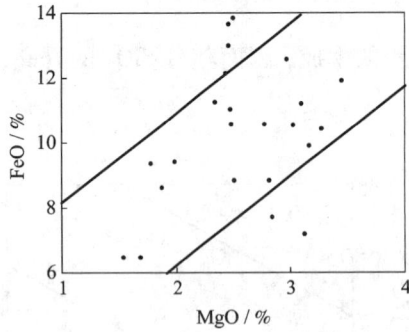

图 3 - 21　原料中 MgO 含量对
烧结矿中 FeO 含量的影响

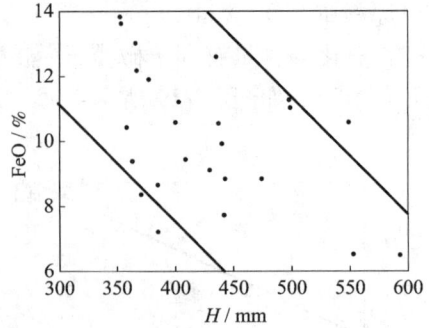

图 3 - 22　料层高度对
烧结矿中 FeO 含量的影响

3.3.3　烧结过程中有害元素的行为

在大多数的情况下，烧结原料含有对钢铁冶炼过程及钢材有害或不希望的元素，如硫、砷、氟、铅、锌、钾、钠等。研究这些伴生元素在烧结过程中的行为及其脱除方法有重要实际意义。

3.3.3.1　硫的行为

1）硫的存在形态及其对钢铁生产的影响

铁矿石中的硫通常以硫化物和硫酸盐形式存在，以硫化物形式存在的矿物有：FeS_2、$CuFeS_2$、CuS、ZnS、PbS 等；以硫酸盐形式存在的矿物有 $BaSO_4$、$CaSO_4$、$MgSO_4$ 等，而焦粉带入的硫可能有以单质形式存在的硫。

硫是影响钢质量极为有害的元素，因为它极大降低钢的塑性，在加工过程中使晶粒边界先熔化，出现金属热脆现象。此外，硫对铸造生铁同样有害，它降低生铁的流动性，阻止碳化铁分解，使铸件产生气孔并难以切削。若在炼铁和炼钢过程中需脱除大量的硫，不仅会降低设备的生产率，而且也会使冶炼的技术经济指标变坏，因此，一般要求入炉冶炼的铁矿石或人造块矿中的硫含量不超过 0.07% ~0.08%，有时甚至要求小于 0.04% ~0.05%。

2）烧结过程脱硫原理

以单质和硫化物形式存在的硫通常通过氧化反应脱除，以硫酸盐形式存在的硫则在分解反应中脱除。

黄铁矿(FeS_2)是铁矿石中经常遇到的含硫矿物，它具有较大分解压，在空气中加热到 565℃ 时很容易分解出一半的硫，因此，在烧结的条件下可能分解出元素硫。

黄铁矿氧化，在更低的温度(280℃)就开始了，当温度较低时，从黄铁矿着火(366 ~437℃)到 565℃，硫的蒸汽分解压还较小。黄铁矿的氧化脱硫反应如下：

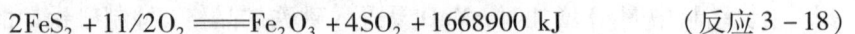

$$2FeS_2 + 11/2O_2 \Longrightarrow Fe_2O_3 + 4SO_2 + 1668900 \text{ kJ} \qquad (反应 3-18)$$

$$3FeS_2 + 8O_2 \Longrightarrow Fe_3O_4 + 6SO_2 + 2380238 \text{ kJ} \qquad (反应 3-19)$$

当温度高于 565℃ 时，黄铁矿分解，分解产物 FeS 及 S 的氧化反应同时进行，其反应式如下：

$$FeS_2 \Longrightarrow FeS + S - 113965 \text{ kJ} \qquad (反应 3-20)$$

$$S + O_2 \Longrightarrow SO_2 + 296886 \text{ kJ} \qquad (反应 3-21)$$

$$2FeS + 7/2O_2 = Fe_2O_3 + 2SO_2 + 1230726 \text{ kJ} \qquad (反应3-22)$$
$$3FeS + 5O_2 = Fe_3O_4 + 3SO_2 + 1723329 \text{ kJ} \qquad (反应3-23)$$
$$SO_2 + 1/2O_2 = SO_3 \qquad (反应3-24)$$

当温度低于 $1250\sim1300℃$ 时，FeS 的燃烧主要按反应(3-22)进行，生成 Fe_2O_3；当温度更高时，按反应(3-23)进行生成 Fe_3O_4，因此在这种情况下，Fe_2O_3 的分解压开始明显地增大了。在有催化剂存在的情况下(如 Fe_2O_3 等)SO_2 可能进一步氧化成 SO_3。

研究硫化物氧化和硫酸盐分解的热力学可知，FeS_2、ZnS、PbS 中的硫是较易于脱除的；而 $CuFeS_2$、Cu_2S 的氧化需要比较高的温度，因为这些化合物很稳定，烧结料含铜硫化物中的硫比较难以脱除。硫酸盐的分解需要较高的温度，$CaSO_4$ 在 Fe_2O_3(SiO_2 和 Al_2O_3 等)存在和 $BaSO_4$ 在 SiO_2 存在的情况下，可以改善这些硫酸盐分解的热力学条件：

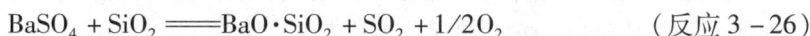

$$CaSO_4 + Fe_2O_3 = CaO \cdot Fe_2O_3 + SO_2 + 1/2O_2 \qquad (反应3-25)$$
$$BaSO_4 + SiO_2 = BaO \cdot SiO_2 + SO_2 + 1/2O_2 \qquad (反应3-26)$$

3)影响烧结脱硫的因素

(1)矿石的粒度和品位　矿石粒度小则物料比表面积大，有利于脱硫反应，矿石中硫化物和硫酸盐的氧化和分解产物也易于从内部排出；但粒度过小时，烧结料层的透气性变差，抽入的空气量减少，不能供给充足的氧量，同时硫的氧化产物和分解产物不能迅速从烧结料层中带走，也对脱硫不利。如果粒度过大时，虽然外部扩散条件改善了，但内扩散条件就变得更困难了，也不利于脱硫。研究表明，脱硫较适宜的矿石粒度 $0\sim1$ mm 与 $0\sim6$ mm 之间，但考虑生产过程中破碎筛分条件的经济合理性，采用 $0\sim6$ mm 或 $0\sim8$ mm 矿石粒度是较为合理的。

矿石含铁品位高含脉石成分少时，一般软化温度较高，这时烧结料需在较高的温度下才能生成液相，所以有利于脱硫。

铁矿石中硫以硫化物的形式存在时，烧结脱硫比较容易，一般脱硫率可达90%以上，甚至可达96%～98%。硫酸盐的脱除是靠它的热分解，需要很高的温度和较长的时间，在较好的情况下脱硫率也可达到80%～85%。

(2)烧结矿碱度和添加物的性质　提高烧结矿的碱度，导致烧结矿的液相增加，烧结层的最高温度降低，烧结速度加快，高温保持时间缩短以及高温下石灰的吸硫作用强烈等，这些条件均对脱硫不利，所以随着碱度提高，烧结矿的脱硫率明显地下降(见表3-5)。

表3-5　烧结矿碱度对脱硫率的影响

指标	烧结矿碱度			
	0.4	1.0	1.2	1.4
烧结料含硫/%	0.450	0.400	0.382	0.362
烧结矿含硫/%	0.040	0.042	0.043	0.050
脱硫率/%	91.2	89.4	88.7	86.2

添加物的性质对脱硫有不同的影响，消石灰和生石灰对废气中 SO_2 和 SO_3 吸收能力强，对脱硫不利。白云石和石灰石粉粒度较粗，比表面较小，在预热带分解出 CO_2，阻碍对气体

中硫的吸收，对脱硫较前两者有利。在烧结料中添加 MgO 有可能提高烧结料的软化温度，对脱硫是有利的。

（3）燃料用量和性质　燃料的用量直接影响到烧结料层中的最高温度水平和气氛，FeS 在 1170～1190℃ 时熔化，当有 FeO 存在时 940℃ 就可熔化。燃料用量增多时，料层温度高，还原气氛增强，烧结料中所形成的氧化亚铁增多，FeO－FeS 组成易熔的共晶混合物，液相增多会妨碍进一步脱硫。同时，空气中的氧主要为燃料所消耗，也不利于硫化物的氧化。相反，燃料用量不足时，料层温度低，脱硫条件也变坏。因此，烧结时燃料用量要适宜、燃料的配比要求精确。燃料配比对脱硫的影响如图 3 -23 所示。

燃料用量增加，所产生的高温和还原性气氛，对硫酸盐的分解是有利的。

一般来讲，燃料的用量对硫化物和硫酸盐中硫脱除是有矛盾的，前者需要氧化性气氛，而后者需要中性气氛或弱还原性气氛；前者不需要过高的温度，而后者需要有足够的温度水平。如果同一烧结料中既有硫化物又有硫酸盐存在时，就应该考虑含硫矿物以哪种为主，合理调整燃料的用量。在考虑合适的燃料用量时，必须估计到硫化物中的硫氧化时所产生的热量。一般地，认为 1 kg FeS$_2$ 氧化成 SO$_2$ 时所产生的热量相当于 0.23 kg中等质量的焦炭燃烧所产生的热量。所

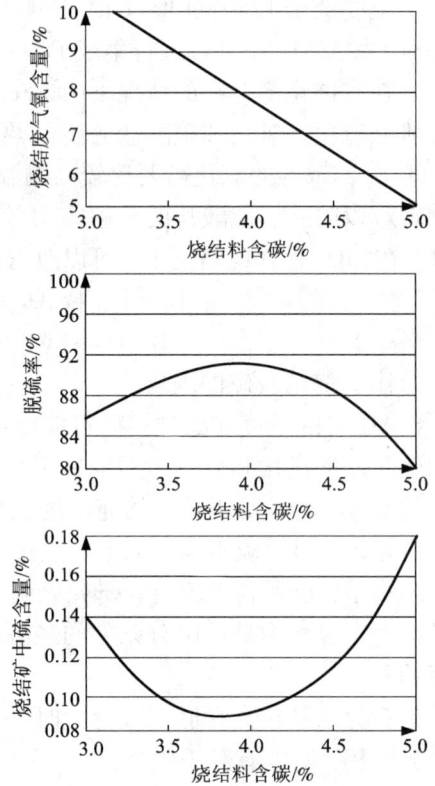

图 3 -23　燃料配比对脱硫的影响（烧结矿碱度 1.25）

以矿石中含硫愈多，烧结所用的燃料就要相应减少，配料时大致可按矿石中含硫 1% 代替 0.5% 的焦粉来计算。

燃料中的硫大多以有机硫的形态存在，这种硫的分解需要在较高的温度下进行，所以烧结所用燃料含硫应尽可能低。一般焦粉中的含硫量较无烟煤为低，且前者可能主要是无机硫，比较易于除去。这就是烧结生产一般愿采用焦粉作为燃料的主要原因之一。

（4）返矿的数量　返矿对脱硫有互相矛盾的影响，一方面改善烧结料的透气性，促使硫的顺利脱除；另一方面引起液相更多更快地生成，致使大量的硫转入烧结矿中，适宜的返矿用量要根据具体情况由试验确定。有研究指出：当返矿从 15% 增至 25% 时烧结矿中含硫增加，脱硫率降低；当返矿进一步增加到 30% 时，烧结矿中含硫量降低，脱硫率相应增加。可能是当返矿由低增加到 25% 时，后种因素起了主导作用，对脱硫不利；当继续增加到 30% 时，矛盾发生转化，前者的作用居主导地位，而有利于脱硫。

3.3.3.2　砷的行为

砷使钢制品的焊接性能变坏。当钢中砷含量超过 0.15% 时，就会使它的整个物理、机械性能变坏（钢中存在锰和钒时，可稍微改善它的性能，抑制砷的影响）。

铁矿石中的含砷矿物可能有: 雌黄(As_2S_3)、砷华(As_2O_3)、雄黄(AsS)、砷黄铁矿(FeAsS)、含水砷酸铁($FeAsO_4 \cdot 2H_2O$)和含水亚砷酸铁($FeHAsO_3 \cdot nH_2O$)(臭葱石)等。

在烧结条件下不可能出现元素砷,砷只能以As_2O_3和三氢化砷(AsH_3)转移到气相中,所以烧结时需将高价砷还原到三价型态,利用As_2O_3在温度275~320℃升华的特点,脱砷才是可能的,高价砷氧化物的还原反应按下式进行:

$$As_2O_5 + 2CO \Longrightarrow As_2O_3 + 2CO_2 \qquad (反应 3-27)$$

因此,增加燃料配比可以促进高价砷的脱除。

在燃料不足的情况下,即在氧化性气氛中,温度>500℃时,砷黄铁矿可以部分氧化成三氧化二砷:

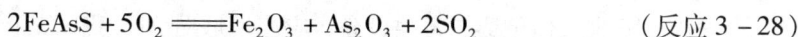

$$2FeAsS + 5O_2 \Longrightarrow Fe_2O_3 + As_2O_3 + 2SO_2 \qquad (反应 3-28)$$

含水砷酸铁和亚砷酸铁脱水和分解后,可以转变为三价氧化物的形式。首先在200~300℃失掉一个H_2O而到400~500℃可变为无水砷酸铁,后者在1000℃以上按式(3-29)激烈分解:

$$4FeAsO_4 \Longrightarrow 2Fe_2O_3 + As_4O_6 + 2O_2 \qquad (反应 3-29)$$

在600℃左右,无水砷酸铁可以按下式进行还原:

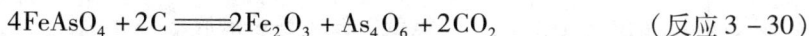

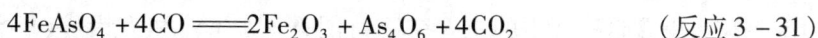

$$4FeAsO_4 + 2C \Longrightarrow 2Fe_2O_3 + As_4O_6 + 2CO_2 \qquad (反应 3-30)$$

$$4FeAsO_4 + 4CO \Longrightarrow 2Fe_2O_3 + As_4O_6 + 4CO_2 \qquad (反应 3-31)$$

大部分的三氧化二砷在生成和升华过程中易与烧结料中的铁、氧化铁,特别是石灰生成化合物,三价砷化物按下式被氧化钙吸收:

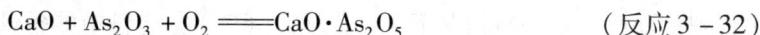

$$CaO + As_2O_3 + O_2 \Longrightarrow CaO \cdot As_2O_5 \qquad (反应 3-32)$$

所以生产熔剂性烧结矿时,对砷的脱除很不利,有的矿石甚至在碱度0.75时,烧结料中的砷可能全部留在烧结矿中,如果烧结料SiO_2较高时,则可减弱CaO的影响:

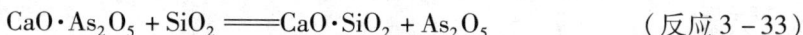

$$CaO \cdot As_2O_5 + SiO_2 \Longrightarrow CaO \cdot SiO_2 + As_2O_5 \qquad (反应 3-33)$$

在烧结非熔剂性烧结料时,砷以三氧化二砷或三氢化砷的形式随气体排出。在燃烧带升华的三氧化二砷,在以后气体被冷却时,重新以固体状态沉积下来,随着燃烧带的下移,下部料层中沉积下来的砷也就越多,所以,靠近烧结机的炉箅处物料的脱砷率总是较上部物料低。因此,在烧结过程中砷的脱除是比较困难的。

据某些试验研究,加入少量$CaCl_2$(2%~5%)的烧结料,脱砷率可达近60%,添加2%的HCl可以脱除52%的砷,加入2%~5%的食盐,可以脱除烧结料中60%的砷。但这些添加物比较贵,同时对设备腐蚀较为严重。

在1000℃下,用水蒸气处理成品烧结矿,砷脱除率可达50%~70%。

前西德和美国的研究表明,烧结含砷矿石,采用煤作燃料可以提高脱砷率,褐煤和烟煤中的许多挥发物具有脱砷能力,推测是与氧或氢反应形成三价砷化合物而进入气体。

As_2O_3为极毒物质,故含As_2O_3废气须经精细除尘,方可排放。

烧结条件下的脱砷问题,至今尚未得到较好解决,有待继续研究。

3.3.3.3 氟的行为

为改善高炉操作在烧结过程中希望去除含氟矿石的氟,烧结过程脱氟率一般可达10%~

15%，操作正常时可达40%。烧结过程的脱氟反应机制研究得还不够，可能通过以下反应式去除：

$$2CaF_2 + SiO_2 \Longrightarrow 2CaO + SiF_4 \qquad (反应 3-34)$$

生成的 SiF_4 很易挥发，但在料层下部可能部分被烧结料吸收，由（反应3-34）可见，加入 CaO 对脱氟不利，而增加 SiO_2 则有利于脱氟。实验室研究表明：石灰石加入量从9.13%增加到13.7%，可以使烧结矿中含氟量从0.95%增加到1.25%，同样条件下，将石英加入量从0.89%增加到4.59%时，可以使烧结矿中含氟量从1.35%降低到1.00%。

烧结过程加入一定量水蒸气，因为生成易挥发的 HF，可使脱氟程度提高 1~5 倍：

$$CaF_2 + H_2O \Longrightarrow CaO + 2HF \qquad (反应 3-35)$$

含氟废气危害人体健康，腐蚀设备，应当回收处理。我国某厂球团车间废气含氟400~700 mg/m^3，用碱法合成的方法，从废气中回收氟制成二级冰晶石。实践证明在烧结抽风系统增设喷石灰水去除废气中氟的设备，效果也很好。

3.3.3.4 铅、锌、铜和钾、钠的行为

我国铁矿资源的特点是多金属共生矿多，含多种有色和稀贵金属以及钾钠等元素。高炉冶炼时，锌和铅并不进入生铁中，锌的有害作用是破坏炉衬，促使炉瘤形成、炉衬的损坏以及堵塞烟道，铅由于比重大，熔点低，破坏高炉炉底。

铁矿石中含这些元素的主要矿物有闪锌矿（ZnS）和方铅矿（PbS），要从中脱除锌和铅，需首先将它们氧化为 ZnO 和 PbO，再将氧化物还原为金属锌和金属铅，才能挥发，它们的沸腾温度分别是906℃和1717℃。锌和铅从烧结料中脱除的效果在很大程度上取决于烧结料层中燃料的配比。在一般情况下（含碳3%~6%）烧结料中的锌几乎完全不脱除，当燃料消耗增加到10%~11%时，可从烧结料中脱除约20%的锌。升华的锌可能很快地为氧所氧化，氧化锌然后在燃烧带的下部料层再沉积下来，所以脱锌率与烧结料下部区域的温度和气氛有很大关系。

铁矿石中的钠和钾通常以碳酸盐或硅酸盐形式存在。它们在高炉下部，产生还原。

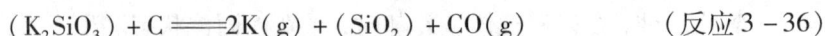

$$(K_2SiO_3) + C \Longrightarrow 2K(g) + (SiO_2) + CO(g) \qquad (反应 3-36)$$

气化生成的气态钠、钾在高炉上部产生再氧化，并沉积到块状炉料、炉壁上。

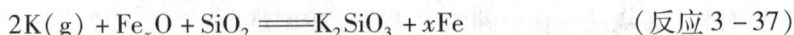

$$2K(g) + Fe_xO + SiO_2 \Longrightarrow K_2SiO_3 + xFe \qquad (反应 3-37)$$

$$2K(g) + 2CO_2 \Longrightarrow K_2CO_3 + CO \qquad (反应 3-38)$$

钠、钾的循环积累致使高炉结瘤，炉墙破损，炉料空隙堵塞，料层阻力增大，严重恶化高炉操作过程。

在正常燃料配比条件下，烧结过程只能脱除一小部分钠和钾（小于20%）。提高燃料配比，可以提高钠、钾的脱除率。中南大学的研究表明，采用预还原烧结法，将焦粉配比提高到15%时，可将钠和钾的脱除率分别提高到30%和50%以上。

烧结料中添加少量的固体氯化剂（如 $CaCl_2$），使其在烧结过程中与铅、锌、铜和钾、钠等矿物发生氯化反应，可生成氯化物而挥发分离出来。如加入质量比2%~3% $CaCl_2$，在不降低烧结机生产率的条件下，可以从烧结料中脱出90%的铅，70%以上的锌，80%左右的铜和50%以上的钾、钠。但氯化物的使用又带来腐蚀设备、污染环境等新问题，工业上很少应用。

3.4 烧结过程的固 – 固反应

固 – 固相反应在矿粉烧结、粉末冶金、陶瓷、水泥和耐火材料等工业生产过程中都有涉及，它能促进低熔点物质的形成，并加快液相生成的速度。研究烧结过程的固相反应，对于控制烧结料层易熔物质的形成和液相生成速度具有重要意义。

3.4.1 固 – 固反应理论

过去，人们对固体物质之间能否发生化学反应都持否定态度，直到 19 世纪，当人们发现固相中存在扩散现象，金属和氧化物之间有置换反应，才确认固态物质中的质点是可以运动的，而且固态物质之间也是可以直接进行反应的。

通常所说的固 – 固相反应是指两种固体物料在低于其熔点的温度下，在它们的接触界面上发生的化学反应，反应产物也是固体。

固相反应有以下几种类型：

还原反应：

$$MeO + C \longrightarrow Me + CO \qquad (反应 3 - 39)$$

置换反应：

$$RO + R' \longrightarrow R'O + R \qquad (反应 3 - 40)$$

化合反应：

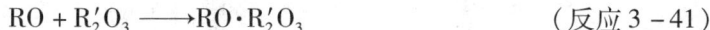

$$RO + R_2'O_3 \longrightarrow RO \cdot R_2'O_3 \qquad (反应 3 - 41)$$

通常固体晶格中的质点间结合力较大，处于以结点为中心的平衡热振动状态，所以运动范围小，在一般条件下，固态物体间的反应是难于进行的。

但是，实际固体的晶体常具有结构上的缺陷，即在晶格中存在着空位，或者结构的质点从晶格中的正常位置移至晶格间隙而出现空位。晶体中的缺隙或空位是可位移的，温度愈高，质点愈易于取得进行位移所必需的活化能。晶格中的质点一旦取得位移所必需的活化能后，就可以克服周围质点的作用，在晶体内部进行位置的交换（即内扩散），也可以扩散到晶体表面，并扩散到与之相接触的邻近的其他晶体内进行化学反应（即外扩散）。这种固体间质点扩散过程，就导致了固相间反应的发生。

图 3 – 24 为固相反应 A + B $\Longrightarrow$ AB 进程示意图。

固相反应的特点归纳起来，主要有以下几点：

（1）固相反应速度首先决定于温度。固相反应开始的温度是指反应物之一的质点开始呈现出显著位移的温度，远低于反应物的熔点或它们的低共熔点的温度。据实验测定，固体的质点开始位移的温度，金属为 $0.3 \sim 0.4 T_{熔化}$，盐类为 $0.57\ T_{熔化}$，硅酸盐为 $0.9\ T_{熔化}$。

（2）反应物颗粒的大小对固相反应速度影响极大。对于固相反应过程，反应速度常数与颗粒半径的平方成反比：

$$k = C/r^2 \qquad (3 - 17)$$

式中：k 为反应速度常数；C 为比例系数；r 为反应物的颗粒半径。

（3）相较于其他类型的反应，固 – 固相反应速度较慢。这是因为质点通过固体的位移非常小，其扩散速度远小于溶液内或气相内的速度。

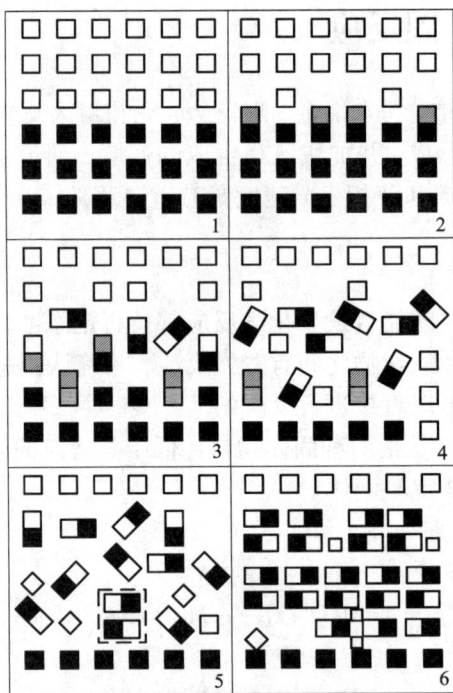

图 3 – 24　A (□) 和 B (■) 合成 AB (▣) 的固相反应进程示意图

▨ 过渡反应层

1—反应物混合时即已相互接触,随温度升高,接触得更趋紧密;2—随着温度升高,质点的移动性增大,在这一阶段中可能有吸附型反应产物产生,但反应产物具有严重的缺陷,呈现出极大的活性;3、4—质点的接触界面上形成一层反应产物层,一种组元已经扩散到另一组元的晶格内部,形成一些化学计量的化合物 AB。晶格内部的反应常伴随着颗粒表面的疏松和活化,反应产物的分散性在此阶段中还非常高。可以认为晶核已经形成并开始成长;5—晶核已经成长为晶体颗粒,X 射线衍射图可以看出反应产物的特征线条,随温度升高,线条的强度愈来愈大;6—由于新形成的晶体尚有结构上的缺陷,所以温度继续升高,缺陷得以消除,使反应产物具有正常的晶体结构

(4)固相中只能进行放热反应,而且固态物质间反应的最初产物,与反应物的数量比例无关,无论如何只能形成一种化合物,它的组成通常不与反应物的浓度一致。要想得到其组成与反应物质量相当的最终产物,在大多数情况下需要很长的时间。

固 – 固相反应中最初产物与反应物的数量比例无关的现象,目前还没有满意的解释,但从接触面最初形成的化合物来看,其晶体结构是最简单的。很明显,在接触面形成化合物的自由能大小起了一定的作用。

从固相反应机理的研究结果来看,凡是能促进外扩散和内扩散进行的因素都能促进固相之间的反应。具体而言,影响固相反应速度的主要因素有:

(1)固相反应速度随着原始物料分散度提高而加快,因为它活化了反应物的晶格,增加颗粒间的接触界面。

(2)升高温度有助于固相反应速度的提高。因为温度升高会促使固相物质内能增大,晶格质点振动增强,体系趋于不稳定,故加速了固相反应过程。

(3)添加活性物质是促进固相反应的有效措施。活性物质与反应物或反应物之一形成固

溶体,使反应物的晶格活化,或者活性物质在反应物体系中促进液相生成,从而加速了质点的扩散过程。

(4)过分松散的物料采用压料的方法,能改善颗粒接触状态,有效地促进固相反应。

此外,反应物发生晶形转变、脱水、分解等化学反应,一般也能加速固相反应。

3.4.2 烧结过程的固 - 固反应

在烧结过程中,固体燃料燃烧产生的废气加热了烧结料,为固相反应创造了有利条件。在烧结料部分或全部熔化以前,物料中每一颗粒相互位置是不变的。因此,每个颗粒仅仅与它直接接触的颗粒发生反应。

添加石灰生产熔剂性或高碱度烧结矿时,在铁矿粉烧结料中主要矿物成分为 Fe_3O_4、Fe_2O_3、SiO_2、CaO 等。这些矿物颗粒间互相接触,在加热过程中,固相间就发生化学反应,如图 3 - 25 所示。

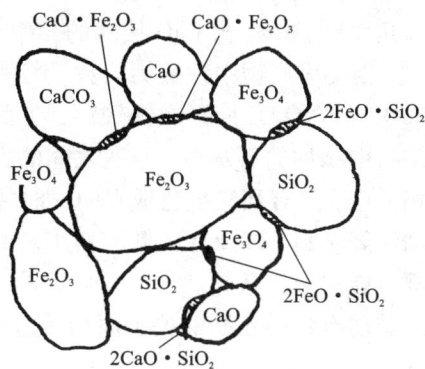

图 3 - 25 烧结混合料中各组分相互作用及产物示意图

表 3 - 6 汇集了烧结中常见的某些固相反应初始产物及其开始出现的温度。

表 3 - 6 固相反应最初产物开始出现的温度(* 为不同研究者获得的结果)

反应物质	固相反应初始产物	反应产物开始出现的温度/℃
$SiO_2 + Fe_2O_3$	Fe_2O_3 在 SiO_2 中的固溶体	575
$SiO_2 + Fe_3O_4$	$2FeO \cdot SiO_2$	990, 1100 *
$CaO + Fe_2O_3$	$CaO \cdot Fe_2O_3$	500, 520, 600, 610, 650, 675 *
$CaCO_3 + Fe_2O_3$	$CaO \cdot Fe_2O_3$	590
$MgO + Fe_2O_3$	$MgO \cdot Fe_2O_3$	600
$CaO + SiO_2$	$2CaO \cdot SiO_2$	500, 610, 690 *
$MgO + SiO_2$	$2MgO \cdot SiO_2$	680
$MgO + Al_2O_3$	$MgO \cdot Al_2O_3$	920, 1000 *
$MgO + FeO$	镁浮氏体(固溶体)	700
$MgO + Fe_3O_4$	MgO 在磁铁矿中的固溶体	800
$FeO + Al_2O_3$	$FeO \cdot Al_2O_3$	1100
$Fe_3O_4 + FeO + SiO_2$	$2FeO \cdot SiO_2$	800, 950 *

从表 3 - 6 可以看出,Fe_2O_3 不能与 SiO_2 反应形成化合物,在575℃开始,这个系统仅仅形成 Fe_2O_3 溶于 SiO_2 中有限的固溶体。因此,在配碳量较低、烧结赤铁矿非熔剂性烧结料

时，Fe_2O_3 与 SiO_2 不发生相互作用。要产生铁橄榄石（$2FeO \cdot SiO_2$）低熔点化合物，必须预先还原 Fe_2O_3 或使 Fe_2O_3 分解为 Fe_3O_4 或 FeO，这就需要较高的配碳量。

在石英与石灰石接触处，在 $500 \sim 600 ℃$ 时开始形成硅酸钙（$2CaO \cdot SiO_2$），但在非熔剂性烧结料中这种反应的几率是很小的。虽然 SiO_2 对 CaO 的化学亲和力比 Fe_2O_3 对 CaO 的要大得多，且两组物质固相反应的开始温度几乎相近，但在赤铁矿熔剂性烧结料中，SiO_2 与 CaO 接触的几率比 Fe_2O_3 与 CaO 接触的几率要少得多，因此在正常配碳条件下铁酸钙形成的速度较快，固相反应产物中铁酸钙的数量较多。

CaO 与 Fe_2O_3 反应形成铁酸钙，在固相中 $500 \sim 700 ℃$ 就开始发生。在烧结条件下，Fe_2O_3 与烧结料中添加的石灰石、石灰之间的大量接触，促进了该反应的进行。Fe_3O_4 不与 CaO 发生固相反应，只有当它氧化成 Fe_2O_3 时才有可能。由此可见，在正常燃料用量时，烧结赤铁矿熔剂性烧结料，以及在较低燃料用量时，在氧化性气氛中烧结磁铁矿熔剂性烧结料，在固相中都可能形成铁酸钙。

总结现有各种不同的关于固相反应的实验资料，对于烧结过程中发生的固相反应可获得如下认识：

（1）当烧结非熔剂性烧结矿时，在固相反应中铁橄榄石只有在 Fe_2O_3 还原或分解为 Fe_3O_4 时才能形成。在烧结熔剂性烧结料时，铁橄榄石在石英与磁铁矿颗粒的接触处形成。铁橄榄石的形成过程比铁酸钙形成过程缓慢，且铁酸钙生成在相当低的温度就开始。反应的总效果取决于燃料的配比，在同样的条件下，提高燃料配比可促进铁橄榄石的形成而抑制铁酸钙的生成。

（2）赤铁矿与石英及磁铁矿与石灰在中性气氛中不发生固相反应。

（3）在烧结熔剂性烧结料时 CaO 与 Fe_2O_3 接触的机会增大，在相同的温度条件下，铁酸钙较硅酸钙的生成速度快。氧化条件（低配碳，低温烧结）可促进铁酸钙的形成。

（4）虽然温度对固相反应速度具有决定性影响，但对多种组分存在的混合原料，加热并不给固相物质间按化学亲和力的大小发生反应创造任何有利条件，每个颗粒与它周围接触的颗粒都是以同样的某种反应速度进行反应。用 CaO 与 Fe_2O_3 的亲和力大的理由来解释在熔剂性烧结料固相反应中优先形成铁酸钙是不正确的。

应当指出，固相反应产物并不决定最终烧结矿矿物组成和结构。这是因为固相中形成的大部分复杂化合物，后来在烧结料熔化时又分解成简单的化合物。烧结矿乃是熔融物结晶与未熔矿石共同组成的产物，成品烧结矿的最终矿物组成，在燃料用量一定的条件下，主要取决于烧结料的碱度。碱度是熔融物结晶时的决定因素，只有当烧结过程燃料用量较低，仅一小部分烧结料发生熔融时，固相反应产物才转到成品烧结矿中。

烧结过程生成的固相反应产物虽不能决定烧结矿最终矿物成分，但能形成原始烧结料所没有的低熔点的新物质，在温度继续升高时，这些新生物质就成为液相形成的先导，使液相生成的温度降低。因此，固相反应最初形成的产物对烧结过程具有重要作用。凡是能够强化烧结过程固－固相反应，或其他使烧结料中易熔物增加的措施，均能强化烧结过程。如过分松散的烧结料采用压料的方法，能改善颗粒接触状态，有效地促进固相反应，提高烧结矿强度。又如在烧结料中采用加入低熔点铁酸盐，亦可提高烧结矿产、质量。表 3－7 为配加铁酸盐混合物于烧结料中的试验效果。

表 3 - 7　添加铁酸盐混合物对烧结指标的影响

烧结指标	普通混合料	添加 15% 的烧结粉末(含 $CaO \cdot Fe_2O_3$)
成品率/%	76.3	79.2
利用系数/$(t \cdot m^{-2} \cdot h^{-1})$	1.79	1.91
转鼓指数(+6.3 mm)/%	74.0	82.0

3.5　烧结过程液相的形成

液相形成及冷凝是烧结成矿和固结的基础,决定了烧结矿的矿相成分和显微结构,进而决定了烧结矿的质量。

3.5.1　液相的形成过程

烧结料含有多种成分,当烧结料层达到一定温度时,各成分之间发生固相反应,形成低熔点化合物。此外,在原烧结料各成分之间、新生成的化合物之间以及新生化合物和原成分之间,存在许多低共熔物质。这就使得烧结料在较低的温度下就开始熔融,形成液相。例如 Fe_3O_4 的熔点为 1597℃,SiO_2 的熔点为 1713℃,而两固相接触界面的固相反应产物 $2FeO \cdot SiO_2$ 的熔化温度为 1205℃。当烧结温度达到该化合物的熔点时即开始形成液相。表 3 - 8 列出了烧结原料所特有的化合物及混合物的熔化温度。

表 3 - 8　烧结料形成的易熔化合物及共熔混合物

系统	液相特性	熔化温度/℃
$SiO_2 - FeO$	$2FeO \cdot SiO_2$	1205
$SiO_2 - FeO$	$2FeO \cdot SiO_2 - SiO_2$ 共晶混合物	1178
$SiO_2 - FeO$	$2FeO \cdot SiO_2 - FeO$ 共晶混合物	1177
$Fe_3O_4 - 2FeO \cdot SiO_2$	$2FeO \cdot SiO_2 - Fe_3O_4$ 共晶混合物	1142
$MnO - SiO_2$	$2MnO \cdot SiO_2$ 异分熔化化合物	1323
$MnO - Mn_2O_3 - SiO_2$	$MnO - Mn_2O_3 - 2FeO \cdot SiO_2$ 共晶混合物	1303
$2FeO \cdot SiO_2 - 2CaO \cdot SiO_2$	钙铁橄榄石 $CaO_x \cdot FeO_{2-x} \cdot SiO_2$($x = 0.19$)	1150
$CaO \cdot Fe_2O_3$	$CaO \cdot Fe_2O_3 \rightarrow$ 液相 + $2CaO \cdot Fe_2O_3$(异分熔化化合物)	1216
$CaO \cdot Fe_2O_3$	$CaO \cdot Fe_2O_3 - CaO \cdot 2Fe_2O_3$ 共晶混合物	1205
$2CaO \cdot SiO_2 - FeO$	$2CaO \cdot SiO_2 - FeO$ 共晶混合物	1280
$FeO - Fe_2O_3 \cdot CaO$	$(18\% CaO + 82\% FeO) - 2CaO \cdot Fe_2O_3$ 固熔体 - 共晶混合物	1140
$Fe_3O_4 \quad Fe_2O_3 - CaO \cdot Fe_2O_3$	$Fe_3O_4 - CaO \cdot Fe_2O_3$;$Fe_3O_4 - 2CaO \cdot Fe_2O_3$	1180
$Fe_2O_3 - CaO \cdot SiO_2$	$2CaO \cdot SiO_2 - CaO \cdot Fe_2O_3 - CaO \cdot 2Fe_2O_3$(共晶混合物)	1192

由于烧结原料粒度较粗，微观结构不均匀，而且反应时间短，反应体系为不均匀体系，液相反应达不到平衡状态。烧结过程液相形成过程和变化行为如下：

（1）初生液相　在固相反应所生成的新生低熔点化合物处，随着温度升高而首先出现初期液相。

（2）低熔点化合物加速形成　随着温度继续升高，在初期液相的促进下，低熔点化合物加速形成，熔化时一部分转化成简单化合物，一部分转化成液相。

（3）液相扩展　大量低熔点化合物与烧结料中高熔点矿物形成低熔点共晶体，大颗粒矿粉周边被熔融，形成低共熔混合物液相。

（4）液相反应　液相中的成分在高温下进行置换、氧化、还原反应，液相产生的气泡推动炭粒到气流中燃烧。

（5）液相同化　液相的黏性和塑性流动与传热作用，使其温度和成分均匀化，趋近于相图上稳定的成分位置。

3.5.2　影响液相量的主要因素

影响液相生成量的主要因素有以下几个方面：

（1）烧结温度　包括最高温度、高温带厚度、温度分布等，由配碳量、点火温度和时间、料层高度与抽风负压等来决定。图 3-26 说明在不同 SiO_2 含量的条件下，烧结料液相量随着温度的升高而增加。

（2）配料碱度（CaO/SiO_2）　在 SiO_2 含量一定时，碱度表示 CaO 含量的多少。从图 3-26 中同样可以看出，烧结料的液相量随着碱度提高而增加。碱度是影响液相量和液相类型的主要因素。

（3）烧结气氛　烧结过程中的气氛，直接控制烧结过程铁氧化物的氧化还原方向，随着燃料用量增加，烧结过程的气氛向还原气氛发展，铁的高价氧化物还原成低价氧化物，FeO 增多，易形成低熔点的铁橄榄石（$2FeO \cdot SiO_2$）及铁橄榄石与 SiO_2、FeO 组成的共晶混合物，使液相增加。因此还原气氛增强影响到固相反应和生成液相的类型。

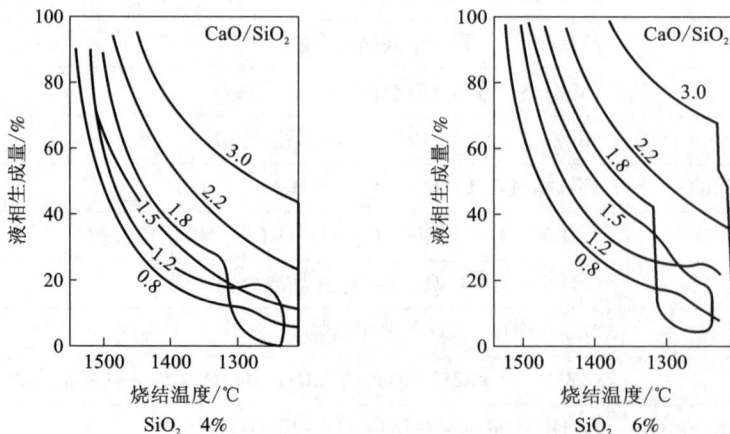

图 3-26　烧结温度与液相量的关系（用相图计算结果绘制）

（4）烧结混合料的化学成分　SiO_2 极容易形成硅酸盐低熔点液相，SiO_2 含量过高则液相量太多，过低则液相量不足。

Al_2O_3 主要由矿石中的高岭土和固体燃料燃烧的灰分带入，有使熔点降低的趋势。

MgO 含量主要由白云石和蛇纹石等熔剂带入，有使熔点升高的趋势，但 MgO 能改善烧结矿低温还原粉化性能。

3.5.3　液相的性质

前苏联的研究者测定了不同温度下不同成分的液相对自熔性烧结料各组分的润湿角，如图 3 - 27 所示，发现钙橄榄石[$(CaO)_{0.5}\cdot(FeO)_{1.5}\cdot SiO_2$]液相除 CaO 和 MgO 外，很难润湿烧结料的其他成分，包括赤铁矿与磁铁矿；铁酸钙液相润湿天然赤铁矿要比 Fe_2O_3 好些，而石英的润湿性高于 Fe_2O_3 及 Fe_3O_4。

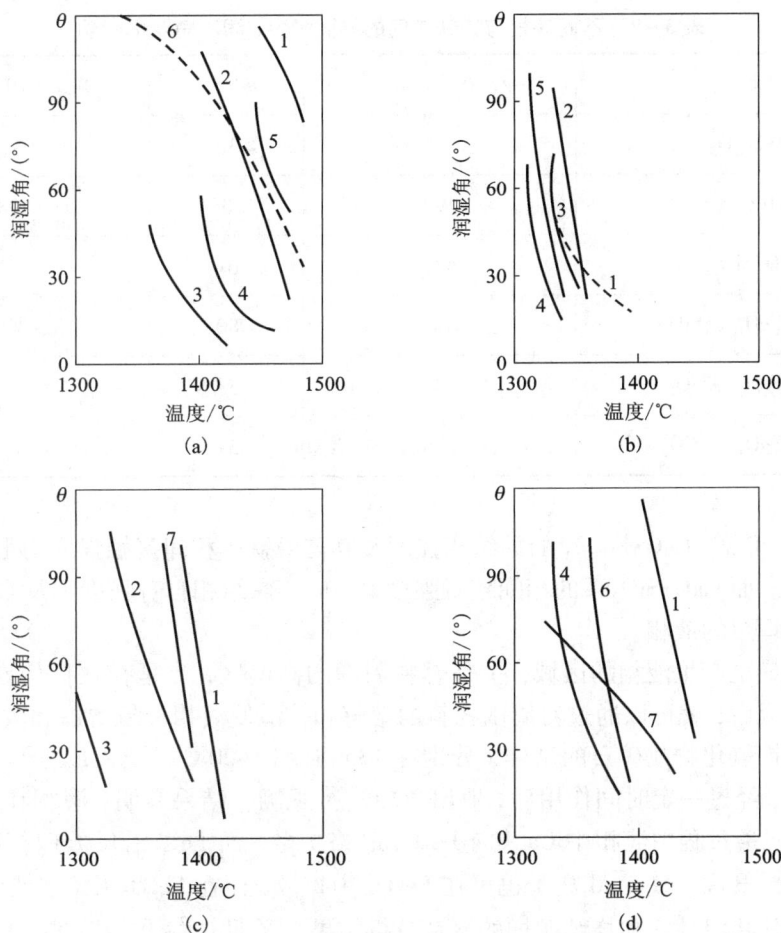

图 3 - 27　液相对烧结料的润湿角与温度的关系

（a）$(CaO)_{0.5}\cdot(FeO)_{1.5}\cdot SiO_2$ 液相；（b）$CaO\cdot FeO\cdot SiO_2$ 液相；

（c）$CaO\cdot Fe_2O_3$ 液相；（d）$2CaO\cdot Fe_2O_3$ 液相

被润湿物料：1—磁铁精矿；2—赤铁矿；3—CaO；4—MgO；5—Al_2O_3；6—SiO_2；7—Fe_2O_3

总的来说高碱度液相，比钙橄榄石容易润湿烧结料各成分，而钙橄榄石具有生产低碱度烧结矿的特点。物料表面润湿是保证烧结矿强度和致密的前提，但是随着温度的升高，润湿角减小，在1350~1400℃以上，几乎所有液相的 θ 角都很小，说明它们在高温下在润湿性方面的差别变小了。

烧结矿的结构强度决定于含铁矿物和黏结相的自身强度以及二者之间的接触强度（或相间强度）。前者与物质的内聚功（$W_{内}$）有关，后者与相间的附着功（$W_{附}$）有关。

$$物质的内聚功（W_{内}）= 2\sigma \times 10^{-7} \ J/m^2 \qquad (3-18)$$
$$物质的黏附功（W_{附}）= \sigma_{1.2}(1 + \cos\theta) \qquad (3-19)$$

式中：σ 为物质的表面张力，$\sigma_{1.2}$ 为1、2相间界面张力，若1、2为液、固相，则为液固相间界面张力，θ 为液固相之间的润湿角。

不同液相与磁铁矿间的界面张力、润湿角及黏附功见表3-9。

表3-9 不同液相与磁铁矿间的界面张力、润湿角及黏附功

液相	$\sigma/(10^{-7}J\cdot cm^{-2})$	$\theta/(°)$	$W_{附}/(10^{-7}\ J\cdot cm^{-2})$
$CaO\cdot Fe_2O_3$	505	32	934.8
$CaO\cdot SiO_2$	490	0	980.0
$2FeO\cdot SiO_2$	480	61	712.0
$CaO_{0.25}\cdot FeO_{1.75}\cdot SiO_2$	415	80	485.0
$CaO_{0.5}\cdot FeO_{1.5}\cdot SiO_2$	390	58	597.0
$CaO_{0.75}\cdot FeO_{1.25}\cdot SiO_2$	375	37	675.0

由表3-9可见，$CaO\cdot Fe_2O_3$ 的黏结相强度及其与磁铁矿相间接触强度均很好，是应当发展的一种液相。而 $CaO\cdot SiO_2$ 系的相间接触强度好，但其黏结相自身强度不及 $CaO\cdot Fe_2O_3$。其他液相都不是理想的液相。

烧结料中最早产生液相的区域，一是燃料周围的高温区，二是存在低熔点组分的区域。当初生液相形成后，就可以通过对周围物料的熔解和扩散使液相不断增加和改变成分。将具有一定形状的铁氧化物或矿石的试样，分别在1350℃和1400℃下浸入成分与烧结初生液相相同的熔渣中，经过一定时间作用后，取出急冷进行观测。结果表明，液相在铁氧化物晶粒间迅速浸透，浸透过程中液相中 Ca^{2+} 向 Fe_3O_4 晶格扩散，而 Fe^{2+} 沿反方向扩散而熔在液相中，液相中 Fe^{2+} 升高。Mg、Al离子也可在 Fe_3O_4 中扩散，而在 Fe_2O_3 中仅少量 Al 离子扩散。表3-10列出片状浸蚀样和烧结矿样的探针分析结果。说明 Ca^{2+} 扩散到 Fe_3O_4 中（含钙磁铁矿），并使其熔点降低，加速了它的熔解。

需说明的是，虽然对烧结液相的性质进行了一些研究，但至今仍不够充分。

表 3 - 10　浸蚀样和烧结矿电子探针分析结果/%

样品	成 分	原始赤铁矿中	析出赤铁矿中	析出磁铁矿中	铁酸钙中
浸蚀样	CaO	0.01	0.22	1.62	18.3
	MgO	0.02	0.03	3.63	0.9
	SiO$_2$	0.12	0.12	0.15	8.7
	Al$_2$O$_3$	0.08	0.38	1.27	4.8
烧结矿	CaO	<0.1	0.15	0.7	15.5
	MgO	<0.1	0.03	0.14	0.04
	SiO$_2$	0.15	0.13	0.15	7.2
	Al$_2$O$_3$	0.3	1.4	1.85	8.9

3.5.4　液相在烧结过程中的作用

作为烧结矿固结的基础,液相形成在烧结过程中的主要作用有以下几点:

(1)液相是烧结矿的黏结相,能润湿未熔的矿粒表面,产生一定的表面张力将矿粒拉紧,并在冷却结晶时将未熔的固体颗粒黏结成块,保证烧结矿具有一定的强度。

(2)液相具有一定的流动性,可进行黏性或塑性流动传热,使高温熔融带的温度和成分均匀,液相冷凝后的烧结矿化学成分均匀化。

(3)液相保证固体燃料完全燃烧,大部分固体燃料是在液相形成后燃烧完毕的,液相的数量和黏度应能保证燃料不断地显露到氧势较高的气流孔道附近,使其在较短时间内燃烧完毕。

(4)从液相中形成并析出烧结料中所没有的新生矿物,有利于改善烧结矿的强度和冶金性能。

液相生成量多少为佳,有待进一步研究,一般应有 50% ~ 70% 的固体颗粒不熔,以保证燃烧带的透气性,而且要求液相黏度低和具有良好的润湿性。

3.6　液相的冷凝与固结成矿

3.6.1　结晶过程及其影响因素

1)结晶形式

(1)结晶　液相冷却降温至某一矿物的熔点时,其浓度达到过饱和,质点相互靠近吸引形成线晶,线晶靠近成为面晶,面晶重叠成为晶核,以晶核为基础,该矿物的质点呈有序排列,晶体逐渐长大形成。这是液相结晶析出过程。

(2)再结晶　在原有矿物晶体的基础上,细小晶粒聚合成粗大晶粒,这是固相晶粒的聚合长大过程。

(3)重结晶　固相物质部分溶入液相以后,由于温度和液相浓度变化,再重新结晶析出,这是旧固相通过固 - 液转变后形成新固相的过程。

2)影响结晶过程的因素

（1）过冷度（ΔT）　过冷度是指理论结晶温度 T_m（即结晶矿物的熔点）与实际结晶温度 T 的差值。过冷度 $\Delta T(\Delta T = T_m - T)$ 增大，晶核形成和晶体生长的驱动力增大，但是此时黏度随之也增大，晶核形成和晶体生长的阻力增大。因此，晶核形成和晶体生长速度与过冷度之间呈极大值关系，但由于新相难成，晶核形成速度极大值对应的过冷度一般大于晶体生长速度极大值对应的过冷度。

在不同的过冷度下，同种物质的晶体，其不同晶面的相对生长速度有所不同，影响晶体形态。过冷度小时，即接近于液－固相平衡结晶温度，液体黏度小，晶体生长速度大于晶核形成速度，一般可以长成粗粒状、板状半自形晶或他形晶；过冷度大时，液体黏度较大，晶核形成速度大于晶体生长速度，则结晶晶核增多，初生的晶体较细小，很快生长成针状、棒状、树枝状的自形晶。

（2）液相黏度　黏度很大时，质点扩散的速度很慢，晶面生长所需的质点供应不足，因而晶体生长很慢，但是晶体的棱和角，则可以接受多方面的扩散物质而生长较快，造成晶体棱角突出、中心凹陷的所谓"骸状晶"。当液体黏度增大到晶体停止生长时，则易凝结成玻璃相。

（3）界面能　固液界面能越小，则晶核形成及生长所需的能量越低，因而结晶速度越大。

（4）添加剂　少量添加剂能改变固液界面能及固液界面处液相的流动性，结晶速度也随之变化而影响晶体形态。

（5）晶体析出顺序　由于结晶开始温度和结晶能力、生长速度的不同，晶体析出的先后次序不同。后析出的晶体形状受先析出晶体和杂质的干扰。先析出者有较多自由空间，晶形完整，易于形成自形晶；后析出的晶体受先析出晶体的干扰则趋于形成半自形晶或他形晶。

晶体外形可分为：

- 自形晶　结晶时自范性得到满足，以自身固有的晶形和晶格常数析出长大。
- 半自形晶　结晶能力尚可，自范性部分得到满足，部分晶面完好。
- 他形晶　熔化温度低而结晶能力差的晶体析出时，自范性得不到满足，受先析出晶体和杂质的阻碍而表现形状不规整，无良好晶面。

3.6.2　烧结成矿行为与成矿过程

3.6.2.1　烧结成矿行为及其影响因素

烧结料中的液相，在上部进入的低温气体作用下发生冷凝，从液相中先后析出晶质和非晶质，使物料固结而形成烧结矿。高熔点的铁氧化物（Fe_3O_4、Fe_2O_3）在冷却时首先析出，其次是它们周围的低熔点化合物和共晶混合物析出，质点从液态的无序排列过渡到固态的有序排列，体系自由能降低到趋于稳定状态。由于冷却速度快，结晶能力差的矿物就以非晶质（亦称玻璃相）存在。液相在冷却结晶的同时将未熔的固体颗粒黏结成块，形成具有一定强度的烧结矿，烧结矿的强度取决于黏结相矿物、未熔固体矿粒自身的强度和黏结性矿物与未熔矿粒之间的黏结强度。

在结晶过程的同时，液相逐渐消失，形成疏松多孔、略有塑性的烧结矿层，由于抽风使烧结矿以不同的冷却速度（或冷却强度）降温，一般上层 120～130℃/min，下层为 40～50℃/min，差别甚大，不仅有物理化学反应，而且还有内应力的产生。

除受各种矿物自身结晶特性的影响外，冷凝速度对烧结成矿具有重要影响：

（1）矿物成分 冷却降温过程中，烧结矿的裂纹和气孔表面氧位较高，先析出的低价铁氧化物（Fe_3O_4）很容易氧化为高价铁氧化物（Fe_2O_3）。在不同温度下和不同氧位条件下形成的 Fe_2O_3 具有多种晶体外形和晶粒尺寸，它们在还原过程中表现出的强度差别很大。

（2）晶体结构 冷却速度过快，液相析出的矿物来不及结晶，易生成脆性大的玻璃质，已析出的晶体在冷却过程中发生晶形变化，最明显的例子是正硅酸钙（$2CaO \cdot SiO_2$）的同质异构体，造成相变应力，如表 3-11 所示。

表 3-11 $2CaO \cdot SiO_2$（C_2S）的同质异构变体

同质异构变体	$\alpha - C_2S$ 高温型	$\alpha' - C_2S$ 低温型	$\gamma - C_2S$ 低温型	$\beta - C_2S$ 单变型
晶系	六方	斜方	斜方	单斜
密度/($g \cdot cm^{-3}$)	3.07	3.31	2.97	3.28
稳定存在温度/℃	>1436	1436~350	350~273	<675

同质异构体是同一化学成分的物质，在不同的条件下形成多种结构形态不同的晶体。从表 3-11 中可知，$\beta - C_2S$ 转变成 $\gamma - C_2S$ 时体积增大约为 10%。体积突然膨胀产生的内应力，可导致烧结矿在冷却时自行粉碎。

（3）热内应力 由于各种矿物结晶先后和晶粒长大速度的不同，加上它们在烧结矿体中分布不均匀，加之各种矿物的热膨胀系数的不同，如果冷却速度过快，这一热应力可能残留到最终烧结矿中而降低烧结矿的强度。

3.6.2.1 各类混合料的烧结成矿过程

铁矿粉烧结时经常遇到的含铁矿物主要是赤铁矿（Fe_2O_3）和磁铁矿（Fe_3O_4），脉石矿物主要是石英（SiO_2）。当生产熔剂性烧结矿时，需要加入石灰（CaO）、消石灰[$Ca(OH)_2$]或石灰石等含氧化钙（CaO）的熔剂。在燃料用量正常或较多的情况下，不同类型烧结料在烧结过程中的成矿过程见图 3-28 至图 3-31。

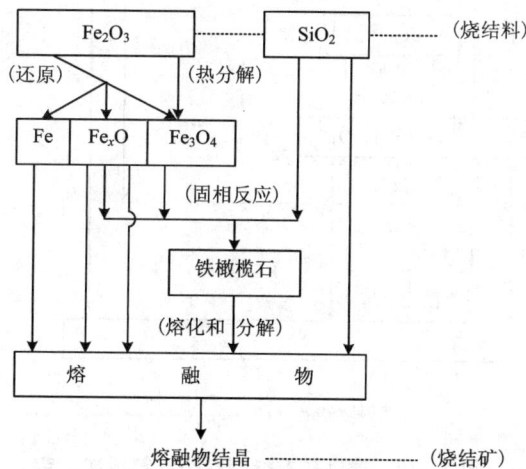

图 3-28 赤铁矿非熔剂性烧结料成矿过程

烧结非熔剂性赤铁矿时见图 3-28，赤铁矿被分解和还原为 Fe_3O_4、FeO 和金属铁，而前两者与 SiO_2 在固相反应中生成铁橄榄石（$2FeO \cdot SiO_2$）。铁橄榄石熔化，并且在形成的熔融物中溶解混合料中的大部分的 Fe_3O_4、FeO；同时烧结料中还没有进入铁橄榄石组成中的剩余石英，也转入熔融物中。

当上述烧结料中添加熔剂时见图 3-29，除存在图 3-28 同样的过程外，CaO 和 SiO_2 进行固相反应形成正硅酸钙（$2CaO \cdot SiO_2$），与 Fe_2O_3 进行固相反应形成铁酸钙（$CaO \cdot Fe_2O_3$），部分未参与反应的剩余 SiO_2 同样转到熔融物中，熔融物为多种物质的分解产物所构成，相应的结晶方式也就复杂化。

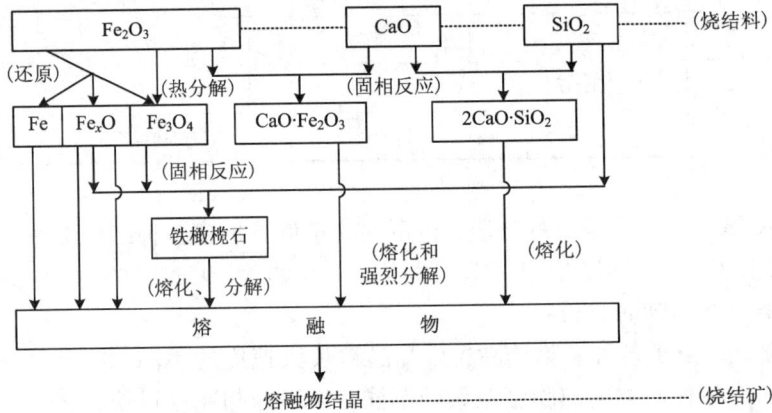

图 3-29　赤铁矿熔剂性烧结料成矿过程

烧结非熔剂性磁铁矿时见图 3-30，与赤铁矿不同的是有部分磁铁矿的中间氧化物，并且其中部分再还原和分解。

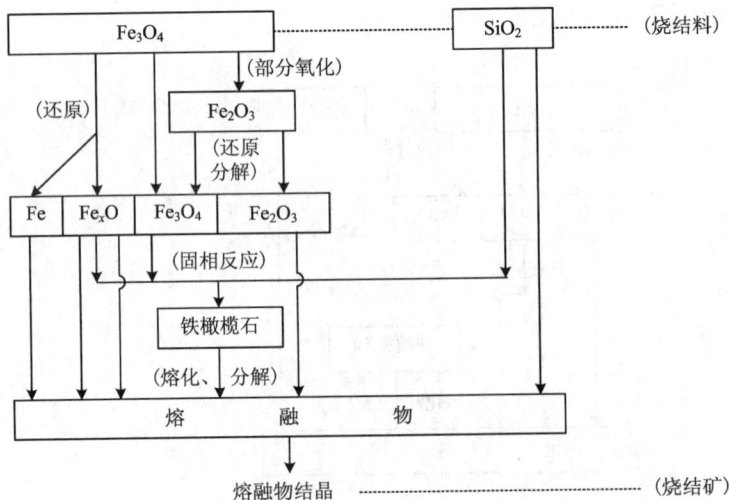

图 3-30　磁铁矿非熔剂性烧结料成矿过程

烧结磁铁矿熔剂性烧结料时，其成矿过程是最为复杂的一个（见图 3 – 31）。

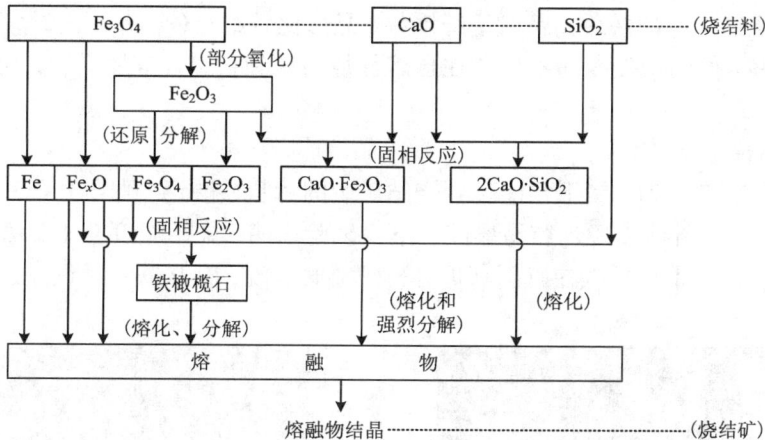

图 3 – 31　磁铁矿熔剂性烧结料成矿过程

在实际烧结生产过程中，成矿过程可能更为复杂，因为除上述四种主要成分外，还有更多成分，如 Al_2O_3、TiO_2、MgO 等参与反应和成矿过程。

3.6.3　烧结成矿的铁酸钙理论

3.6.3.1　铁酸钙理论的起源

烧结成矿的铁酸钙理论始于对熔剂性和高碱度烧结矿的研究。研究发现，随着黏结相矿物中铁酸钙的增加，烧结矿的强度和还原性等性能都比酸性烧结矿好，这种烧结矿不仅能降低高炉焦比，而且烧结生产时所需的温度又低，可显著降低固体燃料的消耗。因此，自 20 世纪 60 年代中期到 70 年代初期，铁酸钙烧结理论逐渐取代了传统的硅酸盐系烧结理论，铁酸钙理论是烧结矿固结理论的重大进展。70 年代以来，人们从原料组成、烧结及冷却技术对铁酸钙生成、性质的影响等方面进行了大量研究，为生产优质烧结矿奠定了理论基础。

狭义的铁酸钙是一种含钙铁酸盐，主要有铁酸二钙（$2CaO \cdot Fe_2O_3$），铁酸一钙（$CaO \cdot Fe_2O_3$）和铁酸半钙（$CaO \cdot 2Fe_2O_3$）三种矿物。后来，人们发现不同的烧结条件下可以改变铁酸钙内部分铁离子的价态，如 Fe^{3+} 转变为 Fe^{2+}，铁酸钙与含铝、含硅氧化物或盐类接触时 Al^{3+} 可以置换 Fe^{3+}，分别称为 $CaO – FeO – Fe_2O_3$ 系、$CaO – Al_2O_3 – Fe_2O_3$ 系三元铁酸钙，如 $3CaO \cdot FeO \cdot 7Fe_2O_3$、$4CaO \cdot FeO \cdot 4Fe_2O_3$、$CaO \cdot FeO \cdot Fe_2O_3$、$CaO \cdot 3FeO \cdot Fe_2O_3$、$CaO \cdot Al_2O_3 \cdot 2Fe_2O_3$ 及其固溶体。进一步研究发现，Si^{4+} 也可以固溶铁酸钙之内，相应地有 $CaO – Al_2O_3 – SiO_2 – Fe_2O_3$ 系四元铁酸钙，如 $7Fe_2O_3 \cdot 2SiO_2 \cdot 3Al_2O_3 \cdot CaO$、$9Fe_2O_3 \cdot 2SiO_2 \cdot 0.5Al_2O_3 \cdot 5CaO$ 固溶体、$CaO \cdot SiO_2 – CaO \cdot 3(Fe, Al)_2O_3$ 的固溶体、$2CaO \cdot SiO_2 – 3CaO \cdot (Fe, Al)_2O_3$ 或 $Ca_5Si_2(Fe, Al)_{18}O_{36}$ 固溶体等，也有直接称为"钙铝硅铁酸盐"（SFCA）或复合铁酸钙。

3.6.3.2　铁酸钙的结晶形态

对于熔剂性烧结矿，不仅铁酸钙的数量、铁酸钙的结晶形态对烧结矿机械强度和冶金性能也有重要影响，而且不同的原料、不同的工艺条件，铁酸钙结晶形态不一样。常见的晶形有纤维状、针状、条状、熔蚀状等。

1) 纤维状铁酸钙

一般碱度在 1.0 以下，只可能有少量的铁酸钙形成，见不到铁酸钙明显的晶形。在碱度 1.2~1.5 时，烧结矿中的铁酸钙一般呈纤维状，晶形比较细小（见图 3-32）。这种形状的铁酸钙还原性很好，但结构强度却不高。在自熔性烧结矿和自熔性球团矿中，可能出现纤维状铁酸钙。

2) 针状铁酸钙

碱度 $R = 1.7~2.0$ 时，镜下常能见到烧结矿中的针状铁酸钙（见图 3-33）。尤其是在高料层低温烧结矿中，针状铁酸钙容易形成。不少试验表明，烧结温度在 1275℃ 左右时，针状铁酸钙大量生成。日本新日铁在解剖高炉分析炉料时发现，针状铁酸钙最先还原。

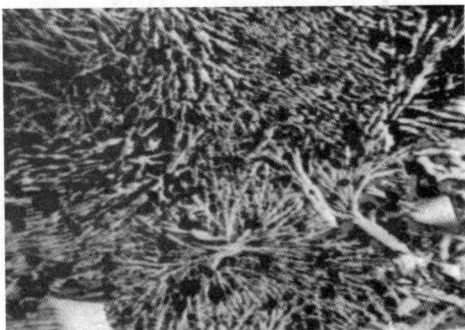

图 3-32　$R = 1.3$ 烧结矿中纤维状铁酸钙

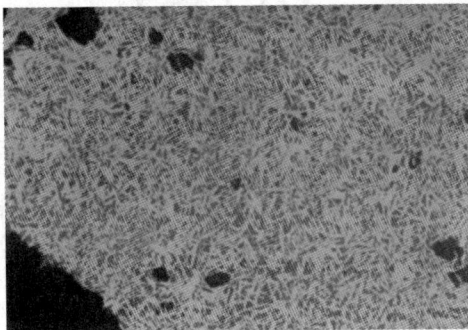

图 3-33　$R = 1.7$ 烧结矿中针状铁酸钙

3) 条状铁酸钙

碱度 $R = 2.3$ 以上，烧结矿中的条状铁酸钙十分清晰。通常碱度越高，晶形越粗大，结晶越稠密（见图 3-34）。

4) 熔蚀状铁酸钙

铁酸钙液相浸蚀到 Fe_3O_4 中形成熔蚀状铁酸钙。不少微区经常是 Fe_3O_4 晶粒全被铁酸钙浸蚀，见不到完整的 Fe_3O_4 晶粒。碱度从 1.7 开始，熔蚀状铁酸钙就存在，烧结温度越高，熔蚀程度越高（见图 3-35）。这种结构的铁酸钙，烧结矿强度比较高，但还原性不如针状铁酸钙。

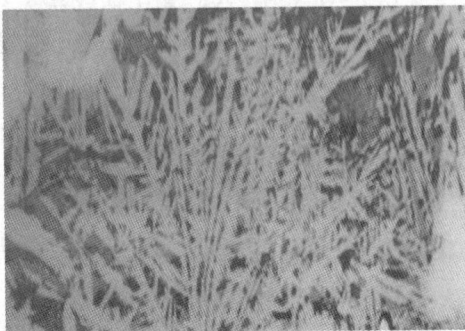

图 3-34　$R = 2.4$ 条状铁酸钙（反光 200 倍）

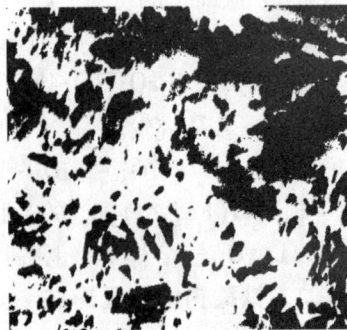

图 3-35　$R = 1.8$ 熔蚀状铁酸钙（反光 200 倍）

3.6.3.3 针状铁酸钙的生成机理

佐佐木等提出针状铁酸钙的生成模式，如图 3－36 所示。烧结矿内矿相种类、形态、含量和分布，很大程度上也决定于烧结温度和烧结气氛。对于熔剂性烧结矿来说，烧结温度高、还原气氛稍强，形成以磁铁矿、二次赤铁矿和柱状铁酸钙组织为主的烧结矿较多，而烧结温度低、氧化性气氛较强，比较容易形成由残留赤铁矿和针状铁酸钙构成的烧结矿组织。

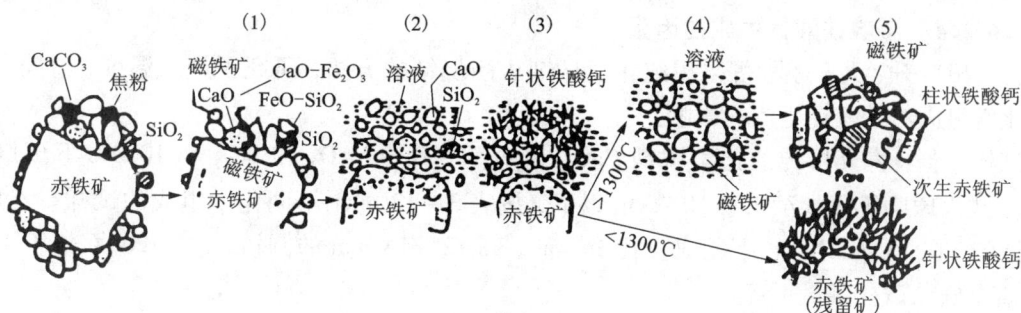

图 3－36 针状铁酸钙的生成模式

Al_2O_3 和 SiO_2 的固溶对铁酸钙形成针状结构是必要的。针状铁酸钙多出现于靠近 Al_2O_3 颗粒的液相区，而且其成分 Al_2O_3 含量较高。推测的针状铁酸钙的形成机理如图 3－37 所示。

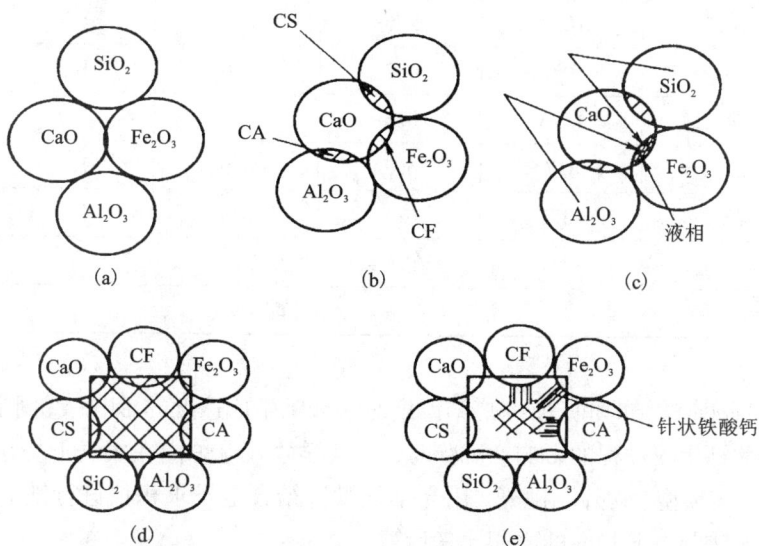

图 3－37 针状铁酸钙的形成机理示意图

（1）固相反应形成初期产物为 $CaO \cdot Al_2O_3$，$CaO \cdot SiO_2$ 和 $CaO \cdot Fe_2O_3$。

（2）Al_2O_3、SiO_2 在 $CaO \cdot Fe_2O_3$ 内固溶，或 $CaO \cdot Al_2O_3$ 和 $CaO \cdot Fe_2O_3$ 间形成固溶体，使铁酸钙熔点降低，在 $1180 \sim 1210℃$ 附近熔化，出现初期低熔点液相。

（3）CaO、Al_2O_3、SiO_2、Fe_2O_3 及初期产物与液相之间，处于溶解和结晶的可逆过程，温度是影响这个过程的主要因素。

（4）铁酸盐与硅酸盐、铝酸盐、赤铁矿的性质相近，这些与铁酸钙性质相近的未熔固相，就构成了铁酸钙非均相形核的基体。

（5）冷却过程中，铁酸盐液相在结晶基体上迅速形核、长大，由于液－固相分配系数差异，Al_2O_3、SiO_2向外扩散，周围液相黏度急剧下降，导致铁酸钙结晶沿远离根部、黏度小的方向生长，形成了多孔的针状结构。

3.6.3.4 影响铁酸钙生成的因素

日本田口升、大友崇穗等采用纯化学试剂压团烧结的方法，研究了烧结温度、时间、配碳和化学组成对铁酸钙生成的影响。

试样准备：将分析纯的化学试剂 CaO、MgO、Fe_2O_3、Al_2O_3 和 SiO_2 在 1000℃下预焙烧1.5 h，放入球磨机研磨至 45×10^{-4} cm 以下，按表3－12配制不同化学组成的试样。然后，加水混匀，在 15.7 MN/m^2 下压成直径 14 mm、高 12～14 mm 的圆饼，放入200℃烘箱干燥4 h，直至确认试样重量不变。

表3－12 试样化学组成/%

试样号	Fe_2O_3	CaO	SiO_2	Al_2O_3	MgO	CaO/SiO_2
A－A	80.3	11.0	6.1	0.9	1.8	1.8
A－1	77.9	10.7	5.9	3.9	1.7	1.8
A－2	74.2	10.2	5.6	8.3	1.7	1.8
S－1	85.2	7.6	4.2	1.0	1.9	1.8
S－2	74.2	15.6	8.3	0.8	1.7	1.8
R－1	82.3	8.7	6.7	0.9	1.8	1.4
R－2	78.3	13.1	6.1	0.9	1.8	2.2
C－1	在A－A中外配2%C					
C－2	在A－A中外配4%C					

试验条件：①固定烧结时间，研究烧结温度对铁酸钙生成速度的影响；②固定烧结温度，研究原料成分对铁酸钙生成过程的影响。试验时，把试样放入电炉内在大气下烧结，达到反应时间后在水中淬冷，经铸型、切片和抛光，用光学显微镜结合电子求积仪进行铁酸钙定量。某种矿物含量根据该矿物与总矿物间的面积比来计算。

1）烧结温度与铁酸钙生成的关系

从图3－38所示，各种化学组成条件下，烧结过程中铁酸钙生成规律是一致的。低温下，随着烧结温度升高，CaO 和 Fe_2O_3 的扩散速度加快，铁酸钙生成量增加。但是，高温下 $CaO \cdot 2Fe_2O_3$ 等铁酸钙分解，以及 SiO_2 的存在降低了铁酸钙的稳定性，使铁酸钙的生成量减少。所以，以铁酸钙为黏结相的熔剂性烧结矿生产过程中，控制烧结温度上限是至关重要的。

2）化学组成对铁酸钙生成的影响

SiO_2 对铁酸钙生成的影响如图3－39所示，烧结原料中 SiO_2 含量增加，铁酸钙生成量减少，但是高温和低温下表现出的反应规律不同。未形成液相前，从 1160℃ 时铁酸钙生成曲线斜率看，SiO_2 的增加仅降低了铁酸钙生成速度，铁酸钙生成量仍随烧结时间而增加。在较高温度下如 1210℃ 时，反应初期铁酸钙生成量随烧结时间而增多，但反应后期铁酸钙生成量随反应时间而减少，而且减少的幅度逐渐增大。对矿相结构观察发现，反应后期有液相生成，说明液相加速了 CaO、Fe_2O_3、SiO_2 等扩散，由于 CaO 和 SiO_2 间的亲和力较大，导致铁酸钙分解。从铁酸钙化学组成的分析结果表 3-13 可知，液相出现后铁酸钙内 SiO_2 和 Al_2O_3 含量明显提高，也证明了这一点。

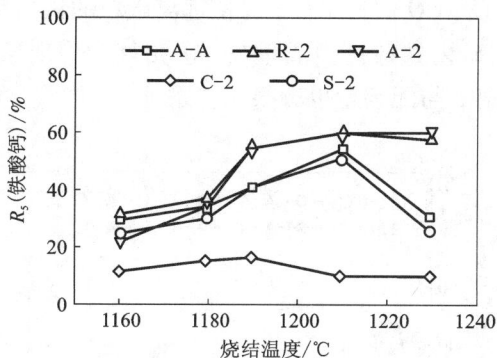

图 3-38　烧结温度与铁酸钙生成量的关系

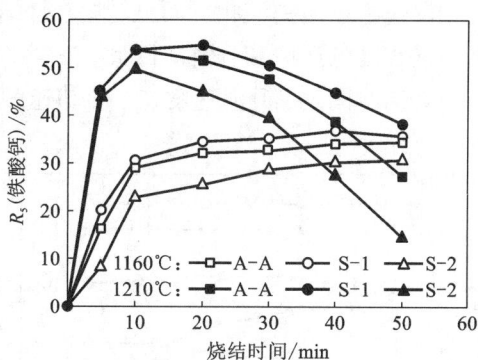

图 3-39　SiO_2 对铁酸钙生成的影响

表 3-13　焙烧 10 min 后试样 A-A 内生成铁酸钙的化学组成/%

成分 烧结温度	Fe_2O_3	CaO	SiO_2	Al_2O_3	MgO
1160℃	81.4	15.9	0.7	0.7	1.3
1210℃	71.7	16.5	6.5	4.2	1.1

Al_2O_3 对铁酸钙生成的影响如图 3-40 所示。低温下 Al_2O_3 含量增加，铁酸钙生成量减少，高温下 Al_2O_3 含量增加，铁酸钙的生成量增加，转变温度约是 1180℃。说明 Al_2O_3 虽有降低熔点改善了扩散条件、加速 CaO 与 SiO_2 反应的作用，但同时也有生成铝酸钙，并与铁酸钙构成固溶体、稳定铁酸钙的作用。另外，实验还发现在 Al_2O_3 颗粒周围液相区附近形成的针状铁酸钙较多，说明原料中 Al_2O_3 含量增加有助于针状铁酸钙的生成。

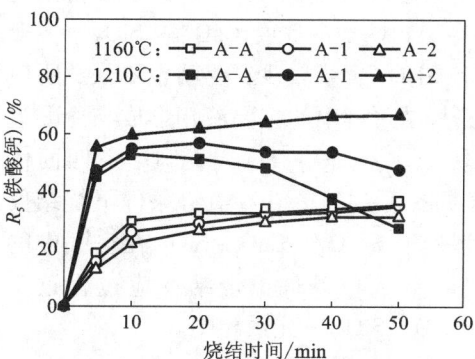

图 3-40　Al_2O_3 对铁酸钙生成的影响

碱度对铁酸钙生成的影响如图 3-41 所示。烧结原料碱度的增加，无论低温还是高温都能使铁酸钙生成量增加，相比之下高温下增加幅度更大一些。碱度 2.2 与碱度 1.8 的试样相比，高温下烧结后期铁酸钙的量明显增多，其原因主要是碱度提高，CaO 的活度增大，以及高熔点的铁酸二钙生成量增多，提高了铁酸钙的稳定性。

3）配碳量的影响

碳在烧结生产上是作为热源使用，由于碳的不完全燃烧会造成局部还原性气氛，它直接影响着铁酸钙生成反应。配碳 0%、2% 和 4% 的试样内铁酸钙生成量的变化如图 3-42 所示，配碳量对铁酸钙生成量的影响很大，而且反应规律也有所变化。配碳后，不论低温还是高温下，烧结初期铁酸钙随烧结时间稍有增加，后期铁酸钙随烧结时间而减少。主要是形成还原性气氛后，Fe_2O_3 被还原成 Fe_3O_4、FeO 等抑制了铁酸钙的生成，甚至碳粒周围出现硅酸盐液相取代了铁酸钙液相。而且，随着烧结时间增长，CO 向外扩散，又使远离碳粒的铁酸钙得到不同程度的还原和分解。因此，在熔剂性烧结矿内铁酸钙生成量少、矿相复杂等现象，除了与烧结时间短、升温速度快、冷却速度不均匀外，与配碳量也有很大关系。

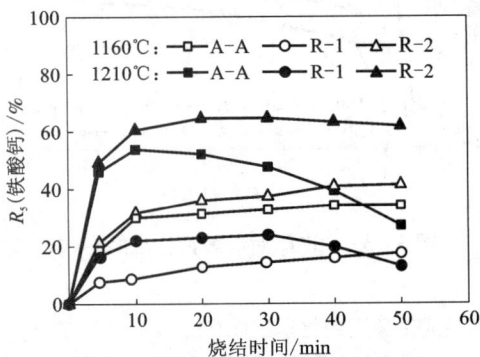

图 3-41 碱度对铁酸钙生成的影响

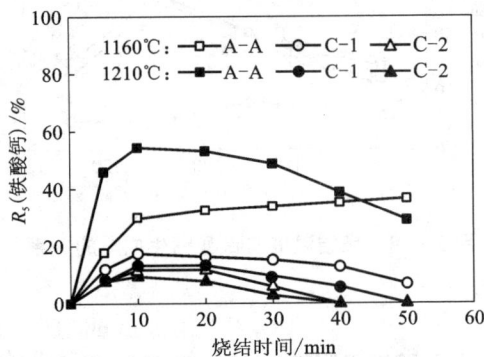

图 3-42 配碳对铁酸钙生成的影响

3.6.4 烧结成矿过程的相图分析

铁矿烧结料中的主要成分为铁氧化物（Fe_2O_3、Fe_3O_4、FeO）、CaO 和 SiO_2，一般 MgO 和 Al_2O_3 含量较少，变动也不大，所以铁矿粉烧结过程中的主要液相形成与冷凝过程可取 SiO_2 - CaO - FeO - Fe_2O_3 系四面体分析（见图 3-43）。在高氧势条件下烧结反应过程近于 Fe_2O_3 - CaO - SiO_2 在空气中的平衡图，低氧位条件下烧结反应过程近于 FeO - CaO - SiO_2 三元系相图。

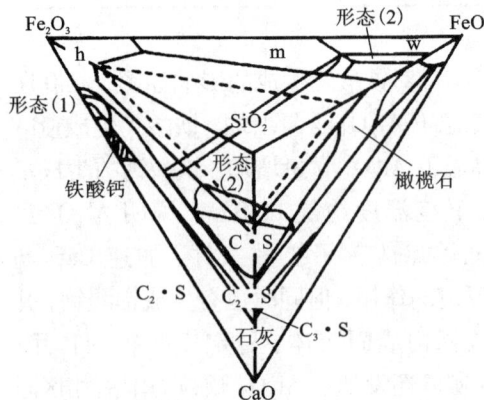

图 3-43 CaO - Fe_2O_3 - SiO_2 - FeO 四元系的相图

3.6.4.1 铁-氧体系

铁-氧体系状态图如图 3-44 所示。在此体系中，随着熔体中含氧量的增加，存在两种化合物及一种熔点较低的固溶体。一种化合物是 Fe_2O_3，含氧量 30.06%，它在 1457℃ 即分解为 Fe_3O_4 及 O_2，是不稳定化合物（或称异分化合物）。另一种是 Fe_3O_4，含氧 27.64%，其熔点为 1597℃，是稳定化合物（或称同分化合物）。固溶体为 Fe_xO，它的成分在纯 FeO 及 Fe_3O_4 之间，可以看成是 FeO - Fe_3O_4 的固溶体

（实际上不存在 FeO），其最大含氧量相当于 FeO 为 Fe_3O_4 所饱和，最低值比 FeO 中的氧（22.28%）略高，它的熔点在 1371 ~ 1423℃，比 Fe_3O_4 的熔点低得多。

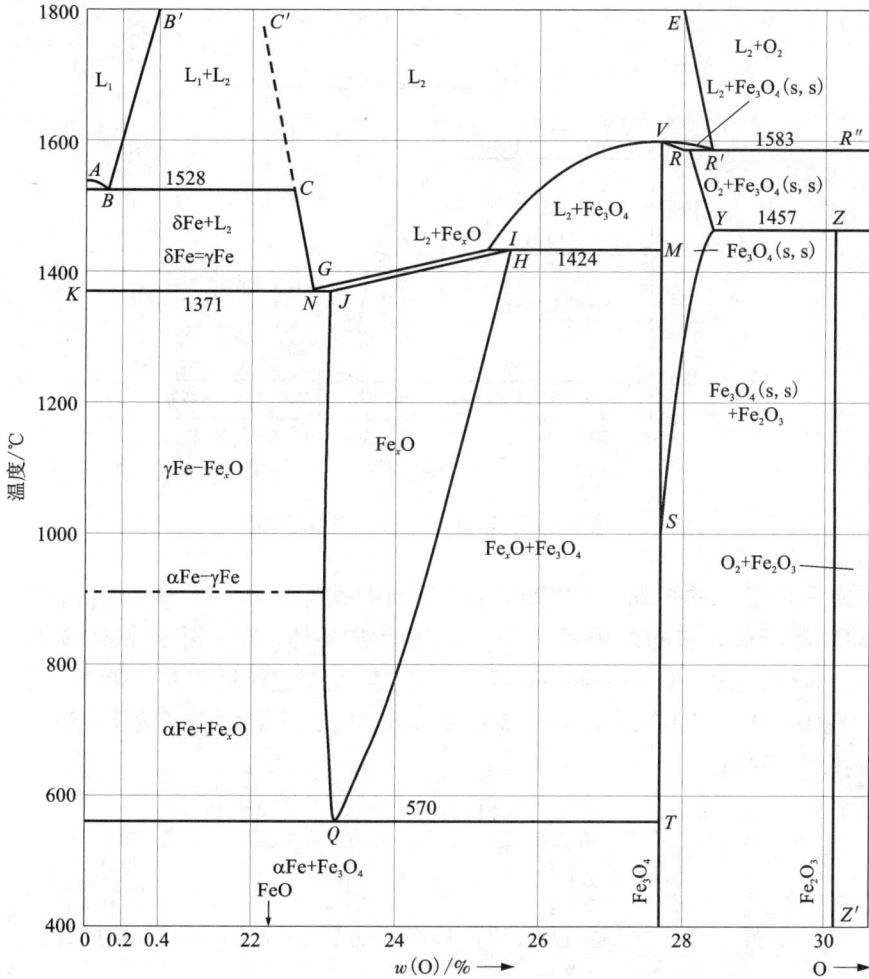

图 3－44　铁－氧体系状态图

L_1—溶解氧的铁液；L_2—液体氧化铁；Fe_3O_4（s，s）—Fe_3O_4 固溶体

Fe_xO 的出现，对于纯磁铁矿有很重要的实际意义，在靠近燃料颗粒附近区域中铁的氧化物部分还原成 Fe_xO，由于 Fe_xO 熔点较低，能生成较多数量的 Fe_xO 液相，借以固结磁铁矿烧结矿。

图 3－44 表明，Fe_xO 冷却到 570℃ 以下，就会发生分解：$FeO \Leftrightarrow Fe_3O_4 + Fe$，不过在烧结快速冷却的条件下，$Fe_xO$ 将来不及分解而被保留下来，因此在正常或较高配碳条件下，烧结矿中会有 Fe_xO 存在。

以上三种铁氧化物随着含氧量的不同，其结晶构造和晶格常数均不相同，$\alpha - Fe$：2.907Å，Fe_xO：4.320 ~ 4.372Å，Fe_3O_4：8.390Å，$\gamma - Fe_2O_3$：8.320Å，它们在氧化过程中会发生体积膨胀。因此烧结矿发生再氧化时，强度将受损害。

3.6.4.2　FeO－SiO₂ 体系

在铁矿石中，一般总是含有少量的 SiO_2。在实际烧结过程中可能出现这个体系的液相。

图 3 – 45 为 FeO – SiO₂ 体系状态图。

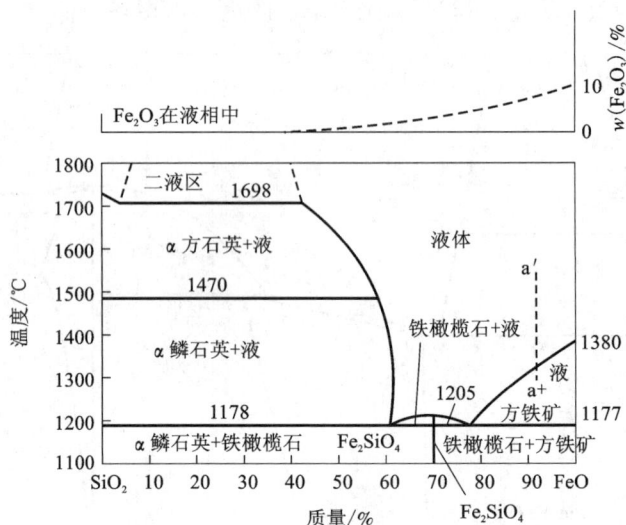

图 3 – 45   FeO – SiO₂ 体系状态图

此体系有一个稳定的低熔点（1205℃）化合物即铁橄榄石（$2FeO \cdot SiO_2$），其成分为 FeO 70.5% 和 SiO₂ 29.5%，它的两侧各有一个低熔点共晶体，第一个是铁橄榄石 – 氧化亚铁（$2FeO \cdot SiO_2 – FeO$），含 FeO 76% 和 SiO₂ 24%，其熔化温度为 1177℃。第二个是铁橄榄石 – 二氧化硅（$2FeO \cdot SiO_2 – SiO_2$），含 FeO 62% 和 SiO₂ 38%，其熔化温度为 1178℃。另外，体系中 SiO₂ 固相存在多晶转变：

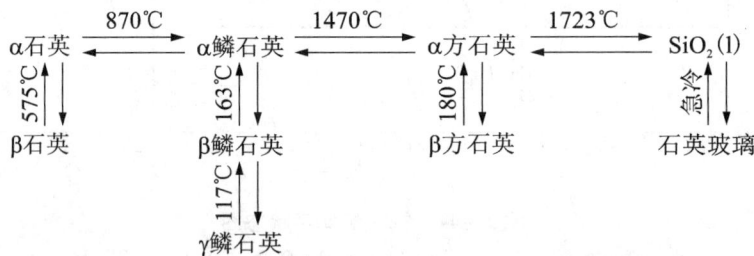

α石英 ⇌ (870℃) α鳞石英 ⇌ (1470℃) α方石英 ⇌ (1723℃) SiO₂(l)
α石英 ⇌ (575℃) β石英
α鳞石英 ⇌ (163℃) β鳞石英
α方石英 ⇌ (180℃) β方石英
SiO₂(l) ⇌ (急冷) 石英玻璃
β鳞石英 ⇌ (117℃) γ鳞石英

石英的 α 类晶型之间的转变很慢，发生在缓慢加热或冷却的条件下，石英的 α、β、γ 类晶型之间的转变较快，也很容易进行，发生在迅速加热或冷却的条件下。由于相图是在缓慢加热或冷却的状态下测定的，所以没有出现石英各类的亚种转变。SiO₂ 固相的三类晶型转变时，会发生体积的变化，如图 3 – 46 所示。

温度高于 1700℃ 时，在靠近 SiO₂ 组分区域出现了很宽的液相分层区。

图 3 – 45 上方的一部分是表示当 FeO 数量增多时，FeO 将氧化成 Fe₂O₃，曲线表示各相应点上可能存在的 Fe₂O₃ 的百分数。

这个体系 SiO₂ 和 FeO 生成的低熔点的化合物铁橄榄石（$2FeO \cdot SiO_2$），铁橄榄石又可与 FeO 和 SiO₂ 分别形成铁橄榄石 – 氧化亚铁（$2FeO \cdot SiO_2 – FeO$）和铁橄榄石 – 二氧化硅（$2FeO \cdot SiO_2 – SiO_2$）两个低熔点共晶体，对烧结具有重大意义。

此外，从 $2FeO \cdot SiO_2 – Fe_3O_4$ 体系状态图（见图 3 – 47）看出，$2FeO \cdot SiO_2$ 与 Fe₃O₄ 组成低熔点

共晶体,含 Fe_3O_4 17% 和 $2FeO \cdot SiO_2$ 83%,其共熔点为 1142℃,比 $2FeO \cdot SiO_2$ 熔点 1205℃ 还低。随着此硅酸盐液相逐渐溶解 Fe_3O_4,这种含铁硅酸盐熔融物的熔化温度将逐渐升高,在图 3-47 中,这一过程是从 B 向 A 的方向进行的。所以在非熔剂性烧结时,要使形成更多的液相,就要求较高的温度,这意味着将消耗较多的燃料。

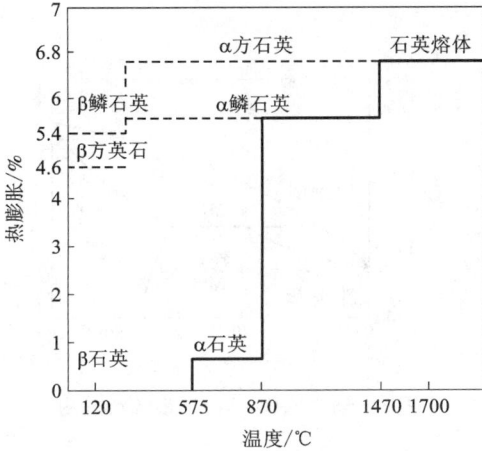

图 3-46　石英晶体转变中热膨胀百分率

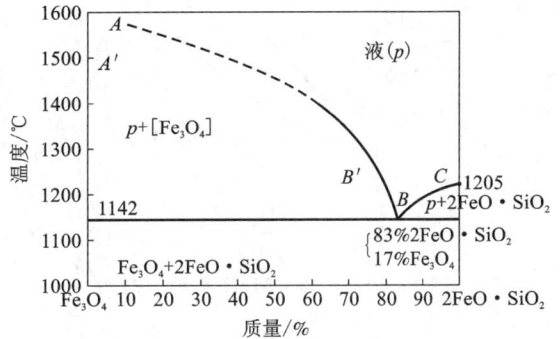

图 3-47　$2FeO \cdot SiO_2 - Fe_3O_4$ 体系状态图

硅酸铁系化合物是非熔剂性烧结矿的固结基础。当生产非熔剂性烧结矿时,在烧结过程中形成的液相量的多少与烧结料中的 SiO_2 含量和加入(或还原成)的 FeO 量有关,增加燃料用量,料层中的温度升高,还原气氛加强,有利于多还原一些 FeO,形成的铁橄榄石黏结相就愈多,可提高烧结矿强度。但是,应该注意,燃料用量高,液相数量增多,此时氧化铁转入熔体中去的亦多,而以自由氧化铁状态存在的量相对减少,使烧结矿还原性降低。因此,在烧结矿强度得到满足的情况下,并不希望这类液相组成过度发展。

酸性烧结料中的石英在正常配碳情况下,有约 80% 被液相消化而转入铁橄榄石中,自熔性烧结矿中几乎 100% 被消化,因而残余的石英不多,它的多晶型转变产生的体积膨胀对烧结矿的强度未发现有明显影响。

3.6.4.3　FeO-CaO、FeO-MgO、FeO-MnO 体系

生产熔剂性烧结矿时,假如温度足够高或还原气氛较强,在烧结过程中会出现 FeO,FeO 能与烧结料中可能存在的 CaO、MgO、MnO 形成不同程度的固溶体。

图 3-48 为 FeO-CaO 系统状态图。此体系不是真正的二元系,乃是金属铁平衡的 $FeO-Fe_2O_3-CaO$ 系在 FeO-CaO 边上的投影图。相图中有一个不稳定化合物 $2CaO \cdot Fe_2O_3$(分解温度为 1133℃),它在 1125℃ 可与 Fe_xO 形成共晶体。当温度高于 1125℃ 时,CaO 在 Fe_xO 中形成固溶体。

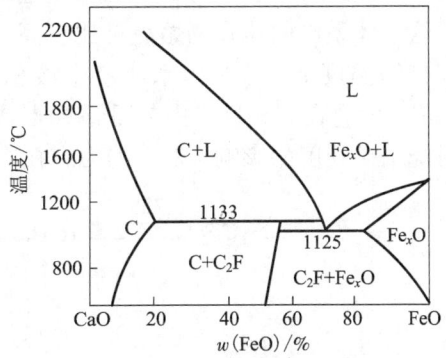

图 3-48　FeO-CaO 系统状态图

图 3-49 为 FeO-MgO 系统状态图。由此相图可以看出，FeO 和 MgO 可以相互熔融而没有限制，随着含 MgO 的提高，固溶体的熔点也升高。

图 3-50 为 FeO-MnO 系统状态图。由此相图可以看出，MnO 能部分溶于 Fe_xO 中，Fe_xO 也能部分溶于 MnO 中。因此，在自熔性烧结矿中存在(Ca, Fe, Mn, Mg)O 相。

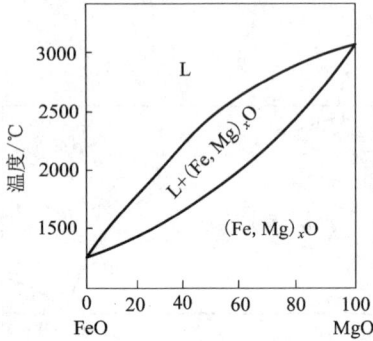

图 3-49 FeO-MgO 系统状态图

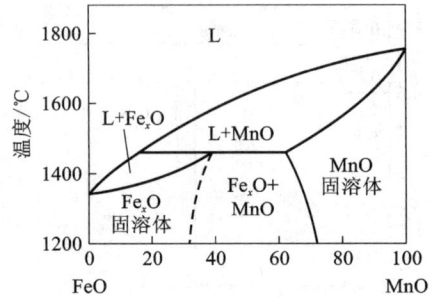

图 3-50 FeO-MnO 系统状态图

3.6.4.4 CaO-SiO₂ 体系

在生产熔剂性烧结矿时，通常需要从外部添加数量较多的石灰石，并与矿石中所含的 SiO_2 发生作用。因此，在熔剂性烧结矿中，经常存在硅酸钙的黏结相。

图 3-51 为 $CaO-SiO_2$ 体系状态图。此体系有 4 个复杂化合物生成，其中的硅酸三钙（$3CaO \cdot SiO_2$）和二硅酸三钙（$3CaO \cdot 2SiO_2$）属不稳定化合物，而偏硅酸钙（$CaO \cdot SiO_2$）和正硅酸钙 $2CaO \cdot SiO_2$ 属稳定化合物。$CaO \cdot SiO_2$ 的熔点是 1544℃，它与 α-鳞石英在 1436℃ 形成低熔点共晶体，温度高于 1700℃ 时，与 SiO_2 形成了很宽的液相分层区，与 $3CaO \cdot 2SiO_2$ 则在 1455℃ 时形成一低熔点共晶体。$3CaO \cdot 2SiO_2$ 在 1475℃ 发生分解：$3CaO \cdot 2SiO_2 = L_1 + 2CaO \cdot SiO_2$。所以，当温度下降到 1475℃ 时，$2CaO \cdot SiO_2$ 就会重新进入液相而代之析出 $3CaO \cdot 2SiO_2$。$2CaO \cdot SiO_2$ 的熔点为 2130℃，它与 CaO 在 2100℃ 时形成低熔点共晶体，但当温度降至 1900℃ 时，两固体相互反应分离出两种新的固态混合物，一种是 $3CaO \cdot SiO_2$ 和 $2CaO \cdot SiO_2$，另一种是 $3CaO \cdot SiO_2$ 和 CaO。$3CaO \cdot SiO_2$ 的稳定范围是在 1250~1900℃，超出此范围即不能稳定存在。

这个体系中的化合物熔点都比较高，它们之间的混合物的最低共熔点也同样比较高。所以在烧结温度下，这个体系所产生液相不多。但其中的 $2CaO \cdot SiO_2$，虽然它的熔化温度为 2130℃，但它在固相反应中却是最初形成的产物，在烧结矿中有可能存在。$2CaO \cdot SiO_2$ 的存在对烧结矿强度的影响不利，因为它在冷却过程中发生晶型转变：

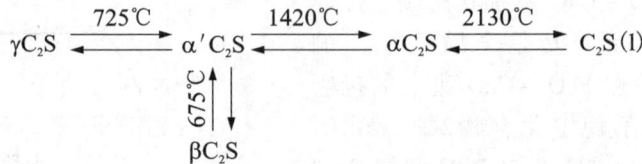

$$\gamma C_2S \xleftrightarrow{725℃} \alpha' C_2S \xleftrightarrow{1420℃} \alpha C_2S \xleftrightarrow{2130℃} C_2S\,(1)$$

$$\alpha' C_2S \xrightarrow{675℃} \beta C_2S$$

当发生 $\alpha' C_2S \rightarrow \gamma C_2S$ 晶型转变时，$2CaO \cdot SiO_2$ 的密度由 $3.28 g/cm^3$ 降低到 $2.97\,g/cm^3$，体积膨胀 10%，致使烧结矿在冷却过程中自行粉碎。

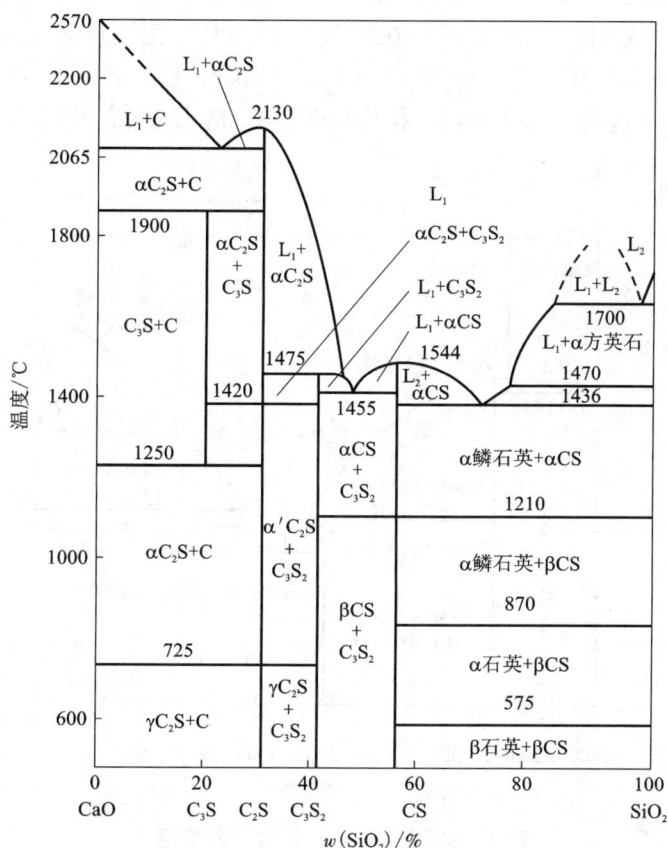

图 3－51　CaO－SiO₂ 体系状态图

为了防止或减少 $2CaO \cdot SiO_2$ 的破坏作用,在生产中可考虑采取如下措施:

(1)采用较小粒度的石灰石、焦粉和矿石,并加强混合过程,以免 CaO 和燃料局部过分集中。

(2)降低或提高烧结料的碱度,实践证明当烧结矿碱度提高到 2.0~5.0 时,剩余的 CaO 有助于生成 $3CaO \cdot SiO_2$ 及铁酸钙。当铁酸钙中的 $2CaO \cdot SiO_2$ 含量不超过 20% 时,铁酸钙可以稳定 $\alpha'C_2S$ 晶型。添加部分 MgO 可提高 $2CaO \cdot SiO_2$ 稳定存在的限量。此外,加入 Al_2O_3 和 Mn_2O_3 对 $\alpha'C_2S$ 也有稳定作用。

(3)在 $\alpha'C_2S$ 中有磷、硼、铬等元素以取代或以填隙方式形成固溶体,可以使其稳定化。如迁安铁精矿烧结,配入少量的磷灰石(1.5%~2.0%),能有效地抑制烧结矿粉化。

(4)燃料用量要低,严格控制烧结料层的温度不宜过高。

3.6.4.5　CaO－Fe₂O₃ 体系

铁酸钙是一种强度高还原性好的黏结相。在生产熔剂性烧结矿时,都有可能产生这个体系的化合物,特别是高铁低硅矿粉生产的高碱度烧结矿主要依靠铁酸钙作为黏结相。

图 3－52 为 $CaO－Fe_2O_3$ 体系状态图。这个体系中生成的化合物有 $2CaO \cdot Fe_2O_3$,$CaO \cdot Fe_2O_3$ 和 $CaO \cdot 2Fe_2O_3$。其中 $2CaO \cdot Fe_2O_3$ 为稳定化合物,熔化温度为 1449℃,$CaO \cdot Fe_2O_3$ 为

不稳定化合物，分解温度为 1216℃，高于此温度将发生分解：$CaO \cdot Fe_2O_3 \Longrightarrow L_1 + 2CaO \cdot Fe_2O_3$。
$CaO \cdot 2Fe_2O_3$ 也为不稳定化合物，它只有在 1155 ~ 1226℃ 的范围内才是稳定的，温度低于
1155℃ 将发生分解：$CaO \cdot 2Fe_2O_3 \Longrightarrow Fe_2O_3 + CaO \cdot Fe_2O_3$，温度高于 1226℃ 也将发生分解：
$CaO \cdot 2Fe_2O_3 \Longrightarrow L_1 + Fe_2O_3$。$CaO \cdot Fe_2O_3$ 和 $CaO \cdot 2Fe_2O_3$ 能组成系统中熔点最低的共晶体，熔
化温度 1205℃。

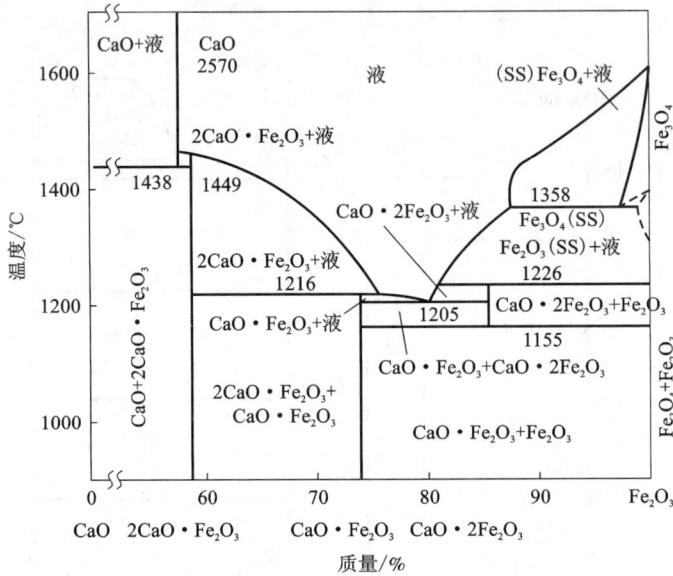

图 3 - 52　$CaO - Fe_2O_3$ 体系状态图

另外，从图 3 - 52 还可以看出，一旦 $2CaO \cdot Fe_2O_3$ 液相生成，当其逐步熔入 Fe_2O_3 时，其
熔点是下降的。

这个体系中化合物的熔点比较低。正如前面所指出的它是固相反应的最初产物，从
500 ~ 700℃ 开始，Fe_2O_3 和 CaO 形成铁酸钙，温度升高，反应速度大大加快。因而有人认为
烧结过程形成 $CaO \cdot Fe_2O_3$ 体系的液相不需要高温和多耗燃料，就能获得足够的液相，改善烧
结矿强度和还原性。

在生产实践中，当燃料用量适宜时，碱度小于 1.0 的烧结矿中几乎不存在铁酸钙。这是
因为虽然 CaO 在较低温度下可以较高的速度与 Fe_2O_3 发生固相反应生成铁酸钙，但是一旦烧
结料中出现了熔融液相，烧结矿的最终成分即取决于熔融相的结晶规律。熔融物中 CaO 与
SiO_2 和 FeO 的结合能力（亲和力）比与 Fe_2O_3 的亲和力大得多，此时，最初以 $CaO \cdot Fe_2O_3$ 形式
进入熔体中的 Fe_2O_3 将析出，甚至被还原成 FeO。只有 CaO 含量大，与 SiO_2、FeO 等结合后
还有多余的 CaO 时，才会出现较多的铁酸钙晶体。因此在生产高碱度烧结矿时，铁酸钙液相
才能起主要作用。

3.6.4.6　$CaO - Fe_2O_3 - SiO_2$ 体系

图 3 - 53 为 $Fe_2O_3 - CaO - SiO_2$ 体系状态图，由于 Fe_2O_3 高温下会分解为 Fe_3O_4，因此实
际上这个体系不是真正的三元系，确切地说是表示四元系 $CaO - FeO - Fe_2O_3 - SiO_2$ 中氧分压

第3章 烧结过程物理化学基础 ●●●●●●

为 0.21 atm 的等压面。

这个体系仅 CaO 与 SiO$_2$ 和 Fe$_2$O$_3$ 与 CaO 之间生成了 7 个二元化合物,分别为 3CaO·SiO$_2$、3CaO·2SiO$_2$、CaO·SiO$_2$、2CaO·SiO$_2$ 和 2CaO·Fe$_2$O$_3$、CaO·Fe$_2$O$_3$ 和 CaO·2Fe$_2$O$_3$ 其中 CaO·SiO$_2$、2CaO·SiO$_2$ 和 2CaO·Fe$_2$O$_3$ 为稳定化合物。图中有一条晶型转变线:方石英↔鳞石英。在靠近 SiO$_2$ 顶角处有一个液相分层区,它是 CaO 和 Fe$_2$O$_3$ 分别在 SiO$_2$ 内形成的两个互为饱和的溶液的分层区。

当烧结料配碳较低时,铁矿粉中有较多自由 Fe$_2$O$_3$,离大颗粒燃料较远的部位氧位较高。在快速加热时,受动力学条件的影响,CaO 并不是与 SiO$_2$ 反应产生硅酸盐液相,而是在与 Fe$_2$O$_3$ 接触处首先发生固相反应,生成铁酸钙低共熔点液相,这一点已为大量实验研究所证实。在这之后,SiO$_2$ 再熔入生成的铁酸钙低共熔点液相。

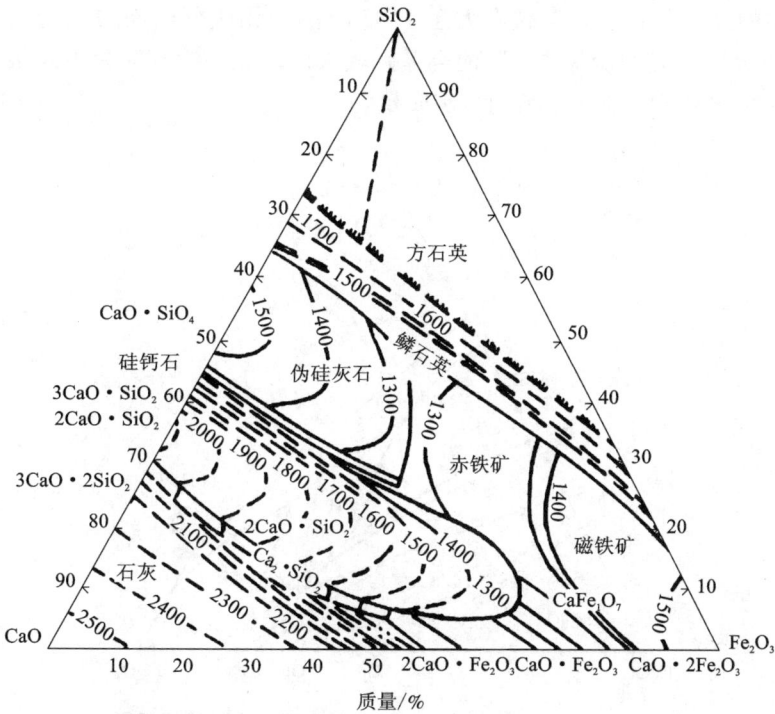

图 3-53 Fe$_2$O$_3$-CaO-SiO$_2$ 体系状态图(空气中)

1)烧结料碱度较高的情况

在受热升温过程中,最初出现 CF$_2$、CF 和 C$_2$F 等铁酸钙低熔点液相(见图 3-53 右角的下端)。随着温度升高,SiO$_2$ 逐渐熔入液相,生成 C$_2$S(它在固相反应中很少生成)和 CS,同时析出 Fe$_2$O$_3$ 晶体,此时不仅液相量增多,而且液相黏度也逐渐升高,成分趋于均匀化。另一方面又发现液相向氧化铁晶粒很快渗透,Ca^{2+}扩散进入 Fe$_2$O$_3$ 和 Fe$_3$O$_4$ 的晶格中去形成钙质磁铁矿固溶体和钙质赤铁矿固溶体,使 Fe$_2$O$_3$ 和 Fe$_3$O$_4$ 的熔点很快下降,最后形成低共熔点液相(成分为 CF、C$_2$S 和 Fe$_2$O$_3$)(见图 3-53 右下角部分)。在冷却到 1150~1200℃时即发生铁酸钙盐的再结晶,单一铁酸盐的不定形团状集合体变成固溶了其他成分的树枝状或棒状晶体，使烧结矿强度大为改善。

2)烧结矿碱度较低时的情况

碱度高于 0.5 以上的含 CaO 烧结料总是先经固相反应生成铁酸钙液相的。随着温度升高，SiO_2 将铁酸钙包围并熔入。因碱度不高，大量进行 $CF + SiO_2 \rightarrow CS + Fe_2O_3$ 反应，最后使铁酸钙消失。与此同时，在高温下 C_2S 很快与 SiO_2 反应（$C_2S + SiO_2 \rightarrow 2CS$）。这时液相熔点和黏度也开始升高，但最后形成 CS、C_2S 和 Fe_2O_3 为主的低共熔液相。在冷却时因为硅钙石（C_3S_2）的结晶能力差，因而形成了玻璃相组织（见图 3 – 53 中部区域）。

综上所述，在高氧势条件下液相产生和同化时的碱度成分变化过程可用图 3 – 54 表示，图中带箭头的粗线指出了含 CaO 烧结料首先生成铁酸钙液相后不断同化反应影响化学成分变化的方向线。此线然后经过马鞍形的高温点（1315℃），即图 3 – 54 中 C_2S—Fe_2O_3 线与 C_2S 和 Fe_2O_3 相界面的交点。通过该点的等碱度线为 1.87 左右，此碱度可认为是形成成分差别较大的两类液相的理论分界值。当碱度大于 1.87 时的液相成分以铁酸盐为主，而碱度小于 1.87 时的液相成分则以硅酸盐为主，这两类差别较大的液相在冷却时来不及很好地同化，致使烧结矿组成和结构复杂，必然影响烧结矿质量。

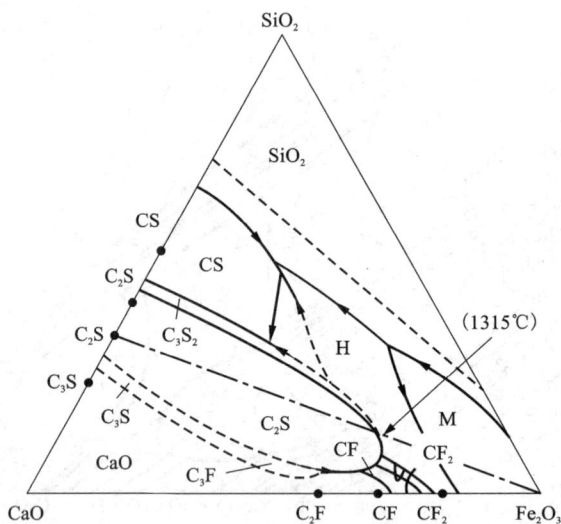

图 3 – 54 Fe_2O_3 – CaO – SiO_2 系液相生成过程示意图

3.6.4.7   CaO – Fe_2O_3 – Al_2O_3 体系

进行铁矿石熔剂性烧结矿生产时，烧结料中主要成分为 Fe_2O_3、Fe_3O_4、CaO、SiO_2，除上述成分外，通常还含有少量的 Al_2O_3。当以铁酸钙为黏结相时，其中将会固溶有 Al_2O_3，这一现象可以用 CaO – Fe_2O_3 – Al_2O_3 体系进行说明。

图 3 – 55 ~ 图 3 – 56 给出了 CaO – Fe_2O_3 – Al_2O_3 体系相图的等温截面图。图中" + + + + +"表示该线的两端点组分之间的固溶区，T 表示 CaO·3(Fe，Al)$_2O_3$ X 型固溶体。由于 CaO·$2Fe_2O_3$ 在低于 1155℃ 和高于 1226℃ 范围内不稳定，图 3 – 55 给出了 1170℃ 下固相区的相变化关系，图 3 – 56 给出了 1330℃ 下的 Fe_2O_3·Al_2O_3 稳定区内、外的相变化关系，在 1300℃ 下获得的等温截面图中包括了液相组成范围，以及含有一个液相的两相和三相区。

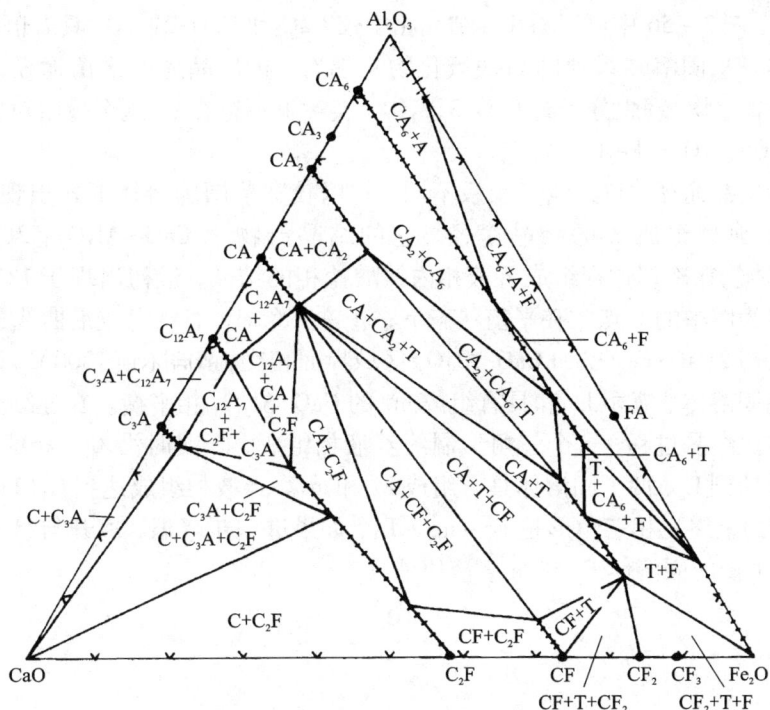

图 3 - 55 1170℃下 CaO – Fe₂O₃ – Al₂O₃ 体系相图的等温面

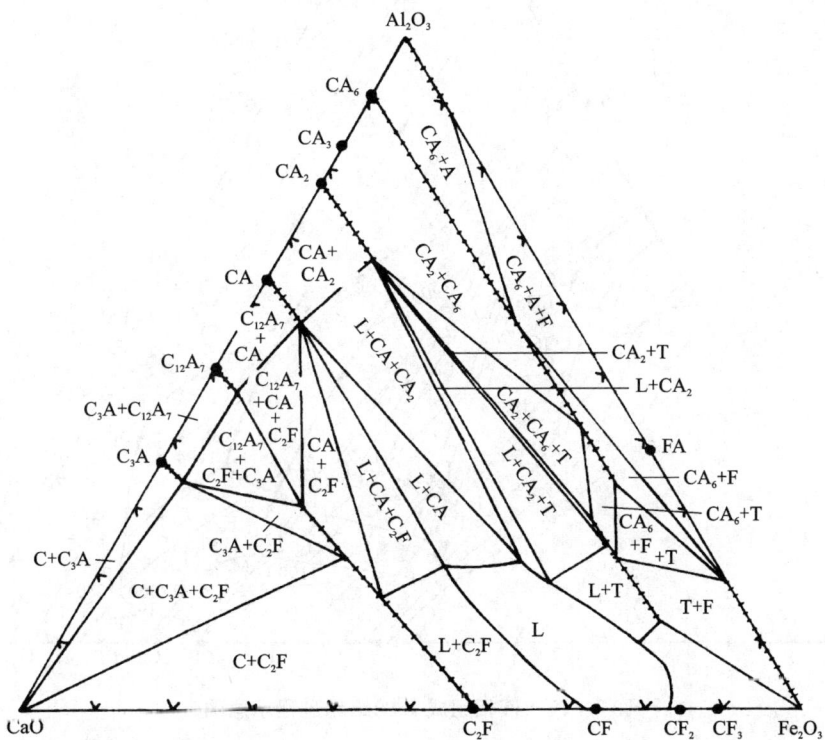

图 3 - 56 1300℃下 CaO – Fe₂O₃ – Al₂O₃ 体系相图的等温面

从图 3-55、图 3-56 中可以看出，结晶相中仅 CaO 和 $CaO \cdot 2Fe_2O_3$ 具有恒定组成，其余都可形成固溶体。从固溶体系列的高铁氧化物一端看，析出晶体的平衡途径，随着温度降低，趋近于高铁氧化物(理想分子式 $CaO \cdot 3Fe_2O_3$，实际上不存在)，这个极限对应的理想的简单化学式为 $2CaO \cdot Al_2O_3 \cdot 5Fe_2O_3$。

这个体系的结晶途径，与其他三元系不同，它以较宽范围固溶体形式出现在三元系中。图 3-57 给出了典型组成 Z 的结晶途径。它的结晶产物为 $CaO \cdot Al_2O_3$、$2CaO \cdot Fe_2O_3$ 和 $CaO \cdot Fe_2O_3$ 固溶体。在冷却过程组成 Z 液相内铁酸盐相的结晶，最初出现于 1350℃，铁酸盐晶体的初始组成为图中的 F 点。在平衡状态下，进一步冷却，液相组成沿曲线途径 $Z-L_1$ 变化。L_1 处，曲线与 $2CaO \cdot Fe_2O_3$ 和 $CaO \cdot Al_2O_3$ 区域界面相交，此时(约 1300℃)铁酸盐相具有组成 F_1，铁酸钙固溶体、液相 L_1 和具有组成 m_1 的 $CaO \cdot Al_2O_3$ 相平衡。在连续降温过程中可以用三角形来描述结晶过程，这个三角形制约着液相组成，降温时沿着三相线朝 E_3 方向变化。当液相组成达到 L_2，两个固溶体具有组成 F_2 和 m_2。当液相组成达到 E_3(1190℃)时结束结晶，含有液相的最终三相三角形是 $F_3-m_3-L_3$，如果进一步降温，离开与组成 G_3 的 $CaO \cdot Fe_2O_3$ 固溶体相平衡的固溶体 F_3 和 m_3，液相消失。

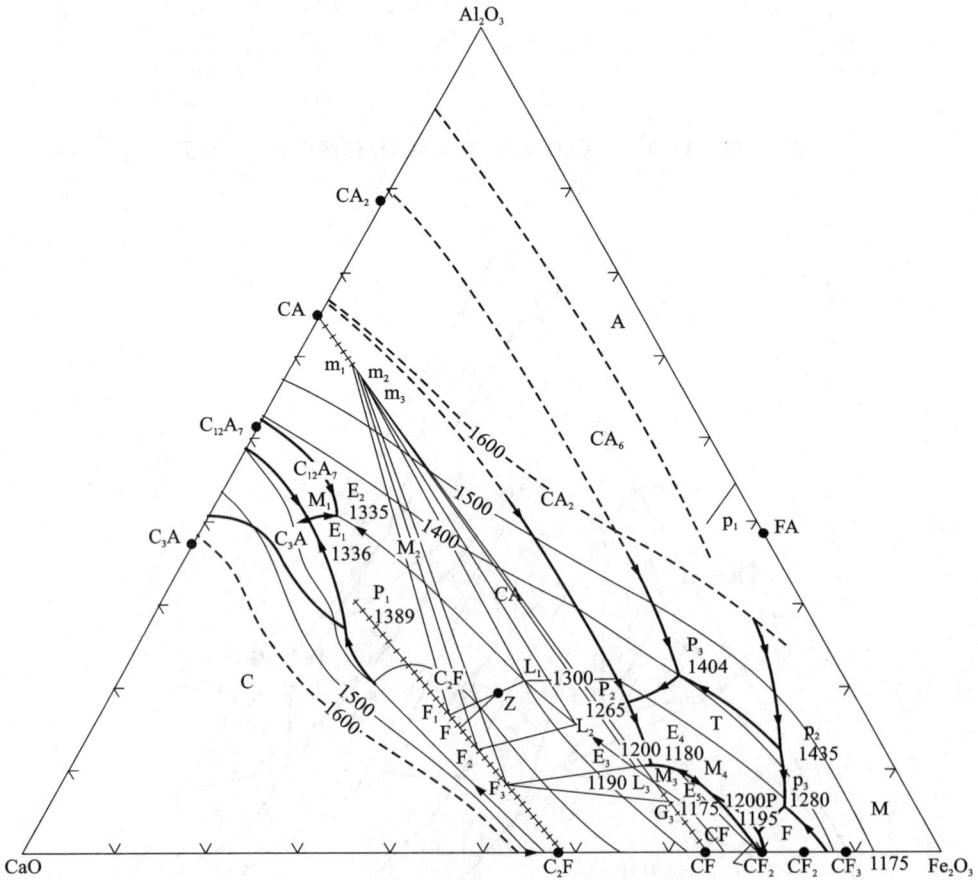

图 3-57　液相组成 Z 的结晶过程示意图

结晶过程中，最初组成 F 的铁酸盐相逐渐变成富 Al^{3+}，组成朝 F_1 变化。在这个组成平衡结晶中，这个固溶体表示最大富 Al^{3+} 的可能性，在连续冷却过程中，铁酸盐固溶体自发地变富 Al^{3+}，其组成通过 F 变回 F_2。

3.6.4.8　CaO – FeO – SiO₂ 体系

生产熔剂性烧结矿时，假如温度足够高或还原气氛较强，就可生成这一体系的化合物。

图 3 – 58 为 CaO – FeO – SiO₂ 体系状态图，此体系相图是在与金属铁液平衡条件下绘制的。这个体系仅有一个稳定的三元化合物：钙铁橄榄石（CaO·FeO·SiO₂），5 个二元化合物，其中有 3 个是稳定化合物（CaO·SiO₂、2CaO·SiO₂ 和 2 FeO·SiO₂）。图中有两条晶型转变线：方石英⇌鳞石英，$\alpha C_2 S \rightarrow \alpha' C_2 S$，在靠近 SiO₂ 顶角处有较大范围的液相分层区，它是 CaO 和 FeO 分别在 SiO₂ 内形成的两个互为饱和的溶液的分层区。相图中符号："＋＋＋＋＋"表示该线的两端点组分之间的固溶区，"—·—"表示晶型转变等温线。上述化合物的特点是能够形成一系列的固溶体，并在固溶体中产生复杂的化学变化和分解作用。

从图 3 – 58 可以看出，FeO 含量增加，熔化温度趋向降低，当 CaO 为 10%、（FeO/SiO₂）=1 时，体系中的最低共熔点为1030℃。但当 CaO 含量大于 10% 时，熔化温度趋于升高。围绕这一点的宽广区域（混合料中 CaO 在 17% 以下）等温线限制在1150℃。

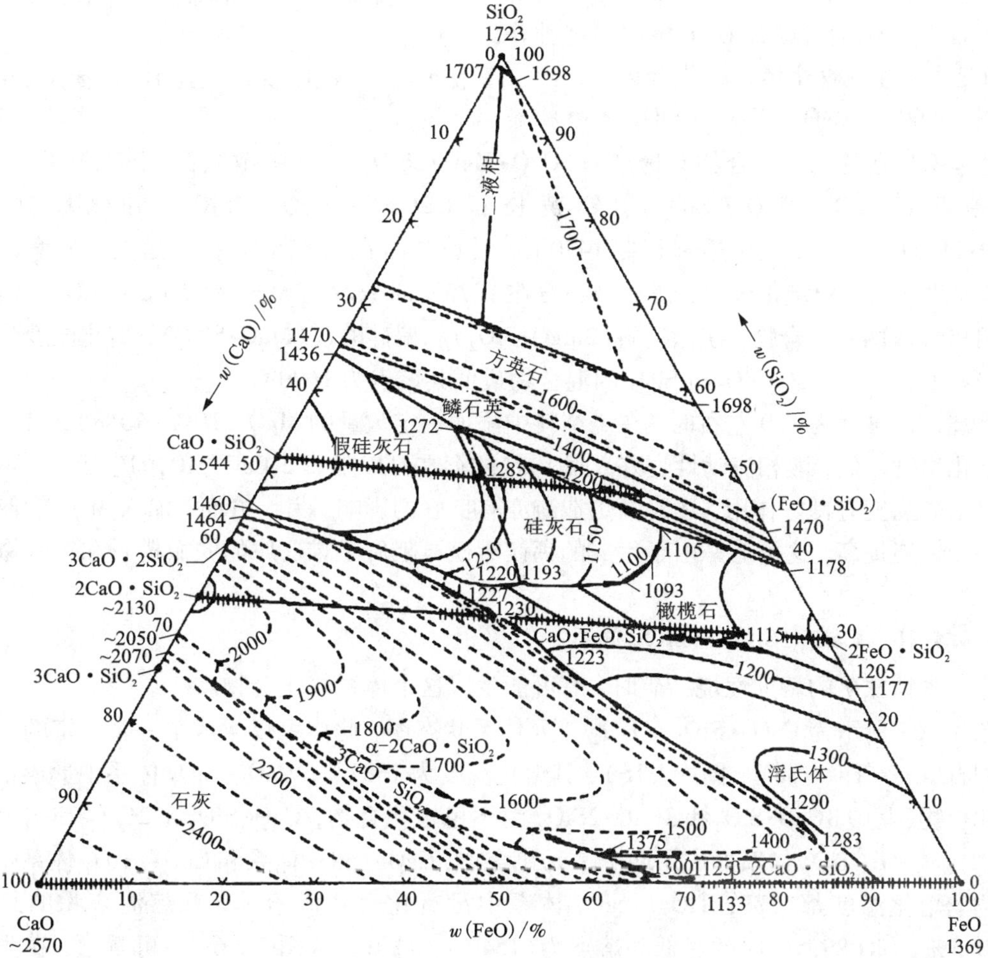

图 3 – 58　CaO – FeO – SiO₂ 体系状态图

这个体系状态图中 $2CaO \cdot SiO_2$ 和 $2FeO \cdot SiO_2$ 的温度 – 浓度切面见图3 – 59所示。从图可以看出，$2FeO \cdot SiO_2$ 和 $CaO \cdot FeO \cdot SiO_2$ 两个化合物的熔化温度比较接近，在铁橄榄石中，在一定范围内增加石灰的含量，伴随着所形成钙铁橄榄石的熔化温度下降，它的最低共熔点为1170℃。

对我国一些以磁铁矿为主要原料的烧结厂生产碱度1.0~1.3的烧结矿研究表明，烧结矿的液相组成中钙铁橄榄石体系化合物占14%~16.6%。可见，此体系对熔剂性烧结矿的固结有很大影响。

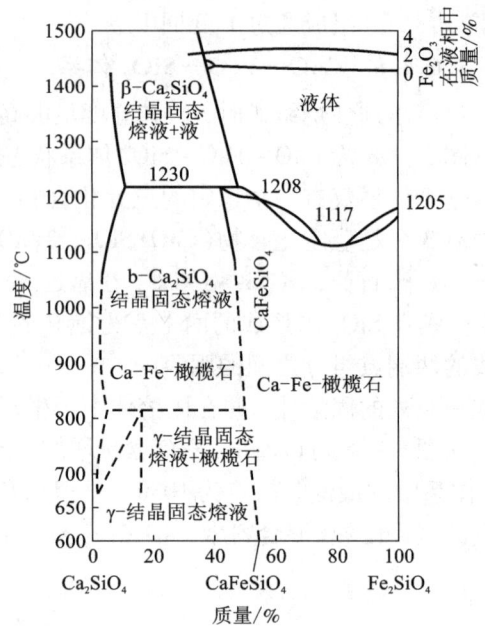

图3 – 59 $2CaO \cdot SiO_2 – 2FeO \cdot SiO_2$ 体系状态图

3.6.4.9 $CaO – MgO – SiO_2$ 体系

在生产实践中，可以看到一些烧结厂在烧结料中添加少量白云石 $Ca \cdot Mg(CO_3)_2$ 代替部分石灰石生产熔剂性烧结矿的情况，这种作法，就是为了生成这个体系的化合物。

图3 – 60 为 $CaO – MgO – SiO_2$ 体系状态图。此体系生成的三元化合物有透辉石（$CaO \cdot MgO \cdot 2SiO_2$）、钙镁橄榄石（$CaO \cdot MgO \cdot SiO_2$）、镁蔷薇石（$3CaO \cdot MgO \cdot SiO_2$）、镁黄长石（$2CaO \cdot MgO \cdot 2SiO_2$）和钙镁硅酸盐（$5CaO \cdot 2MgO \cdot 6SiO_2$），其中透辉石在1470℃、镁黄长石在1357℃时一致熔融，为稳定化合物，其他两种为不稳定化合物，镁蔷薇辉石在1375℃时分解为 MgO 和 $2CaO \cdot SiO_2$。MgO 和 SiO_2 可以形成两种化合物：镁橄榄石（$2MgO \cdot SiO_2$）和偏硅酸镁（$MgO \cdot SiO_2$），熔化温度分别为1900℃和1537℃。$MgO \cdot SiO_2$ 与 SiO_2 的混合物最低共熔点为1690℃。

当烧结矿碱度为1.0左右时，在烧结料中添加一定数量的 MgO（10%~15%），可使硅酸盐的熔化温度降低，液相流动性变好，而 MgO 的存在可以阻碍 $2CaO \cdot SiO_2$ 的生成，这不仅对提高烧结矿强度有良好作用，还对高炉造渣亦有良好的影响，另一方面，加入 MgO 能使烧结矿的还原性能提高，这可能是由于生成的钙镁橄榄石阻碍了难还原的铁橄榄石和钙铁橄榄石的形成所致。

3.6.4.10 $CaO – SiO_2 – TiO_2$ 体系

生产含钛铁矿的熔剂性烧结矿时，有可能生成这个体系的化合物。

图3 – 61 所示为 $CaO – SiO_2 – TiO_2$ 三元体系状态图，此体系仅生成了一个稳定的三元化合物榍石（$CaO \cdot TiO_2 \cdot SiO_2$，图中CTS），其熔化温度为1382℃，$CaO – SiO_2$ 体系中形成了4个二元化合物（其中 $3CaO \cdot SiO_2$ 和 $3CaO \cdot 2SiO_2$ 为不稳定化合物，$CaO \cdot SiO_2$ 和 $2CaO \cdot SiO_2$ 为稳定化合物）。$CaO – TiO_2$ 体系形成了两个二元化合物，$CaO – SiO_2$ 体系和 $CaO – TiO_2$ 体系生成的化合物的熔化温度都很高，$TiO_2 – SiO_2$ 体系中没有化合物固溶体，共熔混合物的组成为 TiO_2 10.5%、SiO_2 89.5%时的最低共熔点为（1540±10）℃。从图3 – 61 中可看出，在阴影区的组分，其熔化温度低于1400℃，是此体系熔化温度最低的区域。

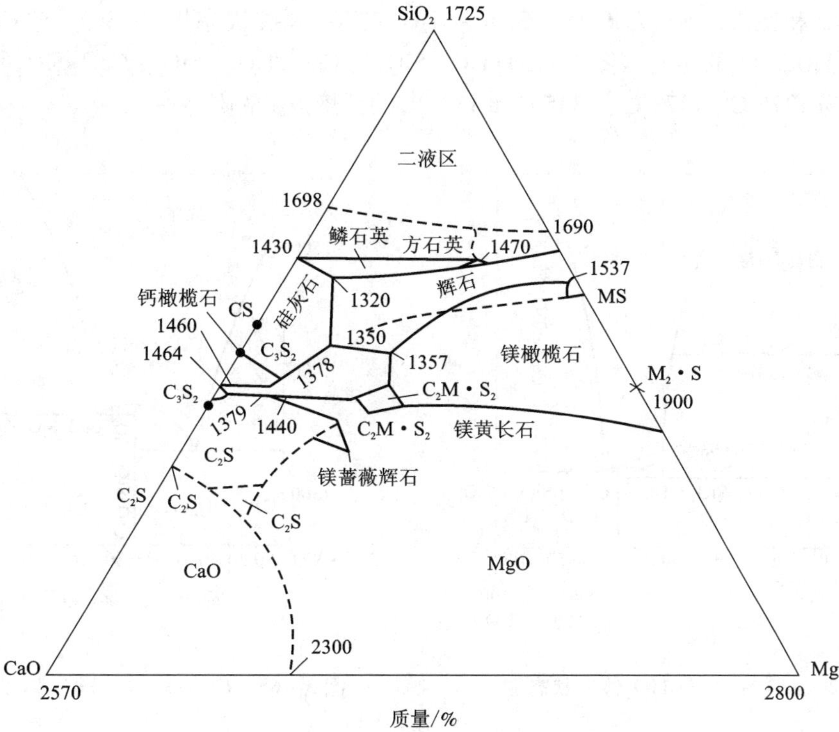

图 3 – 60　CaO – MgO – SiO₂ 体系状态图

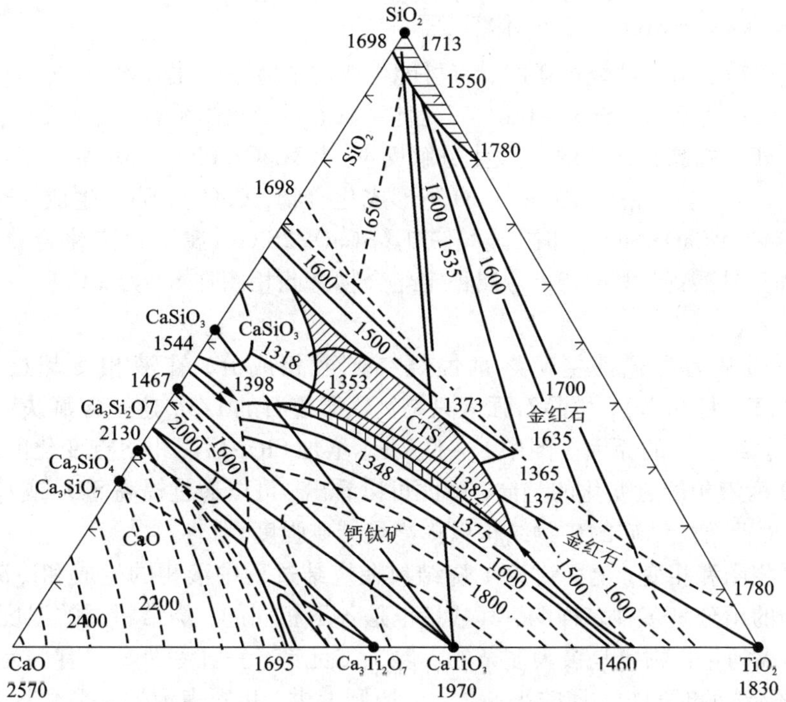

图 3 – 61　CaO – SiO₂ – TiO₂ 体系状态图

图 3－62 和图 3－63 为 CaO－SiO$_2$－TiO$_2$ 三元体系状态图中 SiO$_2$ 与 CaO·TiO$_2$ 及 CaO·SiO$_2$ 与 TiO$_2$ 联线的切面。图中 CaO·TiO$_2$·SiO$_2$ 与 CaO·TiO$_2$、SiO$_2$、CaO·SiO$_2$ 和 TiO$_2$ 分别形成了熔点为 1375℃、1373℃、1335℃ 和 1363℃ 的低熔点共晶体。

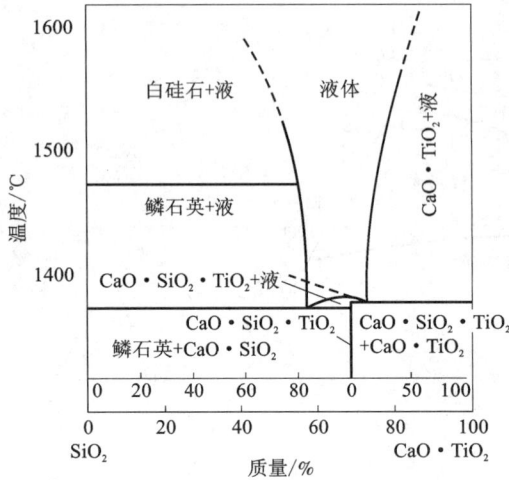

图 3－62　SiO$_2$－CaO·TiO$_2$ 体系状态图

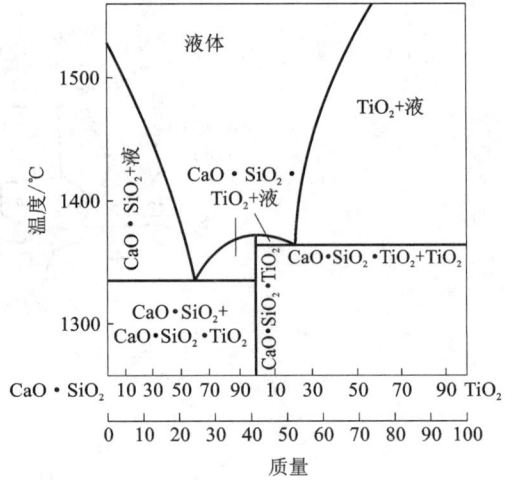

图 3－63　CaO·SiO$_2$－TiO$_2$ 体系状态图

这种温度水平在烧结过程中是可以达到的。但从图中可以看出，此体系低熔点的液相范围很狭窄。在上述范围之外，熔化温度迅速增高。

3.6.4.11　CaO－SiO$_2$－CaF$_2$ 体系

生产含氟铁精矿熔剂性烧结矿时，有可能生成这个体系的化合物。

图 3－64 所示为 CaO－SiO$_2$－CaF$_2$ 三元体系状态图，此体系有一个不稳定的三元化合物 3CaO·2SiO$_2$·CaF$_2$（枪晶石），1450℃ 发生分解反应：$4(3CaO·2SiO_2·CaF_2) == 7(2CaO·SiO_2) + SiF_4 + 2CaF_2$。CaF$_2$ 与单独的 SiO$_2$ 和 CaO 不形成化合物，CaO 与 SiO$_2$ 生成 4 个复杂化合物，其中的硅酸三钙（3CaO·SiO$_2$）和二硅酸三钙（3CaO·2SiO$_2$）属不稳定化合物，而偏硅酸钙（CaO·SiO$_2$）和正硅酸钙（2CaO·SiO$_2$）属稳定化合物。此相图在 SiO$_2$ 和 CaF$_2$ 区域存在一个较宽的液相分层区。

图中 K 点通常为含氟铁精矿熔剂性烧结矿液相成分，在液相冷却过程中，会析出 3CaO·2SiO$_2$·CaF$_2$（枪晶石），枪晶石强度只是钙铁橄榄石的 1/3，这是含氟铁精矿熔剂性烧结矿强度差在矿物组成上的原因。图中 K－K′ 表示增加 SiO$_2$ 后液相熔点变化的趋向；K－CaO 表示增加 CaO 后液相熔点变化的趋向，由此可以看出，可以通过提高 SiO$_2$ 或 CaO 的含量，使液相变稠，从而改善烧结矿的矿物结构以提高烧结矿强度。

根据体系相图和相变，上面讨论了烧结料在烧结过程中液相的生成和冷凝。应该指出，由于烧结料中的组分是多种多样的，其数量也是各不相同的，烧结料层的温度和气氛也在变化，因此所形成的化合物也是极为复杂的。除了二元系、三元系外，还有四元系化合物。此外，烧结过程持续的时间短，属非平衡体系，原则上讲，相图表示的是平衡状态下的相关系，非平衡状态下是不适用的。但是，利用相图可以对烧结料每个微小容积的相变化情况进行推测，估计烧结过程的相态变化。因此，相图分析为研究液相形成和冷凝问题时指明了方向。

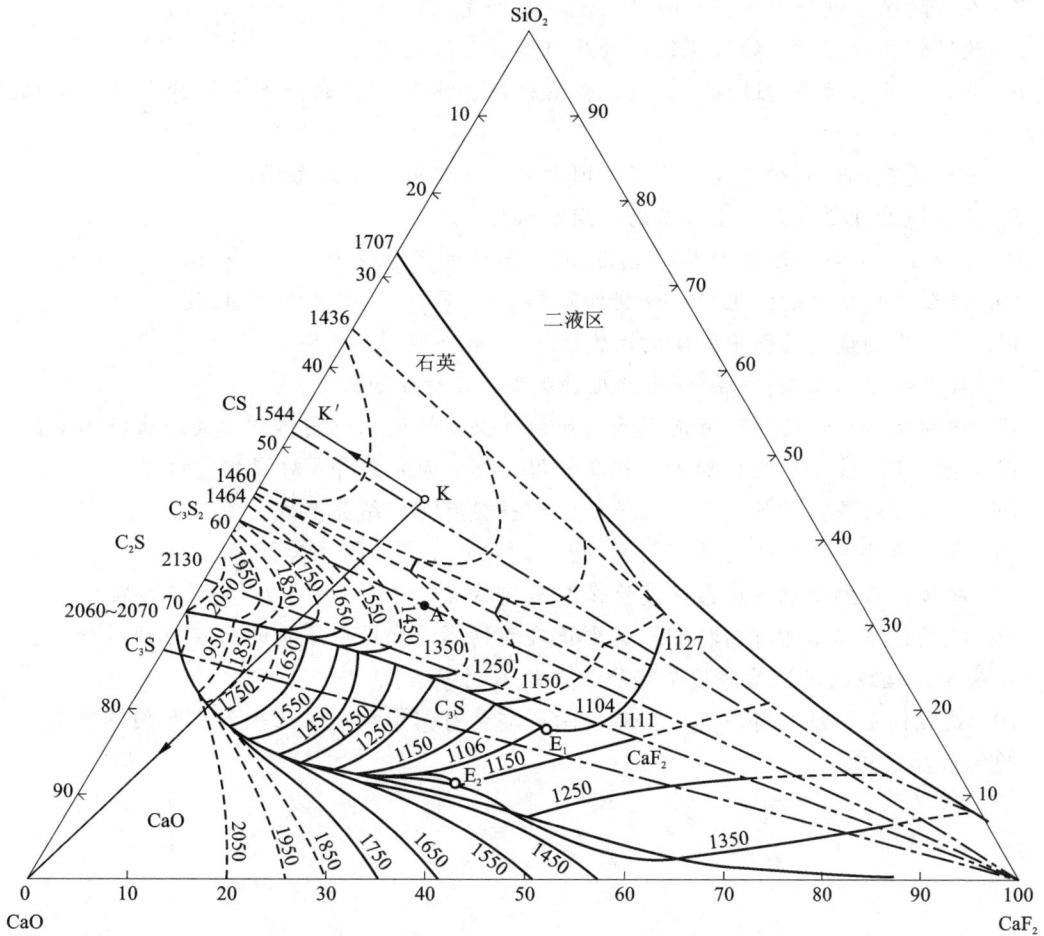

图 3 - 64　CaO - SiO$_2$ - CaF$_2$ 体系状态图

A - 枪晶石位置；K—含氟铁精矿熔剂性烧结矿液相成分；K - K ′表示增加 SiO$_2$ 后液相熔点变化

的趋向；K - CaO 表示增加 CaO 后液相熔点变化的趋向

　　为了获得强度较好的烧结矿，就必须具有足够数量的液相来作为烧结过程中的黏结相。一般来说，熔剂性烧结料中的熔融物生成的温度低，故在同一燃料用量的情况下，它比非熔剂性烧结料生成更多的液相。燃料用量愈大，烧结料层温度愈高，产生液相也愈多。但液相数量过多时，烧结矿呈粗孔蜂窝状结构，反而会导致烧结矿强度下降。

　　此外，液相对烧结混合料各组分的润湿性和液相黏度，也直接影响烧结过程的黏结作用。

思考题

1. 分析水分刈烧结过程的影响。

2. 影响水分蒸发量的因素有哪些？

3. 什么叫"露点"，烧结废气的露点约为多少？

4. 在实际烧结过程中如何判断料层过湿是否完成？

5. 论述料层过湿对烧结过程的影响及消除过湿带的措施。

6. 分析结晶水对烧结过程的影响，烧结含结晶水的原料时一般采取什么措施保证烧结矿质量？

7. 什么是氧化钙的矿化度？分析各因素对氧化钙矿化度的影响。

8. 论述烧结过程中添加生石灰的作用及机理。

9. 分析在实际烧结过程中 Fe_2O_3、Fe_3O_4、FeO 的还原行为。

10. 什么是烧结矿的氧化度？分别计算 Fe_2O_3、Fe_3O_4 和 FeO 的氧化度。

11. 分析影响烧结过程中脱硫的因素。

12. 什么叫固相反应，一般分为哪几种类型，其特点如何？

13. 固相反应对烧结过程有何影响？如何加快烧结过程中固体颗粒间的反应速度？

14. 论述烧结过程中液相形成过程及作用，并分析主要因素对液相量的影响。

15. 什么叫结晶？矿物结晶原则是什么？一般有哪些结晶形式？

16. 冷凝速度对烧结矿质量有何影响？

17. 硅酸铁系黏结相形成条件是什么？有何特点？它对烧结矿质量有何影响？

18. 硅酸钙系黏结相有何特点？其中正硅酸钙影响烧结矿质量的内在机理是什么？如何减少或消除正硅酸钙对烧结矿质量可能带来的不利影响？

19. 铁酸钙系黏结相有何特点？对烧结矿质量有何影响？工业生产中如何尽可能多地生成铁酸钙系黏结相？

第 4 章　烧结料层气体运动力学

烧结过程必须向料层送风，固体燃料的燃烧才能进行，混合料层由此获得必要的高温，物料烧结才能顺利实现。气体在烧结料层内的流动状况及变化规律，关系到烧结过程的传质、传热和物理化学反应的过程，因而对烧结矿的产量、质量及其能耗都有很大的影响。

4.1　散料的基本参数

研究烧结料层内气体运动的基本规律，实质是研究台车上料层的压力分布和气流分布，而且主要是后者。影响气流分布的因素很多，除了主抽风机压力、料层厚度、混合料水分、料层密度外，主要决定于混合料的物理性质，即混合料的粒度、堆密度、颗粒形状、孔隙率等。下面首先讨论表征散料结构的几个基本参数。

4.1.1　散料的平均直径

散料是由一个个单个颗粒组成。单个颗粒大小的表示方法：若为球形，直接用直径 d；若为非球形，则用当量直径表示。当量直径又可分为：

（1）圆当量直径　与颗粒投影面积 S 相同的圆的直径。

$$d_{\text{当}} = \sqrt{4S/\pi} = 1.13\sqrt{S}$$

（2）球当量直径　与颗粒体积 V 相同的球的直径。

$$d_{\text{当}} = \sqrt[3]{6V/\pi} = 1.24\sqrt[3]{V}$$

（3）沉降速率直径　与颗粒同密度的球体，在密度和黏度相同的流体中，与颗粒具有相同沉降速率球体的直径。

通常烧结用原料粒度范围较宽，要用平均直径（d_{p}）来评价颗粒的大小。常用的颗粒群平均粒径的计算方法见表 4 - 1。

表 4 - 1　常用平均粒径的计算方法

名称	计算公式	物理意义	特点及常用范围
加权算术平均	$d_{\text{算}} = \sum\limits_{i=1}^{n} r_i d_i$	各粒级按质量分数参加平均	尺寸比较
加权几何平均	$d_{\text{几何}} = \prod\limits_{i=1}^{n} d_i^{\ r_i}$	各粒级按质量分数乘方，连乘后 $\sum r_i$ 开方	多用于筛分析中两相邻粒级之平均
加权调和平均	$d = 1/\sum\limits_{i=1}^{n} \dfrac{r_i}{d_i}$	按相当等表面积的平均	冶金上常用，如散料层气体阻力计算
中位数		占散料重一半时对应的颗粒尺寸	用作图法求得

注：r_i— 某一粒级的质量分数；d_i— 某一粒级的平均粒径。

在比较两种物料的粒度时，人们习惯使用加权算术平均值。但在研究散料层气体阻力时大多数采用加权调和平均值（相当于等表面积的平均粒度），因为散料层气体力学方程中直径的含义完全符合加权调和平均值的概念。图4-1示出了阻力系数与颗粒尺寸的关系，可见阻力系数与调和平均值的关系要比算术平均值更靠近实际情况，因为调和平均值最靠近细粒度一端，而影响料层透气性的主要因素是细粒度部分的含量。因此采用调和平均值就能更好地反映客观规律。

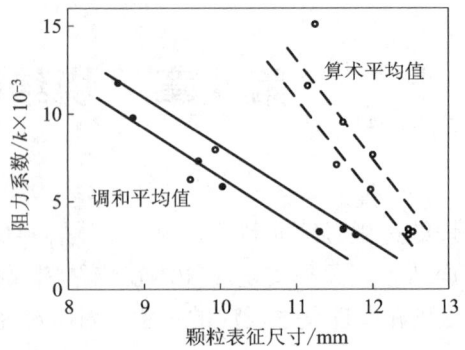

图4-1　炉料表征尺寸与阻力系数的关系

例如：根据下列烧结料，求其等表面积的平均粒径（加权调和平均粒径）。

粒级，mm 　　0.3~0.7, 0.7~1.3, 1.3~2.7, 2.7~5.3

质量分数 　　　0.4　　　0.3　　　0.2　　　0.1

首先求出各粒级的算术平均粒度：0.5 mm，1.0 mm，2.0 mm，4.0 mm，然后计算 $d_{调和}$。

$$d_{调和} = \cfrac{1}{\cfrac{0.4}{0.5} + \cfrac{0.3}{1.0} + \cfrac{0.2}{2.0} + \cfrac{0.1}{4.0}} = 0.82 \text{ mm}$$

4.1.2　空隙率

空隙率（ε）是散料层中空隙体积与总体积之比，即单位散料体积中的空隙份额，可以用体积百分数表示，也可用体积分数表示。空隙率是散料层的重要参数，也是最不易准确测量的参数。根据定义，空隙率可用下式求得：

$$\varepsilon = (1 - \rho_{堆}/\rho_{真}) \tag{4-1}$$

式中：ε 为料层的孔隙率；$\rho_{堆}$ 为料层的堆密度，t/m^3；$\rho_{真}$ 为物料的真密度，t/m^3。

如果散料是由直径相等的圆球组成时，均匀料粒所形成的料层孔隙率完全取决于其堆积方式，如表4-2所示。立体几何证明，随着排列方法不同，ε 的数值各异，ε 最大为0.476，最小为0.260，而与粒度无关。

表4-2　等径料粒堆积方式和孔隙率

堆积方式	特征*	配位数	θ	α	β	ε
（Ⅰ）简单立方体	6	6	90	90	90	0.4764
（Ⅱ）菱面体（之一）	4	8	90	60		0.3954
（Ⅲ）菱面体（之二）	2	10	60	60		0.3109
（Ⅳ）面心立方体	2	12	90		45	0.2595
（Ⅴ）密集立方体	0	12	60		54.7	0.2595

注：* 特征，指正方形表面个数。

　　常见的堆积方式为（Ⅰ），（Ⅳ）或两者混合，（Ⅱ）和（Ⅲ）由于堆积条件复杂，实际中不常见。采用球团矿获得的平均实测值为 0.478，它与最疏松排列简单立方体的理论计算值 0.476 很接近。但由于振实程度的不同，则出现如表 4-2 所示 ε 在 0.2595 及 0.4764 之间的情况，其平均值为 0.3680。这正好是一些实测数据的另一个稳定值 0.37。烧结矿由于形状不规则，因而更倾向形成简单立方体排列，它们也有两种水平的稳定值，一般在 0.5~0.53；在振实的条件下可能降低到 0.43~0.46。

　　当散料由两种或两种以上粒度的圆球组成时，空隙度降低，其降低的程度随粒径大小和两者掺合量的多少而变。目前还很难用计算的方法求得不同粒度组成的散料的空隙率。

　　两种粒度在不同配比下的孔隙率则可见 C. F. 弗纳斯（Furnas）曲线及实测的烧结矿曲线（见图 4-2）。

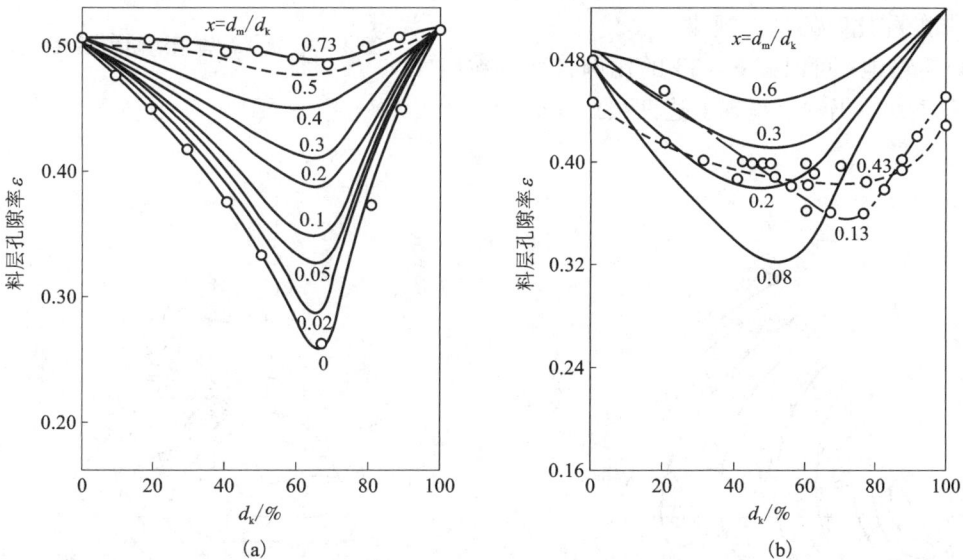

图 4-2　两种不同粒度不同比例配合时孔隙率变化曲线

(a)理想球体（C. F. 弗纳斯曲线）；(b)烧结矿

d_m—细粒级直径；d_k—粗粒级直径；$x = d_m/d_k$（直径比）

从图中可知：

　　(1) d_m/d_k 愈小，即细粒与粗粒直径相差愈远，空隙率（ε）随粗粒级配入量增加而变化的速率越大，表现在图中曲线变化越陡峭；

　　(2) d_m/d_k 比值固定时，当粗料 d_k 质量占总量的 60%~70% 时，ε 有最小值；

　　(3) ε 取决于粗粒的堆积方式，在不振动的堆积条件下，一般都以简单的立方体形式排列，如料层振动，则孔隙率变小。

　　根据图 4-2 中不同 d_m/d_k 下的 ε 最小值，计算出 $(1-\varepsilon)/\varepsilon^3$，并以均匀的 d_k 粒子的 ε_0 计算出 $(1-\varepsilon_0)/\varepsilon_0^3$，求出 $\dfrac{1-\varepsilon}{\varepsilon^3}\Big/\dfrac{1-\varepsilon_0}{\varepsilon_0^3}$ 与 d_m/d_k 的关系，也就是相对阻力损失与粒径比的关系，如图 4-3 所示。

$$y = \frac{(1-\varepsilon)}{\varepsilon^3}\Big/\frac{(1-\varepsilon_0)}{\varepsilon_0^3},\ x = d_m/d_k$$

随 d_m/d_k 变小，相对阻力损失增大，当 d_m/d_k 小于 0.2 时，阻力急剧上升。在烧结生产中，混合料 $d_m/d_k = 0.2$ 应是极限值。

在实际生产中，烧结原料的粒度是多级混合的。图 4-4 是三级粒度混合时测定的等空隙率曲线。

多种粒级配合时空隙率变化规律的研究表明：

（1）料层空隙率的变化以最粗及最细两级之间的相互作用为主，并遵循两级颗粒配比时所呈现的规律；

（2）中间级颗粒的增加使空隙率增大，但不改变两级颗粒配比时的基本规律；

（3）粗略地，可以按 67 : 33 的比例将所有粒级分成粗细两级，仍然会呈现上述两级配比时的变化趋势。

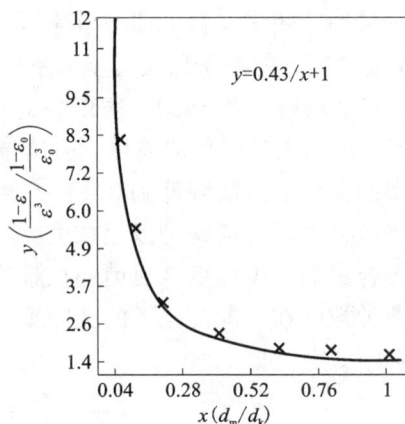

图 4-3　d_m/d_k 与相对阻力系数的关系

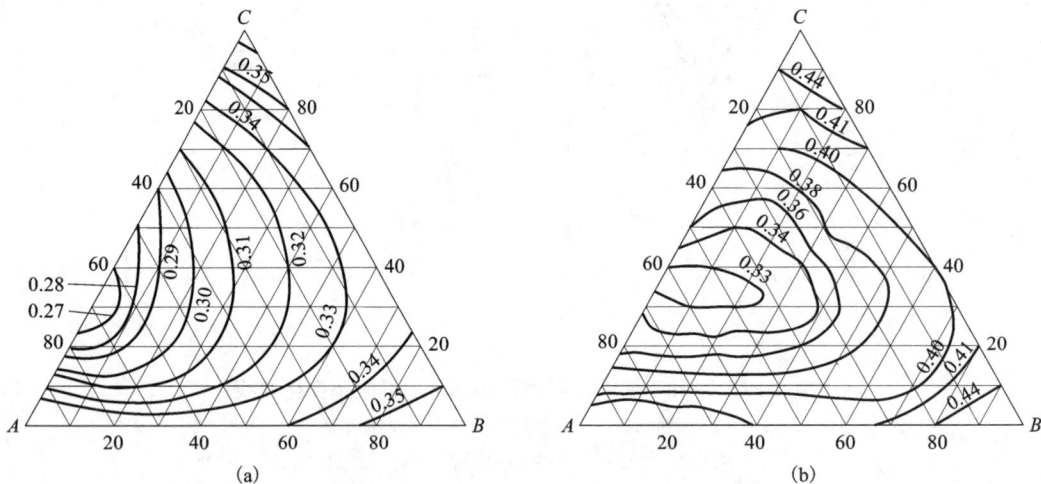

图 4-4　三种粒级混合时料层空隙率变化的等值曲线

(a)球体：A—28 mm；$\varepsilon = 0.365$；B—14 mm，$\varepsilon = 0.365$；C—7 mm，$\varepsilon = 0.365$；

(b)磁铁矿粉：A—1~0.2 mm；$\varepsilon = 0.46$；B—0.2~0.045 mm；$\varepsilon = 0.46$；C—0.045~0 mm；$\varepsilon = 0.46$

4.1.3　表面积、比表面积、形状系数

在研究烧结料层中的气流阻力和传热速率时，需要区分烧结料的表面积(A)和比表面积(S)的概念。在烧结过程中，表面积是指单位体积散料(包含空隙体积)所具有的表面积(单位为 m²/m³)；而比表面积是指单位体积固体物料(不包含空隙体积)所具有的表面积。有时也用单位质量的表面积(单位为 m²/kg)表示表面积和比表面积。

对于 1 m³ 直径为 d_0 的等径球形散料，假定空隙率为 ε，则料块的体积为($1 - \varepsilon$)，由此获

得 1 m^3 中圆球的数量为：

$$N = \frac{6(1 - \varepsilon)}{\pi d_0^3}$$

因此，其表面积为：

$$A = N \cdot \pi d_0^2 = \frac{6(1 - \varepsilon)}{d_0} \tag{4-2}$$

而其比表面积为：

$$S = \frac{A}{1 - \varepsilon} = \frac{6}{d_0} \tag{4-3}$$

实际颗粒很少是规则球形体，描述实际颗粒与球形颗粒之间差异程度，用形状系数(φ)表示。形状系数是指与料粒同体积的球体的表面积和料粒本身实际表面积的比值，即

$$\varphi = A_{球}/A_{料粒} \tag{4-4}$$

对圆球体 $\varphi = 1$；非球形散料 $\varphi < 1$。假定非球形散料的平均粒度为 d_p，则单位体积物料总表面积为：

$$A_{料} = \frac{6(1 - \varepsilon)}{\varphi d_p} \tag{4-5}$$

比表面积：

$$S_{料} = \frac{6}{\varphi d_p} \tag{4-6}$$

几种常见物料的形状系数列于表 4-3。

表4-3　几种常见原料的形状系数

物料	形状系数	物料	形状系数	物料	形状系数
烧结料	0.5~0.58	碎焦	0.65	圆球形砂粒	0.87
烧结矿	0.5~0.8	煤粉	0.73	有菱角砂粒	0.83
球团矿	0.85~0.9	石灰石细粉	0.45	薄片状砂粒	0.39
焦炭	0.55~0.7	破碎筛分矿石	0.57	石英砂	0.55~0.63

4.1.4　水力学直径

在研究流体在散料层中的运动时，还用到水力学直径的概念。水力学直径不是描述固体颗粒的粒径，而是表征散料层允许流体通过特性的参数。流体在散料层中的通道，可看作许多近似平行的不规则管束，将这些小管束近似地合并为一个大圆管，则此管的直径称为散料层通道的水力学直径，其值等于4倍流通面积与湿润周长之比。

在散料层中，某一截面的流通面积在数值上等于 ε，而润湿周长则等于单位体积散料的表面积 A，所以散料层的水力学直径 $d_水$ 可以表达为：

$$d_水 = 4 \frac{\varepsilon}{A} = 4 \cdot \frac{\varepsilon \varphi d_p}{6(1 - \varepsilon)} = \frac{2}{3} \cdot \frac{\varepsilon}{1 - \varepsilon} \varphi d_p \tag{4-7}$$

由此可见，料层的水力学直径取决于固体物料的平均粒径、料层的空隙率和颗粒的形状

系数，三个参数的数值越大，则水力学直径越大。

4.1.5 烧结料层结构参数的变化

空隙率是决定床层结构的重要参数，它对气体通过料层的压力降、床层的有效导热系数及比表面积都有重大的影响。影响空隙率的主要因素是颗粒的形状、粒度分布、比表面积、粗糙度及充填方式等，这类因素的影响可近似地用颗粒形状系数来描述。同时烧结过程中燃料的燃烧及料层收缩对空隙率的变化也十分重要的。

在烧结过程中由于物料的熔融，然后结晶与凝固形成了新的床层结构，改变了原来的料粒直径、形状系数及料层的体积。对床层结构变化起决定作用的因素是固相物料的熔融温度以及烧结可能达到的最高温度。图4-5绘出沿烧结料层高度的料层结构的变化。

原始混合料层和干燥层比表面积大而孔隙率小，故传热效率高，升温快，但透气性不好。烧结矿层比表面积小而孔隙率大，故透气性好，但传热效率低，冷却速度较慢。床层结构的变化主要发生在燃烧层

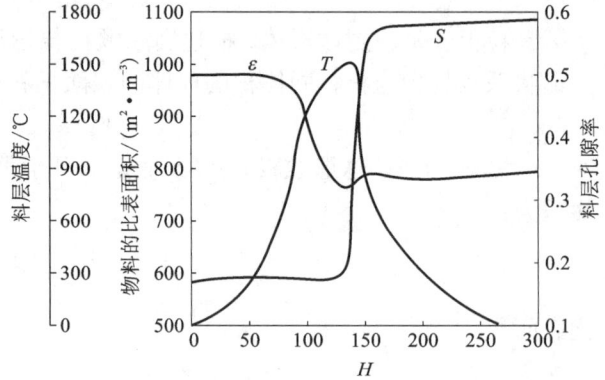

图4-5 烧结料层结构参数变化的模拟计算结果
ε—料层空隙率；T—料层温度；
S—物料的比表面积；H—距料层表面的距离

和熔融固结层。燃烧层开始阶段由于物料尚未软熔收缩，燃料颗粒变小使孔隙率稍有增加，随着软熔发生，由于收缩率增大、物料迅速致密而导致 ε 下降至最小值。到固结层，随着熔融物的冷却、结晶成矿，孔隙率迅速上升。比表面积的变化主要在燃烧熔融阶段，由于物料的软化与熔融，S 迅速变小，但在固结层 S 几乎保持不变。

4.2 烧结料层气体运动阻力

气体在散料层中运动时，会产生压力损失。压力损失包括两部分：因气体黏性而产生的摩擦阻力损失，和因路径曲折导致气体运动时扩张、收缩而产生的局部阻力损失。在截面积和气体成分不变时，这两种阻力损失的总和就是料层的压力降。

4.2.1 散料层中气体运动的压力降

厄贡(S. Ergun)于1952年提出的公式适用于从层流到紊流的不同流态，被广泛用于分析散料层内气体运动的压力降，其表达式为：

$$\frac{\Delta P}{H} = 150 \frac{(1-\varepsilon)^2}{\varepsilon^3} \cdot \frac{\mu\omega}{(\varphi d_{\mathrm{p}})^2} + 1.75 \frac{1-\varepsilon}{\varepsilon^3} \cdot \frac{\rho \cdot \omega^2}{\varphi d_{\mathrm{p}}} \tag{4-8}$$

式中：ΔP 为料层压力降，kg/m^2；H 为料层高度，m；ε 为料层空隙率，%；ρ 为流过气体的密度，kg/m^3；μ 为气体动力黏度，$kg/(m \cdot s)$；ω 为气体流速，m/s；d_{p} 为颗粒的平均直径，m；φ

为颗粒的形状系数。

根据厄贡方程，气体在散料层中的单位高度压力降，与流过气体的密度、黏度、流速和料层空隙率、颗粒平均直径及颗粒的形状系数有关。

厄贡公式适用于下列范围：①等温体系；②不可压缩流体；③料层孔隙均匀；④球粒间孔隙比流体分子平均自由距大得多的情况；⑤料层两端压力降必需相当小，使 ω 和 ρ 在整个料层中实际是不变的。

方程右边第一项表示层流区的单位高度压力降，第二项为紊流区单位高度压力降。

当气体通过料层完全处于层流区时，上式第二项可省略，厄贡方程变为：

$$\frac{\Delta P}{H} = 150 \frac{(1-\varepsilon)^2}{\varepsilon^3} \cdot \frac{\mu\omega}{(\varphi d_{\mathrm{p}})^2} \qquad (4-9)$$

当气体通过料层完全处于紊流区时，上式第一项可省略，方程变为：

$$\frac{\Delta P}{H} = 1.75 \frac{1-\varepsilon}{\varepsilon^3} \cdot \frac{\rho \cdot \omega^2}{\varphi d_{\mathrm{p}}} \qquad (4-10)$$

4.2.2 烧结料层各带压力损失系数

4.2.2.1 烧结料层各带的划分

烧结过程在料层内所发生的各种反应是非稳态体系。而且因为作为主反应的碳燃烧迅速，使加热过程变得非常快。沿气流方向有多种物理化学变化同时发生，各种状态参数随时间发生剧烈变化，建立整个料层压力降与料层状态参数的定量关系目前还是个难题。为了解析方便，依据物理化学特征，人为地将烧结过程中的整个料层划分成许多不同的带。在烧结过程开始前，整个料层都是湿混合料层，称原始烧结带，可认为在该带中料层状态参数是不变的；到烧结终了，整个料层全变成了烧结矿层，认为该带中的状态参数也是不变的；在这二者中间还存在着不同的其他各个带。在研究烧结料层气流阻力时，通常将烧结料层区分为如表 4-4 所示的六个带，此种划分方法将研究烧结过程物理化学反应时划分的燃烧带细分为反应带和熔融带。

表 4-4 研究气流阻力时烧结料层各带的区分

带名	料层特性	温度区间/℃
1. 原始料带	与原混合料相同含水量的区域	原始料温
2. 水分冷凝带	超过原混合料含水量的区域	露点温度（约60）
3. 干燥预热带	低于原混合料含水量的区域	100 ~ 700
4. 反应带	焦炭的燃烧、及石灰石反应区域	700 ~ 1200
5. 熔融带	物料熔融区域	1200 ~ 最高温度 ~ 1200
6. 烧结矿带	冷却固化形成烧结矿区域	< 1200

4.2.2.2 公式的选择

一般情况下，烧结料层内气流通过的速度为 0.2 ~ 1.5 m/s 基本上在层流向紊流过渡的区域内（$Re_{\mathrm{m}} = 30 ~ 300$），适用于从层流到紊流均可适用的 Ergun 公式。为方便起见，将

Ergun 方程转变成如下公式：

$$\frac{\Delta P}{H} = K_1 \mu \omega + K_2 \rho \omega^2 \qquad (4-11)$$

式中：K_1、K_2 分别为摩损压力损失系数和局部（形状）压力损失系数：

$$K_1 = \frac{150 \, (1-\varepsilon)^2}{d_p^2 \cdot \varphi^2 \cdot \varepsilon^3} \qquad (4-12)$$

$$K_2 = \frac{1.75(1-\varepsilon)}{d_p \cdot \varphi \cdot \varepsilon^3} \qquad (4-13)$$

因此，只要获得料层的压力损失系数 K_1 和 K_2，就可以评价气体在料层中的压力损失情况，比较各带气流阻力的大小。但由于实际烧结料层各带空隙率、颗粒尺寸和形状难以确定，各带的阻力损失系数难以通过计算直接获得，通常需通过实验测定。为此，将式（4-11）进一步变换为：

$$\frac{\Delta P}{H} = \rho \cdot \omega (K_1 \nu + K_2 \omega) = G(K_1 \nu + K_2 \omega) \qquad (4-14)$$

$$\frac{\Delta P}{H \cdot G \cdot \nu} = K_1 + K_2 \frac{\omega}{\nu} \qquad (4-15)$$

式中：ν 为气体的运动黏度（$\nu = \mu/\rho$），m²/s；G 称为气体的质量流速（$G = \rho \omega$）。

因此，在测定过程中只要保持气体密度、黏度不变，通过改变气体流速获得压力降的变化，再利用作图法就可求得压力损失系数 K_1 和 K_2。

4.2.2.3 实验装置与测定方法

原始料带、水分冷凝带、干燥带和烧结矿带的风量和 ΔP，可以方便地进行物理模拟，因此可以采用稳态测定法测定。反应带和熔融带用实验计量办法难于区分，可将测定的状态参数输入数学模型，与层内反应及传热方程式联立求解。

料层气流压降的测定方法，可用图 4-6 所示测定装置，从料层下部抽风，实测通过料层的风量和压力降。

（1）原始料层的压力降，在点火前在整个料高上测定。

（2）水分冷凝带的测定。通常的烧结试验，点火后仅在料层中间某一部分形成过湿带，这不能满足分带测定的要求。为了能在整个料层形成水分冷凝，可在烧结杯上部附加如图 4-7 所示附加料杯。在上部附加料杯之上点火，取点火时间为某一定值，使下部整个料层形成一个含水量几乎一定的区域，然后中断点火，撤去附加料杯，然后在主杯上进行风量 Q 和压降 ΔP 的测定。

（3）干燥带测定。干燥带定义为去掉了粒子表面的自由水，低于原始物料含水量的区域。实验测定时首先向料层送入热风，直至整个料层的物料全部干燥，然后进行风量 Q 和压降 ΔP 的测定。

（4）烧结矿带的测定。先将烧结料烧结，在全部形成烧结矿层后进行透气阻力的测定。图 4-7 所示烧结试验装置。在实际操作中，为防止烧结锅侧壁漏风，可在内壁与烧结矿之间用黏土充填，然后进行测定。

（5）反应带和熔融带的测定。反应带和熔融带的状态参数变化非常激烈，前述各方法均无法使整个料层再现其原有状态，使得反应带和熔融带不可能直接测定。需采用实验测定与数学模型相结合的方法获得有关参数：在料层内插入数支测温和测压管，在烧结过程中，连

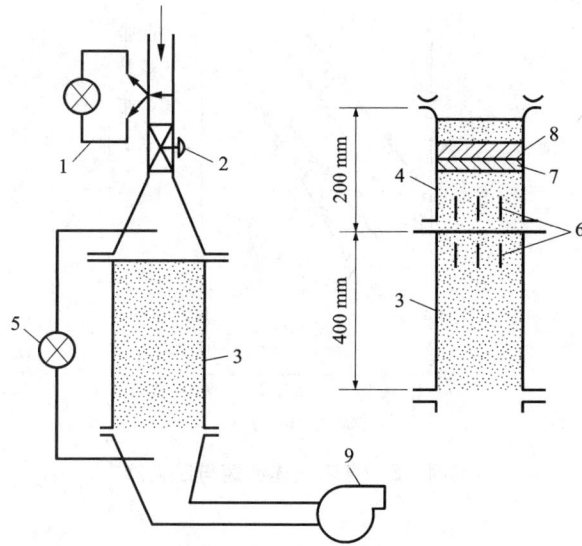

图 4 - 6　透气性测定装置

1—流量计；2—调节阀；3—烧结杯；4—附加料杯；5—压差计；
6—水分冷凝带；7—干燥带；8—反应带；9—风机

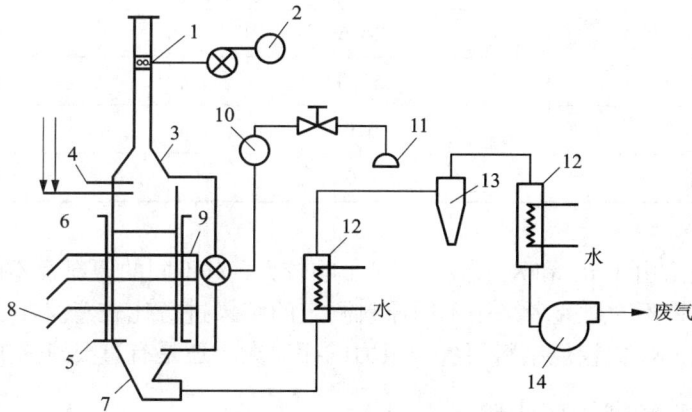

图 4 - 7　烧结试验装置

1—测流量元件；2—流量计；3—点火器；4—烧嘴；5—烧结锅；6—混合料；7—风箱；8—热电偶；
9—测压元件；10—压力调节器；11—控制器；12—冷却器；13—旋风除尘器；14—风机

续测量各定点的料层阻力和料层温度的变化规律，根据所测数据，用数学模型分析非稳态的料层，区分反应带区域和熔融带区域，然后求解 K_1 和 K_2。

4.2.2.4　测定结果

对原始料带、冷凝带、干燥带及烧结矿带测定的原始数据(ΔP 和 ω)绘于图 4 - 8。

根据这些原始数据，通过作图或回归分析求得的各带压力损失系数列于表 4 - 5。

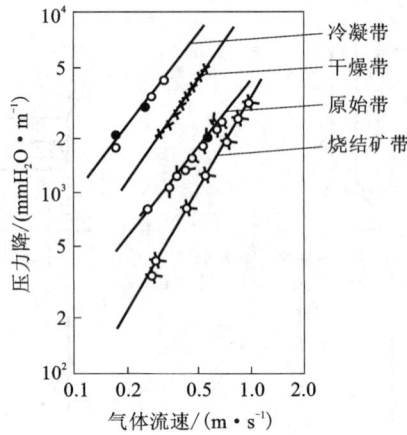

图 4-8　各带气体流速与压力降

表 4-5　压力损失系数

各带名称	$K_1 \times 10^8 (\text{m}^{-2})$	$K_2 \times 10^3 (\text{m}^{-1})$
原始料带	11.5	24.2
水分冷凝带	28.0	78.3
干燥预热带	24.6	57.8
反应带	31.0	75.0
熔融带	6.0	24.6
烧结矿带	4.2	12.6

需要指出的是，由于 K_1 和 K_2 受 ε、d_p 等影响较大，对不同的原料及不同的制粒条件，ε、d_p 差别很大，因此将不同研究者采用不同原料测定的结果进行比较意义不大，但对同一种混合料来说，用 K_1 和 K_2 比较烧结料层各带阻力的相对大小还是有重要意义的。

4.2.3　烧结料层各带的压力降

由 K_1 和 K_2 的定义即可发现，压力损失系数是反映料层各带固体物料的结构特性(粒度、形状系数、空隙率)的参数，而压力降还与气体的参数(密度、黏度和流速)有关，气体的密度和黏度又与温度密切相关，通过各带的实际气流速率与料层结构密切相关。由于烧结料层各带的温度与结构参数均不同，流经料层各带气体的实际密度、黏度和气流速率也不相同，因此要获得烧结料层各带的压力降，必须在准确测定各带气流阻力系数的同时，测定或获得烧结料层各带气体参数的实际值，而后根据式(4-14)计算获得各带的压力降。

和岛正己在研究烧结料层各带的压力降时，将烧结料层划分为过湿带、干燥预热带、反应带、熔化带、冷却带、冷烧结矿带等六个带，这种划分方法除将传统分类方法的燃烧带细分为反应带和熔化带外，又将烧结矿带分为冷却带和冷烧结矿带，将原始料带并入过湿带。他除采用与上述同样的方法测定各带的压力损失系数 K_1、K_2 外，还同时测定了各带的气流实际流速，并获得各带气体的实际密度、黏度，采用式(4-14)计算获得了各带的压力降($\Delta P/H$)。为比较计算结果的合理性，和岛正己还通过烧结试验实测了各带的气体压力降。

表4-6是获得的压力损失系数K_1和K_2，表4-7是采用式(4-14)计算获得的和实验测定的烧结料层各带压力降。

表4-6 和岛正己测定的烧结料层各带压力损失系数

带的特征	$K_1 \times 10^8 / \text{m}^{-2}$	$K_2 \times 10^3 / \text{m}^{-1}$
1. 过湿带(65℃)	6.6	165
2. 干燥预热带(100~700℃)	6.0	150
3. 反应带(前期：700~1000℃)	6.0	150
（后期：1000~1200℃）	4.0	100
4. 熔化带(前期：1200~1450℃)	1.2	30
（后期：1450~1200℃）	0.6	15
5. 冷却带(1200~100℃)	0.6	15
6. 冷烧结矿带(<100℃)	0.6	15

表4-7 通过计算获得的和实验测定的烧结料层各带压力降

层别	距算条距离 /mm	温度 /℃	$\dfrac{\Delta P}{H}$（测定）/(kg·m⁻³)	K_1[①] /m²	μ[②] /(kg·s·m⁻¹)	ω /(m·s⁻¹)	$A = K_1 \times \mu \times \omega$ /(kg·m⁻³)	K_2[③] /m²	ρ /(kg·s²·m⁻⁴)	ω^2 /(m²·s⁻²)	$B = K_2 \times \rho \times \omega^2$ /(kg·m⁻³)	$\dfrac{\Delta P}{H}$（计算）= A+B
过湿带	0~125	60	4200	6.6	2.00	0.44	578	165	0.114	0.192	3618	4196
干燥预热带	125	100	4500	6.0	2.24	0.51	679	150	0.097	0.255	3699	4378
	155	400	8250	6.0	2.36	0.85	1706	150	0.055	0.716	5872	
	170	700	10500	6.0	4.26	1.16	2965	150	0.037	1.34	7468	10433
反应带（燃烧带）	170	700	10500	6.0	4.26	1.16	2965	150	0.037	1.34	7468	10433
	180	1000	16000	6.0	5.00	1.60	4803	150	0.029	2.56	11073	15876
	190	1200	12000	4.0	5.44	1.85	3960	100	0.025	4.43	8403	12363
熔化带	190	1200	12000	4.0	5.44	1.85	3960	100	0.025	4.43	8403	12363
	220	1450	4300	1.2	6.00	2.10	1514	30	0.020	4.41	2654	4168
	245	1200	1700	0.6	5.44	1.78	581	15	0.025	4.17	1166	1747
冷却带	245	1200	1700	0.6	5.44	1.78	581	15	0.025	4.17	1166	1747
	275	800	1050	0.6	4.52	1.3	352	15	0.034	1.68	848	1200
	305	400	850	0.6	4.33	0.82	165	15	0.054	0.68	533	698
冷矿带	350	100	(750)	0.6	2.24	0.45	61	15	0.097	0.203	295	356

注：①×10⁸；②×10⁻⁶；③×10³。

根据表4-6的结果，可总结各带K_1、K_2值的倍数关系，如表4-8所示。

表4-8　烧结料层各带阻力损失系数(K_1、K_2)的相对大小

冷却带	熔化带（后期）	熔化带（前期）	燃烧带（后期）
1	1~2	2~6.5	6.5

燃烧带（前期）	干燥-预热带	过湿带
10	10	11

就料层的物料物性阻力系数的大小来看，从过湿层开始一直到烧结矿冷却层为止，料层阻力系数逐步降低。从过湿层、干燥层、预热层一直到燃烧层的前期（温度700~100℃）阻力损失系数几乎不变，且明显大于其他各层。因为在这些反应层中，颗粒的基本结构没有明显变化，阻力也最大。

为便于比较，将表4-7中烧结料层各带压力降的测定结果绘于图4-9，图上数字是以冷烧结矿压力降为基准、料层各带压力降的倍数。由此可见，燃烧带单位料高的压力降最大，其次为预热带、干燥带、融化带和过湿带，冷烧结矿带的压力降最小。

在烧结开始后，由于下部料层发生过湿，导致球粒的破坏，彼此黏结或堵塞孔隙，故料层阻力明显增加，尤其是未经预热的细精矿烧结时，过湿现象及其影响特别显著。

预热带相对于干燥带厚度虽然较小，但其单位厚度阻力较大。这是因为湿料球粒干燥、预热时会发生碎裂，料层空隙度变小。

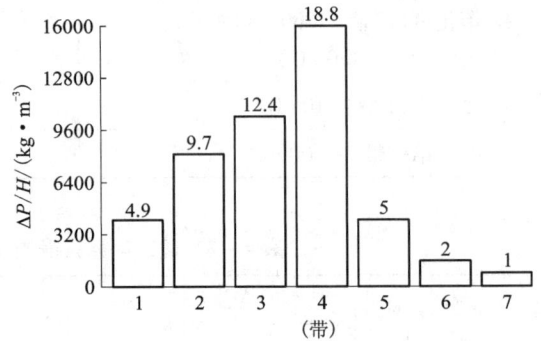

图4-9　烧结料层各带单位料高压力降
1—过湿带；2—干燥带；3—预热带；4—燃烧带；
5—熔化带；6—冷却带；7—冷矿带

同时，预热带温度高，通过此层实际气流速度增大，从而增加了气流的阻力。

与其他各带比较，温度为1000℃时的燃烧带压力降最大。这一带由于温度高，废气大量生成，对气流阻力很大，故该带气流的压力降也最大。

烧结矿带由于气孔多，所以气流阻力小，随着烧结过程自上而下进行，烧结矿层增厚，有利于改善整个料层的透气性。

表4-7的结果表明，单位高度上的压力损失曲线和烧结温度曲线并不同步地变化。烧结料层中压力损失的最大值出现在温度为1000℃的反应带，而不是在最高温度1450℃的熔融带。在燃烧带前期，由于碳酸盐分解、燃料燃烧等反应迅速，废气大量生成，气流阻力迅速增大。燃烧带后期的温度虽然比前期高，但由于前期中的分解、燃烧等反应使料层空隙度增大，本层产生的气体减少，所以$\Delta P/H$开始下降。进入熔化层前期，虽然温度达到了最高点1450℃，由于液相的黏度变小，液相的流动使料层结构完全改变了，因而$\Delta P/H$继续下降。到熔化后期，料层结构与烧结矿已无多大区别。

以上分析表明，凡能减少燃烧层的废气产生量和实际气体体积的措施都可以降低该层的压力损失，凡能降低新生矿物熔点和熔融相黏度的措施也能够降低熔化层的压力损失。

混合料的结构是影响料层压力降的关键，它的好坏直接影响过湿层到燃烧层，间接的影响则涉及全部反应层。

4.3　烧结料层透气性及其变化规律

4.3.1　单位面积风量

透气性是指固体散料层允许气体通过的难易程度。烧结生产中，通常采用单位烧结面积风量来评价烧结料层透气性的好坏。

单位面积风量是在一定的压力降（真空度）和一定料层高度的条件下单位时间内单位面积料层通过的空气流量（Q/A，$m^3/m^2 \cdot min$），Q 为单位时间料层通过的空气流量，m^3/min；A 为抽风面积，m^2。

料层单位面积通过的风量越大，表明料层的透气性越好。需要说明的是单位面积风量一般是在特定的压力降（真空度）和特定的料层高度条件下获得的。由于料层单位面积通过的风量还与料层高度和压差有关，因此当用单位面积风量研究、分析和比较不同烧结厂、不同烧结机及不同原料条件下料层的透气性时，必须保持压差和料层高度的一致。

4.3.2　沃伊斯公式

沃伊斯（E. W. Voice）等人研究通过料层单位面积风量与压力降和料层高度之间的关系时，发现料层单位面积风量与料层高度（H）的 m 次方成反比，与压力降（ΔP）的 n 次方成正比，即：

$$\frac{Q}{A} \propto \frac{\Delta P^n}{H^m} \tag{4-16}$$

进一步研究发现，烧结过程中 m 和 n 值近似相等。通过引入比例系数 P，沃伊斯提出了如下烧结料层透气性公式：

$$\frac{Q}{A} = P \left(\frac{\Delta P}{H} \right)^n \tag{4-17}$$

沃伊斯等将比例系数 P 定义为烧结料层的透气性，它代表在单位料层高度和单位压力降条件下料层单位面积通过的空气流量。当其他各参数采用英制单位时，P 的计量单位称 BPU；当其他各参数采用米制单位时，P 的计量单位称 JPU。

通过进一步变换，可得到如下方程：

$$P = \frac{Q}{A} \left(\frac{H}{\Delta P} \right)^n \tag{4-18}$$

式中：P 为料层的透气性；Q 为单位时间内通过料层的风量，m^3/min；A 为抽风面积，m^2；H 为料层高度，m；ΔP 为料层的压力降，Pa。

沃伊斯公式揭示了料层单位面积风量与料层透气性、料层压力降和料层高度之间的关系，在烧结厂设计和烧结生产中被广泛应用。

沃伊斯公式是一个经验公式，公式本身还不能反映出料层透气性（P）的内涵、决定性因素和 n 值的大小。由于厄贡方程中的气体流速（ω）与沃伊斯公式中的单位面积风量（Q/A）在数值上相等，P 的内涵和 n 值的大小可以从厄贡方程推导而来。

当气体通过料层完全处于层流区时，将 $\omega = Q/A$ 代入式（4-9）并变换后，可得：

$$\frac{6.67 \times 10^{-3} (\varphi d_{\mathrm{p}})^2 \varepsilon^3}{(1-\varepsilon)\mu} = \frac{Q}{A} \times \frac{H}{\Delta P} \tag{4-19}$$

此时式(4-18)中的 $n=1$，P 为：

$$P = \frac{6.67 \times 10^{-3} (\varphi d_{\mathrm{p}})^2 \varepsilon^3}{(1-\varepsilon)\mu} \tag{4-20}$$

当气体通过料层完全处于紊流区时，将 $\omega = Q/A$ 代入方程(4-10)并变换后可得到：

$$\frac{0.756 (\varphi d_{\mathrm{p}})^{0.5} \varepsilon^{1.5}}{(1-\varepsilon)^{0.5} \rho^{0.5}} = \frac{Q}{A} \times \left(\frac{H}{\Delta P}\right)^{0.5} \tag{4-21}$$

此时式(4-18)中的 $n=0.5$，P 为：

$$P = \frac{0.756 (\varphi d_{\mathrm{p}})^{0.5} \varepsilon^{1.5}}{(1-\varepsilon)^{0.5} \rho^{0.5}} \tag{4-22}$$

因此，料层的透气性取决于料层的结构参数(ε，φ，d_{p})和气体性质(μ，ρ)，而与料层高度、抽风负压和气体流速无关。当气体的性质参数保持不变时，固体颗粒平均粒经、形状系数和散料的空隙率越大，料层的透气性越好。

沃伊斯公式中的 n 值取决于气体通过料层时的流态。完全层流时，$n=1$；完全紊流时，$n=0.5$。在铁矿烧结过程中，气体通过料层处于层流和紊流的过渡区，n 值介于0.5和1之间。

沃依斯从粉矿烧结试验得出，n 值随烧结阶段的不同而发生变化：

原始混合料：$n = 0.62 \sim 0.66$；

点火后瞬间：$n = 0.65$；

烧结过程：$n = 0.52 \sim 0.69$；

烧结过程平均：$n = 0.60$；

烧结结束时：$n = 0.55$。

根据上述结果，为方便起见，整个烧结过程的 n 值可选用0.6。

4.3.3 烧结过程透气性变化规律

通常所说的烧结料层的透气性，实际上应包含原始料层和点火后烧结过程整个料层的透气性。

料层原始透气性，即指点火前料层的透气性，主要受原料粒度、粒度分布和孔隙率影响。后者取决于原料的物理化学性质、水分含量、混合制粒情况和布料方法。当烧结原料性质及其准备条件不变时，料层的透气性数值变化不大。因此，烧结过程透气性变化规律实质上是指点火后烧结过程透气性的变化规律，因为随着烧结过程的进行，料层的透气性会发生急剧的变化。图4-10所示是对高度为300 mm的料层测得的烧结过程中料层透气性随烧结时间的变化规律。

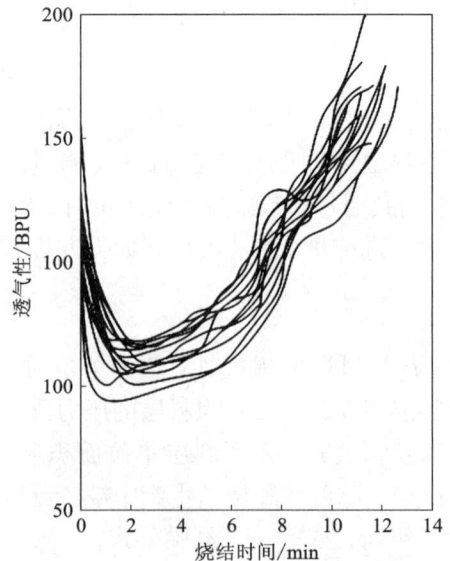

图4-10 300 mm 高度料层烧结过程中料层透气性的变化

在烧结过程中，由于各带厚度不断变化，各带压力降相应发生变化，故料层的总阻力也不断变化。在烧结时间为零时的透气性为原始料层的透气性。在烧结开始阶段，由于烧结矿层尚未形成，料面点火后，料层温度升高，抽风造成料层压紧以及过湿现象的形成等原因，导致料层阻力升高，固体燃料燃烧、燃烧带熔融物的形成以及预热、干燥带混合料中的球粒破裂，也会使料层阻力增大，故点火烧结 2~4 min 内料层透气性激烈下降。随后，由于烧结矿层的形成和增厚以及过湿带的消失，料层阻力逐渐下降，透气性开始上升。据此可以推断，在整个烧结过程中垂直烧结速度并非固定不变，而是愈向下速度愈快。

4.4 提高烧结生产率的途径

烧结过程传热分析表明，不论原料品种如何，配碳多少，每吨混合料在烧结时所需空气量是相近的。设 Q_S 为烧结每吨混合料所需空气量（m^3/t），则烧结机利用系数可用下式表示：

$$r = 60Qk/Q_S A \qquad (4-23)$$

式中：r 为烧结机利用系数，$t/(m^2 \cdot h)$；Q 为单位时间通过料层的总空气量，m^3/min；k 为烧结矿成品率，%；A 为烧结机有效面积，m^2。

将沃伊斯公式代入（4-23），可得到利用系数与料层透气性、料层压力降和料层高度之间的关系：

$$r = \frac{60\ kP}{Q_S} \cdot \frac{\Delta p^n}{h^n} \qquad (4-24)$$

因此，对任何特定的烧结机，在烧结矿成品率不变的条件下，要提高其生产率，可通过提高抽风能力（提高料层压力降）、降低料层高度和提高料层透气性实现。

4.4.1 抽风负压的影响

虽然提高抽风负压可提高烧结生产率，但风机电耗快速上升。烧结风机的功率消耗：

$$N = \frac{1000Q_i \Delta p_i}{102 \times 60} = 0.1635 Q_i \Delta p_i \qquad (4-25)$$

式中：Q_i 为抽风机的进风量，m^3/min；Δp_i 为抽风机的进口负压，Pa；N 为抽风机的有效功率，W。

一般地，抽风机的进口负压与料层压力降成正比，即 $\Delta p_i = k_1 \Delta p$；若混合料产生的废气量、总漏风量与通过料层的空气量比例保持不变，则抽风机的进口风量与通过料层的空气量成正比，即 $Q_i = k_2 Q$。在此情况下风机的功率消耗与通过料层的空气量和料层压力降成正比，即：

$$N = 0.1635 k_1 k_2 Q \Delta p \qquad (4-26)$$

将沃伊斯公式代入式（4-25）可得到风机功率消耗与料层压力降的关系：

$$N = 0.1635 k_1 k_2 PA \cdot \frac{\Delta p^{n+1}}{h^n} \qquad (4-27)$$

当料层厚度 $h-500$ mm 及其他条件不变时（$n=0.61$），将抽风负压由 11000 Pa 提高到 12100 Pa，即抽风负压升高 10%。则：

$r_2/r_1 = (\Delta p_2/\Delta p_1)^n = (1210/1100)^{0.61} = 1.0599$，即增产 5.99%。

$N_2/N_1 = (\Delta p_2/\Delta p_1)^{n+1} = (1210/1100)^{1.61} = 1.1659$，即电耗增加 16.59%。

表 4 – 9 列出某厂工业生产中提高抽风负压的实际效果，增大抽风负压，能提高通过料层的风量，增加烧结机产量，这无论在工业上还是在实验室都证明在技术上是可行的。

表 4 – 9　抽风负压与烧结生产指标的关系

序号	抽风机负压		单位生产率		单位烧结矿电耗	
	/Pa	/%	/(t·m²·h⁻¹)	/%	/(kW·h·t⁻¹)	/%
1	6000	100	1.21	100	4.4	100
2	10000	167	1.57	130	15.5	185
3	15000	250	1.97	163	24.2	276

虽然实际生产中提高抽风负压可提高产量，但风机电耗急剧增加，导致单位烧结矿电耗增加。另外，过大地提高抽风负压，会导致烧结机有害漏风的增加。因此，要根据烧结系统综合经济效益来决定抽风负压的水平。

有人研究加压烧结工艺，即在抽风负压不变时，用空气压缩机提高料层上面的压力，相应地增大 Δp，亦能增加通过料层的风量。试验研究表明，当料层上面的空气压力提高 $0.6 \times 101325\ Pa$，烧结机的生产率增加两倍。但是，由于加压烧结工艺使烧结设备复杂化，因此在烧结机上应用仍然有困难，需要进一步研究改进。

4.4.2　料层高度的影响

抽风负压 $\Delta p = 12000\ Pa$ 保持不变及其他条件固定时($n = 0.61$)，将料层厚度由 $h = 500\ mm$ 增加到 $h = 600\ mm$，代入式(4 – 24)，可得到：

$$r_2/r_1 = (h_1/h_2)^n = (500/600)^{0.61} = 0.8947$$

即减产 10.52%。若要保持产量不降，成品率应至少提高 10.52%。虽然高料层烧结影响烧结机的生产率，但随料层厚度增加，燃料消耗下降，烧结成品率提高，产品冶金性能改善。生产实践表明，通过加强原料准备、添加生石灰强化制粒、提高产品碱度等措施，大幅提高烧结料层的透气性，完全可以在高料层(>600 mm)甚至超高料层条件下实现优质、高产和低能耗烧结生产。

4.4.3　降低漏风率

在连续稳定的生产过程中，当抽风机固定时，其抽风能力也固定不变，抽风负压只能在有限的范围内调整。从式(4 – 25)可以发现，在抽风机的有效功率一定时，提高抽风负压只能以降低入口风量为代价，这事实上无法达到提高生产率的目的。

假定经料层抽入的空气(Q)、混合料产生的废气($Q_{料}$)和自烧结机系统至风机进口处漏入的空气($Q_{漏}$)均进入抽风机，则

$$Q_i = Q + Q_{漏} + Q_{料} \tag{4 – 28}$$

如果混合料产生的废气占风机进风量的比例为 g，总漏风占风机进风量的比例为 f，则

$$Q_i = Q + fQ_i + gQ_i$$

整理后可得到：

$$Q = Q_i(1 - f - g) \tag{4-29}$$

将沃伊斯公式代入式(4-29)，得：

$$r = 60Q_i(1 - f - g)k/Q_SA \tag{4-30}$$

因此，在抽风机的有效功率一定、混合料产生的废气量和其他条件不变时，降低烧结和抽风系统的总漏风率(f)可以提高烧结生产率。

生产实践证明，尽管许多烧结厂采用大功率风机、增大了抽风能力，但由于烧结机抽风系统存在严重的漏风，故实际抽入的有效风量仍然很少。这不仅严重地浪费电力，而且也影响到烧结矿的产量和质量。因此减少有害漏风，提高通过料层的实际风量，是提高烧结生产率的重要途径。

4.4.4　改善烧结料层的透气性

在实际生产过程中，提高烧结料层的透气性是提高烧结机生产率最有效的途径。提高料层透气性，可通过加强烧结原料准备、强化制粒等措施实现。

4.4.4.1　加强原料准备

加强烧结原料准备的目的在于改进混合料粒度和粒度组成，可通过向混合料中配加部分富矿粉或添加适量的、具有一定粒度组成的返矿，通过增大烧结料的平均粒径，提高料层的透气性，进而提高烧结矿产量。

图4-11的曲线反映出往精矿中添加部分矿粉时，对烧结料层透气性的影响，当矿粉加入量为10%时，料层单位面积风量从0.77 m³/(m²·s)上升到0.90 m³/(m²·s)，相应烧结生产率提高4%~5%，矿粉加入量增加到20%，料层单位面积风量提高到1.25 m³/(m²·s)，相应的烧结生产率提高了17%~18%。可见，在组织烧结生产时，在可能的条件下提高原料粒度是有好处的。

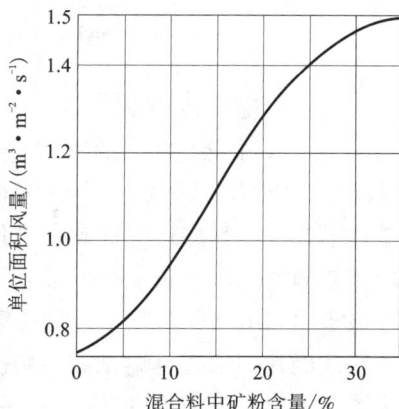

图4-11　粉矿添加量对料层透气性的影响

返矿是筛分时的筛下产物(粒度小于5 mm)，由小颗粒的烧结矿和一部分未烧透的生料所组成，且具有疏松多孔的结构，是湿混合料制粒时的核心。烧结料中添加一定数量的返矿，不仅可以改善烧结时料层的透气性，提高烧结生产率，而且返矿中含有的已经烧结的低熔点物质，有助于熔融物的形成，添加适量返矿可增加烧结液相，提高烧结矿质量。

返矿添加量对烧结指标的影响如图4-12所示。从图中看出，在一定范围内，随着返矿添加量增加，烧结矿的强度和生产率都得到提高。但是当返矿添加量超过一定限度时，大量的返矿会使湿混合料的混匀和制粒效果变差、水与碳的波动大；透气性过好，又会反过来降低燃烧带的最高温度，其结果将使烧结矿质量变差。同时，还必须看到，返矿是烧结生产循环物，它的增加就意味着烧结生产率下降。烧结料中添加的返矿超过一定数量后，透气性及垂直烧结速度的任何增加都不能补偿烧结成品率的减少。

合适的返矿添加量，由于原料性质不同而有所差别。一般说来，烧结原料以细磨精矿为主时，返矿量需要多一些，变动范围为30%~40%。以粗粒富矿粉为主要烧结原料时，返矿

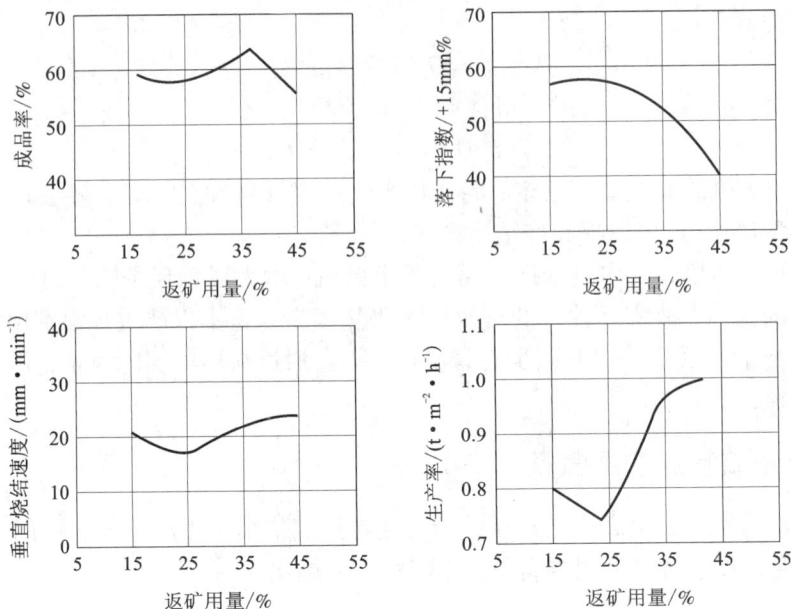

图 4-12　返矿用量对烧结指标的影响

量可以少些，一般小于 30%。

返矿的加入对烧结生产的影响，还与返矿本身的粒度组成有关，适宜的返矿粒度在混合、制粒时形成核心，但返矿中的细粒级多，返矿中又夹杂有较多的未烧透的烧结料，这样的返矿达不到改善料层透气性和促进低熔点液相生成的目的。一般说来，返矿中 1~0 mm 的级别应该在 20% 以下，返矿的粒度上限不应超过烧结料中矿粉的最大粒度（10 mm）。

应该指出，在充分注意到原料粒度对烧结过程的重要影响时，不可单纯地为了改善烧结料层透气性而片面地提高熔剂和燃料的粒度上限。因为就烧结过程而言，添加熔剂的主要目的是为了在燃料消耗较低的情况下，使烧结料能生成足够多低熔点、强度好、还原度高的液相，以便获得优质烧结矿。而要做到这一点，保证足够的反应表面是绝对必要的，否则反应速度将大大减慢。粗颗粒的熔剂由于反应不完全，将以 CaO 的形态存在于烧结矿中，会使烧结矿在贮存或遇水时自行粉碎。

燃料粒度同样不能过粗，以避免烧结料层中因局部出现较强的还原气氛致使燃烧速度降低、燃烧带过宽和烧结温度分布不均等问题。烧结用燃料粒度一般要求为 3~0 mm。

4.4.4.2　强化混合料制粒

1）颗粒物料的制粒行为

制粒是将较细物料（称为黏附粉）包覆到粗颗粒（称为核颗粒）的过程，这种粒化的颗粒称为"准颗粒"。一般小于 0.2 mm 颗粒作为黏附粉，大于 0.7 mm 颗粒作为核颗粒。中间颗粒（0.2~0.7 mm）很难制粒。当水分增加时，这些中间颗粒黏结成粗粒球核，但是干燥时，就会再度离散开来。

控制核颗粒外的黏附颗粒层的主要因素有三个：球核结构（表面状态、孔隙度），水分含量和细粉颗粒的总量。不规则形状的颗粒，如返矿、焦粉和针铁矿是很好的球核颗粒，而像石灰石、致密赤铁矿等表面光滑且形状规则的颗粒作为球核效果不好。

制粒效果在很大程度上受水分的影响,其他因素如球核的类型、颗粒形状、表面特性等的影响相对较小。黏附粉颗粒越小,越有利于制粒。添加水分后,较细的黏附粉很快粒化后成为较大的颗粒。

中间颗粒制粒过程取决于混合料的水分。同一粒度的中间颗粒在制粒过程中,既可作为黏结细粉,也可作为球核颗粒。因制粒性能差,中间颗粒的物料应越少越好,因为,它将从以下两个方面影响混合料层的透气性:

(1)若作为核颗粒,这些颗粒的掺入将使得准颗粒平均粒径(d_p)减小;此外,作为球核中间颗粒使粒化颗粒粒径范围扩大,以致于造成较小的颗粒填充到颗粒间孔隙中,使料层孔隙率(ε)下降。

(2)若作为黏附粉,则由于它们的黏附性差,所以很容易从干燥的准颗粒表面脱落,也使平均粒径和料层空隙率下降。

颗粒的成球性或形状系数也有重要影响。球形颗粒越多,透气性越高。点火前的原始透气性与颗粒平均粒度有关。一般情况,烧结混合料的原始透气性越好,在烧结过程中的透气性也较好。因此,烧结原料的制粒成为现代烧结生产的重要工序。

2)强化制粒技术

(1)控制混合制粒水分　细粒物料被水润湿后,由于水在颗粒间孔隙中形成薄膜水和毛细水,产生毛细引力,在机械力作用下,物料聚集成团粒,从而改善料层透气性,提高烧结矿产量。混合制粒适宜水分取决于物料的成球性,而成球性由物料表面亲水性、水在表面迁移速度,以及物料粒度组成和机械力的大小诸因素所决定。

水分能改善料层透气性,除使物料成球、改善粒度组成外,水分覆盖在颗粒表面,起润滑剂的作用,使得气流通过颗粒间孔隙时所需克服的阻力减小。例如将混合料制粒后的烧结料烘干至含水2.3%再进行烧结,其烧结生产率由原来的 $1.11 \ \text{t} \cdot \text{m}^{-2} \cdot \text{h}^{-1}$ 下降至 $0.66 \ \text{t} \cdot \text{m}^{-2} \cdot \text{h}^{-1}$。

此外,烧结混合料中水分的存在,可以限制燃烧带在比较狭窄的区间内,这对改善烧结过程的透气性和保证燃烧带达到必要的高温也有促进作用。

水分对烧结指标的影响可从图4-13看出。必须注意到,由于烧结过程过湿带的存在,故烧结混合料的水分应以稍低于最适宜的制粒水分的1%~2%为宜。

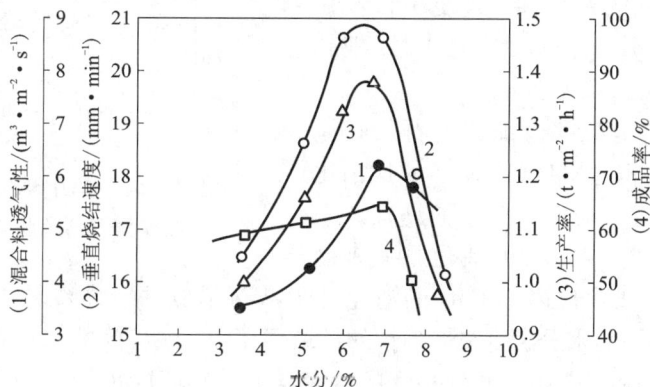

图 4 - 13　混合料水分对烧结指标的影响

此外，水的性质也可能改善混合料的润湿性。试验表明加入预先磁化处理的水制粒，可以改变水的表面张力及黏度，有利于混合料成球（见表4-10）。可以看出，加入预先磁化水制粒可使混合料的透气性提高10%。某些研究者指出：当加入水的pH=7时，润湿性最差（见图4-14）。故要求水的pH尽可能向大或向小的方向改变。

表4-10 磁化水对混合料成球效果的影响

	制粒料粒级含量%		料层单位面积风量
润湿水性质	+5 mm	-1.6 mm	/($m^3 \cdot m^{-2} \cdot min^{-1}$)
未经处理工业水	31.0	26.0	70.0
	26.4	28.0	69.0
	35.5	28.6	70.0
磁化工业水	49.8	28.7	70.0
	38.1	28.6	77.0
	40.0	28.0	78.0

当水分超过最适宜值时，堆密度又逐渐上升（见图4-15）。根据计算料层空隙率的公式（4-1）可知，堆密度越大，孔隙率越小，其透气性越差。

（2）添加黏结剂或添加剂 为了改善混合料成球性能，以强化制粒过程，通常在混合料中添加添加剂（或黏结剂），如膨润土、消石灰、生石灰及某些有机黏结剂。目前，烧结厂较为普遍地采用生石灰做黏结剂。

生石灰吸水消化后，呈粒度极细的消石灰 $Ca(OH)_2$ 胶体颗粒，由于广泛分散于混合料内的 $Ca(OH)_2$，具有强的亲水性，故使矿石颗粒与消石灰颗粒靠近，并产生必要的毛细力，把矿石等物料颗粒联系起来形成小球。

生石灰消化后，呈粒度极细的消石灰胶体颗粒，其平均比表面积达 $300000\ cm^2/g$，比消化前的比表面积增大近100倍，它除了具有亲水胶体的作用外，还由于生石灰的消化是从表面

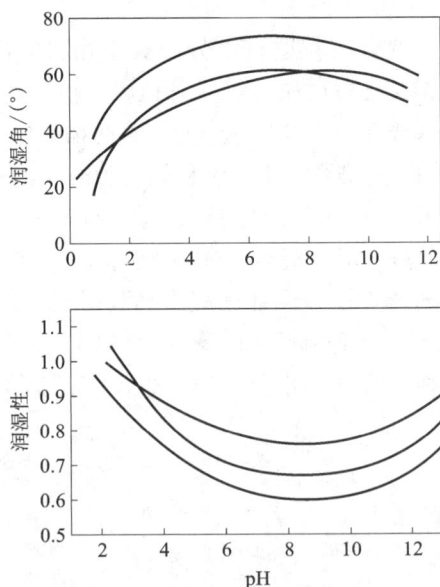

图4-14 水的pH值对磁铁精矿精矿润湿角及润湿性的影响

向内部逐步进行的，在颗粒内部CaO的消化必须从新生成的胶体颗粒扩散层和水化膜"夺取"或吸出结合得最弱的水分，使胶体颗粒的扩散层压缩、颗粒间的水化膜减小、固体颗粒进一步靠近。在颗粒的边、棱角等活性最大的接触点上，可能靠近得足以生产较大的分子黏结力，排挤其中的水层而引起胶体颗粒的凝聚。由于这些胶体颗粒是均匀分布在混合料中，它们的凝聚，必然会引起整个系统的紧密，使料球强度和密度进一步增大。生石灰的这一作

用，不仅有利于物料成球，而且能提高料球强度。

由于消石灰胶体颗粒具有较大的比表面，含有 $Ca(OH)_2$ 的小球可以吸附和持有大量的水分而不失去物料的疏散性和透气性，即可增大混合料的最大湿容量。例如：鞍山细磨铁精矿加入 6% 的消石灰，可使混合料的最大分子湿容量绝对值增大 4.5% 左右，最大毛细湿容量增大 13%。因此，在烧结过程中料层内少量的冷凝水，将为这些胶体颗粒所吸附和持有，既不会引起料球破坏，亦不会堵塞料球间的气孔，使烧结料层保持良好透气性。

单纯铁精矿制成的料球完全靠毛细力维持，一旦失去水分就很容易碎散。含有消石灰胶体颗粒的料球，在受热干燥过程中收缩，由于胶体颗粒的作用，使其周围的固体颗粒进一步靠近，产生更大的分子吸引力，料球强度反而提高。

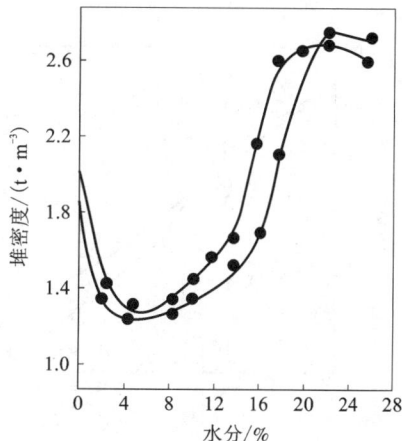

图 4 - 15　精矿水分与堆密度关系

同时，由于胶体颗粒持有水分的能力强，受热时水分蒸发不如单纯的铁矿物料那样猛烈，热稳定性好，料球不易炸裂。

如果混合料中添加部分生石灰时，由于生石灰在混合料加水过程中被消化，放出大量的消化热，提高料层料温，使烧结过程中水汽冷凝大大减少，过湿层基本消失，从而提高了烧结料层透气性。

此外，在添加生石灰生产熔剂性烧结矿时，更易生成熔点低、流动性好、易凝结铁酸钙液相。它可以降低燃烧带的温度和厚度，以及液相对气流的阻力，从而提高了烧结速度。

应该指出，尽管添加生石灰或消石灰对烧结过程是有利的，但必须适量。因为用量过多除不经济外，还会使物料过分疏松，混合料堆密度降低，料球强度反而变坏。另外，添加生石灰时，尽量做到在烧结点火前使生石灰充分消化。为此，要求其粒度上限不应超过 5 mm，最好小于 3 mm。生产过程中应使生石灰颗粒在一次混合机内松散开来，绝大部分得到完全消化。未消化、残留的生石灰颗粒不仅起不到制粒黏结剂作用，而且在烧结过程中吸水消化产生较大的体积膨胀，很容易使料球破坏，反而使料层透气性变差。

（3）完善制粒工艺及设备参数。烧结生产中，混合料制粒主要在二次混合机内进行。制粒设备主要有两种，即圆筒混合机和圆盘制粒机。两者制粒效果相差不大（见图 4 - 16）。生产实践表明，圆筒混合机工作更为可靠。在最好的制粒条件下，当烧结混合料的性质不变时，主要取决于圆筒倾角、充填率及转速。图 4 - 17 是圆筒混合机的制粒时间与混合料粒级含量的关系。可以看出制粒时间延长到 4 min 时，混合料中 0 ~ 3 mm 含量从 53% 降低到 14%，3 ~ 10 mm 部分从 49% 增至 77%，而大于 10 mm 者仅从 5% 增加到 10%。此时烧结料透气性好，烧结速度快，产量亦高，从而表明制粒时间是影响制粒效果的重要条件。

应该指出的是，料层各处透气性的均匀性，对烧结生产也有很大的影响。不均匀的透气性会造成气流分布不均，导致各处不同的垂直烧结速度，而料层不同的垂直烧结速度反过来又会加重气流分布的不均匀性，这就必然产生烧不透的生料，降低烧结矿成品率和返矿质量，破坏正常的烧结过程。为造成一个透气性均匀的烧结料层，均匀布料和实现粒度合理偏析也是非常重要的。

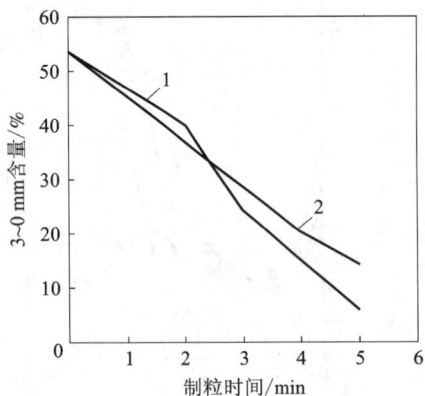

图 4 – 16 制粒时间对 0 ~ 3 mm 含量的影响

1—圆盘制粒机；2—圆筒混合机

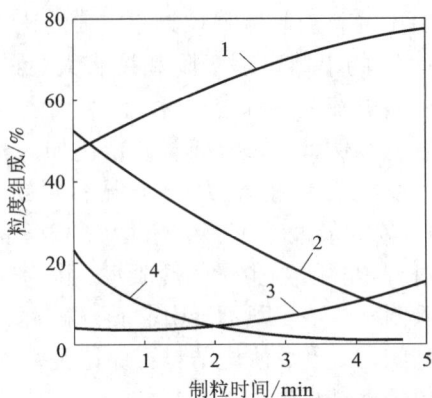

图 4 – 17 圆筒混合机制粒时间对粒度组成的影响

1—3 ~ 10 mm；2—3 ~ 0 mm；3—>10 mm；4—1 ~ 0 mm。

思考题

1. 什么是烧结料层的透气性？它有几种表示方法？

2. 烧结混合料的粒度大小有几种表示方法？各有何优缺点？

3. 气体通过散料层的阻力计算有哪几种方法？对它们用于指导实际烧结生产时的优缺点加以比较。

4. 某厂现有 130 m² 烧结机 2 台，生产中料层高度为 320 mm，抽风负压为 12000 Pa，试用沃伊斯公式分析和预测将抽风负压提高到 14000 Pa 或将料层高度提高到 400 mm 时对烧结矿产量和烧结生产成本有何影响？

5. 根据料层阻力变化解释烧结过程中料层透气性的变化规律。

6. 阐述改善烧结料层透气性的途径。

第5章　烧结料层燃烧与传热规律

5.1　烧结料层中固体燃料的燃烧

5.1.1　烧结料层燃料的燃烧特点

烧结料层是典型的固定床,但与一般固定床燃料燃烧相比又有很大的不同。

(1)烧结料层中碳含量少、粒度细而且分散,按质量计燃料只占总料质量的3%～5%,按体积计不到总料体积的20%;

(2)烧结料层中的热交换十分有利,固体碳颗粒燃烧迅速,且在一个厚度不大(一般为20～40 mm)的高温区内进行,高温废气的温度降低很快,二次燃烧不会有明显的发展;

(3)烧结料层中一般空气过剩系数较高(常为1.4～1.5),故废气中均含一定量的氧。

假设烧结混合料质量由95%赤铁矿和5%焦粉组成。矿石和焦粉平均粒径2 mm,单个颗粒的体积4.2 mm³,矿石密度为5 g/cm³,焦粉的密度为1.3 g/cm³,每千克混合料中矿石为45000粒,而焦粉为9000粒(单位质量分别为0.021 g和0.0055 g)。由此可见,燃烧带是一种由少数燃料颗粒嵌入多数矿粉颗粒构成的"镶嵌"式结构,如图5-1所示,即绝大部分燃料颗粒的燃烧是在周围不含碳的矿石物料包围下进行的。在靠近燃烧的燃料颗粒附近,温度较高,还原性气氛占优势,氧气不足,烧结块形成时,燃料被熔融物包裹时氧更显得不足。但在空气通过的邻近不含碳的区域,氧化气氛较强且温度低得多。

烧结料层中燃料燃烧的另一特点是除空气供给氧外,混合料中某些氧化物所含的氧,也往往是燃料活泼的氧化剂。燃烧产物中残余的氧除游离氧(O_2)外,还包括CO和CO_2中的氧。若烧结混合料中没有碳酸盐分解,没有氧化物的还原和没有漏风的情况下,烧结废气中($CO_2 + 0.5CO + O_2$)的氧总量就应当接近21%。实际上烧结赤铁矿时,废气中($CO_2 + 0.5CO + O_2$)氧总量为22%～23%,即混合料中的一部分氧进入到废气中了;在烧结软锰矿时(MnO_2),因加热时氧化锰特别易于分解,使得废气中($CO_2 + 0.5CO + O_2$)达到23.5%。因此在燃料燃烧时,矿石中的氧对燃料颗粒表面上氧的平衡起着重要作用,如1 kg赤铁矿分解为磁铁矿时,放出23.3 L氧气。这部分氧用于碳的燃烧,以及用于CO燃烧为CO_2,可达到碳燃烧全部需氧量的20%。在烧结磁铁矿石时,燃料消耗量较低,空气中的一部分氧将用于磁铁矿氧化,此时烧结废气中($CO_2 + 0.5CO + O_2$)相应降到18.5%～20.0%。

一般来说,在较低温度和氧含量较高的条件下,碳的燃烧以生成CO_2为主;在较高温度和氧含量较低的条件下,以生成CO为主。通常,烧结废气中碳的氧化物以CO_2为主,含少量的CO。

5.1.2　烧结料层燃料燃烧动力学

在烧结过程中,固体燃料呈分散状分布在料层中,其燃烧规律性介于单体焦粒燃烧与焦

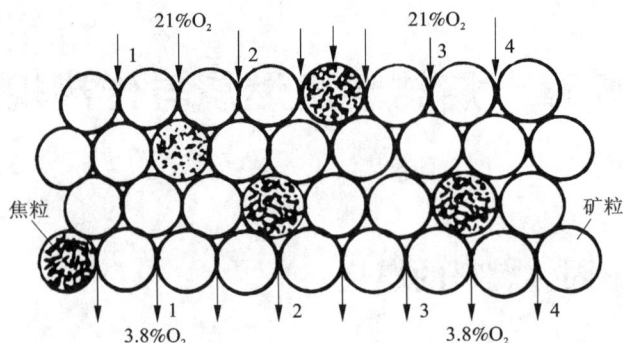

图 5 - 1　烧结燃烧带中燃料颗粒分布示意图

粒层燃烧之间。固体燃料的燃烧过程一般由下列五个步骤组成：

（1）气体氧化剂由气流本体通过边界层扩散到固体碳的表面；

（2）气体氧化剂分子在碳粒表面上吸附；

（3）被吸附的氧化剂分子与碳发生化学反应形成反应产物；

（4）气体反应产物从碳粒表面脱附；

（5）气体反应产物通过边界层向气相扩散逸出。

上述吸附、化学反应和脱附这三个环节连续进行，故通常把吸附和脱附看作化学反应的一部分，又因一般气体反应产物与气体氧化剂的扩散速度差别不大，燃料燃烧的控制性环节可简化为：①气体氧化剂向固体碳表面的扩散；②固体碳表面上的化学反应。燃烧过程的总速率取决于二者之中最慢的步骤。

（1）氧气经气体薄膜（即边界层）向固体碳表面扩散迁移的速率为：

$$\nu_D = \kappa_D (C_{O_2} - C_{O_2}^S) \qquad (5-1)$$

式中：C_{O_2} 为气流本体中氧的浓度；$C_{O_2}^S$ 为碳粒表面上氧的浓度；κ_D 为界面层内传质系数，$\kappa_D = D/\delta$。D 为扩散系数，δ 为边界层厚度。

因此，在温度一定时，氧气的扩散迁移速率 ν_D 决定于边界层厚度及浓度差。

（2）固体碳表面上的化学反应速率为：

$$\nu_R = \kappa_R (C_{O_2}^S)^n \qquad (5-2)$$

式中：κ_R 为化学反应速率常数，$\kappa_R \propto e^{-E/RT}$；$E$ 为活化能；R 为反应常数；T 为碳表面温度；n 为反应级数，为讨论方便，设 $n=1$。

当扩散与化学反应同步，即 $\nu_D = \nu_R$ 时，燃烧过程稳定进行，则：

$$\kappa_D (C_{O_2} - C_{O_2}^S) = \kappa_R C_{O_2}^S$$

$$C_{O_2}^S = \frac{\kappa_D}{\kappa_D + \kappa_R} C_{O_2} \qquad (5-3)$$

所以，碳粒燃烧的总速率为：

$$\nu = \nu_R = \nu_D = \frac{\kappa_D \kappa_R}{\kappa_D + \kappa_R} C_{O_2} = \kappa C_{O_2} \qquad (5-4)$$

式中：$\kappa = \dfrac{\kappa_D \kappa_R}{\kappa_D + \kappa_R}$，或者：$\dfrac{1}{\kappa} = \dfrac{1}{\kappa_R} + \dfrac{1}{\kappa_D}$。

即反应的总阻力($1/\kappa$)为边界层扩散阻力($1/\kappa_D$)和界面化学反应阻力($1/\kappa_R$)之和。

在低温下，$\kappa_R \ll \kappa_D$，$\kappa \approx \kappa_R$，此时，燃烧过程的总速率取决于化学反应速率，称燃烧处于"动力学燃烧区"。当燃烧处于动力学区时，燃烧速率受温度的影响较大，随温度升高而增加，而不受气流速率、压力和固体燃料粒度的影响。

在高温下，$\kappa_D \ll \kappa_R$，$\kappa \approx \kappa_D$，此时，燃烧过程的总速率取决于氧通过边界层的扩散速率，称燃烧处于"扩散燃烧区"。当燃烧处于扩散燃烧区时，燃烧速率取决于氧的扩散，凡是影响气体通过边界层扩散速率的条件，如气体流速和压力等都将影响燃烧过程的总速率，而温度的改变影响不大。

随着温度的逐渐升高，表面上的化学反应速率加快，燃烧过程逐步从动力学区过渡到扩散区。不同反应由动力学区进入扩散区的温度也不同，如碳和氧气的反应于 800℃ 左右开始转入，而 C 和 CO_2 的反应则在 1200℃ 时才转入。对于 3 mm 的碳粒，在 Re(雷诺准数)为 100 的条件下，在温度低于 700℃ 时，$C + O_2$ 反应速率处于动力学区，温度高于 1250℃ 时，反应速率处于扩散区，700～1250℃ 处于过渡区。烧结过程在点火后不到 1 min，料层温度升高到 1200～1350℃，故其燃烧反应基本上是在扩散区进行，因此，一切能够加快氧扩散的因素，如减小燃料粒度、增加气流速率(增大风量、改善料层透气性)和气流中的含氧量(富氧烧结)等都能增加燃烧反应的速率，强化烧结过程。

5.1.3　烧结废气组成及其影响因素

图 5 - 2 所示为烧结试验(料高 500 mm，焦粉配比 4.2%)过程中测得的废气中 O_2、CO_2 和 CO 的变化。点火后 2～3 min 废气中氧迅速下降到 9%～11%，CO 和 CO_2 分别增加到 1% ～3% 和 12%～14%，并在此后的大部分时间内保持基本不变，到烧结终点前 2～3 min，CO_2 和 CO 迅速下降到零，氧又升到与空气中的 O_2 量一致。

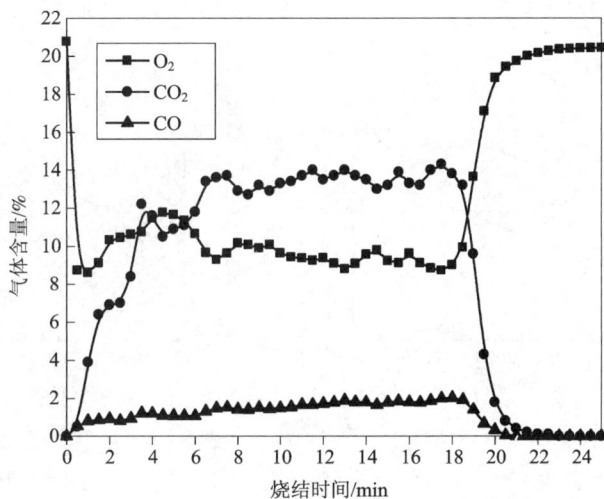

图 5 - 2　烧结杯烧结过程中废气中 O_2、CO_2 及 CO 含量的变化

通常用废气燃烧比 $CO/(CO + CO_2)$ 来衡量烧结过程中碳的化学能利用程度，用废气成分

来衡量烧结过程的气氛。燃烧比大则碳的利用差，还原性气氛较强，反之则碳的利用好，氧化气氛较强。还原性气氛较强时，CO 可以将 Fe_2O_3 还原为 Fe_3O_4，因此，烧结混合料中配碳量过高，烧结矿亚铁含量随之升高。

影响烧结废气燃烧比的因素有：燃料粒度(见图5-3)，混合料中燃料含量(见图5-4)，烧结负压(见图5-5)，返矿配入量(见图5-6)和料层高度等。

燃料粒度变细和燃料量增加使燃烧比增大的原因是提高了料层温度，使燃烧反应倾向于布多尔反应的结果。提高抽风负压引起 CO 有所增加，是由于燃烧产生的 CO 来不及燃烧所致。适量返矿使燃烧比下降是由于返矿配入改善了透气性，增加了透过料层的空气量，而配入过量的返矿使料层中燃料分布不均、局部密度过大以及由此引起烧结温度不均，又导致燃烧比增大。

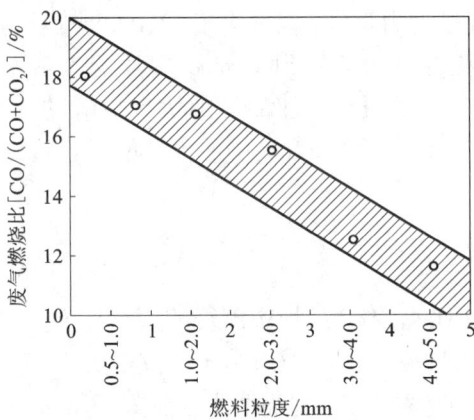

图 5 - 3　废气燃烧比 CO/(CO + CO₂)
与燃料粒度的关系

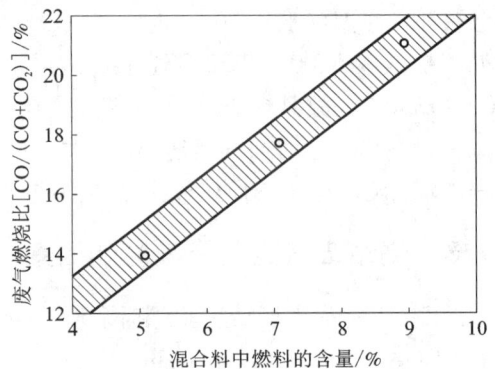

图 5 - 4　废气燃烧比 CO/(CO + CO₂)
与混合料中燃料量的关系

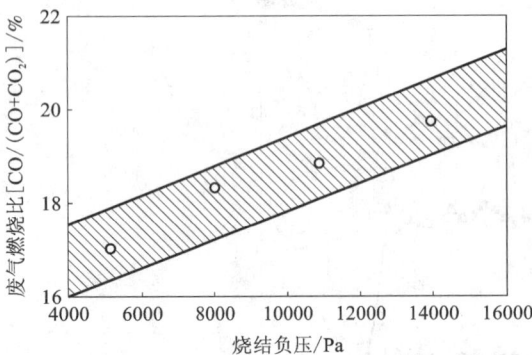

图 5 - 5　废气燃烧比 CO/(CO + CO₂)
与烧结负压的关系

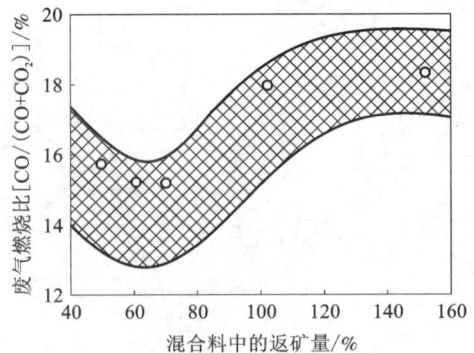

图 5 - 6　废气燃烧比 CO/(CO + CO₂)
与返矿量的关系

5.1.4　烧结料层燃烧带厚度的计算

烧结料层中的燃烧带的厚度对烧结料反应和成矿行为、料层的透气性等具有重要影响。

布拉塔可夫(С. Т. Братаков)等提出一种计算燃烧带厚度的方法。他假定烧结料由惰性物料与燃料组成,且不发生任何化学反应,同时燃料的燃烧过程以扩散控制为主。此外,在推算中考虑到燃料颗粒相对表面积的作用及影响燃烧速率的化学反应速率的因素。

燃料燃烧时沿料层高度(z)方向氧浓度的变化用下式表示:

$$\frac{\mathrm{d}C_x}{\mathrm{d}z} = (\alpha_1 + \alpha_2)fC_x \qquad (5-5)$$

式中:C_x 为料层某一水平下氧的浓度;α_1、α_2 为燃料燃烧时生成 CO 及 CO_2 的速率常数;f 为燃料颗粒的相对表面积(单位体积烧结料中燃料的表面积与物料总表面积的比值)。

假设燃烧带的移动速率为 u 并在烧结过程中保持不变,则在燃烧时间为 t 时燃烧层的厚度(z)为:

$$z = ut$$

因此,单位时间内氧浓度的变化为:

$$\frac{\mathrm{d}C_x}{\mathrm{d}t} = u(\alpha_1 + \alpha_2)fC_x \qquad (5-6)$$

假定燃烧反应为扩散控制,碳的燃烧速率常数可以用下式表示:

$$\alpha_1 = \frac{3\sqrt{2(1-m)}}{n\omega d_0}\alpha_{1f}$$

$$\alpha_2 = \frac{3\sqrt{2(1-m)}}{n\omega d_0}\alpha_{2f}$$

代入后则式(5-6)变为:

$$\frac{\mathrm{d}C_x}{\mathrm{d}t} = \frac{3\sqrt{2(1-m)}}{n\omega d_0}uf(\alpha_{1f} + \alpha_{2f})C_x \qquad (5-7)$$

式中:m、n 为反映料层透气性的系数;α_{1f}、α_{2f} 为在燃料表面形成 CO 及 CO_2 的速率常数;ω 为气流速率;d_0 为燃料颗粒的初始直径。

燃料颗粒的直径随燃烧过程的进行不断变小,在时间为 t 时燃料颗粒的直径为:

$$d_t = d_0\left(1 - \frac{t}{t_0}\right)$$

式中:d_0,d_t 分别为燃料颗粒开始($t = 0$)和时间为 t 时的直径;t_0 为燃料颗粒完全燃烧的时间。

因此,在任一时刻燃料颗粒的相对表面积(f)可由下式获得:

$$f = \frac{d_t^2 N}{d_t^2 N + d_m^2 M} \qquad (5-8)$$

式中:M、N 为单位体积物料中惰性物料及燃料的颗粒数,d_m 为惰性物料颗粒的直径。

将 d_t 代入式(5-8)得到:

$$f = \frac{\left(1 - \dfrac{t}{t_0}\right)^2}{b + \left(1 - \dfrac{t}{t_0}\right)}$$

式中:$b = \dfrac{M}{N}\left(\dfrac{d_m}{d_0}\right)^2$。

将上式代入式(5 -7)中，在 $t=0$ 时，$C_x = C_h$，$t=t_0$ 时，$C_x = C_0$ 的边界条件下积分可得到燃料颗粒完全燃烧的时间 t_0：

$$t_0 = \frac{nwd_0 \ln(C_0/C_H)}{6\sqrt{2(1-m)}u(\alpha_{1f} + \alpha_{2f})(1 - \sqrt{b}\arctan\frac{1}{\sqrt{b}})} \qquad (5-9)$$

式中：C_H、C_0 分别为氧的初始浓度及最终(离开燃烧带的废气中的)浓度；燃烧带的厚度 z_0 为：

$$z_0 = ut_0$$

$$z_0 = \frac{nwd_0 \ln(C_0/C_H)}{6\sqrt{2(1-m)}(\alpha_{1f} + \alpha_{2f})(1 - \sqrt{b}\arctan\frac{1}{\sqrt{b}})} \qquad (5-10)$$

式(5 -10)表明，燃烧带的厚度是由燃料粒的直径 d_0、空气流速 ω、原始气体中的氧的浓度 C_H、料层的透气性质 m 及 n 以及系数 b 来决定。

从燃烧带出来的氧浓度 C_0 取决于燃料在烧结料中的比例及抽入空气中氧的浓度，因此，在焦粉配比一定时，它是不变的。

从上述公式可以看出，系数 b 反映了混合料中惰性物料总表面积与燃料总表面积的比值，因此 b 可以由燃料比表面积 α_T 和其他混合料比表面积 α_m、以及混合料中燃料的体积分数 V 计算获得：

$$b = \frac{\alpha_m}{\alpha_T}(\frac{1-V}{V}) \qquad (5-11)$$

如果燃料和混合料的粒度组成相同，则：

$$b = (\frac{1-V}{V})$$

根据电极炭(石墨炭)的数据：

$$\alpha_{1f} = 3.02 \times 10^3 e^{-41600/RT}$$

$$\alpha_{2f} = 0.2 \times 10^3 e^{-28000/RT}$$

式中：T 为焦粉燃烧时颗粒表面的平均温度。

根据以上数据，当空气流速为 0.5 m/s、燃料的体积 V 为 14% (质量分数为 5%)、焦粉粒度 d_0 为 1 mm 时，计算的燃烧带宽度为 32 mm。而在实验室使用精矿烧结时实测为 28 ~ 38 mm，二者很接近。一般情况下烧结料层中燃烧带的厚度为 20 ~ 40 mm。

如果燃烧带过宽，则料层阻力增加，烧结速率低，影响烧结矿产量。但如果燃烧带过窄，虽然料层阻力较小，烧结过程中物理化学反应来不及完成，烧结矿的质量下降。

5.1.5   燃烧带移动速率及其影响因素

随着烧结过程的推进，料层中的燃烧带不断下移。燃烧带移动速率对烧结料层热状态及烧结矿产、质量具有重要影响，在研究铁矿石烧结过程时，又将燃烧带移动速率简称为燃烧速率，实际测定过程中采用燃烧前沿速率(V_{T1000})(定义见5.2.3)来表示燃烧带的移动速率。

在烧结过程中，固体燃料的燃烧是在很窄的一个分层内进行的，燃料颗粒彼此被矿石颗粒隔开，而且燃烧产物在通过下部湿料层时被急剧冷却。燃烧带的移动速率主要决定于烧结料中燃料的含量、粒度、反应性和比表面积、抽入气流的含氧量及气流速率。

在燃料配比较低时，随烧结料层燃料配比的增加，燃烧前沿速率明显增大，料层最高温度不断升高；但当燃料含量超过某一数值时，燃烧前沿速率不再增大，由于物料熔化，最高温度也不再上升。

抽入气体中的含 O_2 量和燃料类型对燃烧带移动速率和最高温度的影响如表 5 - 1 所示。试验条件是：固体料为石英砂，燃料采用木炭(配比 4%)、石墨(4%)和焦粉(4.5%)，混合料水分为 3%。已知空气对石英砂的热波移动速率(定义见 5.2.3)约为 8.0×10^{-4} m/s，空气中 O_2 与 N_2 的比热容在 $100 \sim 1000$℃之间各为 1.4165 $kJ \cdot m^{-3} \cdot ℃^{-1}$ 和 1.3595 $kJ \cdot m^{-3} \cdot ℃^{-1}$。

表 5 - 1　燃料种类和空气中含氧量对燃烧前沿速率的影响

使用的燃料	空气中含 O_2 /%	燃烧前沿速率 /(10^{-4} m·s^{-1})	料层最高温度 /℃	80% 最高温度下的时间/s	废气量 /(m³·t^{-1}料)
木炭	100	33	1020	150	687.7
	60	22.9	1240	105	701.8
	21	13.1	1340	105	897.1
	10	9.3	1340	87	1143.3
焦粉	100	16.9	1180	140	919.8
	60	13.1	1200	110	891.5
	21	8.0	1560	80	1083.9
	10	6.4	1200	100	1613.1
石墨	100	10.2	1160	90	933.9
	60	8.5	1190	85	1287.7
	21	7.6	1600	70	1069.7
	10		灭火		

试验表明，①抽入气体中的含 O_2 量越高，燃烧前沿速率越大；抽入气体氧含量对料层最高温度的影响有最佳值，氧含量过高或过低都会使燃烧速率与传热速率不匹配，导致料层最高温度下降。②在抽入气流氧含量相同时，燃料种类对燃烧速率影响显著，在空气(21% O_2)条件下，木炭的燃烧速率比传热速率大得多，而焦粉的燃烧速率和传热速率比较接近，因而燃烧温度能达到比较高的水平。

固体燃料反应性与燃烧前沿速率的关系如图 5 - 7 所示，固体燃料的反应性越好，燃烧前沿速率越大。

固体燃料粒度越小，燃烧速率越大；但当燃料粒度太细、燃烧速率超过传热速率时，将导致料层最高温度下降，如表 5 - 2 所示。

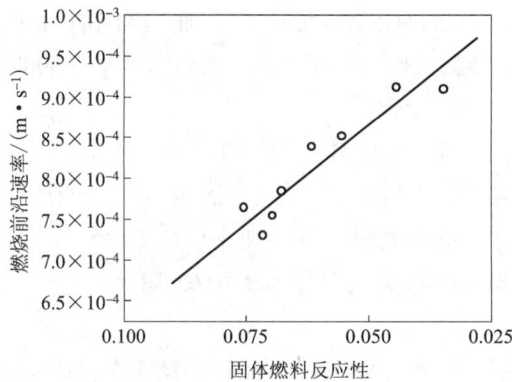

图 5 – 7 固体燃料反应性与燃烧前沿速率的关系

表 5 – 2 固体燃料粒度对燃烧前沿速率和料层最高温度的影响
（烧结混合料组成为：石英 + 4.5% 焦粉 + 3% 水）

固体燃料粒度/目	燃烧前沿速率/(10^{-4} m·s^{-1})	料层最高温度/℃
− 6 + 22	6.56	1499
− 22 + 100	7.4	1598
− 100	8.9	1421

由于燃烧带向下移动是在抽风作用下完成的，在一定的范围内，燃烧前沿速率随抽入气流速率的增大而增大，但当气流速率超过某一极限时，燃烧前沿速率将不再增加。

5.2 烧结料层中的热交换

5.2.1 烧结料层的热交换特点

在烧结过程的某一时刻，测定料层自上而下固体物料和气体的温度，可获得图 5 – 8 所示的温度沿料层高度方向的变化曲线。无论固体还是气体的温度均经历自上而下先升高后下降的过程。抽风烧结时的热交换可清楚地分为两个主要阶段：料层上段是热烧结饼与抽入空气之间的热交换，下段是温度较高的烧结烟气与烧结料之间的热交换。

在料层的最高温度层，气、固相温度是一致的。在最高温度层以下的料层内，

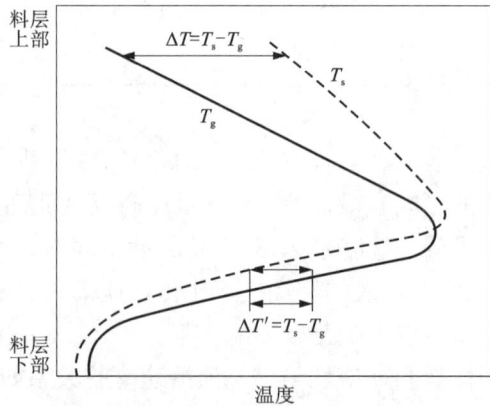

图 5 – 8 烧结过程某一时刻沿料层高度方向的温度变化曲线

气体温度（T_g）和物料温度（T_s）的变化

气流温度 T_g 超过物料温度 T_s，即气流向烧结料放热；在最高温度层以上的部分，烧结饼温度（T_s）超过抽入烟气或空气的温度（T_g），即物料向气体放热。这两段热交换都具有颗粒物料固定床传热的特点，二者之间的区别是：下段热交换伴随有较大的化学变化，同时产生放热或吸热。

5.2.2　单位空气需要量

空气对烧结过程是必不可少的。烧结一吨混合料需要的标准状态下的空气量称为单位空气需要量或理论空气需要量。大量研究和生产实践表明，单位空气需要量几乎不随烧结原料的种类、烧结工艺参数和配碳量高低的变化而变化。

图 5 - 9 是在 14 台面积不同、利用系数为 $14 \sim 52 \ t \cdot m^{-2} \cdot 日^{-1}$ 的烧结机的料层表面测得的单位空气需要量，其值约为 800 m^3（标）$\cdot t^{-1}$ 混合料（包括铺底料在内）。由于该值包括了烧结终点后占烧结机总长度 7% 那部分台车漏入的冷空气，扣除该部分漏风后测量的单位混合料空气需要量为 744 m^3（标）$\cdot t^{-1}$。

虽然烧结料层燃料的燃烧需要空气的存在，但上述测量结果显示，烧结过程所需的空气量可能不是由燃烧而是由传热的需要所决定的。若此假设成立，则烧结料单位空气需要量可根据传热原理，通过计算来确定。

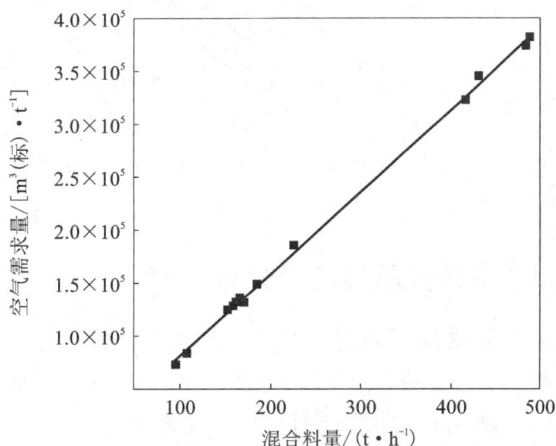

图 5 - 9　烧结过程中空气需要量与混合料流量的关系

假定烧结过程中的传热仅仅是烧结矿传给空气，或废气传给混合料，并且假定废气和混合料间的热交换充分。在这种情况下：

$$C_A G_A T_A = C_M G_M T_M \tag{5-12}$$

式中：C_A 为空气的平均比热；G_A 为空气的质量；T_A 为空气的温度；C_M 为混合料的平均比热；G_M 为混合料的质量；T_M 为混合料的温度。

由于烧结料层内的气固热交换非常快，废气温度和混合料的温度几乎相等，因此，单位空气需要量可按下式计算：

$$\frac{G_A}{G_M} = \frac{C_M}{C_A} \tag{5-13}$$

空气、Fe_2O_3、SiO_2、Al_2O_3 和 $CaCO_3$ 的平均比热如图 5 - 10 所示。

由图中数据可获得，1400℃ 时，$\dfrac{C_M}{C_A} = \dfrac{0.26}{0.349} = 0.745$ m^3（标）/kg 混合料，或者 745 m^3（标）/t 混合料。这一计算结果与烧结过程的测量值几乎完全一致，进一步证实烧结过程的单位空气需要量是由传热决定的。

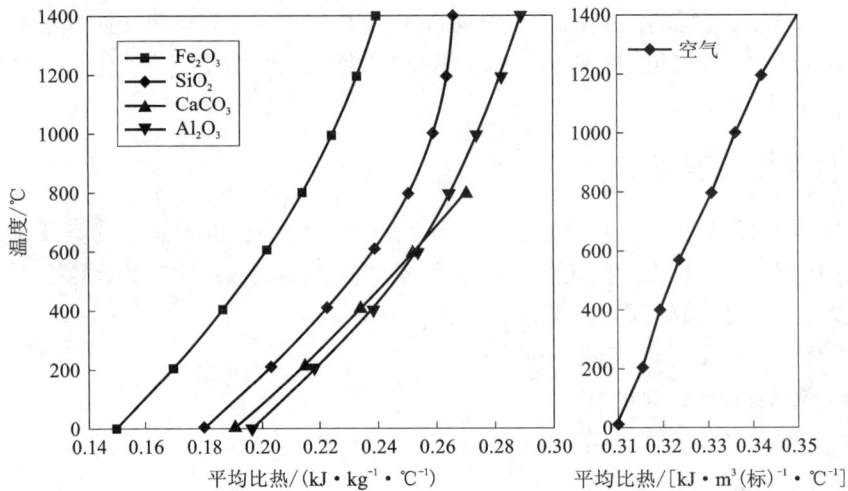

图 5 – 10　空气、Fe₂O₃、SiO₂、Al₂O₃ 和 CaCO₃ 的平均比热

5.2.3　烧结料层温度的分布

由于烧结料层内气 – 固之间热交换较快，烧结料层同一水平面上气相和固相温度可认为近似相等，因此在以下的讨论中不再区分气相和固相温度。

研究烧结料层温度随烧结时间的变化发现，任一水平层的温度均经历由低温到高温然后再降低的波浪式变化，但是在料层高度方向不同水平层温度开始上升和下降的时间、上升和下降的速率、所达到的最高温度不同。将不同水平层的温度 – 时间曲线绘制在同一坐标系中，即可获得烧结料层的热波或热波曲线。

图 5 – 11 是料层中无固体燃料，仅由在初始阶段抽入的温度为 1000℃ 的热空气为热源时（相当于烧结过程的点火阶段），所获得的热波曲线，这相当于纯气 – 固传热的热波曲线。图中 a 至 g 代表自表层而

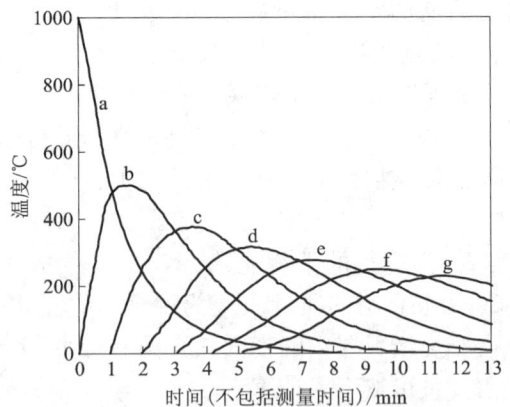

图 5 – 11　未配入固体燃料的料层热波曲线

下等距离的 7 个水平层。图 5 – 11 表明，当内部无固体燃料而又无稳定的外部热源时，热波曲线是以最高温度为中心、两边基本对称的曲线，随着热波向下推进，曲线不断加宽，而最高温度逐渐下降。

为了保证料层温度向下移动时最高温度不降低，必须供给料层一定的热量。图 5 – 12 为点火温度为 1000℃、料层中配入适量燃料维持最高温度不变（1000℃）时的热波曲线。

由于点火温度一般低于烧结最高温度，内配燃料必须充足才能尽快达到烧结所需的最高温度。图 5 – 13 是点火温度为 1000℃，内配充足燃料以使第二水平层最高温度达到 1500℃ 的

热波曲线。由于产生了熔融相，第二水平层以下各层的最高温度就不再升高，图中断面线部分表示各水平分层中具有的熔化热。

由图 5 – 12 和图 5 – 13 可以看出，当料层内部配有燃料时，热波曲线的形状发生了很大变化：相同水平层达到的最高温度上升了；达到最高温度所需的时间缩短了；随着热波向下推进，曲线两边愈来愈不对称。

烧结料层热波曲线的形状是料层中传热与燃料燃烧共同作用的结果。为讨论方便，特规定以下术语：

● 传热前沿：规定料层温度开始明显上升时传热前沿即到达，以 100℃ 为基准，它对应于烧结料层中干燥预热带的下缘。

● 燃烧前沿：规定料层中燃料颗粒开始快速燃烧时燃烧前沿即到达，以 1000℃ 为基准，它对应于料层燃烧带中 1000℃ 的等温面。

● 传热前沿速率(V_{T100})：传热前沿向下推进的速率，即为热波曲线上升段中 100℃ 等温线向下移动的速率。

● 燃烧前沿速率(V_{T1000})：燃烧前沿向下推进的速率，即为热波曲线上升段中 1000℃ 等温线向下移动的速率。

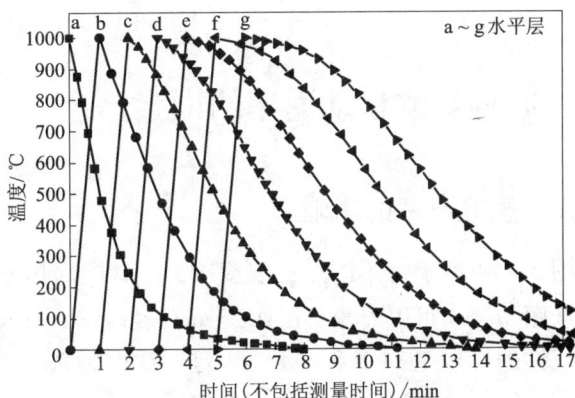

图 5 – 12　配入适量燃料以维持料层最高温度(1000℃)不变的热波曲线

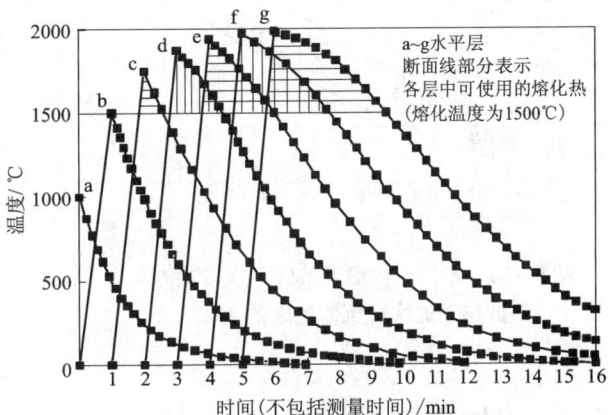

图 5 – 13　配入充足燃料以使第二水平层最高温度从 1000℃ 提高到 1500℃ 时的热波曲线

● 最高温度移动速率(V_{Tmax})：为烧结料层内最高温度面或热波曲线上最高温度点向下移动的速率。由于烧结过程最重要的反应均在高温区完成，料层的最高温度决定了烧结的强度，因此最高温度的移动速率也就决定了烧结速率。

● 热波移动速率(V_B)：指的是料层中整个热波曲线向下推进的速率，在一些文献中，热波移动速率又简称为传热速率。

在料层没有内部热源及理想的热交换条件下，传热前沿速率与最高温度移动速率是一致的(见图 5 – 11)，在此情况下，传热前沿速率或最高温度移动速率均可用来代表热波移动速率，即 $V_B = V_{T100}$，或 $V_B = V_{Tmax}$。

对有内部热源同时伴有吸热和放热反应的烧结过程，由于热波形状变化极大，传热前沿速率与最高温度的移动速率不同，两者中的任一个均不能确切反映整个热波的移动情况，在这种情况下，采用二者的算术平均值表示热波移动速率，即：

$$V_B = (V_{T100} + V_{Tmax})/2 \qquad (5-14)$$

5.3 影响热波移动速率的因素

5.3.1 气流速率的影响

图 5-14 所示为不同点火温度下，镁砂层内热波移动速率(V_B)随气流速率的变化。

从图 5-14 可以看出，在 $0.25\ \text{m/s} \leqslant V_{0g} < 1.0\ \text{m/s}$ 的范围内，V_B 和 V_{0g} 之间的关系实际上是线性的。V_{0g} 超过 $1.0\ \text{m/s}$ 后，这一线性关系被破坏，这可能是由于热气体通过料层内料粒间隙的实际移动速率发生了变化的缘故。

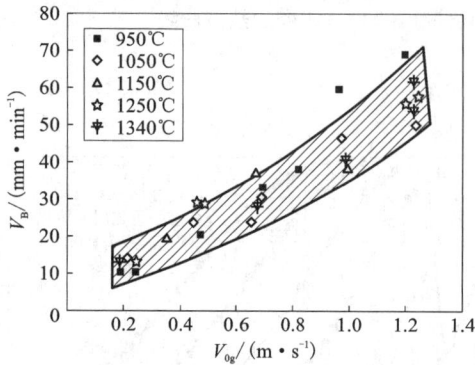

图 5-14 不同点火温度条件下镁砂层内
热波移动速率随气体流速的变化

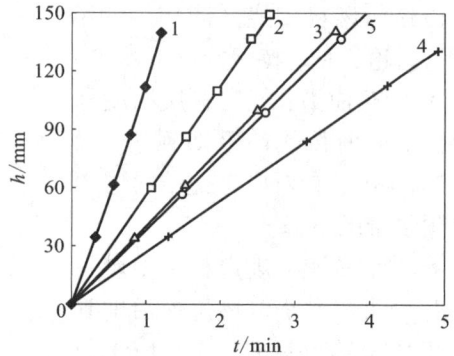

图 5-15 热波沿下列各料层的移动状态
1—铝硅酸盐熟料；2—石英；3—莫来石；
4—氧化铝；5—铁矿石混合料

5.3.2 固体物料特性的影响

分别采用惰性物料氧化铝、铝硅酸盐熟料、石英、莫来石以及铁矿石混合料为对象，以 $0.6\ \text{m/s}$ 的速率抽入空气。采用 $100\,℃$ 等温线的移动速率作为热波的移动速率，试验结果如图 5-15 所示。由图可见，热波在铝硅酸盐熟料层中的移动最快，而在氧化铝料层中的移动最慢(图 5-15 中曲线 1 和 4)。通过分析物料的物理参数(见表 5-3)，可发现热波移动速率与固体物料堆密度与比热容之积(即固体物料的热当量)成反比。

表 5-3 在风流通过速率为 0.6 m/s 条件下惰性物料性质对热波移动速率的影响

参数	铝硅酸盐熟料	石英	莫来石	氧化铝
平均热容/($\text{kJ} \cdot \text{kg}^{-1} \cdot \text{K}^{-1}$)	1.105	0.988	1.029	1.059
堆密度/($\text{kg} \cdot \text{m}^{-3}$)	740	1060	1212	1586
物料热当量/($\text{kJ} \cdot \text{m}^{-3} \cdot \text{K}^{-1}$)	818	1047	1248	1680
热波移动速率 V_B/($\text{mm} \cdot \text{min}^{-1}$)	92.5	50.8	35.6	27.9

5.3.3　气体性质的影响

气体的性质尤其是其密度和热容对热波移动速率有明显影响。由表 5 - 4 看出,在抽入二氧化碳时,热波移动速率 V_B 最大(为 73. 7 mm/min),而当抽入氦气时,速率最小(为 31. 75 mm/min)。各种载热气体的 V_B 和气体的热当量($\rho_g c_g$)的关系近似线性。如果各种气体均取同一温度下的热容,则上述关系将是严格线性的。

表 5 - 4　气体性质对热波沿石英料层的移动速率的影响

热气体	气体密度 ρ_g /(kg·m^{-3})	气体热容 c_g /(kJ·kg^{-1}·K^{-1})	$\rho_g c_g$ /(kJ·m^{-3}·K^{-1})	热波移动速率 /(mm·min^{-1})
二氧化碳	1. 872	1. 249	2. 338	73. 70
空气	1. 216	1. 155	1. 404	50. 80
氩气	1. 680	0. 521	0. 875	31. 80
氦气	0. 176	5. 196	0. 914	31. 75

根据表 5 - 3 和表 5 - 4 的结果,可将固体物料热当量和气体热当量对热波移动速率的影响绘制于同一图中,如图 5 - 16 所示。

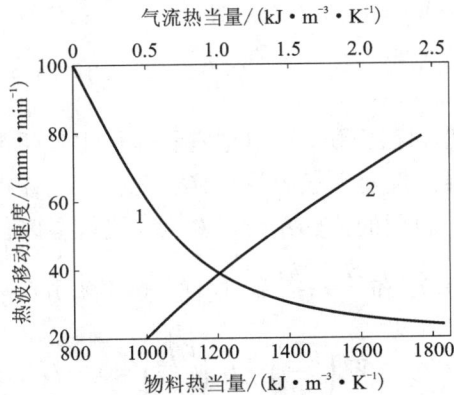

图 5 - 16　热波移动速率与物料热当量(1)和气相热当量(2)的关系

5.4　热波移动速率的数学解析

为深入研究热波移动规律,建立热波移动速率与主要参数间的定量关系,需应用传热理论和热平衡原理研究烧结传热过程。图 5 - 17 表示烧结料层内气 - 固热交换的物理过程。

假定气体在轴向(z)均匀流动,在离床底的任意高度的无穷小高度 dz 的附近就气体和固体进行热平衡计算,则分别得式(5 - 15)和式(5 - 16)。

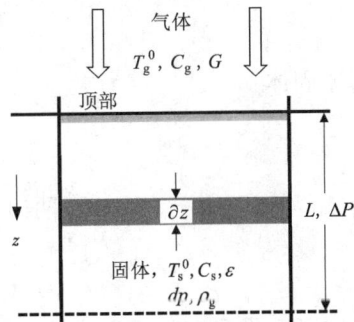

图 5 - 17　烧结料层热交换示意图

气相的热平衡方程为：

$$V_{0g}\rho_g c_g\left(\frac{\partial T_g}{\partial z}\right)+\rho_g c_g\varepsilon\left(\frac{\partial T_g}{\partial t}\right)+hS(T_g-T_s)-Q_R=0 \tag{5-15}$$

固相的热平衡方程为：

$$V_s\rho_s c_s(1-\varepsilon)\left(\frac{\partial T_s}{\partial z}\right)+\rho_s c_s(1-\varepsilon)\left(\frac{\partial T_s}{\partial t}\right)+hS(T_g-T_s)-\frac{\partial}{\partial z}\left[k_{eff}\left(\frac{\partial T_s}{\partial z}\right)\right]-Q_R=0$$

$$\tag{5-16}$$

式中：S 为单位体积料层内颗粒的总表面积，m^2/m^3；h 为气体和固体间的传热系数，$kJ/(min\cdot s^2\cdot ℃)$；Q_R 为反应热，$kJ/(min\cdot m^3)$；ε 为料层的孔隙度；k_{eff} 为料层的有效导热系数，$kJ/(min\cdot m\cdot ℃)$；ρ_s、ρ_g 分别为固相和气相的密度，kg/m^3；c_s，c_g 分别为固相和气相的热容，$kJ/(kg\cdot ℃)$；V_{0g} 为气流的表观速率，m/min；V_s 为固体移动的实际速率，m/min。

为方便起见，规定两个概念：

(1)料层单位横截面积的热容：

$$G_s=\rho_s c_s(1-\varepsilon),\ kJ/(m^3\cdot ℃)$$

$$G_g=\rho_g c_g\varepsilon,\ kJ/(m^3\cdot ℃)$$

(2)料层单位横截面积的热流量：

$$W_s=V_s G_s,\ kJ/(min\cdot m^2\cdot ℃)$$

$$W_g=V_{0g}G_g/\varepsilon,\ kJ/(min\cdot m^2\cdot ℃)$$

5.4.1 无内部热源时

在充填床中，对于一微小料层面积，可以把它看作似乎处于静止状态的非稳态传热来分析(即 $\nu_s=0$)，而且假设料层仅仅发生气固热交换，没有发生任何化学反应(即 $Q_R=0$)，料层内部不发生导热($k_{eff}=0$)；料层的传热系数足够大，使料层内任何时刻任何点处固体和气体都具有相同的温度，即 $T_s=T_g$ 和 $\frac{\partial T_s}{\partial t}=\frac{\partial T_g}{\partial t}$。这样，热平衡方程变为：

对于气体：

$$W_g\left(\frac{\partial T_g}{\partial z}\right)+G_g\left(\frac{\partial T_g}{\partial t}\right)=0$$

或

$$W_g\left(\frac{\partial T_s}{\partial z}\right)+G_g\left(\frac{\partial T_s}{\partial t}\right)=0 \tag{5-17}$$

对于固体：

$$G_s\left(\frac{\partial T_s}{\partial t}\right)=0 \tag{5-18}$$

将式(5-17)和式(5-18)两边相加，得到：

$$\left(\frac{\partial T_s}{\partial t}\right)+\frac{W_g}{G_g+G_s}\left(\frac{\partial T_s}{\partial z}\right)=0 \tag{5-19}$$

该式可看作具有如下形式的一阶准线性偏微分方程：

$$P\left(\frac{\partial T_s}{\partial t}\right)+Q\left(\frac{\partial T_s}{\partial z}\right)=R \tag{5-20}$$

其通解的形式为：

$$U_2 = f(U_1)$$

式中：$U_1(T_s, t, z) = C_1$ 和 $U_2(T_s, t, z) = C_2$ 为下面关系式的两个任意解：

$$\frac{\mathrm{d}t}{P} = \frac{\mathrm{d}z}{Q} = \frac{\mathrm{d}T}{R}$$

在这种情况下，两个比较简便的关系式为：

$$\mathrm{d}z = \left(\frac{W_g}{G_g + G_s}\right)\mathrm{d}t \tag{5-21}$$

和

$$\mathrm{d}T_s = 0 \cdot \mathrm{d}t = 0 \tag{5-22}$$

由式(5-21)和式(5-22)积分得：

$$z - \left(\frac{W_g}{G_g + G_s}\right)t = U_1$$

和 $T_s = U_2$，于是通解为：

$$T_s = f\left[z - \left(\frac{W_g}{G_g + G_s}\right)t\right] \tag{5-23}$$

当 $t = 0$ 时，温度场是沿料层距离 z 的函数；当 $t = t$ 的瞬间，与距离 z 有关的温度场增加了 $\left[W_g/(G_g + G_s)\right]t$ 这个值。其意义是，如果进入料层气体的温度 T_g^0 保持为常数，则原始温度场将以 $\left[W_g/(G_g + G_s)\right]$ 的速率经料层稳定传播。这个速率即为热波移动速率，用 V_B 表示，即：

$$V_B = \frac{W_g}{G_g + G_s} = \frac{V_{0g}\rho_g c_g}{\rho_g c_g \varepsilon + \rho_s c_s (1 - \varepsilon)} \tag{5-24}$$

由此可见，热波移动速率既不决定于气 - 固相的原始温差，也不决定于传热系数，而是决定于气体的流速、气体和固体的比热、密度以及料层空隙率。

由于气体和固体的比热、密度都随温度的变化而变化，为方便起见，$\rho_g c_g$ 又称为气体的热当量，$\rho_s c_s$ 称为固体的热当量。在烧结生产过程中，由于气体热当量远小于固体的热当量，上式可变为：

$$V_B = \frac{V_{0g}\rho_g c_g}{\rho_s c_s (1 - \varepsilon)}$$

因此，热波移动速率与气流速率、气体热当量成正比，而与固体的热当量成反比。此外热波移动速率还与料层的空隙率有关，空隙率越大，热波移动就越快。

5.4.2　有内部热源时

当料层内部有热源时，除上述其他假定的条件外，在料层内部气相中还有反应热 Q_R 项，方程式(5-17)和式(5-18)变为：

$$W_g\left(\frac{\partial T_s}{\partial z}\right) + G_g\left(\frac{\partial T_s}{\partial t}\right) - Q_R = 0$$

和

$$G_s\left(\frac{\partial T_s}{\partial t}\right) = 0$$

将上两式联立，可得：

$$\left(\frac{\partial T_s}{\partial t}\right) + \left(\frac{W_s}{G_g + G_s}\right)\left(\frac{\partial T_s}{\partial t}\right) = \frac{Q_R}{G_g + G_s} \qquad (5-25)$$

用与无内部热源时同样的方法，可以得到一解。在这种情况下，

$$U_2(T, t, z) = T_s - \frac{Q_R}{G_g + G_s}$$

和

$$U_1(T, t, z) = z - \frac{W_g}{G_g + G_s}$$

其通解为：

$$T_s = \left(\frac{Q_R}{G_g + G_s}\right) + f\left[z - \left(\frac{W_g}{G_g + G_s}\right)t\right] \qquad (5-26)$$

由此可见，内部热源对热波移动速率没有直接影响，任何初始的或传递过来的温度场仍将以 $W_g/(G_g + G_s)$ 的速率经料层传播。在内部热源存在时，料层有一附加的均匀升温，其速率为 $Q_R/(G_g + G_s)$ ℃/min。

在内配固体燃料的烧结过程中，固体燃料的燃烧不仅提供内部热源，而且使参与热交换的气体成分、料层空隙率和通过料层的实际风速发生了很大变化。由于含有水蒸气的混合气体热当量显著大于空气的热当量等因素，在一定范围内，烧结热波移动速率随燃料配比的增加而加快。

5.5 传热速率与燃烧速率的匹配

考察烧结料层某一水平层的燃烧与传热情况可以发现，在上部分层内形成的热波，可以在该料层内的燃料燃烧之前、燃烧时间内和燃烧之后达到这个水平层。然而，只有在第二种情况下，即上层热波在本层燃料燃烧过程中到达本层，料层能达到的最高温度高、高温带的厚度小（如图5-18区域Ⅱ所示），其热能才能有效地用于烧结过程，以最低的固体燃料消耗实现优质高产烧结生产。这就要求热波移动速率必须与燃烧带的移动速率相匹配。

当燃烧带移动速率小于热波移动速率时，虽然燃烧带的移动对热波移动速率的影响较小，但导致料层最高温度下降、高温带厚度增

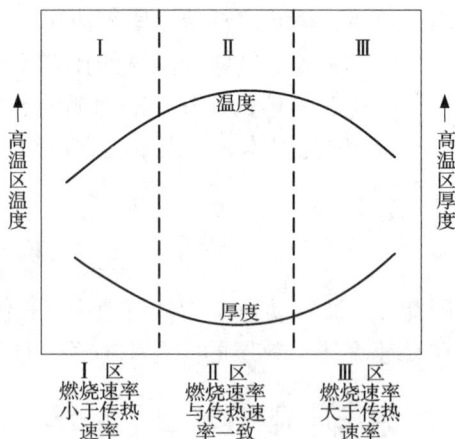

图5-18　两种速率的匹配关系对料层最高温度和高温区厚度的影响

加，如图5-18区域Ⅰ所示。当燃烧带的移动速率大于热波移动速率时，不仅导致最高温度下降、高温带厚度增加（如图5-18中区域Ⅲ所示），而且会对热波移动速率产生很大影响。这两种情况均会导致烧结矿产量和质量的下降，在此情况下，只有增加固体燃料消耗，才能达到烧结过程所需的最佳温度。因此，燃烧带移动速率与热波移动速率的匹配，对于实现优

质、高产和低能耗烧结生产有重要意义。

当燃料用量低、燃料的反应性好，或抽风中的氧分压较大时，加热到燃点的燃料剧烈燃烧，燃烧带移动速率快，传热速率落后于燃烧速率，料层上部的大量热量不能完全用于下部燃料的燃烧，也不能有效地传给下部的混合料，因此高温带温度降低。图 5－19 是在烧结过程某一时间测得的料层温度的分布曲线，图中曲线 A 为两种速率相互匹配时的正常温度分布，曲线 B 为燃烧速率超过传热速率时的情况。当燃烧速率超过传热速率时，热波曲线上的高温区很宽，但料层达到的最高温度很低。当热波移动速率落后于燃烧带移动速率时，烧结过程的总速率决定于热波的移动速率，可采用提高气体热容量、改善透气性、增加气流速率等方法提高热波移动速率，从而加速烧结过程。

在燃料用量较高，或燃料反应性差，特别是抽入气体氧含量不足的情况下，即使燃料颗粒已加热到着火点也不会燃烧，燃烧速率落后于传热速率，这种情况下的热波曲线形状与正常情况差别不大，但高温带的最高温度也不够高，如图 5－20 中的曲线 A（氧含量为 4%）的情况。当燃烧带移动速率落后于热波移动速率时，烧结过程的总速率取决于燃烧带移动速率。在此情况下，可通过提高抽风气体中氧含量等方法，实现燃烧带移动速率与热波移动速率的匹配，从而提高烧结料层温度，加速烧结过程，如图 5－20 曲线 B（氧含量 9%）。但当气体中的氧含量过高时，导致燃烧带移动速率超过热波移动速率，同样导致最高温度下降，如图 5－20 中的曲线 C 和 D 所示。表 5－1 中的数据也清楚地表明，当抽入气体中氧含量过高、导致燃烧前沿速率超过传热前沿速率时，烧结料层最高温度显著下降。

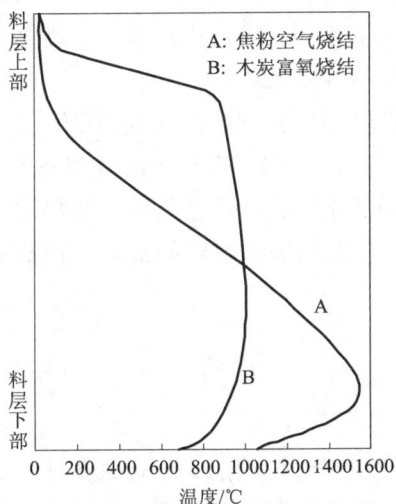

图 5－19 不同烧结条件下高温区宽度的比较

A—焦粉空气烧结；B—木炭富氧烧结

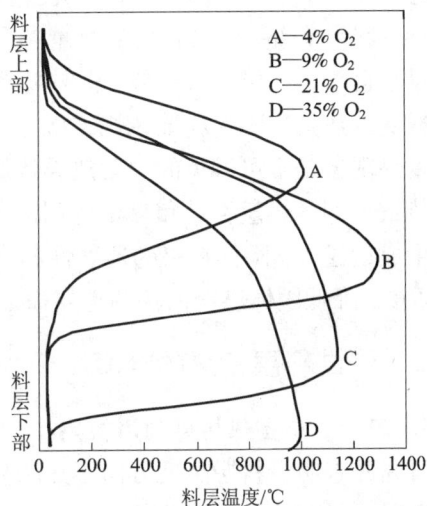

图 5－20 抽入气体含氧量对料层温度分布的影响

（固体燃料：木炭，烧结时间：4 min）

在实际烧结过程中，燃烧和传热是密切联系的，两者同时受料层气流速率影响。根据理论分析，热波移动速率与气流速率的 1.0 次方成正比，而燃烧带移动速率约与气流速率的 0.5 次方成正比。因此，当热波移动速率落后于燃烧带移动速率时，可通过提高气流速率实现两者的匹配，但是当通过料层的气流速率增加到某一极限时，就可能出现传热速率高于燃烧速率的现象。

生产实践表明，采用焦粉或无烟煤作燃料，并且采用空气进行烧结生产时，料层中的燃烧带移动速率与热波移动速率基本上是匹配的，但对不同的原料和操作条件还需要作具体的分析，并通过调整有关参数可使两种速率尽可能匹配，从而实现最优操作。

5.6 烧结料层蓄热及其利用途径

5.6.1 烧结料层的蓄热现象

在抽风烧结过程中，从料层表面抽入的低温空气在上部热烧结饼的加热作用下，温度不断升高，到达燃烧带的最高温度层时，所形成的废气温度达到最高；在继续向下运动过程中，高温废气与低温烧结料之间发生热交换，其热量被下部各料层吸收，使得下层物料获得比上层物料更多的热量，这就是烧结过程的蓄热现象。因此，就传热方式来说，蓄热主要靠气－固对流传热形成的。也有研究者认为，蓄热还包括温度较高的上层物料对下层物料的传导和辐射作用，但这两种作用较小。

从蓄热形成的过程来看，蓄热的热量来自于热烧结饼。自料面点火、开始烧结的瞬间，烧结饼即在料层表面形成，此时通过的空气被表层烧结饼加热并传递给下部各个料层。也就是说，蓄热过程自烧结开始后就立即发生，并伴随着烧结的全部过程。随着烧结过程的推进，烧结饼的厚度不断增大，空气被加热的温度越来越高，自上而下料层的蓄热量连续增加，越是接近料层底部，料层积蓄的热量越多。虽然从源头上来说，除点火热量外，烧结料层的总热量来自于内配燃料的燃烧，但是蓄热并不直接来自燃料燃烧。

料层蓄热是内配燃料抽风烧结工艺特有的现象，只要不从根本上改变现行烧结工艺，料层的蓄热现象是不可避免的。蓄热导致烧结料层上、下热量不均，即上部热量相对不足，而下部热量过剩。热量不足和热量过剩都会导致烧结矿质量下降，热量过剩还会使料层下部的液相生成量过大，降低料层的透气性和烧结矿产量。合理利用烧结料层的蓄热是提高烧结矿产、质量，降低固体燃料消耗的重要途径。

5.6.2 烧结料层蓄热的计算

5.6.2.1 总蓄热与可利用蓄热

研究并查明沿料层高度方向蓄热的分布规律是合理利用蓄热的前提。过去数十年，虽然有学者提出了一些计算蓄热的公式，但由于烧结料层的蓄热量与原料种类、性质、各种物料配比、料层高度等多种因素有关，不同烧结厂料层蓄热量及其分布特点不同，到目前为止，尚无一种简单、方便且普遍适用的蓄热计算方法。普遍采用的方法是，针对具体烧结原料和烧结工艺参数，将烧结料层自上而下划分为若干分层，通过对各分层进行热平衡计算，获得每层的蓄热量和蓄热率，然后通过绘图获得沿整个料层蓄热量或蓄热率的分布。

需要指出的是，现有关于烧结料层蓄热的研究只是获得烧结料层每一分层的总蓄热量及沿料层高度方向总蓄热量的分布规律。但是，从合理利用蓄热的角度考虑，仅获得总蓄热量是不够的。这是因为在实际生产过程中，离开烧结机的烧结饼自上而下温度越来越高，带走的热量也自上而下越来越多。也就是说，下部特别是底部料层的蓄热实际上是无法全部用于烧结本身的。为此，本书作者提出了可利用的蓄热量概念。可利用蓄热量是从总蓄热量中扣除烧结饼所带走的物理热后的蓄热量，它是合理利用蓄热、开发节能烧结新技术的依据。

以下的蓄热计算以宝钢公司烧结原料和工艺为例进行。

5.6.2.2　计算依据与假定

为方便计算，需首先进行一些参数的设定或假定：

(1)根据宝钢现场情况，料层高度为 0.7 m、烧结混合料堆密度为 1.9 t/m³。为便于计算，取长 1 m、宽 1 m、高 0.7 m，体积为 0.7 m³ 的单元料柱为对象。

根据对宝钢烧结热平衡计算的结果，获得此料柱总热收入和支出平衡表见表 5-5。

表 5-5　料柱(长 1 m，宽 1 m，高 0.7 m)中烧结热收入和支出平衡表

收入		
符号	项目	热量/kJ
Q_1	点火燃料化学热	62612.8
Q_2	点火燃料物理热	111.2
Q_3	点火空气物理热	792.9
Q_4	固体燃料化学热	1463966.2
Q_5	混合料物理热	69572.3
Q_6	铺底料物理热	1459.6
Q_7	保温段物理热	27857.1
Q_8	烧结空气物理热	16906.6
Q_9	化学反应放热	95637.3
Q_{10}	氧化铁皮中金属铁氧化放热	13781.3
合计	总热收入	1752697.3
支出		
符号	项目	热量/kJ
Q_1'	水分蒸发热	248591.8
Q_2'	碳酸盐分解热	105936.2
Q_3'	烧结饼物理热	679828.1
Q_4'	废气带走热	308434.6
Q_5'	化学不完全燃烧损失热	79218.3
Q_6'	烧结矿残碳损失热	6604.6
Q_7'	结晶水分解吸热	11764.7
Q_8'	其他热损失	312319.1
合计	总热支出	1752697.3

(2)沿料层高度方向把料柱等分为 7 个单元料层，如图 5-21 所示，每层高度为 0.1 m，

每个单元料层体积为 0.1 m³。

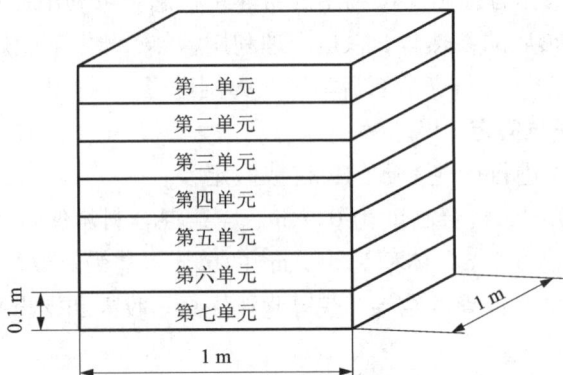

图 5-21 单元料层示意图

（3）参考有关研究，确定第一层热损失为该层热量收入的 15%，除第一层外其他各层热损失为热量收入的 8%。

（4）点火燃料化学热、点火燃料物理热、点火空气物理热、保温段物理热和烧结空气物理热只对第一层物料有影响，保温段空气温度为 300℃。

（5）铺底料的物理热只对第七层物料有影响。

（6）其他各个项目的热量对七个分层的物料平均分配。

（7）烧结终了时，烧结饼最上层温度为 150℃，最下层温度为 1300℃，根据相关研究，拟合了烧结饼离开烧结机时的平均温度与料层高度的关系，获得烧结饼离开烧结机时 7 个分层的温度分别为：

第一单元 150℃；第二单元 200℃；第三单元 300℃；第四单元 450℃；第五单元 700℃；第六单元 1000℃；第七单元 1300℃。

（8）蓄热量的计算。研究表明，在正常烧结条件下，自烧结上部料层传给下部料层的热量绝大部分被厚度为 200 mm 的下部料层所吸收，其中前 100 mm 料层吸收 70%，后 100 mm 料层吸收 30%。因此，第 i 分层的蓄热量计算公式为：

$$Q_i^a = 0.7Q'_{i-1} + 0.3Q'_{i-2} \qquad (5-27)$$

式中：Q_i^a 为第 i 单元的蓄热量；Q'_{i-1} 为第 $i-1$ 单元废气带入下部单元的热量；Q'_{i-2} 为第 $i-2$ 单元废气带入下部单元的热量。

（9）蓄热率（n）的计算。

$$n_i = Q_i^a / Q_i \times 100\% \qquad (5-28)$$

式中：Q_i 为第 i 单元的热收入量。

5.6.2.3 计算过程与结果

1）第一单元

（1）热收入

①点火燃料化学热：$Q_1 = 62612.83$ kJ/0.1 m³；

②点火燃料物理热：$Q_2 = 111.18$ kJ/0.1 m³；

③点火空气物理热：$Q_3 = 792.85$ kJ/0.1 m³；

④保温段物理热：$Q_7 = 27857.14$ kJ/0.1 m³；

⑤烧结空气物理热：$Q_8 = 16906.57$ kJ/0.1 m³；

⑥固体燃料化学热：$Q_4 = 1463966.18/7 = 209138.03$ kJ/0.1 m³；

⑦混合料化学热：$Q_5 = 69572.34/7 = 9938.91$ kJ/0.1 m³；

⑧化学反应放热：$Q_9 = 95637.31/7 = 13662.47$ kJ/0.1 m³；

⑨氧化铁皮中金属铁氧化放热：$Q_{10} = 13781.33/7 = 1968.76$ kJ/0.1 m³；

⑩总热收入为：

$$Q_{收} = Q_1 + Q_2 + Q_3 + Q_4 + Q_5 + Q_6 + Q_7 + Q_8 + Q_9 + Q_{10} = 342988.74 \text{ kJ/0.1 m}^3 \quad (5-29)$$

（2）热支出

①水分蒸发热：$Q_1' = 248591.77/7 = 35513.11$ kJ/0.1 m³；

②碳酸盐分解热：$Q_2' = 105936.18/7 = 15133.74$ kJ/0.1 m³；

③烧结饼物理热：

第一单元温度为 150℃；烧结饼的比热，取 0.72 kJ·(kg·℃)⁻¹，则：

$$Q_3' = (G' + G_f' + G_p') \times C_{sb} \times t_{sk} = [990 + (237.40 + 63.2) \times 0.99] \times 0.72 \times 150/7$$
$$= 19865.11 \text{ kJ/0.1 m}^3 \quad (5-30)$$

④化学不完全燃烧损失热 $Q_5' = 79218.28/7 = 11316.90$ kJ/0.1 m³；

⑤烧结矿残碳损失热 $Q_6' = 6604.57/7 = 943.51$ kJ/0.1 m³

⑥结晶水分解吸热：$Q_7' = 11764.72/7 = 1680.67$ kJ/0.1 m³；

⑦其他热损失：$Q_8' = 0.15Q_{收} = 0.15 \times 342988.74 = 51448.31$ kJ/0.1 m³；

⑧本单元传给下部单元热量：

$$Q_9' = Q_{收} - Q_{1-3}' - Q_{5-8}' = 207087.39 \text{ kJ/0.1 m}^3 \quad (5-31)$$

此 Q_9' 全部为以下各单元所吸收，其中 70% 为第二单元吸收，30% 为第三单元吸收；

⑨总热支出：$Q_{出} = Q_{收}$。

2）第二单元

（1）热收入

①固体燃料化学热：$Q_4 = 1463966.18/7 = 209138.03$ kJ/0.1 m³；

②混合料化学热：$Q_5 = 69572.34/7 = 9938.91$ kJ/0.1 m³；

③化学反应放热：$Q_9 = 95637.31/7 = 13662.47$ kJ/0.1 m³；

④氧化铁皮中金属铁氧化放热：$Q_{10} = 13781.33/7 = 1968.76$ kJ/0.1 m³；

⑤上单元废气带入的热量（蓄热）：$Q_{11} = 207087.39 \times 70\% = 144961.17$ kJ/0.1 m³；

⑥本单元总热收入为：

$$Q_{收} = Q_4 + Q_5 + Q_9 + Q_{10} + Q_{11} = 379669.34 \text{ kJ/0.1 m}^3 \quad (5-32)$$

（2）热支出

①水分蒸发热：$Q_1' = 248591.77/7 = 35513.11$ kJ/0.1 m³；

②碳酸盐分解热：$Q_2' = 105936.18/7 = 15133.74$ kJ/0.1 m³；

③烧结饼物理热：

第二单元平均温度为 200℃，烧结饼的比热，取 0.74 kJ·(kg·℃)⁻¹，则：

$$Q_3' = (G' + G_f' + G_p') \times C_{sb} \times t_{sk} = [990 + (237.36 + 63.2) \times 0.99] \times 0.74 \times 200/7$$

$$= 27222.56 \text{ kJ/0.1 m}^3 \qquad (5-33)$$

④化学不完全燃烧损失热：$Q_5' = 79218.28/7 = 11316.90 \text{ kJ/0.1 m}^3$；

⑤烧结矿残碳损失热：$Q_6' = 6604.57/7 = 943.51 \text{ kJ/0.1 m}^3$；

⑥结晶水分解吸热：$Q_7' = 11764.72/7 = 1680.67 \text{ kJ/0.1 m}^3$；

⑦其他热损失：$Q_8' = 0.08\ Q_{收} = 0.08 \times 379669.34 = 30373.55 \text{ kJ/0.1 m}^3$；

⑧本单元传给下部单元热：

$$Q_8' = Q_{收} - Q_{1-3}' - Q_{5-8}' = 257485.30 \text{ kJ/0.1 m}^3 \qquad (5-34)$$

此 Q_8' 全部为以下二单元所吸收，其中 70% 为第三单元吸收，30% 为第四单元吸收；

⑨总热支出：$Q_{出} = Q_{收}$。

(3)第二单元可利用蓄热率

$$Q_{11}/Q_{收} = 38.18\%$$

(4)第二单元总蓄热率

在不扣除本单元烧结饼物理热的情况下进行类似(3)的计算，获得第二单元总蓄热率为 40.37%。

3)第三单元

(1)热收入

①固体燃料化学热：$Q_4 = 1463966.18/7 = 209138.03 \text{ kJ/0.1 m}^3$；

②混合料化学热：$Q_5 = 69572.34/7 = 9938.91 \text{ kJ/0.1 m}^3$；

③化学反应放热：$Q_9 = 95637.31/7 = 13662.47 \text{ kJ/0.1 m}^3$；

④氧化铁皮中金属铁氧化放热：$Q_{10} = 13781.33/7 = 1968.76 \text{ kJ/0.1 m}^3$；

⑤上部二单元废气带入的热量(蓄热)：$Q_{11} = 207087.39 \times 30\% + 257485.30 \times 70\% = 242365.93 \text{ kJ/0.1 m}^3$；

⑥总热收入为：

$$Q_{收} = Q_4 + Q_5 + Q_9 + Q_{10} + Q_{11} = 477074.09 \text{ kJ/0.1 m}^3 \qquad (5-35)$$

(2)热支出

①水分蒸发热：$Q_1' = 248591.77/7 = 35513.11 \text{ kJ/0.1 m}^3$；

②碳酸盐分解热：$Q_2' = 105936.18/7 = 15133.74 \text{ kJ/0.1 m}^3$；

③烧结饼物理热：

第三单元平均温度为 300℃，烧结饼的比热，取 0.78 kJ·(kg·℃)$^{-1}$，则：

$$Q_3' = (G' + G_f' + G_p') \times C_{sb} \times t_{sk} = [990 + (237.359 + 63.2) \times 0.99] \times 0.78 \times 300/7$$
$$= 43041.07 \text{ kJ/0.1 m}^3 \qquad (5-36)$$

④化学不完全燃烧损失热：$Q_5' = 79218.28/7 = 11316.90 \text{ kJ/0.1 m}^3$；

⑤烧结矿残碳损失热：$Q_6' = 6604.57/7 = 943.51 \text{ kJ/0.1 m}^3$；

⑥结晶水分解吸热：$Q_7' = 11764.72/7 = 1680.67 \text{ kJ/0.1 m}^3$；

⑦其他热损失：$Q_8' = 0.08\ Q_{收} = 0.08 \times 477074.09 = 38165.93 \text{ kJ/0.1 m}^3$；

⑧本单元传给下部单元热：

$$Q_9' = Q_{收} - Q_{1-3}' - Q_{5-8}' = 331279.16 \text{ kJ/0.1 m}^3 \qquad (5-37)$$

此 Q_9' 全部为以下二单元所吸收，其中 70% 为第四单元吸收，30% 为第五单元吸收。

⑨总热支出：$Q_{出} = Q_{收}$。

（3）第三单元可利用蓄热率

$$Q_{11} / Q_{收} = 50.80\%$$

（4）第三单元总蓄热率

在不扣除本单元烧结饼物理热的情况下进行类似（3）的计算，获得第三单元总蓄热率为 54.07%。

采用上述同样方法可获得第四、五、六、七单元的总蓄热率、可利用蓄热率。

各单元的热平衡、总蓄热率、可利用蓄热率见表 5-6。

表 5-6　各单元的热平衡及蓄热率

项目		第一单元	第二单元	第三单元	第四单元	第五单元	第六单元	第七单元
热收入项	总热收入 /[kJ·(0.1 m³)⁻¹]	342988.74	379669.34	477074.09	543849.17	591608.51	600642.17	567557.16
	其中，上部单元废气带入热量（蓄热） /[kJ·(0.1 m³)⁻¹]		144961.17	242365.93	309141.00	356900.34	365934.00	331389.43
热支出项	总热支出 /[kJ·(0.1 m³)⁻¹]	342988.74	379669.34	477074.09	543849.17	591608.51	600642.17	567557.16
	传给下部各单元热 /[kJ·(0.1 m³)⁻¹]	207087.39	257485.30	331279.16	367880.85	365099.64	316942.20	220838.76
	烧结饼带走物理热 /[kJ·(0.1 m³)⁻¹]	19865.11	27222.56	43041.07	67872.46	114592.25	171060.67	236725.89
蓄热率及理论焦粉配比	各单元总蓄热率/%		40.37	54.07	61.39	66.60	70.30	72.99
	各单元可利用蓄热率/%		38.18	50.80	56.84	60.33	60.92	58.39
	理论焦粉配比/%	4.30	3.81	3.48	3.26	3.10	3.07	3.18

5.6.3　烧结料层蓄热特点及利用途径

（1）研究和计算结果表明，由于烧结过程特殊的传热特点，烧结料层每一单元均从上部料层吸收热量，而又同时向下部料层传递热量，该部分热收入和热支出是不等量的，致使烧结料层每一单元的总热量收入（或支出）不同。

（2）烧结料层的总蓄热量自上而下一直在增大，至最后的第七单元时总蓄热率达 72.99%。可利用蓄热率从第一至第四单元不断增大，至第五、第六单元时增加缓慢，并在第六单元达到最大值 60.92%，随后降低，至第七单元时降至 58.39%。

为了合理利用蓄热、节约固体燃料，要求料层中燃料的分布应自上而下依次下降。根据可利用蓄热率，可获得实现均热烧结时各单元燃料的理论配比，如图 5-22 所示。

为充分利用烧结料层蓄热作用，在烧结生产过程中应将难以焙烧的粗粒铁矿分布到蓄热量最多的料层下部，中等粒度的铁矿分布到料层中部，细粒铁矿分布到料层上部，而燃料较多地分布在料层的上部。也即自上而下，料层中矿石粒度不断增大，燃料配比不断下降。

利用烧结料层蓄热提高烧结矿产、质量和降低固体燃料消耗的方法包括：采用热风烧结并适当降低混合料中燃料的配比、双层布料（上部料层燃料采用正常配比，下部料层燃料配

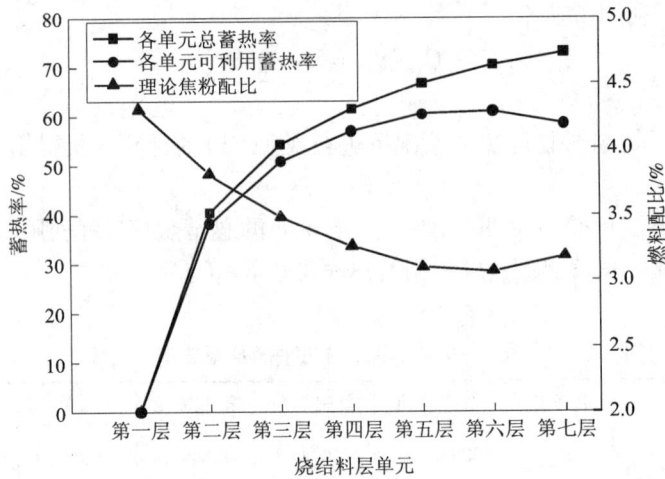

图 5 - 22　宝钢烧结料层各单元蓄热率、可利用蓄热率及理论焦粉配比

比相应降低)烧结和能够实现铁矿粉和燃料合理偏析的各种布料技术等。

思考题

1. 分析烧结料层燃料燃烧的特点。
2. 分析各因素对烧结废气燃烧比的影响。
3. 分析各因素对烧结料层燃烧带厚度的影响。
4. 燃烧带移动速率主要取决于哪些因素？
5. 简述烧结过程的热交换特点。
6. 利用传热原理推导单位烧结混合料的理论空气需要量。
7. 分析燃料配比对料层热波曲线的影响。
8. 解释下列名词：热波，传热前沿，燃烧前沿，传热前沿速率，燃烧前沿速率，热波移动速率，最高温度移动速率。
9. 燃烧前沿速率与传热前沿速率有什么区别？
10. 热波移动速率与传热前沿速率有何异同？
11. 分析各因素对热波移动速率的影响。
12. 论述燃烧前沿速率和传热前沿速率的匹配对烧结生产的影响。
13. 简述烧结料层的蓄热现象、蓄热特点。
14. 如何高效利用烧结料层蓄热降低燃料消耗？

第6章 烧结矿矿物组成与微观结构

6.1 烧结矿主要矿物及其性质

6.1.1 烧结矿主要矿物

铁矿石烧结矿是一种由多种矿物构成的复合体，其矿物组成随原料及烧结工艺条件不同而异。一般说来，铁矿石烧结矿的矿物有铁矿物和黏结相矿物两大类。

1）铁矿物

铁矿石烧结矿中通常出现的含铁矿物主要是磁铁矿（Fe_3O_4）、赤铁矿（Fe_2O_3）、浮氏体（Fe_xO）。这些矿物随碱度和配碳不同而异，配碳正常、碱度较低有利于生成磁铁矿，配碳较高、碱度较低有利于生成浮氏体，配碳较低碱度较高有利于生成赤铁矿。烧结矿中典型的磁铁矿、赤铁矿、浮氏体等含铁矿物的显微结构照片见图6-1和图6-2。

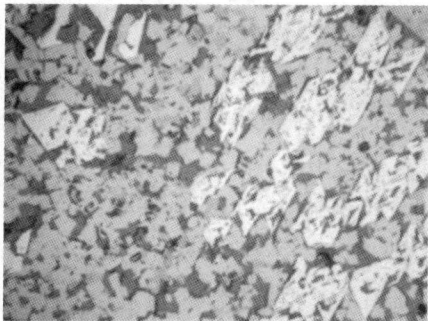

图6-1 烧结矿中的磁铁矿和赤铁矿（反射光×200）

灰白色—磁铁矿；白色—赤铁矿

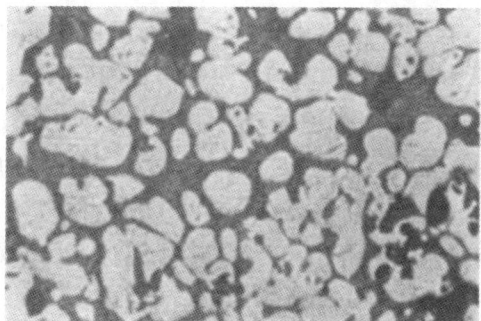

图6-2 烧结矿中的浮氏体（反射光×160）

白灰色浑圆状—浮氏体

2）黏结相矿物

铁矿物、脉石矿物、熔剂之间形成的黏结相矿物一般有以下几种：铁橄榄石（$2FeO \cdot SiO_2$），钙铁橄榄石[（$CaO)_x \cdot FeO_{2-x} \cdot SiO_2（x = 0.25 \sim 1.5$）]，铁酸钙（$CaO \cdot Fe_2O_3$、$2CaO \cdot Fe_2O_3$、$CaO \cdot 2Fe_2O_3$），伪硅灰石（$\alpha - CaO \cdot SiO_2$），硅灰石（$\beta - CaO \cdot SiO_2$），硅钙石 $3CaO \cdot 2SiO_2$，硅酸二钙（$\alpha - 2CaO \cdot SiO_2$、$\beta - 2CaO \cdot SiO_2$、$\gamma - 2CaO \cdot SiO_2$），硅酸三钙（$3CaO \cdot SiO_2$），钙铁辉石（$CaO \cdot FeO \cdot 2SiO_2$）以及硅酸盐玻璃质等。其中，由铁矿物、熔剂及脉

石之间形成的矿物是常见的烧结矿黏结相。含铁黏结相矿物的生成与配碳和碱度有关,正常或较低配碳条件下,自熔性烧结矿碱度有利于生成 $CaO \cdot Fe_2O_3$,高碱度有利于生成 $2CaO \cdot Fe_2O_3$;正常或较高配碳条件下,碱度 <1.0 时有利于钙铁辉石($CaO \cdot FeO \cdot 2SiO_2$)生成。高硅原料条件下硅酸钙类也可作为黏结相矿物,其生成主要与碱度有关,碱度 >1.0 时生成正硅酸钙,碱度 $1.0 \sim 1.2$ 时生成硅灰石,高碱度条件下生成硅酸三钙。烧结矿中典型的钙铁橄榄石、铁酸钙等含黏结相矿物的显微结构照片见图 6-3 和图 6-4。

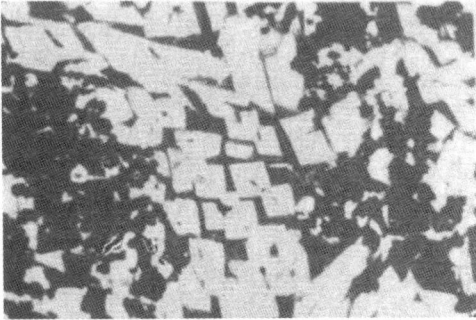

图 6-3 烧结矿中钙铁橄榄石的菱形断面(反射光 ×160)

灰色菱形—钙铁橄榄石

图 6-4 烧结矿中的板状铁酸钙(反射光 ×30)

灰色板状—铁酸钙;灰白色—磁铁矿

当原料中含有其他组分时,烧结矿黏结相还可以有以下组成:

含有 Al_2O_3 组分时,黏结相矿物可有铝黄长石($2CaO \cdot Al_2O_3 \cdot SiO_2$)、铁铝酸四钙($4CaO \cdot Al_2O_3 \cdot Fe_2O_3$)、铁黄长石($2CaO \cdot Al_2O_3 \cdot Fe_2O_3$)。通常,较高的 Al_2O_3 能抑制正硅酸钙晶型转变,有利于提高烧结矿强度,防止粉化;适量的 Al_2O_3 有利于复合铁酸钙的生成;若 Al_2O_3 太高,体系熔点升高,不利于液相生成,烧结时有生料出现。

含有 MgO 组分时,会出现镁橄榄石($2MgO \cdot SiO_2$)、钙镁橄榄石($CaO \cdot MgO \cdot SiO_2$)、镁黄长石($2CaO \cdot MgO \cdot SiO_2$)、镁蔷薇辉石($3CaO \cdot MgO \cdot 2SiO_2$)及铁酸镁($MgO \cdot Fe_2O_3$)等。通常,MgO 有改善烧结矿冶金性能的作用,MgO 可固溶于 $2CaO \cdot SiO_2$ 中,有稳定其相变的作用,对烧结矿强度有利。适量的 MgO 可改善液相的流动性,减少玻璃相生成,但 MgO 高于 $4\% \sim 5\%$ 时烧结料不易熔化,使烧结矿中含有生料,导致产品强度降低。

含有 TiO_2 组分时,会出现钙钛矿($CaO \cdot TiO_2$)、钛榴石($Ca_3(Fe, Ti)_2[Si, Ti]O_4)_3$)、和楣石($CaO \cdot TiO_2 \cdot SiO_2$)等矿物。钙钛矿无相变,抗压强度高,有一定的储存氮氧化物的能力,但脆性大,导致烧结矿平均粒度小。

含 CaF_2 组分时,烧结矿中有枪晶石($3CaO \cdot 2SiO_2 \cdot CaF_2$)存在,其抗压强度差,导致烧结矿强度下降。

此外,在某些条件下,烧结矿还会有少量反应不完全的游离石英和石灰等。

表 6-1 列出国内外部分钢铁企业高碱度($R = 1.8 \sim 2.2$)烧结矿的矿物组成。

表6-1 国内外部分企业高碱度烧结矿的矿物组成

厂别	矿物组成/%（体积）						
	磁铁矿	赤铁矿	铁酸钙	正硅酸钙	玻璃质	黄长石	其他
鞍钢新烧	35	15	35	3	10	少	2
宝钢	25	25	30~35	3	10	3	2
首钢	35	15	35	3	10	少	2
梅山	45	15	25	3	12	—	—
马钢	35	20~25	25~30	3	12	少	—
武钢二烧	35	35	35	3	10	—	—
柳钢	40.7	17.7	30.3	5.0	4.5	1.8	—
包钢	50	10	25	3	10	2	少（枪晶石）
本钢	33	16	44	2	5	—	—
日本（9种平均）	13.3	30.4	42.4	14（硅酸盐）			
日本神户	43.2	6.8	44.4	5.8（硅酸盐）			

6.1.2 烧结矿主要矿物的性质

主要的单个矿物的抗压强度及还原性能如表6-2所示，表中还原率为1g试样在700℃，用1.8 L/min发生炉煤气还原15 min的结果；荷重软化性是开始软化温度由高至低的对比顺序。

表6-2 烧结矿主要矿物性质

矿物名称	抗压强度 /($kg \cdot cm^{-2}$)	还原率 /%	还原粉化性	荷重软化性
Fe_3O_4	36.9	26.7	无	1
Fe_2O_3	26.7	49.9	一般烧结矿含10%~28% Fe_2O_3 则发生异常粉化	
$(CaO)_x(Fe_2O_3)_{2-x}(SiO_2)$				
$x=0$	20	1.0	无	3
$x=0.25$	26.5	21		
$x=0.5$	56.6	27		
$x=1.0$	23.3	6.6		
$x=1.0$（玻璃相）	4.6	3.1	无	4
$x=1.5$	10.2	4.2		
$(CaO)_y(Fe_2O_3)$				
$y=1$	37.6	40.1	无	2
$y=2$	14.2	28.5		

从表 6-2 可知，单体矿物的还原性顺序为：$Fe_2O_3 \rightarrow CF \rightarrow C_2F \rightarrow Fe_3O_4 \rightarrow CFS$ ($x = 0.25$、0.50)→玻璃质→F_2S，其还原率的大小还与自身晶粒大小和存在的状态有关。

抗压强度顺序为：CFS($x = 0.50$)→Fe_3O_4→CF→Fe_2O_3→CFS($x = 0.25$、1.0)→F_2S→C_2F→玻璃质。

表 6-3 列出了烧结矿中常见硅酸盐矿物的抗压强度。

表 6-3　烧结矿中常见硅酸盐矿物抗压强度

矿物名称	抗压强度/9.8×10^2 Pa	矿物名称	抗压强度/9.8×10^2 Pa
亚铁黄长石	29.877	铝黄长石	12.963
镁黄长石	23.827	钙长石	12.346
镁蔷薇辉石	19.815	钙铁辉石	11.882
钙铁橄榄石	19.444	硅辉石	11.358
钙镁橄榄石	16.204	枪晶石	6.728

评价一种烧结矿的质量不能仅用冷态的物化性能作为依据，还必须注意热态的物化性能。表 6-4 是烧结矿常见矿物在氢气和在一氧化碳气氛中还原时的相对还原性。

表 6-4　烧结矿中各种矿物的相对还原性

矿物名称	还原度/%			
	在氢气中还原 20 min			在 CO 中还原 40 min
	700℃	800℃	900℃	850℃
赤铁矿	91.5	—	—	49.4
磁铁矿	95.5	—	—	25.5
铁橄榄石	2.7	3.7	14.0	5.0
钙铁橄榄石				
$(CaO)_x \cdot (FeO)_{2-x} \cdot SiO_2$				
$x = 1.00$	3.9	7.7	14.9	12.8
$x = 1.2$	—	—	—	12.1
$x = 1.3$	—	—	—	9.4
$(Ca, Mg)O \cdot FeO \cdot SiO_2$	5.5	10.0	18.4	
CaO/MgO = 5				
$(CaO \cdot MgO)O \cdot FeO \cdot SiO_2$	4.8	6.2	14.1	
CaO/MgO = 3.5				
$CaO \cdot FeO \cdot 2SiO_2$	0.0	0.0	0.0	

矿物名称	还原度/%			
	在氢气中还原 20 min			在 CO 中还原 40 min
	700℃	800℃	900℃	850℃
$2CaO \cdot FeO \cdot 2SiO_2$	0.0	0.0	6.8	—
$2CaO \cdot Fe_2O_3$	20.6	83.7	95.8	25.5
$CaO \cdot Fe_2O_3$	76.4	96.4	100.0	49.2
$CaO \cdot 2Fe_2O_3$	—	—	—	58.4
$CaO \cdot FeO \cdot Fe_2O_3$	—	—	—	51.4
$3CaO \cdot FeO \cdot 7Fe_2O_3$	—	—	—	59.6
$CaO \cdot Al_2O_3 \cdot 2Fe_2O_3$	—	—	—	57.3
$4CaO \cdot Al_2O_3 \cdot Fe_2O_3$	—	—	—	23.4

　　烧结矿中的次生赤铁矿是导致烧结矿还原粉化的重要原因。各种形态赤铁矿的低温还原粉化率如表 6 – 5 所示。

表 6 – 5　各种形态赤铁矿的低温还原粉化率

赤铁矿的种类	低温还原粉化率/%	赤铁矿的种类	低温还原粉化率//%
斑状赤铁矿（烧结矿中大约 70%）	2.7	骸晶状菱形赤铁矿（烧结矿中大约 7.9%）	46.5
线状赤铁矿（烧结矿中大约 5%）	17.8	晶格状赤铁矿（矿石中约 100%）	17.7
粒状赤铁矿（球团矿中大约 90%）	22.4	粒状赤铁矿（某些矿石中几乎 100%）	10.3
树枝状赤铁矿（烧结矿中大约 20%）	18.0		

6.2　烧结矿的结构及其性质

　　烧结矿的结构有宏观结构和微观结构之分。宏观结构是指肉眼可以观察到的烧结矿外貌情况，如孔的大小、壁的薄厚等。微观结构则是指借助于显微镜或其他仪器才能得到烧结矿的内部结构情况，如矿物的种类、数量、结晶形态、大小、分布及其相互之间的赋存关系等。

6.2.1　宏观结构

　　用肉眼来判断烧结矿孔隙的大小、孔隙分布及孔壁的厚薄，可分为：
　　(1)疏松多孔的薄壁结构　在燃料用量低、液相数量少且液相黏度低的情况下出现。这种烧结矿的还原性好，但强度低。
　　(2)中孔厚壁结构　在燃料用量适量、液相量充足且液相黏度较大时出现。这种结构的烧结矿强度高，还原性也好。

（3）大孔厚壁结构　在燃料用量较大时出现，烧结矿的强度较好，还原性较差。

（4）大孔薄壁结构　燃料用量过高时，液相流动性过大，会出现大孔薄壁结构。这种烧结矿的强度和还原性均较差。

6.2.2　微观结构

常见的烧结矿微观结构分述如下：

（1）粒状结构　烧结矿中含铁矿物晶粒与黏结相矿物晶粒互相结合成粒状结构，分布均匀，强度较好。如图6-5所示。

（2）斑状结构　烧结矿中含铁矿物呈斑晶状与细粒的黏结相矿物或玻璃相相互结合成斑状结构，强度也较好，如图6-6所示。

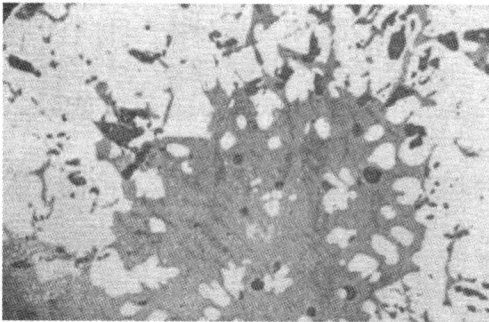

图6-5　烧结矿中磁铁矿呈半自形晶
或他形晶与硅酸盐黏结相矿物
相互形成粒状结构（反射光×160）
灰白色粒状—磁铁矿；
灰色板状—钙铁橄榄石；暗灰色—玻璃相

图6-6　烧结矿中磁铁矿呈半自形晶
或他形晶与硅酸盐黏结相矿物
相互形成斑状结构（反射光×160）
灰白色粒状—磁铁矿；暗灰色—玻璃相

（3）骸晶结构　早期结晶的含铁矿物晶粒发育不完善，只形成骨架，其内部常为硅酸盐黏结相充填于其中，可以看到含铁矿物结晶外形和边缘呈骸晶结构，如图6-7所示。

（4）圆点状或树枝状共晶结构　含铁矿物呈圆点状或树枝状分布于橄榄石矿物中，例如Fe_3O_4 - CFS共晶部分形成的结构（如图6-8所示），$2CaO·SiO_2$ - Fe_3O_4共晶部分形成的结构（见图6-9），$CaO·Fe_2O_3$ - Fe_3O_4共晶部分形成的结构（见图6-10）。

（5）熔蚀结构　在烧结矿中磁铁矿多为熔蚀残余他形晶，晶粒较小，多为浑圆状，与铁酸钙形成熔蚀结构，如图6-11所示。

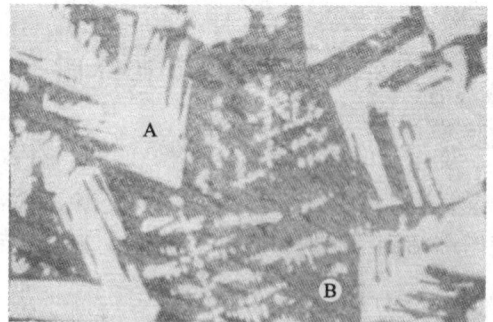

图6-7　烧结矿中磁铁矿呈骸晶
分布于硅酸盐黏结相矿物相中
（反射光×160）
灰白色A—磁铁矿；灰色柱状B—钙铁橄榄石；
暗灰色—玻璃相

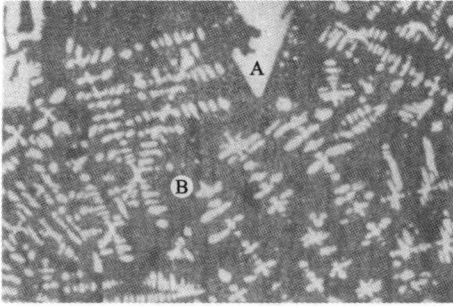

图 6 – 8 烧结矿中磁铁矿呈呈圆点状
或树枝状分布于橄榄石矿物中
形成共晶结构(反射光 ×160)

灰白色 A—磁铁矿;灰色 B—橄榄石

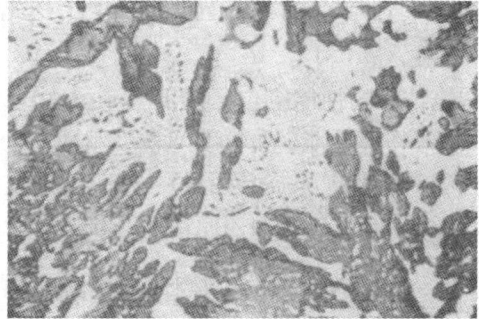

图 6 – 9 烧结矿中磁铁矿与
$\beta - 2CaO \cdot SiO_2$ 形成共晶结构
(反射光 ×160)

灰白色—磁铁矿;黑灰色—$\beta - 2CaO \cdot SiO_2$

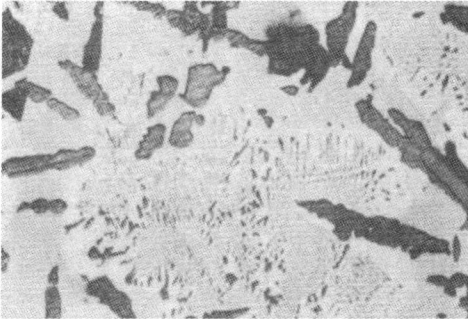

图 6 – 10 烧结矿中磁铁矿与铁酸钙
形成共晶结构(反射光 ×160)

灰白色—磁铁矿;灰色—铁酸钙

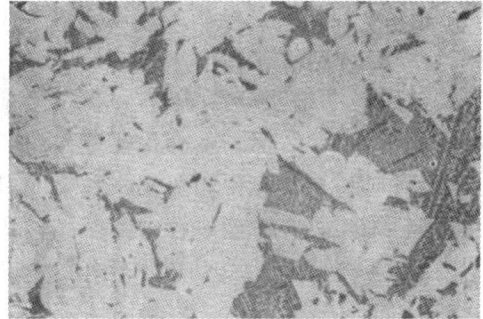

图 6 – 11 烧结矿中磁铁矿与铁酸钙
形成熔蚀结构(反射光 ×160)

灰白色—磁铁矿;浅灰色—铁酸钙;
暗灰色—$\beta - 2CaO \cdot SiO_2$

(6)交织结构 含铁矿物与黏结相矿物
结晶过程中相互之间彼此发展或者交织构
成,如图 6 – 12 所示。

在上述六种烧结矿微观结构中,以形成
熔蚀结构和交织结构的烧结矿强度为最好。

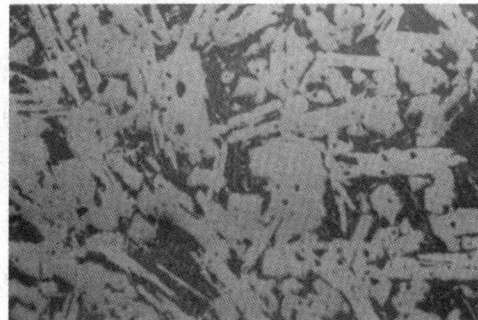

图 6 – 12 烧结矿中磁铁矿与铁酸钙
形成交织结构(反射光 ×160)

灰白色—磁铁矿;白色针状或柱状—铁酸钙;
暗灰色—硅酸盐

6.3 烧结矿组成、结构与其性能的关系

烧结矿的性能应包括以下三个方面：

(1)物理性能，如粒度及粒度组成(粉末含量)，气孔率、机械强度。

(2)化学成分，如铁品位、FeO、碱度、SiO_2、CaO、MgO、Al_2O_3、S、P 等。

(3)冶金性能，如还原性、低温还原粉化、荷重软化、熔融滴落性能等。

6.3.1 烧结矿组成、结构与强度的关系

烧结矿的机械强度是指抵抗机械负荷的能力，一般用抗压、落下和转鼓指数分别表示耐压、抗冲击和耐磨的能力。影响机械强度的因素有：

1)各种矿物成分自身的强度

从表 6-2 和表 6-3 可知烧结矿中的铁酸一钙、磁铁矿、赤铁矿和铁橄榄石有较高的强度，其次则为钙铁橄榄石及铁酸二钙，最后是玻璃相。因此在烧结矿的矿物中应尽量减少玻璃质的形成，以提高烧结矿的强度。

2)烧结矿冷凝结晶的内应力

烧结矿在冷却过程中，产生不同的内应力：

(1)烧结矿块表面与中心存在温差而产生的热应力。

(2)各种矿物具有不同热膨胀系数而引起的相间应力。

(3)硅酸二钙在冷却过程中的多晶转变所引起的相变应力。

内应力越大，能承受的机械作用力就越小，烧结矿强度越低。

3)烧结矿中气孔的大小和分布

若烧结温度低时，则大气孔少，而焦粉加入量增多时，由于气孔本身结合，气孔数变少，同时可见变成大气孔的倾向，并且气孔的形状由不规则形成球形。气孔率与强度的关系如图 6-13 所示。

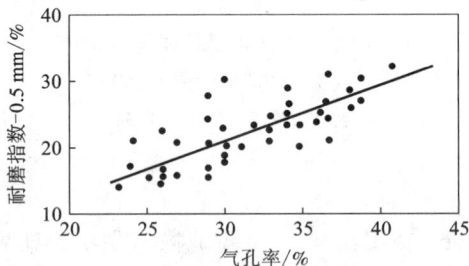

图 6-13　烧结矿耐磨指数与气孔率的关系

4)组分多少和组织的均匀度

(1)非熔剂性烧结矿　此类烧结矿在矿物组成方面属低组分的，主要为斑状或共晶结构，其中的磁铁矿斑晶被铁橄榄石和少量玻璃质所固结，因而强度良好。

(2)熔剂性烧结矿　此类烧结矿在矿物组成上是属多组分的烧结矿，其结构为斑状或共晶结构，其中的磁铁矿斑晶或晶粒被钙铁橄榄石、玻璃质以及少数的硅酸钙等固结，强度差。

(3)高碱度烧结矿　此类烧结矿在矿物组成上也属低组分的，其结构多为熔融共晶结构，其中的磁铁矿与黏结相矿物——铁酸钙等一起固结，具有良好强度。

应该指出，在低碱度烧结矿中，可见到铁酸钙生成。同样，在高碱度烧结矿中也有局部的硅酸铁生成，这是由于原料的偏析和反应没有充分同化所致，烧结矿成分越是不均匀，其质量越差。

6.3.2 烧结矿组成、结构与冶金性能的关系

烧结矿的还原性能是重要的冶金性能之一，烧结矿的矿物组成、结构对其还原性的影响主要表现在以下几个方面。

1）各组成矿物的自身还原性

不同的含铁矿物还原性有差别，赤铁矿、二铁酸钙、铁酸一钙及磁铁矿容易还原，铁酸二钙、铁铝酸钙还原性稍低，而玻璃质、钙铁橄榄石，特别是铁橄榄石是难还原矿物。

次生赤铁矿和硅酸二钙在还原过程中易粉化。

2）气孔率、气孔大小与性质

一般来说，烧结反应进行越充分，气孔越小，固结加强，气孔壁增厚，强度也越好，但烧结矿的还原性变差。

3）矿物晶粒的大小和晶格能的高低

磁铁矿晶粒细小，在晶粒间黏结相很少，这种烧结矿在800℃时易还原，而大颗粒的磁铁矿被硅酸盐包裹时，则难还原或者只是表面还原。此外，晶格能低的矿物易还原、晶格能高的还原性差。某些矿物的晶格能列于表6－6。

表6－6 单矿物晶体的晶格能

矿物名称	赤铁矿	铁酸钙	磁铁矿	钙铁橄榄石	铁橄榄石
晶格能/（kJ·mol^{-1}）	9538	10856	13473	18782	19096

6.4 影响烧结矿组成、结构和性能的因素

6.4.1 烧结料碱度的影响

以高硅磁铁矿为主要原料烧结时，烧结矿矿物组成随碱度改变的变化示于图6－14。

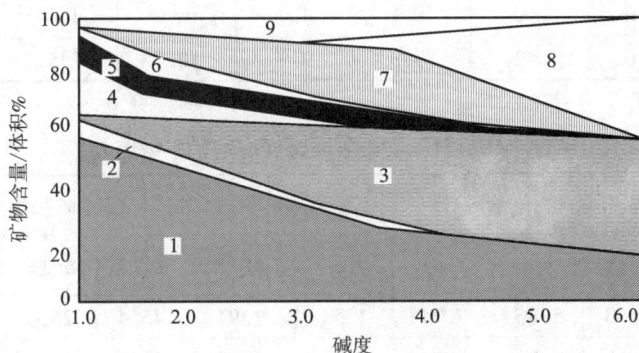

图6－14 不同碱度烧结矿矿物组成的变化（高硅磁铁矿烧结）

1—磁铁矿（其中有少量浮氏体）；2—赤铁矿；3—铁酸钙；4—钙铁橄榄石；
5—硅酸盐玻璃质；6—硅灰石；7—硅酸二钙；8—硅酸三钙；9—游离石灰、石英及其他硅酸盐矿物

1）碱度 <1.0 的酸性烧结矿

主要矿物为磁铁矿，少量浮氏体和赤铁矿。黏结相矿物主要为铁橄榄石，钙铁橄榄石 $[CaO_x \cdot FeO_{2-x} \cdot SiO_2(x<100)]$，玻璃质及少量钙铁辉石等。

磁铁矿多为自形晶或半自形晶及少数他形晶，与黏结相矿物形成均匀的粒状结构，局部也有形成斑状结构。这类烧结矿中主要黏结相矿物冷却时无粉化现象。

2）碱度为 1.0~2.0 间的烧结矿

主要铁矿物与上一种基本相同。$R<1.5$ 时，黏结相矿物主要为钙铁橄榄石 $[CaO_x \cdot FeO_{2-x} \cdot SiO_2(x=1\sim1.5)]$ 及少量的硅酸一钙、硅酸二钙及玻璃质等。随着碱度升高（$R>1.5$），硅酸二钙、硅灰石及铁酸钙均有明显地增加，而钙铁橄榄石和玻璃质明显减少。

3）碱度为 2.0~3.0 间的烧结矿

随碱度进一步提高，磁铁矿、钙铁橄榄石和硅灰石显著减少，黏结相矿物铁酸钙快速增加，但硅酸二钙也有所增加。

4）碱度在 3.0 以上的烧结矿

烧结矿中几乎不含钙铁橄榄石和玻璃质，矿物组成比较简单。主要有 $CaO \cdot Fe_2O_3$，$2CaO \cdot Fe_2O_3$，其次为 $2CaO \cdot SiO_2$，$3CaO \cdot SiO_2$ 和磁铁矿；随着碱度的提高，铁酸钙、硅酸三钙有明显增加，磁铁矿明显减少。磁铁矿以熔融残余他形晶为主，晶粒细小，与铁酸钙形成熔融结构，局部也有与铁酸钙、硅酸三钙等形成粒状交织结构。这类烧结矿中的主要矿物机械强度和还原性均较好；又由于这类烧结矿中的硅酸二钙均为 β 型，所以烧结矿不粉化；这是由于过量的 CaO 有稳定 $\beta-2CaO \cdot SiO_2$ 的作用。

表 6-7 和表 6-8 分别列出我国武钢和日本釜山钢铁公司不同碱度烧结矿的矿物组成。

表 6-7　武钢不同碱度烧结矿矿物组成

烧结矿碱度 CaO/SiO₂	矿物组成/%（体积）							
	磁铁矿	赤铁矿	铁酸一钙	铁酸二钙	铁黄长石	硅酸钙	铁橄榄石	玻璃质
0.8	57.5	6.2	2.7	—	13.1	—	2.73	17.4
1.3	48.3	2.9	14.4	—	15.3	0.92	—	18.0
2.4	34.6	0.2	29.1	4.4	10.9	4.44	—	16.2
3.5	27.6	0.2	39.3	9.3	10.7	7.51	—	7.3

表 6-8　日本釜山不同碱度烧结矿矿物组成

烧结矿碱度 CaO/SiO₂	化学成分/%						矿物组成/%（体积）			
	TFe	FeO	SiO₂	CaO	MgO	Al₂O₃	赤铁矿	磁铁矿	铁酸钙	硅酸盐渣相
1.32	57.8	6.93	5.86	7.74	1.53	1.94	45.4	25.6	12.8	16.2
1.59	56.8	6.63	5.81	9.23	1.48	1.97	33.4	24.6	26.3	15.7
1.91	55.3	6.25	5.86	11.17	1.54	1.93	30.4	18.6	34.8	16.2
2.13	54.2	5.82	5.88	12.50	1.47	1.97	23.2	15.5	45.1	16.2

表 6-9 所示为北京科技大学等测得的我国部分企业不同碱度烧结矿的冶金性能。

表 6-9　不同碱度烧结矿冶金性能

编号	CaO/SiO$_2$	化学成分/%						备注
		TFe	FeO	CaO	SiO$_2$	MgO	Al$_2$O$_3$	
1	0.13	56.41	21.50	1.46	11.37	3.33		酒钢
2	0.32	55.29	18.74	3.48	11.02	3.67		
3	0.47	54.08	18.18	5.16	11.02	3.23		
4	1.79	46.82	14.25	17.05	9.52	2.98		
5	2.10	45.05	12.73	19.60	9.34	2.76		
6	2.25	44.21	11.08	20.61	9.18	2.88		
7	1.63	55.20	9.12	11.20	6.89			鞍钢
8	1.89	54.60	9.27	12.90	6.81	0.73		
9	1.98	53.60	8.84	14.20	7.16	0.79		
10	2.27	52.20	7.48	15.50	6.82			
11	2.67	55.10	8.91	12.91	4.83	1.55	1.74	杭钢
12	3.09	53.39	8.47	15.22	4.93	1.64	1.74	
13	3.19	51.80	10.96	16.99	5.32	1.91	1.74	
14	3.52	51.46	10.96	18.35	5.22	0.82	1.61	
15	3.99	48.05	8.47	21.61	5.41	0.55	1.74	
16	1.80	52.68	9.80	11.47	6.38	3.04	1.90	武钢
17	1.75	56.99	6.45	9.35	5.34	1.54	1.77	宝钢
18	1.35	53.66	15.80	11.92	8.83	2.39		莱钢
19	1.60	51.88	14.60	14.11	8.82	2.43		
20	1.80	50.34	10.70	15.81	8.78	2.45		
21	2.10	48.38	10.50	18.45	8.78	2.50		

编号	CaO/SiO$_2$	900℃还原性/%	低温还原粉化性/%			荷重还原软化性能/℃		
			RDI(+6.3 mm)	RDI(+3.15 mm)	RDI(-0.5 mm)	开始软化	软化终了	软化区间
1	0.13	29.9	96.5	97.2	1.7	1026	1183	157
2	0.32	42.6	91.8	95.2	3.2	1038	1155	117
3	0.47	47.1	92.1	95.4	1.7	1045	1144	99
4	1.79	86.9	94.8	97.6	0.8	1079	1236	157
5	2.10	90.3	96.6	97.7	1.4	1035	1215	180

编号	CaO/SiO$_2$	900℃还原性/%	低温还原粉化性/%			荷重还原软化性能/℃		
			RDI(+6.3 mm)	RDI(+3.15 mm)	RDI(-0.5 mm)	开始软化	软化终了	软化区间
6	2.25	91.4	90.2	97.8	2.7	1024	1200	174
7	1.63	86.2	49.7	72.6	3.2	1097	1271	174
8	1.89	88.4	53.9	77.6	3.9	1114	1297	183
9	1.98	95.0	61.1	80.9	2.0	1115	1333	218
10	2.27	92.5	55.6	80.3	2.5	1084	1267	183
11	2.67	81.4	64.5	81.2	3.0	1076	1300	224
12	3.09	85.1	60.4	80.6	3.0	1026	1240	214
13	3.19	83.5	73.9	85.6	2.4	1053	1235	182
14	3.52	85.0	73.5	85.7	2.4	1023	1225	202
15	3.99	82.1	82.6	89.6	2.9	1038	1225	187
16	1.80	69.8	—	71.3	—	1265	1385	120
17	1.75	73.6	—	59.4	—	1204	1370	166
18	1.35	60.7	—	74.1	—	1127	1200	73
19	1.60	70.1	—	71.8	—	1082	1245	163
20	1.80	79.4	—	85.3	—	1073	1214	141
21	2.1~	88.1	—	86.7	—	1100	1236	136

表 6 – 10 是日本不同碱度烧结矿的冶金性能。

表 6 – 10　日本不同碱度烧结矿冶金性能

CaO/SiO$_2$	化学成分/%						低温还原粉化率(-3 mm)/%	还原度/%
	TFe	FeO	CaO	SiO$_2$	MgO	Al$_2$O$_3$		
1.32	57.8	6.93	7.74	5.86	1.53	1.94	41.5	72.0
1.59	56.8	6.63	9.23	5.81	1.48	1.97	40.5	75.5
1.91	55.3	6.25	11.17	5.86	1.54	1.93	37.8	78.3
2.13	54.2	5.82	12.50	5.88	1.47	1.97	25.7	79.6

6.4.2　烧结料配碳量的影响

烧结料中配碳量决定烧结温度、烧结速度及气氛，对烧结矿的性质及矿物组成有很大的影响。

对我国鞍钢铁精矿的烧结研究表明：当烧结矿碱度固定在 1.5，烧结料含碳量由 3.0% 升高到 4.5% 时, 对烧结矿中铁氧化物总含量影响不大, 而对黏结相的形态及矿物的结晶程度影响很大。当烧结料中含碳低时, 磁铁矿的结晶程度差, 主要黏结相是玻璃质, 多孔洞, 还原性比较好, 而强度差; 随着烧结料含碳量的增加, 磁铁矿的结晶程度改善, 并生成大粒结晶, 这时液相黏结物以钙铁橄榄石代替了玻璃质, 孔洞少, 因此烧结矿强度变好。当配碳过多时容易生成过量液相, 形成大孔薄壁或气孔度低的烧结矿, 此时烧结矿产量低, 还原性差, 强度也不好。表 6-11 为某钢铁公司配碳量对烧结矿矿物组成及冶金性能的影响。

表 6-11 配碳量对烧结矿矿物组成及冶金性能的影响

碳比 /%	化学成分/%				碱度 CaO/ SiO₂	矿物组成/%(体积)				低温还原粉化率 (-3 mm)/%	还原度 /%
	TFe	FeO	Al₂O₃	MgO		赤铁矿	磁铁矿	铁酸钙	硅酸盐渣相		
4.4	59.0	4.35	2.08	1.36	1.59	45.3	15.0	24.6	15.1	45.4	64.8
5.0	57.3	6.41	1.96	1.32	1.56	41.1	22.2	29.2	15.5	38.9	63.2
5.5	56.9	8.22	1.99	1.35	1.56	35.4	30.4	17.3	16.9	35.8	60.1
6.0	57.1	10.22	1.99	1.18	1.54	28.4	40.4	13.6	17.6	30.0	60.9

对一般铁矿粉烧结, 烧结矿 FeO 含量随配碳量的增加而有规律地增大。因此烧结矿 FeO 含量通常被用来评定烧结矿冶金性能。表 6-12 为烧结矿氧化亚铁含量与冶金性能的关系。从中可以清晰地看出, 随着烧结矿氧化亚铁含量的增加, 烧结矿成品率、转鼓指数和烧结利用系数均明显增加, 但烧结矿的还原度明显变差。此外烧结矿氧化亚铁含量高, 意味着烧结固体燃料消耗高。

表 6-12 烧结矿氧化亚铁含量与冶金性能的关系

烧结矿 FeO/%	垂直烧结速率 /(mm·min⁻¹)	成品率 /%	烧结利用系数 /(t·m⁻²·h⁻¹)	ISO 转鼓指数 (+6.3 mm) /%	平均粒度 /mm	JIS 还原度 /mm	低温还原 粉化率 (-3 mm)/%
6.50	21.49	52.76	1.162	56.3	11.41	63.0	46.5
7.50	21.77	62.77	1.390	63.0	13.80	78.2	43.5
8.40	21.00	68.19	1.408	65.0	15.37	75.0	40.1
10.05	22.03	73.89	1.526	65.0	15.69	71.9	31.7
11.00	21.33	73.36	1.487	64.3	15.96	68.7	26.8
12.20	21.68	76.51	1.540	64.3	14.57	64.1	22.2
13.80	21.33	77.13	1.528	65.3	14.65	53.1	19.6

6.4.3 烧结料化学成分的影响

1) SiO₂ 的影响

烧结料中 SiO₂ 和含铁量对矿相组成的影响最为明显。对典型的鞍山高硅精矿(SiO₂ 12.

9%）和马钢凹山低硅精矿（SiO$_2$1.70%）进行研究，结果表明：碱度相同时烧结矿矿相组成差别很大，见表6 - 13。

表6 - 13   原料 SiO$_2$ 的含量对烧结矿矿物组成的影响

名称	碱度（CaO/SiO$_2$）	烧结矿矿物组成/%							
		磁铁矿	赤铁矿	铁酸钙	玻璃质	钙铁橄榄石	硅酸钙	游离 CaO	高温石英
鞍山烧结矿	1.55	47.5	7.5	3.3	15.6	26	2.6	—	—
凹山烧结矿	1.52	88.8	5.0	—	7.2	—	—	—	—

由表6 - 13可见，在碱度相当的条件下，高硅烧结矿矿物有磁铁矿、赤铁矿、钙铁橄榄石、硅酸钙和玻璃质，其中可作为黏结相的矿物有钙铁橄榄石、硅酸钙和玻璃质，而低硅烧结矿矿物有磁铁矿、赤铁矿和玻璃质，其中可作为黏结相矿物只有少量玻璃质，因而马钢凹山低硅精矿烧结矿强度非常低。

2）MgO 的影响

添加白云石代替石灰石作熔剂，或者添加蛇纹石补充铁矿石中的 SiO$_2$ 量，发现随着 MgO 含量增加烧结矿粉化率明显下降（见表6 - 14）。

表6 - 14   日本不同氧化镁烧结矿的矿物组成与冶金性能

烧结矿化学成分/%					CaO/SiO$_2$	矿物组成/%（体积）				低温还原粉化率（ -3 mm)/%	还原度/%
MgO	TFe	FeO	SiO$_2$	CaO		赤铁矿	磁铁矿	铁酸钙	硅酸盐渣		
1.3	57.0	5.64	5.75	9.17	1.58	39.6	20.9	24.1	15.4	41.2	62.3
2.1	56.3	6.10	5.68	9.55	1.68	29.4	22.0	33.5	15.1	36.9	61.7
2.9	56.0	6.19	5.68	9.58	1.69	26.0	27.8	30.0	16.2	34.2	63.5

3）Al$_2$O$_3$ 的影响

烧结矿中 Al$_2$O$_3$ 过高会导致烧结矿还原粉化性能恶化，使高炉透气性变差，炉渣黏度增加，一般控制高炉炉渣 Al$_2$O$_3$ 含量为12% ~15%，以保证炉渣的流动性，烧结矿中的 Al$_2$O$_3$ 含量一般应小于2.1%，但原料中少量的 Al$_2$O$_3$ 对烧结矿的性质起良好作用，Al$_2$O$_3$ 能降低烧结料熔化温度，生成铝酸钙和铁酸钙的固溶体（CaO·Al$_2$O$_3$ - CaO·Fe$_2$O$_3$）。同时 Al$_2$O$_3$ 可降低烧结液相黏度，促进氧离子扩散，有利于烧结矿的氧化。配料中有一定的 Al$_2$O$_3$ 可以促进铁酸钙的形成，Al$_2$O$_3$ 是生成复合铁酸钙（SCFA）的成分之一。

4）其他成分的影响

在烧结料中添加少量磷灰石或含磷铁矿粉能够防止烧结矿的粉化，如我国迁安精矿配加6%磷矿粉（含 P$_2$O$_5$1.06%）或3%转炉钢渣（含 P 为0.7%~1.0%），烧结矿的粉化现象可完全抑制。添加少量的含硼矿物，含铬矿物或者含钒铁矿粉也可以抑制烧结矿的粉化现象。

6.4.4   操作制度的影响

烧结过程的温度、气氛对烧结有很大影响，这除与燃料的用量有关外，还与烧结时的点火温度、冷却速度和料层高度有关系。进行磁铁矿熔剂性烧结时，发现从上到下各料层的矿物组成不完全相同，在烧结矿表层（10 mm）中，其黏结相主要为玻璃质，这可能是由于温度低、冷却速度快，化合反应不充分的缘故，此层一般强度较差。在表层下 10~90 mm 料层内玻璃质也较多，一般强度也不够好。在距表面 100 mm 料层内，黏结相以钙铁橄榄石、钙铁辉石为主，烧结矿强度较好。在 150 mm 处出现较多的铁酸钙，在 150~290 mm 内，其黏结相除上述矿物外，尚有少量硅酸二钙，此外还有大颗粒的 Fe_3O_4 中出现 FeO，二者成固溶体，在料层的下部出现较为广泛。随料层厚度的增加，Fe_3O_4 逐渐增加，这与烧结料层中的温度和气氛是密切相关的。赤铁矿的含量则随料层的厚度增大而减少，一般在表层和上部较多。

为了改善烧结料层的温度分布，提高烧结矿的产量和质量，可以采用热风烧结、烧结矿热处理、富氧烧结以及双层烧结等措施，其目的在于改进烧结矿的矿物组成与结构。

思考题

1. 烧结矿中的主要矿物有哪些？它们的性质有什么不同？
2. 烧结矿的宏观结构和微观结构各有哪几种？其特点如何？
3. 分析烧结矿矿物组成、结构与烧结矿性能之间的关系。
4. 分析主要因素对烧结矿矿物组成和结构影响的规律。

第 7 章　烧结工艺与技术

7.1　烧结工艺流程

　　带式抽风烧结是目前国内外普遍采用的烧结矿生产工艺，具有生产率高、机械化程度高、便于自动化控制、劳动条件较好、对原料适应性强和便于大规模生产等优点。图 7 - 1 是现代烧结生产的典型工艺流程，其主要工序可以分为以下四大部分：

　　(1)烧结原料的准备：包括原料接受、贮存、中和以及燃料和熔剂的破碎、筛分；

　　(2)混合料的制备：包括配料、混合、制粒；

　　(3)混合料的烧结：包括布料、点火、烧结；

　　(4)烧结矿的处理：包括破碎、冷却、整粒。

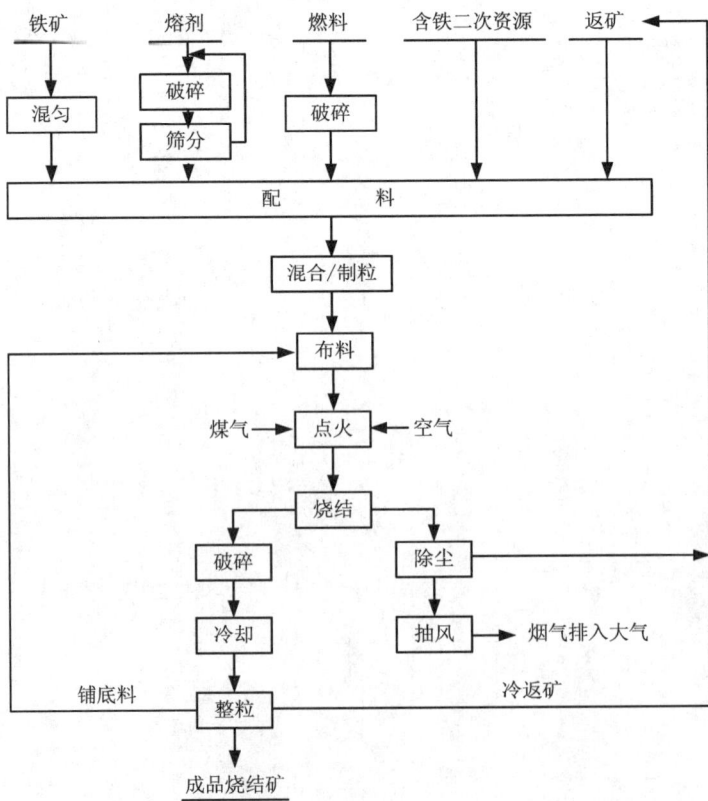

图 7 - 1　烧结生产工艺流程

7.2　烧结原料准备

烧结原料数量大，品种繁多，粒度及化学性质极不均一。为保证获得高产、优质烧结矿，精心准备烧结原料是一个十分重要的生产环节。原料准备一般包括：接受、贮存、中和混匀、破碎、筛分等作业。

7.2.1　原料接受、贮存及中和

7.2.1.1　原料接受

烧结生产所用各种原料通过运输工具从外部运输到烧结厂后，需要专门卸料机械从运输工具中卸出，这一作业环节称为原料接受。原料接受的方式因运输方式和原料性质的不同而不同。烧结厂所处的地理位置、生产规模以及原料的来源和性质的不同，所采用的运输方式和接收方式也不尽相同。一般地，沿海地区、离江河较近的烧结厂主要采用船运方式，因而设有专门的原料码头和大型、高效的卸船机，卸下的原料由皮带机运至原料场。大中型烧结厂陆运含铁原料主要以火车运输为主，大多采用翻车机进行卸料，再由皮带机输送至仓库或料场；也有少数采用抓斗吊车或门式卸料机从火车车厢中将原料卸至仓库或受料槽；较小规模的厂家或者是用量较小的原料一般以汽车运输为主，采用自卸车将原料卸至受料槽、仓库或堆场。轻质细粉料如生石灰需采用密封罐车运输，采用风动卸料直接输送到密封料槽。

由于我国多数钢铁企业处于不具备大运量水运条件的内陆地区，翻车机是最常用的卸料设备。与其他设备相比，翻车机具有效率高、耗电少等优点。

7.2.1.2　原料贮存

烧结厂用原料种类多、数量大，原料基地远且分散。为了保证烧结生产连续稳定进行，烧结厂需要贮存一定量的原料。贮存量主要根据其生产规模、原料基地远近、运输条件及原料种类等因素决定。通常通过设置原料场或原料仓库实现原料的贮存，其中原料场因贮料量大、中和混匀能力强而成为主流，目前新烧结厂都设置有原料场。主要原因如下：

（1）原料种类多，数量大，仓库无法容纳；

（2）原料分散，成分复杂，贮备一定数量后才能集中使用；

（3）原料基地远，运输条件不能保证及时供料。

设置原料场，可简化烧结厂的贮矿设施和给料系统，也取消了单品种料仓，使场地和设备的利用得到了改善。原料场和原料仓库的大小应根据具体情况加以确定。目前，国外一些钢铁厂设有能供烧结厂40天用料量的原料场。

7.2.1.3　含铁原料的中和

由于原料品种繁多，且同一品种成分、粒度组成等物化性能常会出现时差波动，为保证烧结原料物化性能的均匀和稳定，需要进行中和作业。将不同品种、不同批次、甚至同一批次的时差料混合在一起并充分混匀，制备成物化性能均匀的大批料，称为原料中和。原料中和包括一次料场堆取料，料场预配料，二次料场混匀堆取料，以及原料仓库内的抓斗堆取

等作业环节。要达到良好的中和效果，一般需要配置原料场，通过预配料和混匀堆取料实现原料的定比例配入和充分混匀。

1）中和的一般方法

"平铺截取"的堆取料作业是最常用的原料中和方法。先将原料分层堆成料堆，然后沿垂直方向取料，达到混匀效果。一般单层铺得越薄，层数越多，则混匀效果越好。此外，在仓库中通过斗吊车将原料进行"翻堆"，也可以达到一定的中和效果。在没有原料场时，一般采用"翻堆"法，但其效果不如原料场的堆取料。

根据原料场建设情况可分为室内中和料场和露天中和料场，目前露天料场多，其容量大，中和效果好，投资少。在防寒要求很高和多雨条件下，可考虑采用室内料场，其容量小，投资高。若根据原料场占地形状分，有圆形料场和长方形料场。因长方形料场布置灵活，发展扩建方便，且堆取料作业直线操作，中和效果好，故长方形料场在钢铁厂使用较普遍。

根据料场使用的设备，烧结原料中和方法又可分为四种形式：堆料机 – 取料机法；堆取料法；桥式吊车法；门型吊车法。目前广泛采用堆料机 – 取料机法，其中取料机一般又分为桥式取料机、滚筒式取料机和刮板式取料机。

2）中和效果评价

评价中和效果，一般使用中和效率指数、波动系数以及化学成分稳定率等指标。

（1）中和效率指数

$$M = (1 - \frac{\sigma}{\sigma_0}) \times 100\% \tag{7-1}$$

式中：M 为中和效率指数，其取值范围 $0 < M < 100\%$；σ_0 为中和前料流的标准偏差；σ 为中和后料流的标准偏差。

物料某一成分的标准偏差 σ 可以由下式求得：

$$\sigma = \sqrt{\frac{\sum\limits_{i}^{n} (x_i - \bar{x})^2}{n-1}} \tag{7-2}$$

式中：x_i 为某种物料的成分（如 TFe，SiO_2，Al_2O_3 等）；$\bar{x}$ 为某种物料成分的平均值；n 为试验样品的个数。

为了简化计算，生产中可用如下经验公式来计算料堆的 σ 值：

$$\sigma = \frac{\sigma_0}{\sqrt{z}} \tag{7-3}$$

式中：z 为铺料层数；σ_0 为参与铺料的混合料的标准偏差。

中和效率指数 M 值表示物料经过中和后，中和矿的均匀程度提高了多少，M 值越大表示中和效果越好（见表 7 – 1）。

表7-1　混匀效果评价标准

中和质量	中和等级边界值 $M/\%$
很差	70
不良	70～80
一般	80～90
好	90～94
很好	94～96(或98)
非常好	对散状料＞96
	对液体＞98

（2）波动系数

在物料均匀性与系统初始输入条件不相关的前提下，为了评价输出物料的均匀性，引入了无量纲量 N，称之为波动系数。

$$N = \frac{\sigma}{\bar{x}} \qquad (7-4)$$

式中：σ 为输出混匀矿特性指标的标准偏差；$\bar{x}$ 为与 σ 相对应的物料特性指标的平均值。

M 与 N 是两个不同内涵的指标，M 表示混匀操作过程的质量；而 N 表示输出混匀矿的实物质量。

（3）中和矿化学成分稳定率

①正态分布。

物料中和过程中中和矿成分的波动是符合正态分布的，即 $x \sim N(u, \sigma^2)$，可求出概率 $P(a < x < b)$：

$$P(a < x < b) = \int_a^b \frac{1}{\sqrt{2\pi}\sigma} e^{\frac{(x-u)^2}{2\sigma^2}} dx \quad (\text{设 } u = \frac{x-u}{\sigma})$$

$$= \int_{\frac{a-u}{\sigma}}^{\frac{b-u}{\sigma}} \frac{1}{\sqrt{2\pi}} e^{-\frac{u^2}{2}} dx = \varphi(\frac{b-u}{\sigma}) - \varphi(\frac{a-u}{\sigma}) \qquad (7-5)$$

由于正态分布曲线的对称性，有如下关系式：

$$\varphi(-x) = 1 - \varphi(x) \qquad (7-6)$$

②求中和矿达到要求的稳定率时的标准偏差。

如果要求中和矿 TFe 的波动值为 ±0.5%，求在该波动范围内达到规定的稳定率（即时的标准偏差概率）。

$$P(|x-u| \leq 0.5) = P(\frac{|x-u|}{\sigma} \leq \frac{0.5}{\sigma}) = P(-\frac{0.5}{\sigma} \leq \frac{|x-u|}{\sigma} \leq \frac{0.5}{\sigma})$$

$$= \varphi(\frac{0.5}{\sigma}) - [1 - \varphi(\frac{0.5}{\sigma})] = 2\varphi(\frac{0.5}{\sigma}) - 1 \qquad (7-7)$$

当要求 TFe 的稳定率为60%时，则

$$P(|x-u| \leq 0.5) = 0.60$$

$$2\varphi(\frac{0.5}{\sigma}) - 1 = 0.60, \quad \varphi(\frac{0.5}{\sigma}) = 0.80$$

查正态分布表可得出：

$$\frac{0.5}{\sigma} = 0.842 \qquad \sigma = 0.5937$$

同理，可求出稳定率为 70% 时，$\sigma = 0.4975$；稳定率为 80% 时，$\sigma = 0.3895$；稳定率为 90% 时，$\sigma = 0.304$；稳定率为 100% 时，$\sigma = 0.1285$。

3）中和工艺流程

现代大型烧结厂一般都在原料场进行原料中和，中和工艺流程一般如图 7-2 所示。其中，各单品种原料已在一次料场进行了初步中和，其原料化学成分、粒度基本上是稳定的；破碎室用来对大块矿石进行破碎。各种原料在配料室按一定比例进行配料后，进入二次堆取料场。为保证连续供料，一般需要两个堆取料场，其中一个堆料，另一个取料。两个堆料场可以共用一台堆料机，但需要分别配备取料机。单个料堆的贮料量与含铁原料的消耗速率决定了混匀料场的贮料时间，也决定了某种原料配比或成分发生变化时，烧结作业的响应时间。

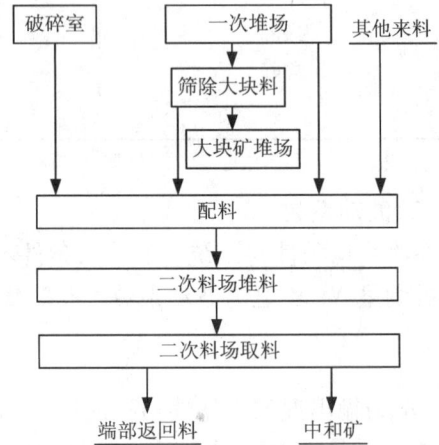

图 7-2 中和工艺流程图

提高中和混匀效果的措施有：

（1）增加堆料层数，一般理论堆积层数大致在 500 层左右；

（2）合理选择配料组成来调整各种原料在料堆横截面内的位置，减少横向波动。例如把品位相差最大的几种原料组合在一起，避免粒度粗的和水分较大的原料最后入堆；杂副原料锰矿粉、炉尘等应堆积在料堆横截面中部，这些措施都能大大降低混匀料的成分波动；

（3）选择混合效率高的取料机；

（4）除去端部料也可提高中和效果。

7.2.2 熔剂和燃料的破碎筛分

烧结生产对熔剂和燃料的粒度都有严格要求，一般要求 0～3 mm 的含量应大于 85%。为达到这一要求，需要进行破碎与筛分。

7.2.2.1 熔剂破碎筛分

烧结厂常用石灰石、白云石均需破碎，因筛分与破碎的配置顺序的不同，有如图 7-3 所示的两种常用工艺流程。

流程（a）为一段破碎与检查筛分组成闭路流程，筛下为合格产品，筛上物返回与原矿一起破碎。流程（b）为预先筛分与破碎组成闭路流程，原矿首先经过预先筛分分出合格的细粒级，筛上物进入破碎机破碎后返回与原矿一起进行筛分。

流程（b）只有当给矿中 0～3 mm 的含量较多（大于 40%）时才使用，可通过预先筛出合格部分，减轻破碎机的负荷。但因筛孔小，特别是当矿石泥质含量高或水分较高时，筛分效率低。此外，给矿中大块多，筛内磨损加快。而且石灰石原矿中 0～3 mm 的含量一般较少（10%～20%），在这种情况下进行预先筛分，减轻破碎机负荷作用不大，所以目前烧结厂多

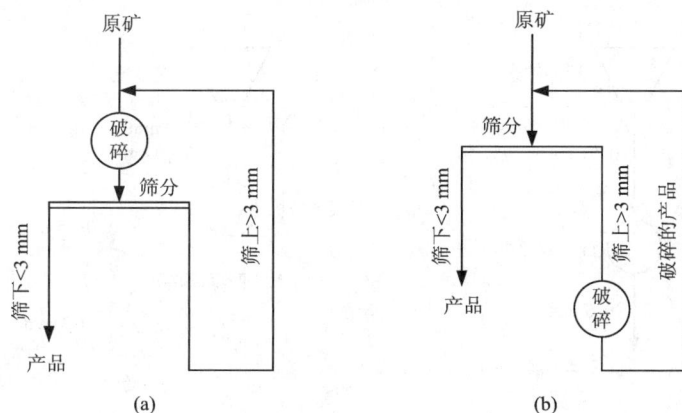

图 7 - 3　熔剂破碎筛分流程

采用(a)流程破碎熔剂。

　　熔剂破碎的常用设备有锤式破碎机和反击式破碎机。锤式破碎机具有产量高、破碎比大、单位产品的电耗小和维护比较容易的特点。锤头与算条间隙对产品产量和质量有显著影响，间隙愈小，产品粒度愈细。经常保持间隙在 10 ~ 20 mm 时，就可获得较高产量和较好质量。水分是另一个影响破碎效率的重要因素，当原料水分大于 3% 时，因算缝堵塞，而影响破碎能力，产品合格率降低。

　　反击式破碎机属于冲击能破碎矿石的一种设备，与其他型式破碎机比，其设备重量轻、体积小，生产能力大，单位电能消耗低，较适合熔剂细破碎。

　　与破碎机组成闭路所用的筛子多采用自定中心振动筛，也有采用惯性筛或其他类型的振动筛，筛网有单层和双层的。双层筛可防止大块料对下层细网筛冲击以提高筛子作业率，对提高下层筛的筛分效率也有一定作用。

7.2.2.2　燃料的破碎筛分

　　烧结厂所用的固体燃料有碎焦和无烟煤，其破碎流程是根据进厂燃料粒度和性质来确定的。当粒度小于 25 mm 时可采用一段四辊破碎机开路破碎流程[见图 7 - 4(a)]。如果粒度大于 25 mm，应考虑两段开路破碎流程[见图 7 - 4(b)]。

　　我国烧结用煤或焦粉的来料都含有相当高的水分(> 10%)，采用筛分作业时，筛孔易堵，降低筛分效率。因此，固体燃料破碎多不设筛分。

　　宝钢烧结用固体燃料为干熄焦，其含水低，不堵筛孔，采用了如图 7 - 5 所示的设有预先筛分和检查筛分的两段破碎流程。第一段由反击式破碎机与筛子组成闭路；第二段采用棒磨机，可减少过粉碎，但劳动条件较差。

　　燃料的细碎常用设备为四辊破碎机，粗碎常用设备有对辊破碎机或反击式破碎机。四辊破碎机是由四个平行装置的圆柱形辊子组成，分为上下两层，每层两个。由于辊子的转动，把物料带入两个辊子的空隙内，使物料受挤压而破碎，落到下层辊后再次进行破碎。

　　对辊破碎机是由两个相对转动的圆辊组成，两圆辊间保持一定的间隙，这间隙的大小就是排矿口的大小，排矿口的尺寸，决定产品的最大粒度，被破碎的焦炭或无烟煤依靠自重及辊皮产生的摩擦力，带入辊间缝隙而被挤碎，由排矿口排出。

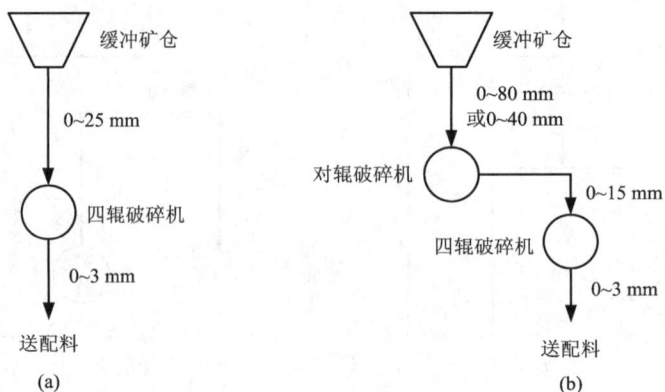

图 7-4 燃料破碎筛分流程

7.3 烧结混合料制备

7.3.1 配料

烧结厂处理的原料种类繁多,且物理化学性质差异大。为使烧结矿的物理性能和化学成分稳定,符合冶炼要求,同时使烧结料具有良好透气性以获得较高的烧结生产率,必须把不同成分的含铁原料、熔剂和燃料等,根据烧结过程的要求和烧结矿质量的要求按一定比例进行精确的配料。

生产实践证明,配料发生偏差是影响烧结过程正常进行和烧结矿产质量的重要因素。固体燃料配入量波动影响烧结矿的强度和还原性,烧结矿的含铁量和碱度波动就会影响高炉炉温和造渣制度。因此,配料是烧结生产中的重要工序之一。各国都非常重视烧结矿化学成分的稳定性。

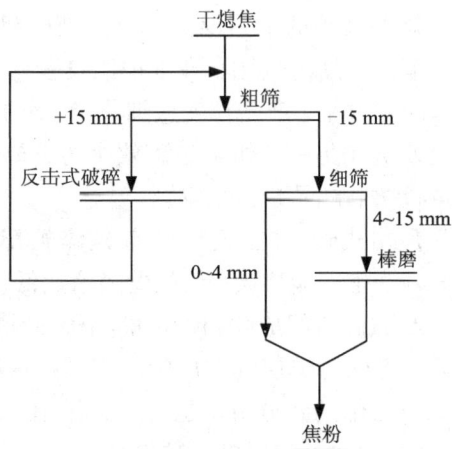

图 7-5 宝钢干熄焦粉破碎工艺流程

7.3.1.1 配料计算

配料操作中首先需要计算出配料比,有准确的配料比和正确的配料操作,才能获得化学成分稳定的烧结矿,达到配料的主要目的。

配料计算的主要依据是高炉冶炼对烧结矿化学成分的要求,以确保烧结矿的含铁量、碱度、S 含量、FeO 含量等主要成分控制在规定范围内,国内各烧结厂最为常用的配料计算方法有:验算法、单烧计算法、简易理论计算法。

7.3.1.2 配料方法

配料的精确性在很大程度上取决于所采用的配料方法。目前主要有容积配料法和重量配料法两种方法。

1）容积配料法

容积配料法是根据物料具有一定的堆密度，借助给料设备对物料的容积进行控制以达到控制物料配加比例的配料方法。它是通过调节圆盘给料机闸门的开口度或圆盘的转速从而控制料流的体积，即物料的重量。

容积配料法依靠调节闸门开口度的大小来调节料流量，受外界因素影响大，配料不够准确，在大型烧结厂或新建的烧结厂中，这种配料方法较少使用。

2）重量配料法

重量配料法是通过控制物料重量以达到控制配加比例的配料方法。该法可借助电子皮带秤和定量给料自动调节系统来实现自动配料，如图7－6所示。电子皮带秤给出瞬时送料量信号，信号输入给料机自动调节系统的调节部分，调节部分根据给定值和电子皮带秤测量值的信号偏差自动调节圆盘转速以达到给定的给料量。

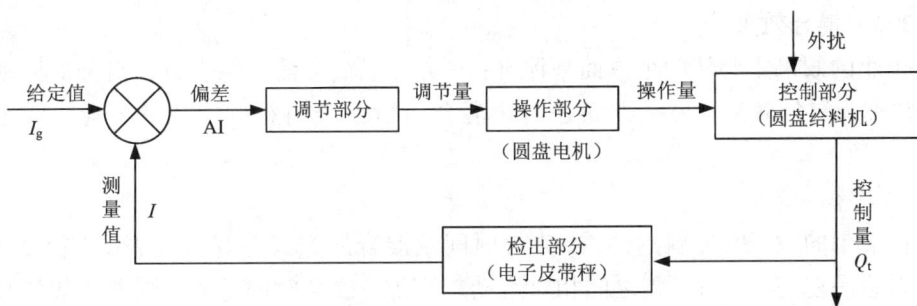

图 7－6　重量配料系统自动控制方框（原理）图

7.3.1.3　配料设备

配料设备主要有：圆盘给料机、螺旋给料机和电子皮带秤。

圆盘给料机是目前烧结厂配料中采用最为广泛的配料设备，其作用是从矿槽将物料按一定的料流量排出，从而控制该物料的配加比例。

螺旋给料机是一种封闭式给料或输送设备，常用于从料仓中排出或输送易扬尘料种（如生石灰）。螺旋给料机由插板阀、螺旋本体、传动装置、润滑系统、电控系统等组成。

电子皮带秤主要由皮带输送机、秤架、称重传感器、mV变送器、测速传感器、变频调速器组成，主要用于称重并计算料流量。

电子皮带秤称量的精度与其负荷有关。国外现代化配料皮带当称量负荷在额定范围的20%～50%时，最大配料误差可控制在给定值的1%，国内许多大型烧结厂采用这种配料设备也获得了良好的效果。由于称量负荷与料流量和皮带转速有关，因而对于给定的配料量，适当调节皮带转速可调节称量负荷。

7.3.2　混合与制粒

7.3.2.1　混合工艺与设备

混合作业的目的有两个，一是将配合料中的各物料充分混匀，二是加水润湿和制粒，得到粒度适宜、具有良好透气性的烧结混合料。

为了完成混合和制粒的双重任务，通常采用两段混合。两段混合是将配合料依次在两台设备上进行。一次混合的主要任务是加水润湿和混匀，使混合料中的水分、粒度及物料中各组分均匀分布。二次混合除有继续混匀的作用外，主要任务是制粒，同时还可通入蒸汽预热混合料。加强混合过程中的制粒，使细粒料物料黏附在核粒子上，形成粒度大小一定的粒子，可改善烧结料层的透气性，获得较高的烧结生产率。混合过程在完成上述任务的同时，还可将生石灰继续消化，并放出热量预热混合料。

有些新建的大型烧结厂由于料流量过大，为解决两段混合难以达到所需制料时间的问题，增设了第三段混合，以满足强化制粒的需要。如太钢的 660 m² 烧结机，采用的是三段混合作业。

常用混合设备为圆筒混合机。圆筒混合机通过齿圈传动，倾斜安装以使物料定向流动，倾斜角度一般为 1°~3°，通过轮箍和挡轮实现轴向定位。喷水管由出料端进入筒内向物料喷水。物料由卸料漏斗排出。

7.3.2.2 混合效果

混合作业的效果主要从两个方面来评价：一方面以混合前后混合料各组分的波动幅度来衡量，通常称为混匀效率；另一方面是对比混合前后混合料粒度组成的变化，称之为制粒效果。

1）混匀效率

物料被混匀的效果与原料的性质，混合时间及混合的方式等有很大关系，粒度均匀，黏度小的原料容易混匀，物料颗粒之间相对运动越剧烈，混合时间越长，则混合效果越好。混合料的混匀效率通过常用一组试样中均匀系数的波动程度来表示，如下列公式所示：

$$K_i = C_i/C \qquad (7-8)$$

式中：K_i 为试样 i 的均匀系数；C_i 为某个测试项目在试样 i 中的测定值，%，C 为某一测试项目在此试样的平均含量，$C = \dfrac{1}{n}\sum\limits_{i=1}^{n} C_i$，%。

$$\eta = K_{min}/K_{max} \qquad (7-9)$$

式中：K_{min} 为混合料均匀系数的最小值；K_{max} 为混合料均匀系数的最大值。

混匀效率 η 愈接近 1，说明混合效果愈好。

此外，混匀效率还可用平均均匀系数来表示。先按式（7-8）计算出各试样的均匀系数，然后按下式计算平均均匀系数 K_0：

$$K_0 = \left[\sum (K_d - 1) + \sum (1 - K_S)\right]/n \qquad (7-10)$$

式中：K_0 为平均均匀系数，愈接近零，混匀效果愈好；K_S 为各试样均匀系数小于 1 的值；K_d 为各试样均匀系数大于 1 的值。

上述两种方法比较，后者是一组试样的所有值均参加计算，而前者仅最小值和最大值参加计算，故前者欠准确，后者较全面。

2）制粒效果

制粒效果以混合料的粒度组成来表示，可按公式（7-11）求得每一粒级的产率，然后给出粒度特性曲线。

$$B_i = Q_i/Q_0 \qquad (7-11)$$

式中：B_i 为某一粒级的产率，%；Q_i 为某一粒级的重量，kg；Q_0 为试样总量，kg。

比较制粒前后粗粒级的产率的增量来评价制粒效果，也可以用制粒前后烧结混合料的平均粒度的增值来评价制粒效果。

7.3.2.3　影响混合料制粒的因素

1）原料的性质

对烧结料混合制粒过程有影响的是矿物的润湿性、粒度与粒度组成和颗粒的形状等。

在混合制粒过程中，依靠颗粒间的毛细水作用，使粒子相互聚集成小球，易润湿的矿物颗粒间形成的毛细力强、制粒性能好。各类铁矿物的制粒性能的优劣顺序依次是褐铁矿、赤铁矿、磁铁矿。含泥质的铁矿物易成球。

对烧结混合料制粒小球的结构研究表明，球粒一般是由核颗粒和黏附细粒组成。称之为"准颗粒"。"准颗粒"的形成条件与粒度组成有密切关系。早期的研究是以小于 0.2 mm 颗粒作为黏附细粒，大于 0.7 mm 作为核颗粒。理想的核颗粒粒度为 1～3 mm，而 0.25～1.0 mm 部分为难以成球的中间颗粒，越少越好。对于铁精矿烧结，返矿是较好的核颗粒，要求返矿粒度上限控制在 5～6 mm。

此外，在粒度相同的情况下，多棱角和形状不规则的颗粒比球形表面光滑的颗粒易成球，且制粒小球的强度高。

2）加水量及加水方式

添加到混合料中的水量对混合料成球有很大影响，不同混合料的适宜加水量通常不一样。

研究表明，细粒粉状物料的制粒，是从粒子被水润湿并形成足够的毛细力后才开始的。水分不足时，由于添加水被粒子表面吸附，还未能形成一定的毛细力，也就不可能有足够力使散状物料聚集成球粒，难以制粒。随着水量增加，粒子间开始充填毛细水，在毛细力作用下，细粒粉末开始黏附在核粒子上形成黏附层，并不断长大形成准颗粒。当水分继续增加时，小球粒将会发生变形和兼并，使烧结料层孔隙率下降，透气性恶化。制粒区所需水量为有效制粒水（混合料总水分去除吸湿水后的剩余部分）。

加水方式对制粒有重要影响。一次混合的目的在于混匀，应在沿混合机长度方向均匀加水，加水量占总水量的 80%～90%。二次混合的主要作用是强化制粒，加水量仅为 10%～20%。分段加水法能有效提高二次混合作业的制粒效果，通常在给料端用喷射流水，促进小球核形成，继而用雾状水润湿小球表面，使小球长大，距排料端 1 m 左右停止加水，小球粒紧密、坚固。

3）混合时间

为了保证烧结料的混匀和制粒效果，混合过程应有足够的时间。20 世纪 70 年代初以前，世界各国的总混合时间大部分为 2.5～3.5 min。国外最近新建厂则大都把混合时间延长至 4.5～5 min 或更长，生产实践证明混合时间在 5 min 之内效果最明显。

对于圆筒混合机，其混合时间计算如下：

$$t = L/(60V) \tag{7-12}$$

式中：t 为混合时间，min；L 为混合机长度，m；V 为料流速度，m/s。

$$V = 2\pi Rn\tan\alpha/60 = 0.105R \cdot n \cdot \tan\alpha \qquad (7-13)$$

式中：R 为圆筒混合机半径，m；n 为圆筒混合机转速，r/min；α 为圆筒混合机倾角。

将式(7-13)代入式(7-12)则得：

$$t = L/(0.105R \cdot n \cdot \tan\alpha) \qquad (7-14)$$

由式(7-14)可以看出，混合时间与混合机长度、转速和倾角有关。增加混合机的长度，无疑可延长混合制粒时间，有利于混匀和制粒。混合机转速决定着物料在圆筒内的运动状态。混合机的倾角决定着物料在机内停留时间，一次混合机其倾角在 2.5~4° 之间，二次混合机倾角应不大于2.5°。

4)混合机的充填率

充填率是以混合料在圆筒中所占体积来表示。充填率过小时，产量低，且物料相互间作用力小，对混匀与制粒均不利，充填率过大，在混合时间不变时，能提高产量，但由于料层增厚，物料运动受到限制，并容易破坏制粒小球。一般认为一次混合机的充填率为15%左右，而二次混合比一次混合的充填率要低些。

5)添加剂

在烧结混合料内添加消石灰、生石灰、膨润土等一系列添加剂，可起到黏结作用，对改善混合料成球有良好的效果。这些添加剂具有很大的比表面，能提高混合料的亲水性，在许多场合下还具有胶凝性能，因而混合料的成球性可大大提高。

7.4 混合料烧结

7.4.1 布料

7.4.1.1 铺底料

在混合料布料之前，首先要往烧结台车的箅条上铺上一层约 30 mm 厚烧结矿(粒度通常为 10~20 mm，由整粒系统分出)作为铺底料，其作用主要有：

(1)保护炉箅条。防止烧结时高温燃烧带与炉箅条直接接触，延长炉箅条使用寿命，而且还可以防止烧结矿黏结箅条、使卸料顺畅并减少散料，改善环境；

(2)有过滤层作用，可防止细粒粉进入烧结烟气，减少烟气中的灰尘含量，可延长风机转子使用寿命；

(3)保持有效抽风面积，使气流分布均匀。

表 7-2 所列指标表明，采用铺底料工艺，烧结机利用系数提高，且质量也有所改善。

表 7-2 有铺底料与无铺底料主要烧结技术指标

条件	利用系数 /(t·m^{-2}·h^{-1})	混合料粒度 >2.5 mm (二混后)/%	热返矿粒度 <3 mm/%	转鼓指数 >5 mm/%	烧结矿细粒级含量 <5 mm	返矿残炭 /%
有铺底料	1.2~1.4	47.0	8.73	80	9.10	0.95
无铺底料	1.14~1.22	36.5	47.0	77~79	11.93	1.28

7.4.1.2　混合料布料

烧结混合料布料在铺底料的上面，布料时要求混合料的粒度、化学组成及含水量等沿台车宽度方向均匀分布，料面平整，并保持料层具有均匀的透气性；另一方面，由于烧结混合料的粒度较粗，在 1～10 mm 之间，对于烧结过程而言，布料时产生一定的偏析是有好处的，即沿料层高度其粒度自上而下逐渐变粗，碳的分布自上而下减少，可改善料层的气体动力学特性并充分利用料层蓄热，提高烧结矿质量。

布料的好坏在很大程度上取决于布料装置。烧结机布料系统通常由梭式布料器 + 圆辊布料器 + 反射板（或多辊布料器）组成（见图 7 - 7）。混合料由沿台车宽度方向往返移动的梭式布料器布到混合料槽，再由圆辊布料机从混合料槽中给到反射板或多辊布料器上，再被撒布到台车内。梭式布料器的作用是确保台车宽度方向上物

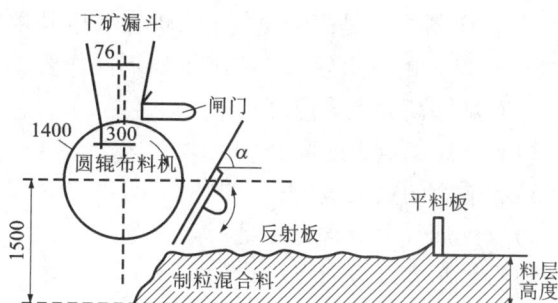

图 7 - 7　烧结布料装置

料的均匀性。圆辊布料器的作用是从混合料槽中排料，并通过闸门开度和转速大小来调节料流量，其中主门用于调节总料流量，辅门用于调节宽度方向的料流量。反射板或多辊布料器（通常为七辊或九辊）的作用是作为下料溜槽的同时，使料层产生合理的偏析。通过调整反射板倾角和高度可调节混合料的偏析效果，而多辊布料器可通过辊间隙的作用使细粒料被漏下布到料层上部，粗粒料则从多辊上面溜下并借助于其自身的滚动被撒布到料层底部。在反射板的下方，有一块平料板，用于刮平料面。

近年来，国外许多烧结厂对布料技术进行了不少改进。日本新日铁公司在生产上采用两套新型布料装置。一种是君津厂和广畑厂的条筛和溜槽布料装置，条筛上的棒条横跨烧结机整个宽度，混合料的粗粒从棒条上通过，然后落向烧结台车的算条，从而形成上细下粗的偏析；另一种是八幡厂的格筛式布料装置，筛棒自起点成三层散开，棒间距离逐渐增大，每条筛棒各自作旋转运动，以防止物料堆积在筛面上。这样，首先是较大粗颗粒落在算条上，随后布料的粒度就愈来愈小。

为了改善料层透气性，国内外一些烧结厂采用松料措施，比较普遍的是在反射板下边，料中部的位置沿台车长度方向水平安装一排或多排 30～40 mm 钢管，称之为松料器。钢管间距离为 150～200 mm，布料时钢管被埋上，当台车离开布料器时，那些透气棒原来所占的空间被腾空，料层形成一排透气孔带，改善了料层透气性。

在我国自 1979 年乌鲁木齐钢铁厂成功使用这一技术后，首钢、西林、梅山冶金公司、宝钢等烧结厂先后使用了水平松料器，均取得了料层升高、产量提高、能耗下降的良好效果。如宝钢应用该松料器后，产量增加 3.8%，转鼓强度提高 2.3%，焦粉消耗量降低 1.04 kg/t - s。

7.4.2 点火

7.4.2.1 点火的目的与要求

点火的目的是供给混合料表层以足够的热量，使其中的固体燃料着火燃烧，形成表层燃烧带，同时使表层混合料在点火炉内的高温烟气作用下干燥和烧结，并借助于抽风使烧结过程自上而下进行。点火好坏直接影响烧结过程的正常进行和烧结矿质量。

点火用的燃料有三种，即气体燃料、液体燃料和固体燃料。其中气体燃料点火应用较为普遍。气体燃料主要是高炉煤气、焦炉煤气以及由二者组成的混合煤气。

要达到良好的点火效果，应满足如下操作要求：

(1)有足够高的点火温度；

(2)有一定的点火时间；

(3)有适宜的点火负压；

(4)点火烟气中氧含量充足；

(5)沿台车宽度方向点火均匀。

7.4.2.2 点火工艺参数

1)点火温度与点火时间

点火温度是指点火烟气接触料面时的温度，也就是在点火时将热电偶置于料面之上所测得的温度。点火时间为料面上某一点接触点火烟气的时间，也就是烧结生产中该点通过点火罩的时间。

为了点燃混合料中的燃料，必须将混合料加热到燃料燃点以上，因此点火火焰须向料面提供足够的热量，点火热量的计算公式如下：

$$Q = h \times A(T_g - T_s)t \tag{7-15}$$

式中：Q 为点火时间内点火器传递给烧结料表层的热量，kJ；A 为点火面积，m^2；h 为传热系数，$kJ/(m^2 \cdot min \cdot ℃)$；$T_g$ 为点火温度，℃；T_s 为点火前混合料的原始温度，℃；t 为点火时间，min。

由上式可以看出，为了获得足够的点火热量，有两种途径：一是提高点火温度，二是延长点火时间。

若提高点火温度，点火时间可相应缩短，目前国内外研制的许多新型点火器，都是采用集中火焰点火，可以有效地使表层混合料在较短时间内获得足够热量，而且还可以降低点火能耗。

2)点火强度的影响

点火强度是指单位面积上的混合料所消耗的点火热量或燃烧的煤气量，如式(7-16)。

$$J = Q_t/(60VB) \tag{7-16}$$

式中：J 为点火强度，kJ/m^2；Q_t 为单位时间内点火段的实际供热量，kJ/h；V 为烧结台车的运行速度，m/min；B 为台车宽度，m。

适宜的点火强度主要与混合料的性质、抽风量和点火器热效率有关。混合料的物化性质和传热性质决定了所需要的点火热量，其传热特性还影响热气离开表面燃烧带时所带走的热量，从而影响点火烟气的热量利用率。

抽风量同样会影响点火烟气的热量利用率。抽风量过大，不仅会使热气离开表面燃烧带时所带走的热量增加，而且会因吸入冷空气而降低热量利用率，使点火强度升高。实际生产过程一般采用低负压点火以降低点火强度,合适的点火负压以引导点火烟气向料面定向流动为宜。日本普遍用低负压点火,点火强度为 42000 kJ/m²,最低的川崎公司只有 27000 kJ/m²,我国采用低负压点火(风箱负压为 1960 Pa),点火强度为 39300 kJ/m²。

点火器的热效率是指进入表层料面的热量占点火燃料所含热量的百分数。它取决于燃料的燃烧效率和设备的散热率。燃烧效率高,散热率低,则点火器热效率高。多年以来,各国都在积极发展新型点火器技术,以提高点火器的热效率,降低点火强度,节约点火能耗。

3)烟气含氧量的影响

烟气中含有足够的氧可保证混合料表层的固体燃料充分燃烧,这不但可以提高燃料利用率,而且也可提高表层烧结矿的质量。假若烟气中的含氧量不足,固体燃料燃烧缓慢,一方面会使表层供热不足,另一方面会影响垂直烧结速度,产量下降。研究表明,当点火烟气中的氧含量为 13% 时,固体燃料的利用率与混合料在大气中烧结时接近。氧含量在 3%~13% 范围内时,点火烟气增加 1% 的氧,烧结机利用系数提高 0.5%,燃料消耗降低 0.3 kg/t-s。提高点火烟气中的含氧量的主要措施有:

(1)增加燃烧时的过剩空气量。所谓空气过剩系数,是指点火燃料燃烧所用的助燃空气的总量与燃烧反应所需的理论空气量的比值。提高空气过剩系数可增加点火烟气中的剩余氧含量。但是,提高空气过剩系数会增加助燃空气的吸热量,从而增加点火燃料的消耗。

(2)利用预热空气助燃。预热助燃空气,可降低其吸热量,从而可以为提高空气过剩系数创造条件,达到提高点火烟气含氧量的效果。生产中通常将环式冷却机上的热风循环利用,引至点火器用作助燃风。

(3)采用富氧空气点火。富氧空气助燃点火可减少空气中氮的吸热对点火热量的消耗,从而可提高烟气含氧量。

近年来,宝钢与中南大学合作开发了微波热风点火新技术。以微波为点火能源,利用蓄热材料将空气加热后直接点火,点火气体中可达到与空气完全相同的氧含量,半工业试验获得了大幅度降低点火温度和点火能耗的效果。

7.4.2.3 保温

点火后的表层烧结矿直接接触冷空气时,不仅会降低表层料高温保持时间,导致反应不够充分,而且会使其冷却速度过快,引起表层烧结矿强度大幅下降,致使烧结成品率及强度下降。因此,现代烧结机都在点火器后加上一个保温罩,并通过增设烧嘴或引入热风保持罩内气体温度,以降低表层冷却速度,提高烧结矿产质量。

7.4.3 烧结

7.4.3.1 烧结过程主要技术参数

烧结是将混合料加工成烧结矿的中心环节,直接影响烧结生产的产量和质量。上游各工序环节作业效果的好坏,也将在烧结过程中得到集中反映。合理选择烧结工艺参数,对确保烧结矿优质高产非常重要。影响烧结过程的工艺因素很多,其中主要因素有风量、负压、料层厚度、返矿量、混合料水分、燃料、原料特性等。

1)风量与负压

生产实践证明,在一定范围内增加通过单位烧结面积的风量,能有效地提高烧结矿的产量和质量。烧结风量与负压的选择有如下几种情况:

(1) 大风量高负压烧结　20 世纪 70 年代以来，国外一些烧结厂在不断强化烧结过程的基础上，采用高负压大风量，以满足进一步提高烧结料层厚度的要求。单位烧结面积的风量一般高达 85 ~ 100 $m^3/(m^2 \cdot min)$，主风机的抽风负压为 14.2 ~ 17.1 kPa。有的高达 19.6 kPa 以上，首钢 $2^\#$、$3^\#$ 烧结机对比试验表明，单位烧结面积风量由 80 $m^3/(m^2 \cdot min)$ 提高到 100 $m^3/(m^2 \cdot min)$ 时，烧结机利用系数提高 34%。

一般地，在料高一定的条件下，提高抽风负压可增加通过料层的风量，提高烧结利用系数，但烧结矿强度有所下降。若同时增加料层高度和抽风负压，保持单位面积风量一定，则利用系数几乎不变，但烧结矿强度提高。

高负压大风量也有一些不利因素，如负压增加，主风机 $\Delta p - Q$ 曲线向左移，漏风率增大，料层被压实，收缩大，烧结矿气孔率减少，还原性下降。同时高负压风机的噪音大，亦污染环境。因此，过分强调通过高负压实现大风量并不是一个理想的选择。对于一般生产，负压和风量要根据原料条件、料层厚度，对烧结矿的质量要求、燃料消耗和电力消耗综合进行考虑或通过实验来确定。

(2) 低负压大风量烧结　采用高的单位面积风量和较低的风机负压，是目前烧结生产普遍采用的技术方案。在强化烧结过程的基础上提高烧结料层厚度，其单位烧结面积每分钟的风量为 80 ~ 90 m^3，负压为 10290 ~ 12250 Pa。

低负压条件下实现大风量烧结主要靠改善料层透气性。目前国内外烧结生产为实现低负压和高料层烧结，发展了一系列改善料层透气性的措施，主要有：

①通过添加生石灰等具有黏结性的添加剂和延长混合时间等措施强化制粒。

②通过预热混合料防止或减少水分冷凝，降低过湿带的影响。

③安装松料器。

④采用合理的原料结构，增加粗粒粉矿配比，改善原料粒度组成。

⑤严格控制返矿。

⑥改善布料操作，强化合理偏析。

⑦加强设备管理，减少有害漏风。

2) 料层厚度

改变料层厚度能显著影响烧结生产率、烧结矿质量及固体燃料消耗。生产率随料层厚度的改变有极值特性，这是因为增加料层厚度，一方面使垂直烧结速度降低，另一方面由于烧结矿强度提高而使成品率增加。当料层厚度在一定范围内增加时，成品率增加居于主导地位，生产率有一定程度的提高。但当料层厚度在某一临界值继续增加时，烧结速度下降居于主导地位，生产率则有所降低。这一临界料层厚度与料层透气性和风机负压有关。因此在一定的风机负压下，就有一个对应的适宜的料层厚度，随着风机负压提高，适宜的料层厚度随之增加。

料层厚度增加，烧结料层中的蓄热量也随之增加，烧结高温带时间延长，烧结矿形成条件改善，液相的同化和熔体结晶较为充分。而且料层增高后，表层烧结矿的数量相对减少。因此，厚料层烧结可在不增加燃料用量的条件下提高烧结矿的强度。

随着料层厚度增加，料层蓄热量增加，可在较低的燃料配比条件下实现烧结，并使烧结过程的热水平沿料层高度的分布较为合理，从而降低固体燃料消耗。

随着料层增厚，料层阻力增大，水分冷凝现象加剧。因此，为减少过湿层的影响，厚料层烧结应预热混合料，同时采用低碳低水操作。

3）返矿平衡

返矿是烧结饼后序加工过程中的筛下产物，其中包括未烧透和没有烧结的混合料，以及强度较差在运输过程中产生的小块烧结矿。返矿的成分和成品烧结矿基本相同，但其 TFe 和 FeO 较低，且含有少量的残碳，它是整个烧结过程中的循环物。

由于返矿粒度较粗，气孔多，加入混合料中可改善烧结料层透气性。对于细粒精矿烧结，返矿可以作为物料的制粒核心，改善烧结混合料的粒度组成，提高垂直烧结速度。同时由于返矿中含有已烧结的低熔点物质，它有助于烧结过程液相的生成。

返矿的质量和数量直接影响烧结的产量和质量，应当严格控制，正常的烧结生产过程是在返矿平衡的条件下进行的。所谓返矿平衡，就是指烧结生产及运输过程中产生的返矿与加入到烧结混合料中的返矿的数量相同。烧结生产的正常运行需要有适宜的返矿配比，而流程中返矿的产出也是不可避免的，当返矿配加量与产出量相等时，即达到了返矿平衡。

烧结机投产后，需要较长时间才能达到返矿平衡。生产中通常依靠调节燃料用量来维持返矿平稳，当产出的返矿产出量大于适宜的配加量，则适当增加混合料中的燃料用量，以提高成品率，减少返矿出量；反之，则适当降低混合料中的燃料用量以增加返矿产出量。目前烧结生产都将返矿参与配料，严格控制返矿配比，而返矿配料矿槽具有一定的缓冲能力。因此，烧结生产一般只需维持在大致平衡。若相当时间仍未达到返矿平衡的要求，则表明烧结过程的目标参数与操作参数之间的关系不相适应，应加以调整。

目前，烧结生产返矿配比普遍为 30% 左右（按内配计算，即占混合料干基总量的百分数）。

4）混合料水分

尽管混合料水分对烧结过程具有不可或缺的作用，但当混合料水分过高时，不仅会导致烧结过程中过湿现象增加，而且会使制粒小球变形甚至泥化，堵塞料层气孔，恶化透气性，严重时甚至使烧结过程无法进行。此外，水分过高还会导致传热速度过快而影响传热速度与燃烧速度的匹配性，从而影响料层热场分布，降低烧结矿产量和质量。因此，烧结生产需要适宜的混合料水分含量，其值的高低与原料性能有关。一般来说，物料粒度越细，比表面积越大，所需适宜水分就越高。此外，适宜水分与原料类型关系很大，研究表明松散多孔的褐铁矿烧结时所需水分可达 20%，而致密的磁铁矿烧结时适宜水分为 6% ~ 9%。

烧结最适宜水分是以使混合料达到最高成球率或最大料层透气性来评定的。最适宜的水分范围越小，实际水分变化对混合料的成球性影响越显著。

5）燃料

与水分一样，燃料同样是烧结混合料不可或缺的组分，其作用是给烧结过程提供足够的热量。燃料的种类、用量、粒度及粒度组成都对烧结过程具有重要影响。

不同种类的燃料因燃烧特性和热稳定性不同而对烧结过程产生影响。焦粉热稳定性好、挥发分低、燃烧速率较慢，既可控制合适的燃烧带厚度，又可维持足够的高温保持时间，是最理想的烧结燃料。相比之下，无烟煤易过粉碎，且易发生热爆裂，燃烧速度快，因而较难控制合适的燃烧带厚度，且高温保持时间较短。除此之外，其他如烟煤、褐煤等年轻煤种都因含有较高的挥发分而不宜用作烧结燃料。

合适的燃料用量是烧结生产的重要参数。燃料用量过高，料层氧势低，不利于针状铁酸钙的生成，且烧结矿因 FeO 高，还原性下降。燃料用量过低，则热量不足，烧结矿产量和质量都会下降。

燃料的粒度和粒度组成不同，则燃烧速率不同。粒度过粗，则燃烧速率过慢，燃烧带厚度加宽，烧结速率下降，且会导致局部还原性气氛过强，不利于针状铁酸钙的生成。粒度过细，烧结速率过快，高温保持时间短，烧结矿产量和质量下降。粒度组成方面，粒度分布范围宽，则燃烧带厚，热量分散。一般生产中要求燃料粒度组成中 -3 mm 含量不低于 85%，有些企业要求不低于 90%，且要求尽量减少过粉碎现象。

6）原料特性

不同种类的原料具有不同的烧结特性。对于某种原料来说，影响烧结过程的特性主要包括：

（1）粒度及粒度组成、亲水性、颗粒形貌等影响制料性能的因素。

（2）软熔特性、反应性、反应热效应等影响成矿反应和液相生成的因素。

（3）结晶水、分解物、以及其他形成的烧损物等影响料层密实性的因素。

一般地，制粒性能好的原料有利于烧结；反应性好、软熔温度不太高的原料有利于烧结；反应吸热量不大或放热的原料有利于节约能耗；烧损大的原料（如褐铁矿、菱铁矿等）不利于烧结矿的致密化，影响烧结矿的产量和强度。

除此以外，烧结混合料的成分，如 TFe、SiO_2、CaO、Al_2O_3、MgO 等烧结配料的重点控制成分，对烧结过程有重要影响。这些成分连同烧结温度和气氛决定了烧结过程中的主要反应的进行和产物的组成，进而影响烧结矿的矿相结构及产量和质量。生产中在控制这些成分在适宜含量的同时，还要求烧结矿具有一定的碱度，并且要求各成分和碱度保持稳定。

7.4.3.2 烧结机

目前广泛采用的带式烧结机主要由台车、密封装置、驱动装置、骨架、风箱、大烟道及卸灰装置等几部分组成。

1）台车

台车主要由台车体、卡轮（轴辘）、车轴、密封装置、挡板、隔热垫、箅及箅条压块等组成。台车车体的结构形式有整体、二体装配及三体装配等多种形式，台车大都采用铸钢或球墨铸铁铸成整体结构，如图 7-8 所示。

2）烧结机的密封装置

烧结机的密封包括机头、机尾两端的密封和滑道密封。

老式烧结机的机头、机尾两端的密封采用金属弹簧密封，密封板靠弹簧弹力顶住，与台车底面紧密接触。

新型烧结机多采用重锤连杆式端部密封装置。机头设 1 组，机尾设 1~2 组，密封板由于重锤作用向上抬起与台车本体梁下部接触。为防止台车梁磨损，密封板与台车梁之间一般留有 1~3 mm 的间隙，密封装置与风箱之间用石棉板等密封。

滑道密封采用台车滑板新式弹簧式密封装置，密封板装在台车的两侧，由密封滑板、弹簧销轴、销和门形框架等构成，密封板装在门形框体内由弹簧施加必需的压力，销轴用来防止密封板纵向或横向移动，弹簧放在密封板凹槽内。

3）风箱、大烟道及卸灰装置

风箱、大烟道及卸灰装置构成了烧结系统的抽风通道，且具备密封排灰的功能。

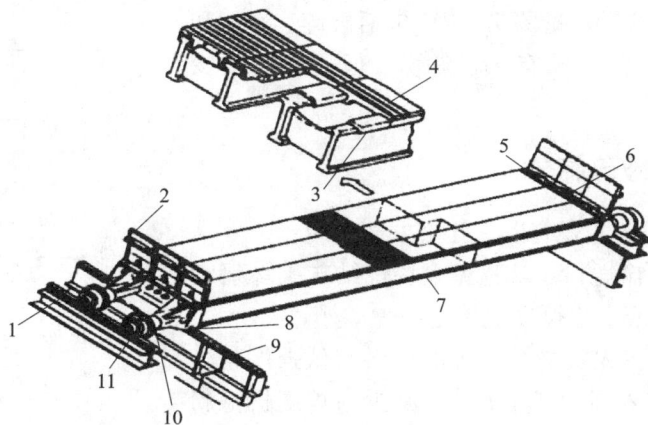

图7-8　台车

1—车轮轨道；2—挡板；3—隔热垫；4—中间算条；5—算条压块；
6—两端算条；7—台车体；8—密封装置；9—固定滑道；10—卡轮；11—台车轮

如图7-9所示。风箱顶部与台车底部通过两密封滑道相连，构成真空室。在抽风机的作用下，烧结废气经台车算条进入风箱，再由各风箱汇集于大烟道。大烟道下方配置有一系列的降尘室，以便废气中粗粒粉尘沉降。沉降的粉尘由带密封功能的卸灰装置排出。卸灰装置一般有双层阀卸灰装置及水封装置两种形式。水封形式不便于自动控制，拉链机容易被料"压死"且处理时间较长，目前烧结厂多采用双层阀卸灰装置。

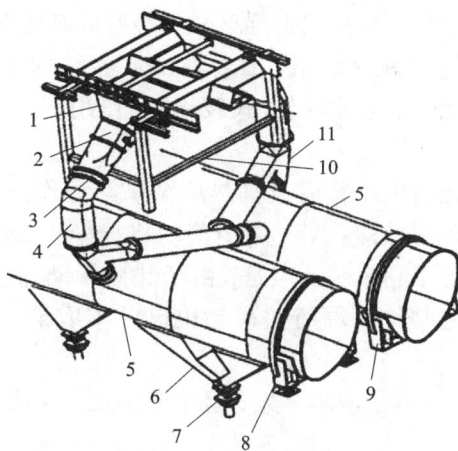

图7-9　主烟道结构图简图

1—风箱；2—风箱支管阀；3—膨胀圈；4—风箱支管；5—大烟道；6—灰箱；
7—双重漏灰阀；8—自由脚；9—固定脚；10—烧结机骨架；11—风箱支管转换阀

7.5　烧结矿处理

从烧结机上卸下的烧结饼，都夹带有未烧好的矿粉，且烧结饼块度大，温度高达700~1000℃，对运输、贮存及高炉生产都有不良的影响，因此需进一步处理。

典型烧结矿处理流程(见图 7 – 10)包括破碎、冷却和
整粒。早期的烧结工艺还设有热矿筛分,但现在已很少
使用。

7.5.1　烧结矿的破碎筛分

对烧结饼进行破碎主要有以下几个方面作用:

(1)方便转运和输送,可以避免大块烧结矿破坏后续
转运、输送及处理设备,也可避免堵塞高炉矿槽。

(2)可以将夹杂在大块烧结矿中的生料及低强度料分
离出来,避免夹带进入高炉产生粉末,减少高炉内机械粉
化现象。

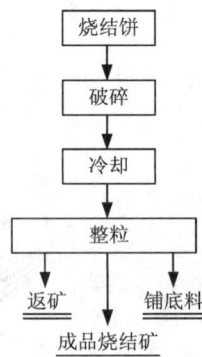

图 7 – 10　烧结矿处理流程

(3)改善冷却料层气流分布,便于冷却散热,提高冷却效率。

(4)便于整粒作业,不仅可以保护筛分设备,而且可使成品烧结矿粒度分布趋于合理,
还有利于最大限度地分离返矿,并获得适宜粒度的铺底料。

(5)有利于降低高炉炉料块度,促进高炉的上、中部充分还原,改善炉缸的热工制度,降
低高炉焦比。

烧结饼破碎普遍采用剪切式单辊破碎机,其优点是破碎过程中的粉化程度小,成品率
高,且结构简单、可靠,使用、维修方便。

除了单辊破碎机的作用以外,烧结饼卸料及破碎机排料到冷却机布料之间存在几次落
差,这些落差所产生的冲击力对烧结矿也起到良好的辅助破碎的作用。而且,由于冲击破碎
具有选择性破碎的特性,因而对于分离出低强度和未烧好的杂质料起到了不可替代的积极作
用。目前,烧结生产普遍采用高碱度烧结,其特有的矿相结构使烧结矿不仅具有良好的强
度,而且具有良好的破碎性能,在这种"组合式破碎"的作用下,烧结矿粒度趋于合理,超过
50 mm 的大块料含量极少。

直到 20 世纪 90 年代,烧结生产普遍设置热烧结矿筛分作业,其作用主要有两个方面:
一是降低冷却料层粉末量、改善冷却效果并减少冷却机扬尘;二是分出热返矿,用于预热混
合料,以减少过湿带对烧结的不利影响。但是,由于热矿振动筛存在诸多问题,不仅新建烧
结机已不再设置热矿筛分,老烧结厂原有热矿筛也已基本取消。热矿筛分存在的主要问题
如下:

(1)热矿振动筛在高温下工作,故障多发,且维修困难,劳动强度大,严重影响烧结生产
作业率。

(2)由于热矿振动筛与烧结机是一对一配置,与大型烧结机配套的大型振动筛难以购买。

(3)热返矿直接循环,难以准确计量,缓冲能力差,且相关工作环境恶劣,设备事故多
发。现代烧结要求准确配料,精心控制原料结构及混合料成分,并持续稳定,返矿直接循环
带来的波动难以满足这一要求。

7.5.2　烧结矿的冷却

1)冷却的作用

冷却作业将炽热的烧结矿(700 ~ 800℃)冷却至 100 ~ 150℃,具有如下作用:

（1）冷烧结矿可用胶带机运输和上料，适应高炉大型化的要求；

（2）冷烧结矿便于整粒，为高炉冶炼提供粒度均匀的产品，以强化高炉冶炼，降低焦比，增加炼铁产量；

（3）可提高高炉炉顶压力，延长烧结矿仓和高炉炉顶设备的使用寿命；

（4）有利于从冷却废气中回收利用烧结矿的余热；

（5）有利于改善烧结厂和冶炼厂的厂区环境。

2）冷却方法

烧结矿的冷却方法按风流特性可分为鼓风冷却和抽风冷却，按冷却机的形式又可分为机上冷却和机外冷却，其中机外设备又分为环式冷却机和带式冷却机两种。

抽风冷却采用薄料层（$H < 500$ mm），所需风压相对低（$600 \sim 750$ Pa），冷却机的密封回路简单，而且风机功率小，可以用大风量进行热交换，缩短冷却时间，一般经过 $20 \sim 30$ min，烧结矿可冷却到 100℃ 左右。抽风冷却的缺点在于风机在含尘量较大、气体温度较高的条件下工作，叶片寿命短，且所需冷却面积大，一般冷却面积与烧结面积之比值（称为冷烧比）为 $1.25 \sim 1.50$，难以适应烧结设备大型化的要求。另外，抽风冷却废气温度较低（为 $150 \sim 200$℃），不利于余热回收利用。

鼓风冷却采用厚料层（约 1500 mm），低转速，冷却时间长，约 60 min，冷却面积相对较小，冷烧比为 $0.9 \sim 1.2$。冷却后热废气温度为 $300 \sim 400$℃，较抽风冷却废气温度高，便于余热回收利用。鼓风冷却的缺点是所需风压较高，一般为 $2000 \sim 5000$Pa，因此必须选用密封性能好的密封装置。

抽风冷却与鼓风冷却比较，各有优缺点，但总的看来，鼓风冷却优于抽风冷却，在新建的烧结厂中，抽风冷却已逐渐被鼓风冷却取代。

机上冷却是将烧结机延长后，烧结矿直接在烧结机的后半部进行冷却的工艺，其优点是单辊破碎机工作温度低，不需要单独的冷却机，可以提高设备作业率，降低设备维修费，便于冷却系统和环境的除尘。但是，机上冷却产生的废气温度高（可达 600℃），压力损失大（风机压力需 8000 Pa 左右），因而需要高温风机，且功率消耗大。此外，机上冷却时台车和箅条受热废气作用时间长。

采用机外冷却工艺时，热烧结饼经破碎后，粒度较均匀，粒径较小，料层阻力小且热交换效果好，因而冷却风机使用的风压低，有利于节省电耗。同时，也可以采用厚料层鼓风冷却，有利于余热回收利用。带式冷却机和环式冷却机是比较成熟的机外冷却设备，在国内外获得广泛应用。它们都有较好的冷却效果，环式冷机具有占地面积较小、厂房布置紧凑的优点。带式冷却机则在冷却过程中能同时起到运输作用，对于多于两台烧结机的厂房，工艺便于布置，而且布料较均匀，密封结构简单，冷却效果好。随着烧结机不断向大型化发展和环冷机密封技术的改进，新建烧结厂普遍采用环式鼓风冷却法。

不管采用什么样的设备和方法，除具有良好的冷却效果外，还应具备如下条件：①冷却能耗低，且应为烧结生产工序能耗的降低创造条件；②有利于废热回收利用；③环境污染要小；④便于检修和操作、占地面积小。

3）影响烧结矿冷却的因素

影响烧结矿冷却比较显著的参数有：冷烧比、风量、风压、料层厚度、烧结矿块度及冷却时间等。

冷烧比与冷却方式有关，抽风冷却的冷烧比一般为 1.25~1.50，鼓风冷却的冷烧比为 0.9~1.20，机上冷却冷烧比为 0.8~1.0，其中褐铁矿、菱铁矿为主要原料时在 0.8 以下。

冷却风量按每吨烧结矿计，鼓风冷却为 2000~2200 m³(标)，抽风冷却为 3500~4800 m³(标)。图 7-11 所示为冷却风量与所需冷却时间的关系，从图中看出，随着单位面积通过风量的增加，冷却速度加快，所需冷却时间明显缩短。而同一风量时，大粒烧结矿较小粒烧结矿冷却速度慢，未经筛分的烧结矿的冷却速度最慢，所需冷却时间最长，这是料层阻力增大所致。料层厚度也影响烧结矿冷却速度，如图 7-12 所示，随着料层厚度增加，所需冷却时间延长。

从冷却风量、料层厚度与冷却时间的关系可以看出，冷却时间加长，每吨烧结矿冷却所需风量减少。因此，适当提高料层，扩大冷却面积，延长冷却时间，虽然基建投资要高一些，但电费随之减少，排出废气的温度有所提高，余热利用价值高，且烧结矿的强度相应改善。

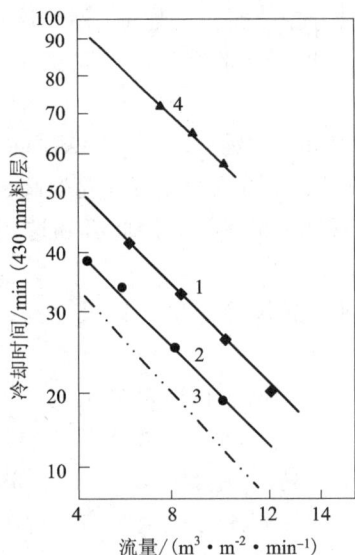

图 7-11　气流量与冷却时间的关系

1—+9.5 mm 的烧结矿；2—+6.3 mm 的烧结矿；
3—+3.15 mm 的烧结矿；4—未筛分的烧结矿

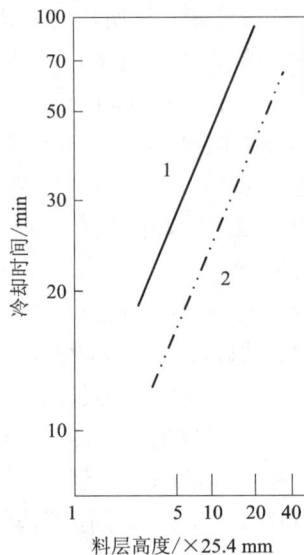

图 7-12　料层厚度与冷却时间的关系

（+3 mm 的烧结矿）

1—30.48 m³·m⁻²·min⁻¹；2—60.96 m³·m⁻²·min⁻¹

7.5.3　烧结矿的整粒

随着高炉现代化、大型化和节能的需要，对烧结矿的质量要求越来越高。烧结矿整粒技术就是随高炉冶炼技术的发展而逐步发展完善的一项技术。近年来国内新建烧结厂大都设有整粒系统，一些老厂的改造也增设了较完善的整粒系统。

烧结矿整粒的作用主要有两个方面：一是分出铺底料，二是分出返矿。烧结矿经整粒后，分出 10~20 mm(或 15~25 mm)作铺底料，-5 mm 粒级作返矿，其余的为成品烧结矿，成品烧结矿的粒度上限一般不超过 50 mm。为了控制烧结矿粒度上限，早期的整粒系统设有冷破碎，采用固定筛和对齿辊破碎机，组成一破四筛的整粒流程(见图 7-13)。随着烧结矿碱度的提高，破碎性得以改善，经烧结机尾单辊和卸料、转运过程几次落差冲击所构成的"组合式破碎"后，烧结矿 +50 mm 粒级含量极少，因而新建烧结生产线一般省去了冷矿破碎和一次筛分，形成了目前典型的三段筛分整粒流程，如图 7 - 14(a) 所示。而很多烧结机，采用的是其改良型，即在一筛先分出小粒度的烧结矿进三筛，如图 7 - 14(b) 所示。

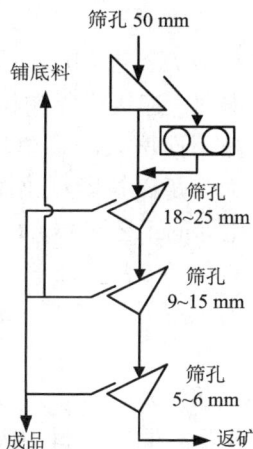

图 7 - 13 一破四筛整粒流程

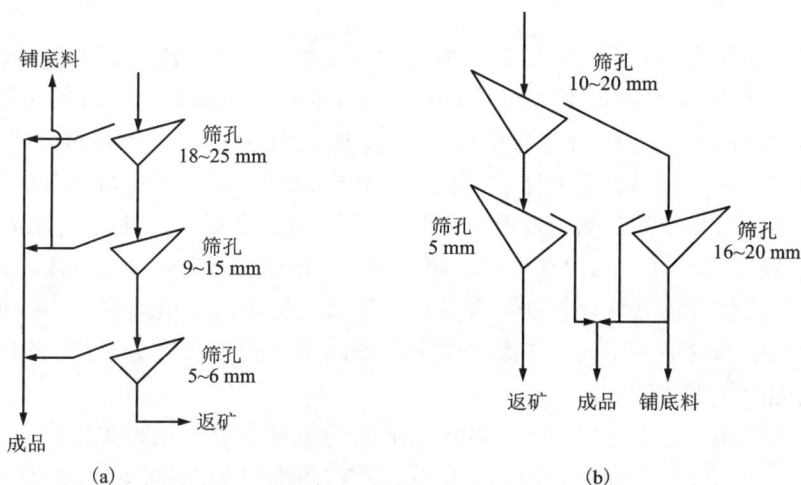

(a)

(b)

图 7 - 14 三段筛分整粒流程

思考题

1. 名词解释：准颗粒、点火强度、烧结速度、烧结燃耗、返矿平衡。
2. 烧结工艺流程包括哪些生产环节？各主要生产环节的基本任务和要求？
3. 简述烧结风量、负压、料层厚度对烧结产、质量的影响。

第8章 铁矿粉成球理论基础

　　润湿的细粒物料在滚动过程中在机械力、毛细力和黏滞力等的作用下自然形成球形聚集体的过程，称为成球。细粒物料被润湿时，连接相邻颗粒的润湿水产生使颗粒相互靠拢的毛细力，其作用强度随着颗粒间距离的缩小而增大。滚动时所产生的机械力使颗粒距离靠近，毛细力因此产生并加强，当毛细力的大小足以拉紧颗粒而不散开时，成球过程即可发生。通过造球设备，将细粒物料制备成合格生球的工艺过程，称为造球。

8.1 水分在成球中的作用

　　水分在细粒物料中的存在形态包括吸附水、薄膜水、毛细水和重力水四种，不同形态水的形成机制、特性及其对成球的作用各不相同。物料中吸附水、薄膜水、毛细水和重力水的和为总水含量。

8.1.1 吸附水的特性及其作用

　　用于造球的细粒物料的主要特点是分散度大、比表面积大、比表面能高。例如，将一边长为 1 cm 的立方体破碎为边长 10 μm (即 10^{-3} cm) 的小立方体时，颗粒的个数由 1 个变为 10^9 个，总表面积由 6 cm^2 相应增大为 6×10^3 cm^2，增大为 1000 倍。颗粒破碎得越细，比表面积就增加得愈多。一般造球物料的比表面积在 1600 ~ 2000 cm^2/g。物料具有如此大的比表面积，因此也就具有较大的表面能。表面分子处于不均衡的力场中，当其与周围介质(空气或液体)接触时，颗粒表面就显示出荷电性，如方解石、石英、膨润土、大多数的黏土等所带电荷多为负电荷，某些金属氢氧化物如氢氧化铁、氢氧化铝等所带电荷多为正电荷。表面带电的颗粒在一定的空间内形成电场，并影响处于电场内带电粒子极性分子的分布与排列，对细粒物料成球性能产生重要影响。

　　当干燥的固体颗粒与水接触时，在电场范围内的极化水分子被吸附于颗粒表面，水分子由于具有偶极构造而中和干燥颗粒表面的电荷，颗粒表面过剩能量因放出润湿热而减少，结果在颗粒表面形成一层吸附水。吸附水的形成不一定须将颗粒放入水中，或往颗粒中加水，当干燥的颗粒与潮湿大气接触时，也会吸附大气中的气态水分子，如图 8 - 1 所示。

　　当水蒸气压很低时只能单分子层吸附，吸附的基础是靠颗粒表面的离子和水的偶极分子之间的静电吸引，这种吸引力的作用半径不超过 1Å(10^{-8} cm)或几个 Å，在离开颗粒表面距离超出水分子直径的地方，被吸附的多层水分子是靠范德华力的作用。每一个被吸附的水的偶极分子，由于吸附作用，不仅失去迁移能力，同时，水的偶极子以正极或负极靠拢吸着点而呈定向排列状态。被吸着的第一层水分子表面系由被吸着水的偶极分子的正或负极所构成，这样一来，它们又形成可能吸着点的新的综合体。正因为如此，第一层偶极分子又会吸着第二层偶极分子，第二层又吸着第三层，依此类推。

吸附水层的厚度,是随着矿物成分或亲水性的变化而有所不同,同时也随着料层中水蒸气压力的增加而增大,当水蒸气压达到 100% 时,吸附水含量达到最大值,称为最大吸附水。表 8 – 1 列出纯石英砂的最大吸附水量和水膜厚度。

虽然水的分子力作用半径在极小的范围内,但其作用力非常大。例如,直接附着在固体表面的第一层分子水,其作用力大小相当于 980 MPa。在受范德华力作用的地方,其作用半径的大小至少达到数个水分子直径,虽然其作用力与距离的六次方成反比而递减,但受被吸附水的偶极分子呈定向排列的静电引力所补充,其所产生的作用力极大,被吸附的多层水分子仍被牢固地保持在颗粒上。吸附水的性质与一般液态水的性质有很大差别,它没有溶解盐类的能力,也没有从一个颗粒直接转移到另一个颗粒的能力,它的转移只能以水蒸气方式进行;吸附水密度大于 1 g/cm^3(为 $1.2 \sim 2.4 \text{ g/cm}^3$),一般为 1.5 g/cm^3;它不导电,在零下 78℃ 的温度下不会结冰,这种水又称为固态水。

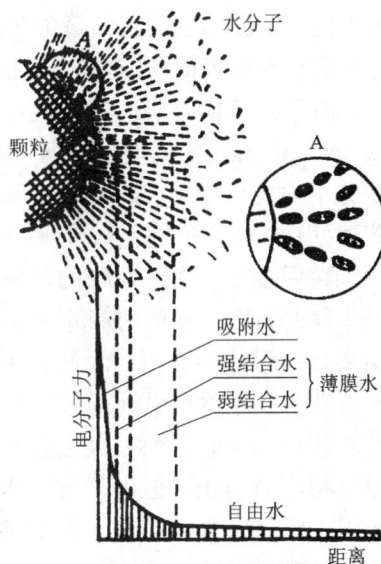

图 8 – 1 极化水分子在颗粒表面的排列及作用力的分布情况
(图中:电分子力等于静电力与范德华力之和)

表 8 – 1 纯石英砂的最大吸附水量及水膜厚度

粒度/mm	平均直径/mm	最大吸附水/%	吸附水膜	
			厚度/mm	相当于水分子个数
0.25 ~ 0.1	0.175	0.0452	376×10^{-8}	137
0.10 ~ 0.05	0.075	0.0798	356×10^{-8}	129
0.05 ~ 0.02	0.035	0.0917	152×10^{-8}	55
0.02 ~ 0.01	0.015	0.1133	83×10^{-8}	30
0.01 ~ 0.005	0.0075	0.1474	52×10^{-8}	19
0.005 ~ 0.002	0.0035	0.2642	44×10^{-8}	16
0.002 ~ 0.001	0.0015	0.4963	36×10^{-8}	13
0.001 ~ 0.000	0.0005	0.3872	33×10^{-8}	12

注:水分子直径采用 2.76×10^{-8} cm,测定时相对水蒸气压力 $p/p^0 = 0.94$。

8.1.2 薄膜水的特性及其作用

当固体颗粒表面达到最大吸附水层后,再进一步润湿颗粒时,在吸附水的周围就形成薄膜水。这是由于颗粒表面吸着吸附水后,还有未被平衡掉的范德华分子力(主要是颗粒表面的引力,其次是吸附水内层的分子引力)的作用。但是,这种引力较小,水分子定向排列较差,较松弛。薄膜水的内层与最大吸附水相接,引力为 304×10^4 Pa,外层为 61×10^4 Pa。因此,薄膜水与颗粒表面的结合力虽比吸附水和颗粒表面的结合力要弱得多,但其绝对大小依然很大,用 7 万倍重力加速度的离心机都不能使它从颗粒表面脱除。薄膜水的平均密度为 1.25 g/cm^3,溶解溶质的能力较弱,冰点为 $-4℃$。

在分子力的作用下,薄膜水可从水膜厚处移向水膜薄处:如图 8-2 所示,有两个相邻且直径相等的颗粒甲和乙,当甲颗粒的薄膜水较乙颗粒的薄膜水厚时,位于 A 的薄膜水距离颗粒乙的中心较距离颗粒甲的中心近,因此,薄膜水 A 开始向颗粒乙移动,即颗粒甲周围较厚的薄膜水开始向颗粒乙移动,这个过程一直进行到两个颗粒的水膜厚度相等时为止。但由于薄膜水受到颗粒表面的吸引,具有比普通水更大的黏滞性,因此这种迁移速度非常缓慢。当两个颗粒间的距离 ac

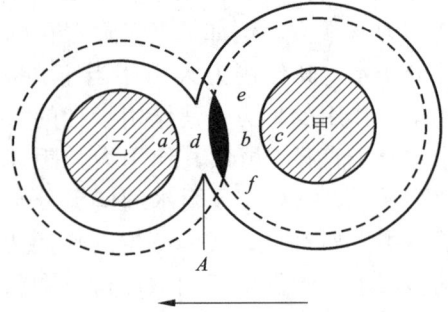

图 8-2 两颗粒间薄膜水移动示意图

小于两个颗粒的引力半径 ab、cd 之和时,两颗粒间引力相互影响范围 $ebfd$ 内的薄膜水,它同时受到两个颗粒的分子引力的作用而具有更大的黏滞性。通常,颗粒间距离越小,薄膜水的黏滞性就越大,颗粒就越不容易发生相对移动,对生球而言其强度就越好。

吸附水和薄膜水合起来组成分子结合水,在力学上可以看作是颗粒的外壳。在外力作用下结合水和颗粒一起变形,并且分子水膜使颗粒彼此黏结。各类铁矿石及常用添加物的最大分子结合水含量见表 8-2。

就铁矿石而言,致密的磁铁矿的最大分子结合水含量最小,而疏松的褐铁矿的最大分子结合水含量最大,并且其数值随着矿石粒度的减小而增大。各类常用添加物的最大分子结合水含量,亦与其本身性质有关,亲水性好、比表面积大的膨润土,其分子结合水具有最大值,消石灰次之。

当物料达到了最大的分子结合水后,矿粉就能在外力(搓、揉、滚、压等)的作用下表现出塑性性能,在造球机中成球过程才明显开始。

8.1.3 毛细水的特性及其作用

毛细水是在超出分子结合水作用范围以外受毛细力作用保持的一种水分。典型的毛细管直径为 0.001 ~ 1 mm,毛细力大小取决于物料的亲水性和毛细管的直径大小,一般介于 0.98×10^4 ~ 2.45×10^4 Pa之间。

当物料继续被润湿,超过最大分子结合水分时,物料中就出现毛细水。颗粒间水的饱和度不同时,所形成毛细水的状态也不相同。如图 8-3 所示,随着水饱和度的增加,颗粒间水的状态依次向触点状、蜂窝状、毛细状和水滴状变化。

- 触点状(pendular state):细粒物料被接触点处的水黏结在一起。
- 蜂窝状(funicular state):处于触点状和毛细状之间,孔隙没有完全被水填满。
- 毛细状(capillary state):颗粒完全饱和,孔隙中充满了水,在孔隙末端形成凹液面。
- 水滴状(droplet state):细粒物料被液滴包裹在一起。

● 准水滴状(pseudo - droplet state):水滴状中仍有未被填充的孔隙。这种状态一般发生在润湿性较差时的物料中。

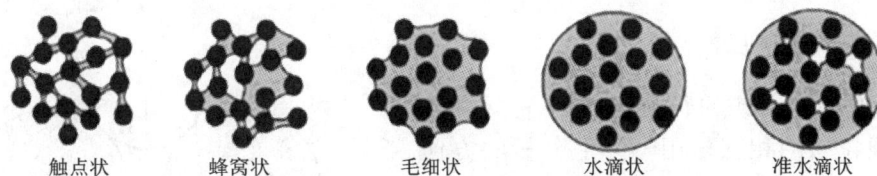

触点状　　　蜂窝状　　　毛细状　　　水滴状　　　准水滴状

图 8 - 3　不同饱和度下颗粒间的水的状态示意图

在造球过程中,由于连续加水,以及在外力作用下毛细管形状和尺寸的改变,颗粒间水的饱和状态将会由触点状向水滴状变化,毛细水也因毛细压大小的变化而发生迁移,因此,毛细水在矿粉成球中起着主导作用。当物料润湿到毛细水阶段,毛细力将水滴周围的颗粒拉向水滴中心而形成了小球,物料的成球过程才获得应有的发展。各类铁矿石及常用添加物的最大毛细水含量见表 8 - 2。

表 8 - 2　铁矿及添加物的最大分子结合水含量及最大毛细水含量

矿石名称	粒度/mm	最大分子结合水含量/%	最大毛细水含量/%
磁铁矿	0 ~ 1	4.9	9.3
	0 ~ 0.15	6.4	14.3
	0 ~ 0.074	6.0	17.6
赤铁矿	0 ~ 1	5.2	11.0
	0 ~ 0.15	7.4	16.5
	0 ~ 0.074	7.3	17.5
褐铁矿	0 ~ 1	21.2	37.3
	0 ~ 0.15	21.3	36.8
黄铁矿烧渣	0 ~ 0.074	13.2	29.8
膨润土	0 ~ 0.20	45.1	91.8
消石灰	0 ~ 0.25	30.1	66.7
石灰石	0 ~ 0.25	15.3	36.1

8.1.4　重力水的特性及其作用

当物料中的水分超过最大毛细水含量之后,超出的水分不能为毛细力所保持,在重力的作用下沿着矿粒间大孔隙向下移动,这种水分叫做重力水。当物料中出现重力水时,毛细作用减弱甚至消失,因此,重力水在成球过程中是有害的。

8.2 矿粉成球机理

8.2.1 颗粒黏结机理

生球团是由众多矿粉颗粒组成的，其强度取决于众多颗粒间的相互作用。为了分析的方便，将生球内颗粒间的相互作用简化成如图 8 – 4 所示的两个球形颗粒间的作用。两颗粒间的黏结力主要包括固 – 液 – 气三相界面上的毛细作用力 F_C、颗粒产生相对运动时桥液产生的黏滞作用力 F_V 及颗粒间的相互作用力 F_{DLVO}（静电力和范德华力的合力）。

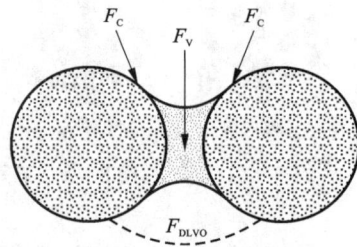

图 8 – 4 生球体系内两球形颗粒黏结模型

8.2.1.1 毛细作用力

当物料颗粒之间孔隙中液体充满率较小时，即为触点状时，两颗粒间的静态黏结力包括在气 – 液 – 固间的界面作用力和毛细作用力。

图 8 – 5 描述两个大小相同球形颗粒之间的黏结。在两个颗粒之间形成一个双凹透镜形的液体连接桥。由于它的侧面是凹凸形的，所以具有两种曲率半径 r_1 和 r_2。根据拉普拉斯公式：

$$P_C = \sigma_{lg}(\frac{1}{r_1} - \frac{1}{r_2}) \qquad (8-1)$$

式中：P_c 为毛细压，凹液面的毛细压为负值，凸液面毛细压为正值。因为 $\frac{1}{r_1} > \frac{1}{r_2}$，那么毛细力 F_c 就得出：

$$F_C = P_C \cdot A = \sigma_{lg}(\frac{1}{r_1} - \frac{1}{r_2}) \cdot \frac{\pi}{4}(d\sin\alpha)^2 \quad [A = \frac{\pi}{4}(d\sin\alpha)^2]$$
$$(8-2)$$

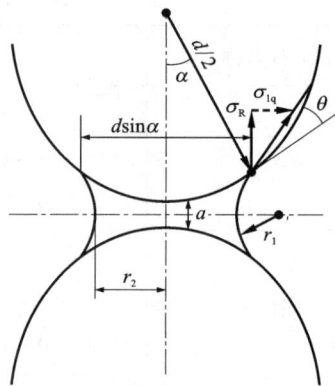

图 8 – 5 两球形颗粒之间毛细作用力

式中：σ_{lg} 为液体表面张力；d 为颗粒直径；α 为连接桥所对半角。

两颗粒的三相(气、液、固)界面力 F_R 可按下式计算：

$$F_R = \sigma_R \cdot L = \sigma_{lg}\cos(90° - \alpha - \theta) \cdot \pi d\sin\alpha \qquad (L = \pi d\sin\alpha)$$
$$= \sigma_{lg}\sin(\alpha + \theta) \cdot \pi d\sin\alpha \qquad (8-3)$$

式中：θ 为接触角。

因此，静态下两颗粒间的总黏结力 F_H：

$$F_H = F_C + F_R = \sigma_{lg}\pi d[\sin(\alpha + \theta)\sin\alpha + \frac{d}{4}(\frac{1}{r_1} - \frac{1}{r_2})\sin^2\alpha] \qquad (8-4)$$

因为 r_1 和 r_2 与连接桥所对半角 α、接触角 θ、颗粒直径 d 和两颗粒之间的距离 a 有关，因此式(8-4)可写成：

$$F_H = \sigma_{lg}d \cdot f(\alpha, \theta, \frac{a}{d}) \qquad (8-5)$$

当 $\theta = 0°$，$a = 0$ 及 $\alpha = 10° \sim 40°$时，

$$F_H = (2.2 \sim 2.8)\sigma_{lg}d \qquad (8-6)$$

图 8-6 以液固体积比（V_L/V_S）作为参数、用无因次形式描述两个相同粒度颗粒黏结力 $F_H/(\sigma_{lg} \cdot d)$ 与距离比 a/d 之间的关系。从图可看出：$\theta = 0°$，$a = 0$，得出 $F_{H,max} = \pi\sigma_{lg}d$，此时颗粒之间连接桥非常小。此处还可看出，当液固体积比（V_L/V_S）变小时，黏结力对距离比值的变化反应很灵敏。如果液体连接桥由于颗粒之间的距离增大而被拉长，当颗粒距离达到临界值时，连接桥就变得不稳定而脱落，连接桥越小这种不稳定状态就越容易出现。这就是为什么生球水分太低时生球强度小的原因。

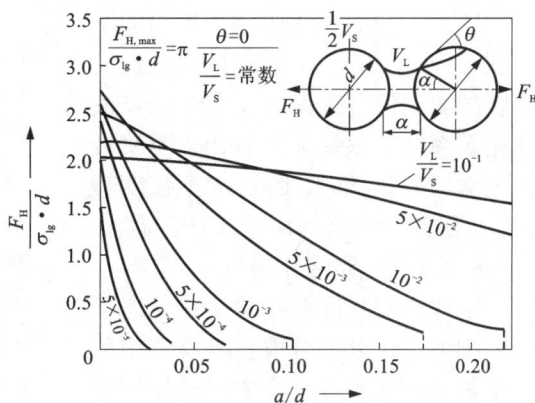

图 8-6　颗粒之间黏结力
$F_H/(\sigma_{lg} \cdot d)$ 与距离比 a/d 的关系

当生球孔隙中充满水时，在生球团中同样会形成许多毛细管系统。此时，如同一端放入水中的毛细管一样，在毛细压的作用下水会沿着由矿粉壁构成的毛细管上升。生球中毛细水上升的高度 h 可按式（8-7）进行计算：

$$h = \frac{2\sigma_{lg}\cos\theta}{r\rho g} \qquad (8-7)$$

式中：θ 为接触角；r 为毛细孔半径；ρ 为液体的密度；g 为重力加速度。

为了得到细粒物料毛细管半径，Tigerschiold 提出了水力学半径。其定义如下：

$$m = \frac{Q}{A} \qquad (8-8)$$

式中：Q 为水在毛细管中高度为 l 时的填充体积；A 为管内润湿表面的面积。

对于半径为 r 的毛细管，水力学半径 m 为：

$$m = \frac{\pi r^2 l}{2\pi r l} = \frac{r}{2} \qquad (8-9)$$

另外，水力学半径与比表面积（S）、真密度（ρ_t）和孔隙率（ε）存在以下关系：

$$m = \frac{\varepsilon}{S\rho_t(1-\varepsilon)} \qquad (8-10)$$

所以对于半径为 r 的毛细管：

$$r = \frac{2\varepsilon}{S\rho_t(1-\varepsilon)} \qquad (8-11)$$

$$h = \frac{\sigma_{lg}\rho_t S(1-\varepsilon)\cos\theta}{\rho g \varepsilon} \qquad (8-12)$$

随着毛细水上升高度 h 的增大，生球内毛细水的状态逐渐由触点状向蜂窝状、毛细状转变，当生球内部的毛细水处于蜂窝状或毛细状，生球强度（由 II. Rumpf 提出）可由式（8-12）进行计算：

$$\sigma_s = CK_n\left(\frac{1-\varepsilon}{\varepsilon} \cdot \left[\frac{\sigma_{lg}\cos\theta}{dp}\right]\right) \qquad (8-13)$$

式中：C 为水在生球孔隙内充填的饱和度；K_n 为颗粒配位数（相同尺寸球形颗粒时，$K_n = 6$）；

ε 为孔隙率。

从式(8-13)可以看出生球强度与桥液表面张力、孔隙率中水充填的饱和度成正比，与颗粒的尺寸成反比，随孔隙率的增加而减小。

Helmar Shuben 用图 8-7 描述了
石灰石(平均粒度 71 μm)团块的抗拉
强度的实测值、计算值及毛细压与液
体充满率的关系。从图看出，团块液
体充满率为 0.9 时，团块抗拉强度最
大，为触点状毛细水时的 3 倍左右。

8.2.1.2 黏滞作用力

生球中颗粒间黏结除静止状态下
的毛细力作用外，当颗粒间发生位移
产生相对运动时，因液体黏滞作用还
会存在黏滞作用力。

如图 8-8 所示，平板颗粒 A 和 B
相互平行，且能被液滴 C 润湿。A、B
间距为 y，液体的体积为 V，液滴的半
径则可表示为：

$$x = \sqrt{\frac{V}{\pi y}} \qquad (8-14)$$

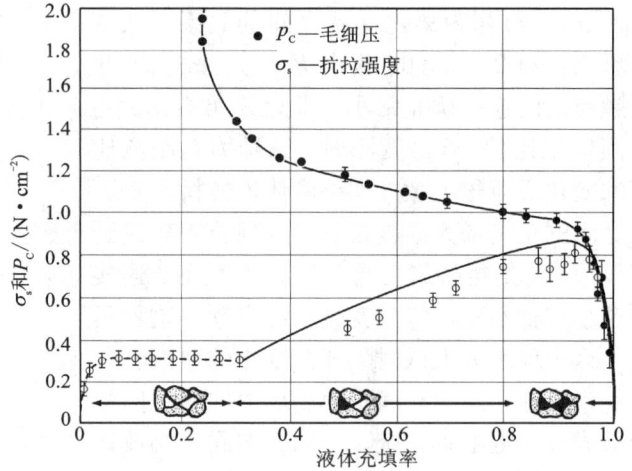

图 8-7 石灰石团块抗拉强度(σ_s)、
毛细压(P_C)与液体充填率的关系

假定，间距 y 相对于半径 x 足够小，曲面的主
曲率半径分别为 x 和 $y/\cos\theta$，毛细压可表示为：

$$P_C = \sigma_{lg}\left(\frac{2\cos\theta}{y} - \frac{1}{x}\right) \qquad (8-15)$$

向平板颗粒施加一外力，若平板间距从 y 增
加到 $(y+dy)$，液滴的半径减小到：

$$x - dx = \sqrt{\frac{V}{\pi y}\left(1 - \frac{dy}{2y}\right)} \qquad (8-16)$$

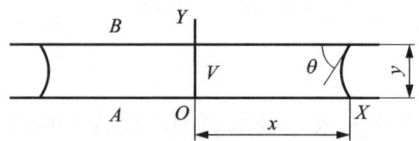

图 8-8 平板黏结模型

体积的变化为：

$$dV = \frac{Vdy}{y} \qquad (8-17)$$

此过程中，需要克服毛细压力而消耗的功为：

$$A_C = P_C dV = V\sigma_{lg}\left(\frac{2\cos\theta}{y^2} - \sqrt{\frac{\pi}{Vy}}\right)dy \qquad (8-18)$$

另外，还需克服液体的黏滞功。Stefan 提出了分离平板颗粒所需要的力为：

$$F_V = \frac{3\eta V^2}{2\pi y^5} \cdot \frac{dy}{dt} \qquad (8-19)$$

式中：η 为液体的黏度；t 为时间。

黏滞能可表示为：

$$A_V = \frac{3\eta V^2}{2\pi y^5}\nu dy \qquad (8-20)$$

$$\nu = \mathrm{d}y/\mathrm{d}t \tag{8-21}$$

式中：ν 为平板的分离速率。

如果忽略静电力、重力等其他力的作用，分离夹有水层的平板所需要的功等于毛细能与黏滞功之和。由于平板的位移较小，可假定位移过程中表面张力、接触角和黏度为常数，以一恒定的速度将平板从 y_1 移动到 y_2 时所需的总能量为：

$$A = A_C + A_V = V\sigma_{\mathrm{lg}}\int_{y_1}^{y_2}\left(\frac{2\cos\theta}{y^2} - \sqrt{\frac{\pi}{Vy}}\right)\mathrm{d}y + \frac{3\eta V^2}{2\pi}\nu\int_{y_1}^{y_2}\frac{\mathrm{d}y}{y^5}$$

$$= 2V\sigma_{\mathrm{lg}}\left\{\cos\theta\left(\frac{1}{y_1} - \frac{1}{y_2}\right) + \sqrt{\frac{\pi}{V}}\left(\sqrt{y_1} - \sqrt{y_2}\right)\right\} + \frac{3\eta V^2}{8\pi}\nu\left(\frac{1}{y_1^4} - \frac{1}{y_2^4}\right) \tag{8-22}$$

式中：V 为平板间液体的体积；ν 为平板分离速度；η 为液体黏度；σ_{lg} 为液体的表面张力；θ 为接触角。

上式表明，分开平板所需要的功是平板间距离的复杂函数。为了说明它们之间的关系，进行了理论上的计算，如图 8-9 所示。计算所需参数：

$$y = 1\times10^{-4} \sim 1\times10^{-3}\ \mathrm{cm}$$
$$y = y_2 - y_1 = 1\times10^{-4}\ \mathrm{cm}$$
$$\nu = 1.67\times10^{-2}\ \mathrm{cm\cdot s^{-1}}（低分离速度）$$
$$\nu = 3.13\times10^{2}\ \mathrm{cm\cdot s^{-1}}（高分离速度）$$
$$V = 7.9\times10^{-4}\ \mathrm{cm^3}$$
$$\sigma = 72.7\ \mathrm{g\cdot s^{-2}}（纯水 20℃）$$
$$\theta = 8°（纯水在磁铁矿上）$$
$$\eta = 1.005\times10^{-2}\ \mathrm{g\cdot cm^{-1}\cdot s^{-1}}（纯水 20℃）$$

从图 8-9 中明显可以看出，随着间距的减小，总能 A 迅速增加，间距较小或分离速度较大时，黏滞能 A_V 占主导地位。此时，颗粒间的相互作用就再不能只考虑毛细作用，还必须同时考虑黏滞作用。

很多对于生球强度的研究都是在相对较慢且匀速的拉伸条件下进行的，在实际过程中，生球处于运动状态，在外界力作用下，常需要经受较快速度的拉伸或剪切。此时，毛细作用理论不适用于预测含超细物料的混合料所制成的生球动态强度。为此，O. Wada 等人在毛细作用理论的基础上，提出了黏滞毛细作用理论（Viscocapillary Model），认为在物料的平均水力半径低于 10^{-5} cm 时，生球的动态强度受黏滞力控制。毛细水呈触点状时，两个球形颗粒间的黏滞力可用下式计算：

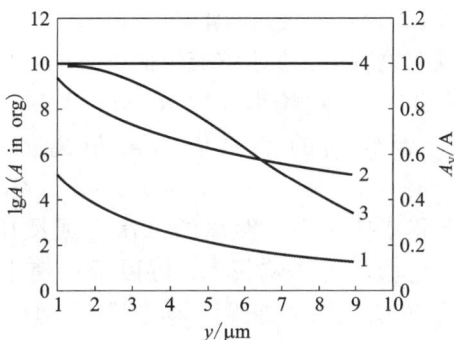

图 8-9　平板间距和平板分离速度对总能 A 的影响

曲线 1：A，$\nu = 1.67\times10^{-2}\ \mathrm{cm\cdot s^{-1}}$；
曲线 2：A，$\nu = 3.13\times10^{2}\ \mathrm{cm\cdot s^{-1}}$；
曲线 3：A_V/A，$\nu = 1.67\times10^{-2}\ \mathrm{cm\cdot s^{-1}}$；
曲线 4：A_V/A，$\nu = 3.13\times10^{2}\ \mathrm{cm\cdot s^{-1}}$

$$F_V = \frac{3\pi\eta r}{2h}\cdot\frac{\mathrm{d}h}{\mathrm{d}t} \tag{8-23}$$

式中：r 为颗粒半径；$2h$ 为颗粒间距。

Mazzone 等人和 Ennis 等人通过实验进一步证实，在一定条件下，黏性桥液的动态强度比静态强度大好几个数量级。Iveson 和 Litsterw 经实验计算得出增加桥液的黏度，减小表面张力及减小颗粒尺寸会使生球强度提高，如图 8−10 所示。

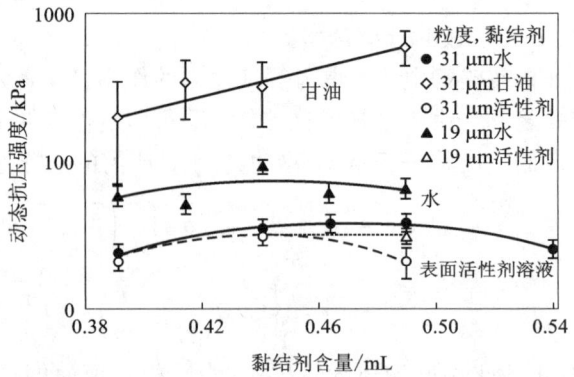

图 8−10　黏结剂含量对生球动态强度的影响

（水，黏度 0.0011 Pa·s，表面张力 72 mN/m；甘油，黏度 1.1 Pa·s，表面张力 63 mN/m；表面活性剂，表面张力 31 mN/m）

8.2.1.3　颗粒间相互作用力

由经典的 DLVO 理论可知，颗粒间的相互作用由宏观物体之间的范德华作用、荷电颗粒之间产生的静电作用等组成：

$$F_{DLVO} = F_{VW} + F_E \qquad (8-24)$$

范德华作用是宏观物体间最重要的一种相互作用力，它总是存在的。颗粒间的相互吸引可以看作是许多分子间吸引能相互作用的结果。在真空中，半径分别为 R_1 和 R_2 的两球形颗粒的范德华力为：

$$F_{VW} = \frac{A}{6x^2}\frac{R_1 R_2}{R_1 + R_2} \qquad (8-25)$$

$$A = \left(\frac{\pi\rho N_A}{M}\right)^2 \beta \qquad (8-26)$$

式中：F_{VW} 为范德华相互作用力，N；A 为物体在真空中的（Hamaker）常数，J，它与物体的性质有关；x 为两球表面间距离，m。

铁矿物颗粒，在水溶液中的 Hamaker 常数 $A = 3.8 \times 10^{-20}$ J，颗粒半径取 $R_1 = R_2 = 2 \times 10^{-5}$ m。铁矿物颗粒间的范德华力随距离的改变见图 8−11。

范德华作用力与距离的二次方成反比，颗粒间距对范德华力影响很大，可以通过使生球致密以减小球团内颗粒间距，增强颗粒间的范德华作用。

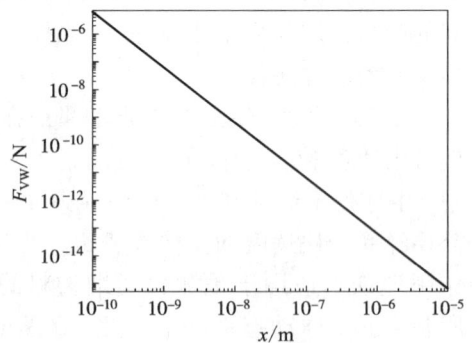

图 8−11　颗粒间距离对范德华作用力的影响

将固体颗粒放入水中，其表面会带上不同符号、不同数量的电荷。不同类型的矿物颗粒，其表面荷电的机理不同：优先溶解、优先吸附、吸附与电离、晶格取代。铁氧化物颗粒表面荷电机理通常为吸附与电离方式，铁矿颗粒表面与水分子作用生成羟基化表面，吸附或解离出 H^+ 而荷电。常用无机黏结剂膨润土中蒙脱石属层状铝硅酸盐矿物，其硅氧四面体中的 Si^{4+} 被低价的 Al^{3+} 取代，或铝氧八面体中的 Al^{3+} 被低价的 Mg^{2+}、Ca^{2+} 取代，使其带负电。

当两颗粒靠近到它们的扩散层发生重叠时，便产生静电力，随着扩散层重叠程度的增加而增大。对于带有相同符号电荷的颗粒，表现为静电斥力。

通常情况下，表面电位 φ 不会超过 $60 \sim 70$ mV。表面电位在此范围内且电解质为一价时，半径分别为 R_1、R_2 的同类矿粒间静电力公式可简化为：

$$F_E = 4\kappa\pi\varepsilon_a\varphi_{01}\varphi_{02}\frac{R_1R_2}{R_1 + R_2}\exp(-\kappa x) \tag{8 - 27}$$

式中：κ 为 Debye 长度，m，代表双电层厚度；φ_0 为矿物表面电位，V，由于非导体铁氧化物表面电位难以直接测量，通常通过测定动电位 ζ 表示；ε_a 为分散介质的绝对介电常数。

生球体系内各参数取值：ε_0 为真空中绝对介电常数，$8.854 \times 10^{-12}(F \cdot m^{-1})$；$\varepsilon_r$ 为水的相对介电常数，78.5，电解质浓度为：1.0×10^{-3} mol/L；ζ 为动电位，在自然条件下，桥液 pH $= 9 \sim 10$，此时磁铁矿表面荷负电，$\zeta = -10.5$ mV；随 pH 升高，ζ 电位更负。

按式(8 - 27)计算静电斥力能与矿粒间距的关系如图 8 - 12 所示。由图 8 - 12 可知，随矿粒间距增加，矿粒间静电斥力急剧减小。

通过以上的分析可知，生球体系内两颗粒间的黏结作用力来自三个方面：固 – 液 – 气三相界面上的毛细作用力 F_C、颗粒产生相对运动时桥液产生的黏滞作用力 F_V 以及颗粒间的相互作用力 F_{DLVO}，如图 8 - 4 所示。生球体系内颗粒间的总黏结力为：

$$F_T = \sum F_i = F_{DLVO} + F_V + F_C \tag{8 - 28}$$

图 8 - 13 为生球体系内颗粒界面上作用力 F_C、F_V 和 F_{DLVO} 随距离变化而变化的情况。

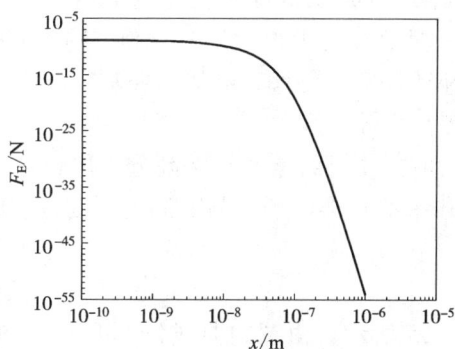

图 8 - 12　颗粒间距离变化对静电力的影响

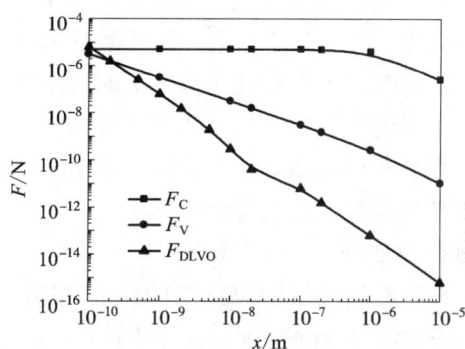

图 8 - 13　生球体系中各种作用力随距离的变化

（颗粒半径 $R = 2.0 \times 10^{-5}$ m，连接桥所对半角 $\alpha = 30°$，桥液黏度 $\eta = 0.001$ Pa·s，分离速度 $dx/dt = 1.67 \times 10^{-2}$ cm/s，动电位 $\zeta = -10.5$ mV）

从图 8 - 13 中可以看出当颗粒间距较大时，相对于毛细作用力 F_C 和黏滞作用力 F_V，颗粒间相互作用力 F_{DLVO} 很小，但当间距减小到接近 10^{-9} m 甚至更小时，F_{DLVO} 力急剧增大，在颗粒间距 10^{-10} m 左右时其大小达到与毛细作用力、黏滞作用力相当的数量级。颗粒之间的间距随着铁矿粒度的减小而减小，物料的粒度越细，则水化颗粒之间就越容易靠近。因此，当成球物料中微细颗粒较多时，比如加入膨润土后，颗粒间的黏结由 F_C、F_V 和 F_{DLVO} 共同作用。

实际造球过程中，除了通过上述作用将矿粉颗粒相互黏结在一起外，当一足够大的外部作用力作用于球核上时，颗粒间的黏结也会被破坏，即发生颗粒黏结的逆过程。根据

图 8-14 所示的情况，发生破坏的情况可能有三种：固-液界面、液体连接桥内部和固体颗粒内部。由于造球过程中的外力作用不足以使铁矿颗粒自身产生破坏；同时，因铁矿石颗粒表面极性较强，铁矿颗粒与吸附于其表面的第一层分子水间的作用力可达 980 MPa，固-液界面作用极强，机械作用力几乎不可能将其分离。因此，生球体系内颗粒黏结破坏发生的最可能位置只能是在液体连接桥内部[见图 8-14(d)]。

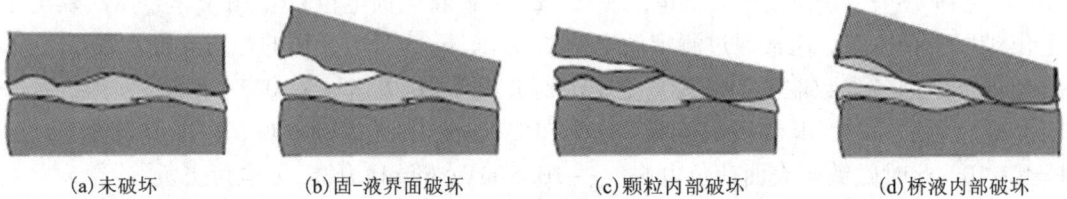

(a)未破坏　　　　(b)固-液界面破坏　　　　(c)颗粒内部破坏　　　　(d)桥液内部破坏

图 8-14　颗粒黏结破坏模型

8.2.2　黏结剂与铁矿表面的作用

造球物料中添加黏结剂的目的在于改善其成球性和提高生球内颗粒之间的分子黏结力，以便提高生球的强度和热稳定性。黏结剂种类很多，分为无机黏结剂和有机黏结剂。无机黏结剂一般有膨润土、消石灰、水泥、水玻璃、$CaCl_2$ 等。有机黏结剂有纸浆废液、腐殖酸盐、羧甲基纤维素钠及其他。

中南大学烧结球团与直接还原研究所研发的 F 黏结剂是从褐煤中在低温下通过碱溶抽提而获得，其主要功能组分为胡敏酸和黄腐酸，其中胡敏酸占了很大部分比例，约为 80%。F 黏结剂中的主要功能组分含有羧基、羟基、苯环和链烃等官能团，羧基和羟基官能团能够以化学吸附的方式与铁矿表面产生吸附，从而显著提高生球强度。

佩利多(Peridur)为松散的白色粉末，易溶于水。它是由纤维素基天然高分子聚合物经过化学变形而成，其主要组成部分为含有大量羟基和羧基的长链分子。与膨润土不同，它是一种有机黏结剂，不含二氧化硅。

8.2.2.1　黏结剂与矿粒表面作用方式

黏结剂 F 与磁铁矿表面作用的红外光谱见图 8-15 所示。由图中曲线(a)可见，在波数 1585 cm^{-1} 处对应—COOH 反对称伸缩振动峰，在 1375 cm^{-1} 处对应羧基对称伸缩振动峰，表明 F 黏结剂含有羧基。

图 8-15 中曲线(a)、(c)比较可见，F 黏结剂的活性基团已吸附到矿粒表面，使得经 F 黏结剂作用后的磁铁矿表面红外光谱中存在羧基基团(1600 cm^{-1} 和 1400 cm^{-1} 处)，表明 F 化学吸附于磁铁矿表面。黏结剂 F 通过羧基在磁铁矿表面产生化学吸附，同时存在范德华力、氢键和静电力作用等，但这几种作用能远小于化学吸附热，故化学作用占主导地位。

添加膨润土前后磁铁矿表面红外光谱如图 8-16 所示。由图中曲线(a)可见，膨润土红外光谱与文献值相近。由图中曲线(c)可见，膨润土的特征峰在磁铁矿表面基本上没有反映出来。膨润土是一种黏土矿物，无活性基团，表面荷负电，与磁铁矿表面存在静电斥力，故膨润土在磁铁矿表面不存在化学吸附。

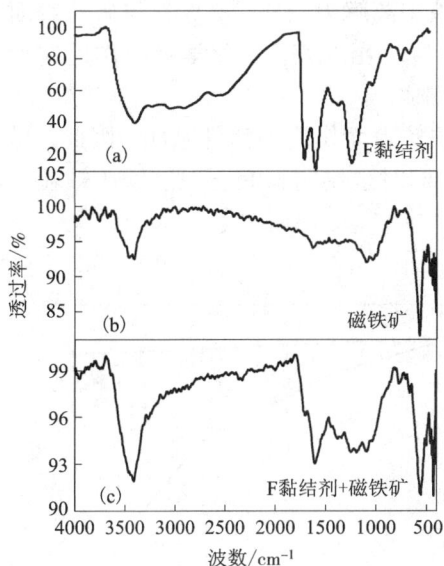

图 8 - 15　F 黏结剂与磁铁矿作用的红外光谱
（a）F 黏结剂；（b）磁铁矿；（c）F + 磁铁矿

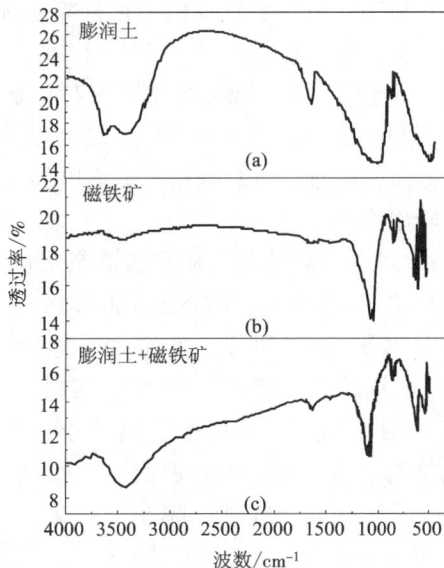

图 8 - 16　膨润土与磁铁矿作用的红外光谱
（a）膨润土；（b）磁铁矿；（c）膨润土 + 磁铁矿

8.2.2.2　黏结剂对矿粒表面电性的影响

pH 值对磁铁矿、膨润土和 F 黏结剂表面电性的影响见图 8 - 17。由图可见，磁铁矿零电点为 pH = 5.2。在自然 pH(6.8) 时，对应的磁铁矿表面电位为 - 19.8 mV，磁铁矿颗粒表面荷负电，且随 pH 的升高，表面电位更负，即负电性更强。在生球体系内磁铁矿颗粒间存在静电斥力。

膨润土颗粒零电点为 pH = 1.2，与文献值 PZC < 3.0 相符，即在生球体系中，膨润土颗粒表面荷负电，与磁铁矿颗粒间为静电斥力。

F 黏结剂含有较多的—COOH 和—OH 等官能团，这些官能团在溶液中发生电离使得 F 黏结剂胶体颗粒表面荷电。在所测试的 pH 的范围内，F 黏结剂表面均荷负电，并随着 pH 值增大，表面电位变负，而且比磁铁矿和膨润土更负。这意味着生球中 F 黏结剂与磁铁矿之间的静电斥力远大于膨润土与磁铁矿之间的静电斥力。

黏结剂对磁铁矿表面电位的影响见图 8 - 18。由图可见，添加 F 黏结剂后，磁

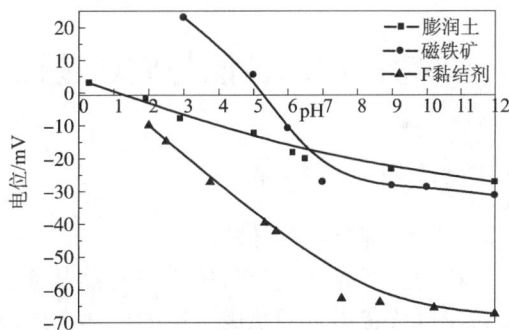

图 8 - 17　pH 值对表面电性的影响

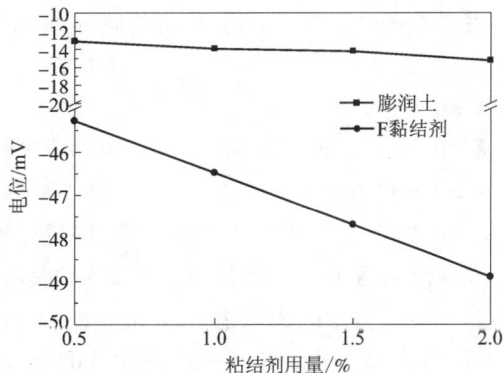

图 8 - 18　黏结剂用量对矿粒表面电位的影响

铁矿颗粒表面电位更负。由于这种黏结剂分子在溶液中离解为阴离子，尽管与矿粒表面存在静电斥力，但仍能吸附于矿粒表面，使其表面电位下降。由此表明，化学吸附作用这种较强的作用，使得阴离子型黏结剂可在磁铁矿颗粒表面吸附。

膨润土表面虽然也荷负电，但由于不存在与磁铁矿表面作用的活性基团，因此，尽管膨润土添加量增加，但对磁铁矿表面电性无明显影响，同时也说明膨润土在磁铁矿颗粒表面无明显吸附作用。

8.2.2.3　黏结剂对矿粒表面亲水性的影响

黏结剂对矿粒表面接触角的影响见图 8-19。由图可见，不添加黏结剂时，磁铁矿表面接触角为 46°；随黏结剂 F 浓度增加，接触角急剧减小，即黏结剂用量增加，矿粒表面亲水性增强，因此有利于成球。膨润土对矿粒表面接触角无明显影响，即膨润土对铁精矿表面亲水性无多大影响。接触角的测定证实了黏结剂可增强磁铁矿颗粒表面亲水性。

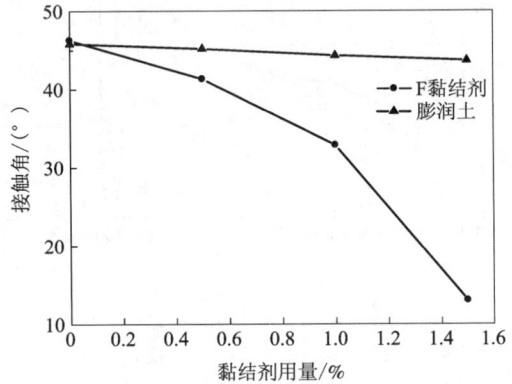

图 8-19　黏结剂用量对磁铁矿颗粒表面接触角的影响

8.3　矿粉的成球性能与成球过程

8.3.1　矿粉成球性能

8.3.1.1　静态成球性能

物料的静态成球性是指矿粉在自然状态下的滴水成球能力。通常用成球性指数 K 来判断矿粉在自然状态下滴水成球性的好坏。成球性指数 K 可用下列经验公式计算：

$$K = W_1/(W_2 - W_1) \tag{8-29}$$

式中：W_1 为矿粉的最大分子结合水含量，%；W_2 为矿粉的最大毛细水含量，%。

根据成球性指数 K 的大小可将物料的成球性难易程度分为：

$K < 0.2$　　　　　　　　无成球性

$K = 0.2 \sim 0.35$　　　　弱成球性

$K = 0.35 \sim 0.60$　　　中等成球性

$K = 0.60 \sim 0.80$　　　良好成球性

$K > 0.80$　　　　　　　优等成球性

成球性指数 K 综合性地反映了矿粉的表面亲水性、粒度与粒度组成、表面形貌等。不同物料的性能及典型的成球指数 K 如表 8-3 所示，从表 8-3 中可以看出：

（1）立方型、表面具有一定亲水性的磁铁矿属中等成球性，而且随粒度减小，静态成球性改善；褐铁矿形状多样，且含微细粒黏土矿物，表面亲水性较强，属优等成球性；球状铅锌返粉属弱成球性。

（2）表面呈强烈疏水的立方体型方铅矿、多种形状的铜镍混合精矿无静态成球性。

表 8 - 3　物料性质及 K 值测定

矿种	粒度 （ -0.074 mm）/%	平均粒度 /mm	接触角 /（°）	颗粒形貌	K 值	评价
磁铁矿	72.50	0.0863	46	立方体	0.41	中
	86.10	0.0548			0.47	中
	91.30	0.0379			0.56	中
	96.90	0.0334			0.60	良
赤铁矿	75.85	0.0304	29.4	多角形、棒状等	0.96	优
褐铁矿	61.40	0.0886	27.5	多种形状（含黏土）	1.38	优
铅锌返粉	50.30	0.1050	52	球状	0.22	弱
方铅矿	80.00	0.0812	>90	立方体	0	无
铜镍混合精矿	80.40	0.0581	>90	多种形状	0	无

实际造球体系中通常需要添加黏结剂，黏结剂一般都是粒度细、比表面积大、亲水性好的物料，添加到铁精矿中，必然会改变整个物料群的表面能和毛细力。从图 8 - 20 可以看出，添加膨润土、消石灰等可明显改善物料静态成球性。图 8 - 21 表明了黏结剂对毛细水、分子水的影响。但测得的 K 值与造球过程中铁精矿的实际成球速率并无明显对应关系（见图 8 - 22），K 值较大者其成球速率并不一定较快。

添加有机黏结剂后，矿粒表面性质发生变化，成球性也发生改变，结果见表 8 - 4 所示。由表可见，静态成球性指数随着接触角的减小而升高。因此，有机黏结剂改善物料静态成球性主要是通过增强表面亲水性而实现的。

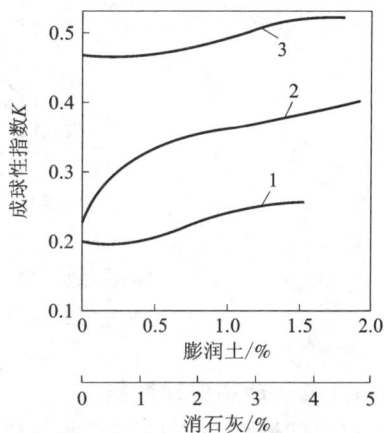

图 8 - 20　黏结剂对成球性指数的影响

1—磁铁精矿加膨润土；2—磁铁精矿加消石灰；
3—赤铁精矿加膨润土

表 8 - 4　黏结剂对静态成球性的影响

黏结剂	添加量/%	θ/°	K
无	0	46.0	0.41
膨润土	1.5	43.7	0.45
F 黏结剂	1.5	13.0	0.90

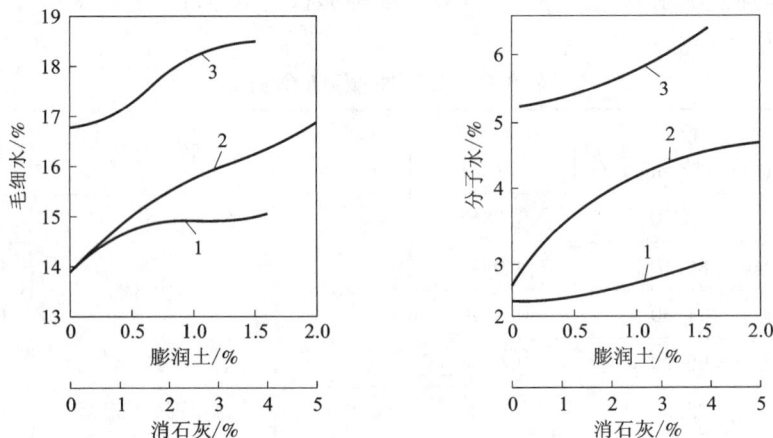

图8-21　黏结剂对毛细水、分子水的影响

1—磁铁精矿加膨润土；2—磁铁精矿加消石灰；3—赤铁精矿加膨润土

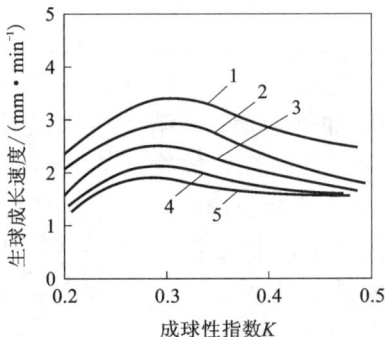

图8-22　静态成球性指数对生球长大速率的影响

曲线1、2、3、4、5分别表示造球时间1、2、3、4、5 min

8.3.1.2　动态成球性能

静态成球性指数 K 所表征的是铁精矿的天然成球性能。在实际造球体系中添加黏结剂后，不仅改变了混合料比表面积和颗粒表面亲水性能，而且还会改变桥液的黏度和表面张力等性质。当种类、用量和性能不同时，黏结剂对上述性质的影响也不一致，其结果使造球过程中铁精矿所表现出来的成球性能也不完全相同。因此，测得的 K 值与造球过程中铁精矿的实际成球性能并无明显对应关系。

为揭示黏结剂对铁精矿成球性能的影响，20 世纪 70 年代，美国的 Sastry 和 Fuerstenau 以铁燧岩精矿添加膨润土、消石灰、佩利多（Peridur）等黏结剂为对象开展研究，提出了如下动态成球性指数：

$$\beta = Q(W - \omega B) \tag{8-30}$$

式中：β 为动态成球性指数；ω 为每克黏结剂所能持有的水分量；B 为黏结剂用量；W 为造球水分；Q 为与物料性质有关的参数（Sastry 的研究中铁隧岩精矿的经验数据为 0.64）。

动态成球性所表征的是物料成球的动力学特性。与 K 值相比，β 值直观地反映了黏结剂与铁精矿成球速率之间的关系，即随黏结剂用量的增加，物料成球速率下降。但式中将黏结剂和造球工艺对铁精矿成球性能的影响，分别归结于黏结剂用量的多少和造球水分的大小，这不仅过于简单化，而且其仍然停留在对造球过程的宏观描述层面。

铁精矿成球性能首先应取决于铁精矿自身的特性（内因），然后再受外因（如水分、黏结剂等）的影响。当造球设备及操作参数均固定时，物料成球速率是由物料中毛细孔隙群中水分迁移速率所决定的，而水分迁移速率则受物料粒度、粒度组成、颗粒形貌、表面亲水性、黏结剂添加量、造球水分和桥液黏度等因素的影响。

生球中液体在毛细管中的流动可认为是层流流动，因此液体在毛细管中的迁移速度可用 Poiseuille 方程来描述。液体在毛细管中的迁移速率可表示为：

$$u = \frac{r^2 (P_C - P_t)}{8 \eta h_t} \tag{8-31}$$

式中：r 为毛细管半径；P_C 为液体弯面产生的附加压；h_t 为时间 t 后管中液柱上升高度；P_t 是高度为 h_t 的液柱所产生的静水压，即 $\rho g h$；η 为液体黏度。

在球团体系中，液柱的重力相对于毛细压力很小，则产生的重力液柱可以忽略不计，则式（8-36）可简化为：

$$u = \frac{r^2 P_C}{8 \eta h_t} \tag{8-32}$$

$$P_C = \frac{2 \sigma_{lg} \cos \theta}{r} \tag{8-33}$$

式中：σ_{lg} 为液体表面张力；θ 为接触角。

将式（8-33）代入式（8-32）得：

$$u = \frac{r \sigma_{lg} \cos \theta}{4 \eta h_t} \tag{8-34}$$

因此，生球内毛细水迁移还受到原料水分及粒度组成的影响。在原料粒度和水分不变的情况下，毛细水的迁移速率与桥液的表面张力成正比，与桥液黏度及其在颗粒表面的接触角成反比。虽然毛细水的迁移速率不等于生球的长大速率，但两者大致呈正相关关系。在球团体系中，水分是有限的，毛细管形状和尺寸在外力作用下发生变化，毛细水则在毛细压的作用下发生迁移。毛细管的形状和尺寸的变化主要取决与铁矿石颗粒的形状与粒度。

8.3.2　矿粉的成球过程

8.3.2.1　矿粉成球行为

矿粉的成球通常是在转动的圆筒造球机或圆盘造球机中完成的。在造球过程中，矿粉首先形成球核，然后球核长大。球核主要是以成层或聚结的方式长大。但是，在球核长大的过程中，或多或少还会发生一些其他的行为，例如已经形成的球又被压碎等。矿粉成球过程一般存在下列七种行为：

（1）成核　矿粉开始形成小球的过程称为成核过程，见图 8-23(a)。润湿物料加入造球机中，或干料在造球机中加水润湿后，在机械力的作用下，颗粒互相靠拢，由于颗粒间毛细力的作用而聚集成核。核的形成是造球的第一步，这是任何新球形成必不可少的过程。进入造球机的原料，一部分形成球核，另一部分使球核长大，在正常生产情况下，两者有一定的比例，即成核的数目大致等于排出的生球的数目。因此，核的强度及形成的速度对生球的产、质量均有影响。

（2）成层　已经形成的球核，在滚动过程中其表面黏附新料而逐渐长大，这称为成层长大，见图 8 – 23（b）。在连续往小球上加料加水的条件下，表面潮湿的核由于毛细力的作用，在滚动时黏附矿粉使小球的粒度持续增大。在工业生产中生球多以这种方式长大。

（3）聚结　两个或多个小球相互黏连并在滚动中兼并为一体的过程称为聚结，见图 8 – 23（c）。生球长大是由于小球在造球机内"瀑布式"的料流中，互相碰撞和挤压，小球逐渐变得密实，毛细管中的水被挤到球表面，在继续碰撞中彼此聚结在一起，因而导致小球的长大。小球的聚结可以是两个或是更多个的，以成对的或四面

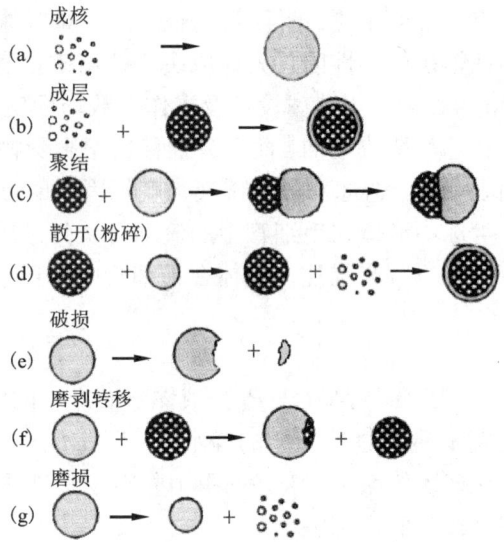

图 8 – 23　矿粉在成球过程中的基本行为

体的形式聚结在一起。小球以聚结方式长大的速度，比成层长大的速度快。在批料造球时，小球往往以聚结的方式长大。以聚结长大的球团，粒度范围比较宽。

（4）散开　已经形成的小球又被压碎，见图 8 – 23（d）。在造球过程中，部分原料虽然暂时聚集在一起，但由于水分少，毛细黏结力弱，球核的强度小，在其他球核的撞击下而破碎。这在造球过程中是不可避免的。对于粒度较粗的原料，或亲水性较差的原料，球核破碎的几率就很大，往往导致造球过程不能顺利进行。这种原料一般称为成球性差或难成球的原料，必须添加某些黏结剂以改善其成球性。

（5）破损　已经形成的小球，在继续长大过程中，由于冲击或碰撞而破裂成碎片，见图 8 – 23（e），这种碎片往往形成球核或同其他的小球聚结。

（6）磨剥转移　在造球过程中，由于相互作用和磨剥，一定数量的原料从一个小球转移到另一个小球上，这称为"磨剥转移"，见图 8 – 23（f）。这种磨剥转移是在小球相互碰撞时，非常少的原料从一个球的表面转移到另一个球的表面，而不存在交换。

（7）磨损　已经形成的小球，在继续长大中，有些小球表面因水分不足或无黏结剂而黏附不牢，在互相磨剥过程中被磨损，见图 8 – 23（g）。这些磨损下来的粒子，又黏附到其他的球上。

以上 7 种行为，能引起生球在数量上和粒度上的改变，在任何情况下，生球的形成和长大，都可以用这七种基本行为或其中的某几种进行描述。

8.3.2.2　矿粉成球过程

矿粉成球过程大致分为三个阶段，即成核阶段、球核长大阶段和生球紧密阶段。

（1）成核阶段　当矿粉表面达到最大分子结合水后，继续加水润湿，则在颗粒表面上裹上一层水膜，见图 8 – 24（a）。颗粒间彼此有许多接触点，由于水膜的表面张力作用，在两颗矿粒之间便形成液体连接桥、使颗粒连接在一起，见图 8 – 24（b）。矿粒在造球机内通过运动，含有两颗或数颗矿粒的各个小水珠相互结合，便形成了最初的聚集体，见图 8 – 24（c）。

这种聚集体靠液体连接桥使各个颗粒呈网状地保持在一起。此时液体填充率仅20%左右,聚集体是疏松的。

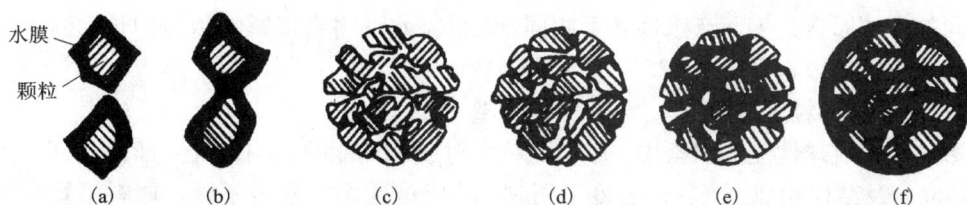

水膜
颗粒

(a) (b) (c) (d) (e) (f)

图8-24 水对成球的影响

在机械力的作用和增加水分的情况下,聚集体的粒子发生重新排列,部分孔隙被水充填,液体倾向融合,形成连续的水网。这时的聚集体为蜂窝状毛细水所连接,见图8-24(d),当其中孔隙体积变小,形成坚实稳定的球核,又称母球。这就是成核阶段,这时的球核仍然是由固-液-气三相组成,球核强度不高。

(2)球核长大阶段 已经形成的球核,在机械力的作用下,颗粒彼此靠拢、所有孔隙被水充满,球核内蜂窝状毛细水逐渐过渡到毛细管水[见图8-24(e)]。在球核表面孔隙中形成弯液面,由于毛细力将矿粒保持在一起。

在继续滚动过程中,球核进一步被压密,引起毛细管形状和尺寸的改变,从而使过剩的毛细水被挤到球核表面上来而均匀地裹住球核,见图8-24(f)。表面过湿的球核,在滚动过程中就很容易黏上一层润湿程度较低的物料。这种长大过程循环进行,使球核逐渐长大。

(3)生球紧密阶段 生球长大到粒度符合要求后,便进入紧密阶段。要使生球紧密必须给予机械压力。在这一阶段应该停止补充润湿,让生球中挤出来的多余水分为未充分润湿的物料层所吸收。利用造球机所产生滚动和搓动的机械作用,使生球内的颗粒发生位移按接触面积最大的排列,使生球内颗粒排列趋于紧密,并有可能使某些颗粒的薄膜水层相互接触,这样薄膜水能沿颗粒表面迁移,使几个颗粒同为一薄膜水层所包围,生球中各颗粒靠着分子力、毛细力和内摩擦力作用相互黏合起来。这些力的数值越大,生球的机械强度就愈大。

必须指出,上述成球过程中的三个阶段,是为了分析问题而划分的,实际过程中,三个阶段都在同一造球机中完成,各个阶段很难明显地划分。

在造球过程中,第一阶段,具有决定意义的作用是润湿。第二阶段,除润湿作用外,机械作用也起着重大的影响。而第三阶段机械作用成为决定的因素。

8.4 影响矿粉成球速率的因素

成球动力学主要研究造球过程中生球生长的速率。生球成长速率一般用单位时间,或者造球机每转一圈,生球直径平均增大毫米数表示。由此生球成长速率可按下式计算:

$$v = \overline{D}/t \text{ 或 } v = \overline{D}/n \tag{8-35}$$

式中:v为成长速率,mm/min 或 mm/r;$\overline{D}$为生球平均直径 mm;t为造球时间,min;n为造球机转数,转。

矿粉的成球动力学受多种因素所影响,如原料性质、水分、黏结剂及成球方式等。

8.4.1 原料性质的影响

8.4.1.1 铁原料的影响

不同的含铁原料其表面亲水性各不相同，表面亲水性将直接影响生球的长大速率。含铁原料对成球速率的影响见图 8-25。

8.4.1.2 原料粒度的影响

在影响矿粉成球性能的因素中，原料的粒度对成球性能的影响很大。即使是同一种铁精矿，矿物成分及结构相似，当它们粒度不同时，其成球速率将显著不同。原料平均粒径与生球直径的关系见图 8-26。

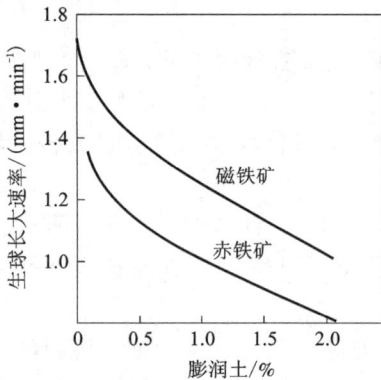

图 8-25 含铁原料对生球长大速率的影响

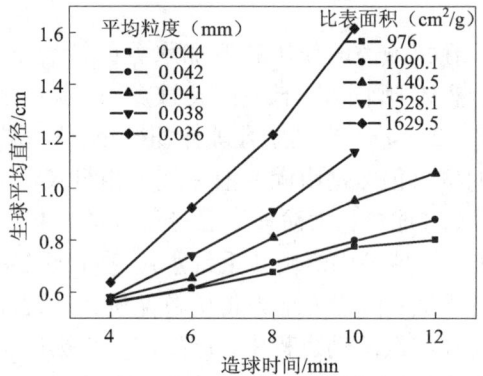

图 8-26 原料平均粒径与生球直径的关系

从图 8-26 可以看出，随着平均粒径的减小，生球长大速率逐渐增大。这是由于颗粒的平均粒径适宜，大颗粒间嵌入中颗粒，中颗粒之间嵌入小颗粒，这样排列紧密，堆积起来的孔隙率低，颗粒间距小。在原料其他条件不变的情况下，颗粒间的毛细压力大，颗粒间距的减小有利于毛细力和黏滞力的增加。因此，颗粒间的毛细引力大，更容易将颗粒拉向球核，提高颗粒的聚结速率，从而提高成球速率。

8.4.1.3 原料比表面积的影响

从图 8-26 可以看出，随着原料比表面积的提高，生球长大速率逐渐增大。当比表面积为 1629.5 cm^2/g 时，生球的长大速率达到了 1.608 mm/min，提高显著。这是由于颗粒比表面积提高，颗粒间的毛细作用力升高。造球时，由于颗粒间毛细力引力不断提高，颗粒迅速地黏结在球核表面，从而生球长大的速率升高。

8.4.2 水分的影响

物料造球，在很大程度上决定于物料的水分含量。在不超过极限值的范围内，随水分的增加成球速率加快，特别是批料造球时，水分的影响更明显。因为随着原料水分增加，球核聚结效果变好。从图 8-27 看出，原料水分不同，生球长

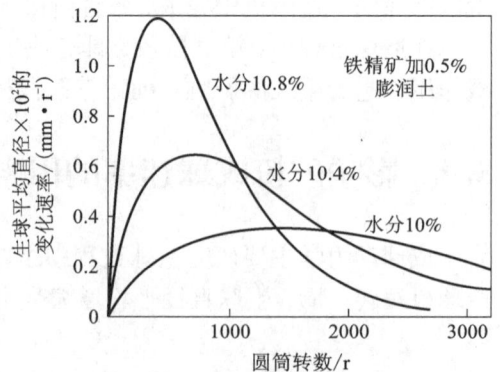

图 8-27 不同水分的物料造球时生球成长速率的变化

大速率出现不同的波峰。随着原料水分的降低，过渡阶段延长，波峰降低，说明成长速率下降。水分愈低，曲线变化愈不明显，说明生球成长速率趋向均匀。

8.4.3　黏结剂的影响

（1）膨润土　膨润土是一种良好的黏结剂，它能提高生球和干球的强度。但是降低生球成长速率，并随着膨润土用量增加，生球成长速率降低，见图 8-25。膨润土降低生球成长速率的主要原因，是因为膨润土是层状结构，遇水后，不仅表面吸水，其晶层间也要吸附一定量的水分，成为层间结合水，因而减少了造球过程中的有效水，使生球成长速率降低。膨润上对成球动力学的影响，随着膨润土所吸附的阳离子不同而异。钙型膨润土对降低生球成长速率的影响比钠型膨润土的影响小。这是因为钠型膨润土电动电位高，水化膜较厚、能使更多的水分转化为水化膜中的弱结合水。

（2）消石灰　消石灰也有降低生球成长速率的作用（见图 8-28），但不如膨润土效果大。例如添加 1% 和 1.5% 膨润土的生球成长速率仅为 0.898 mm/min 和 0.85 mm/min，而添加 3% 和 5% 消石灰时，生球成长速率分别为 1.75 mm/min 和 1.12 mm/min。产生这种差别的主要原因是：消石灰仅在颗粒周围形成弱的双电层结构的胶层，在造球过程中水分较易向生球表面迁移，生球成长速率较添加膨润土的快。

（3）佩利多　佩利多同样有固定水分的特性。造球原料中添加佩利多能引起生球成长速率降低（见图 8-29），佩利多的极性基团与水分子接触时，在很大范围内使水分子定向排列，将水束缚，佩利多降低生球长大速率的效果更大。而且佩利多的用量比膨润土低得多。

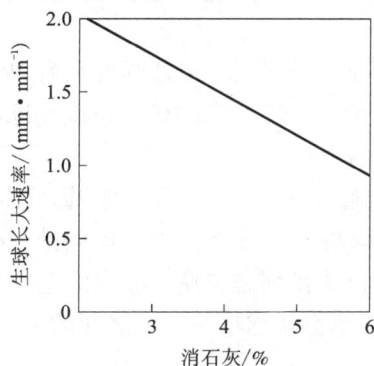

图 8-28　消石灰对生球长大速率的影响

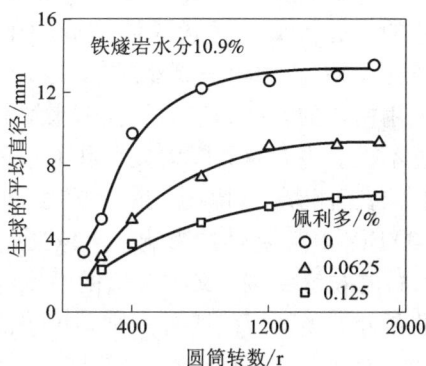

图 8-29　佩利多对生球成长动力学的影响

8.5　影响生球强度的因素

8.5.1　原料性质的影响

（1）颗粒表面亲水性的影响　颗粒表面亲水性高，表明颗粒表面被水润湿的能力大，桥液在颗粒表面的接触角较小，毛细力与接触角的余弦值成正比。因此，颗粒表面亲水性高，在颗粒之间形成的毛细力大，生球强度好。

根据实验测定的结果，铁矿石的亲水性依下列顺序递增：磁铁矿—赤铁矿—褐铁矿，脉石对铁矿物的亲水性有很大的影响，甚至可以改变上述的顺序，如脉石中含云母较多时，由于云母疏水的缘故，致使物料成球性差。

通过浮选得到的细粒精矿，常由于残留一些药剂而使得精矿疏水，在造球过程中，为了改善成球性，往往添加一些亲水性物质，如膨润土和消石灰。

（2）颗粒形貌的影响　对于造球的各种铁矿石，它们的颗粒形状是不相同的。在自然界存在的铁氧化物，其晶体大致呈球状、立方体状、针状、片状和由很多极细颗粒组成的聚集体。颗粒的形状决定了生球中物料颗粒之间接触面积的大小，颗粒接触面积越大，生球强度也越高。各种矿物由于其颗粒形状不同，所制出的生球强度是不相同的，因而具有针状和片状的颗粒比立方体形和球形的颗粒所制成的生球强度好。

用人造氧化铁和氢氧化铁研究颗粒形状与生球强度的关系，这些人造铁矿的晶体形状和结构特征与自然界存在的铁氧化物相同。根据它们的形状特征，可分为四组不同的颗粒，即球形或立方体形、针状、细小颗粒的聚集体和星状共生体，而且其粒度的算术平均值相差很小。用以上四组物料分别造球，各类生球的液体充满率与强度的关系见图8-30。从图看出，由于构成生球的颗粒形状不同，生球的强度也不同，并且生球强度曲线的变化不同。针状晶体构成的生球，

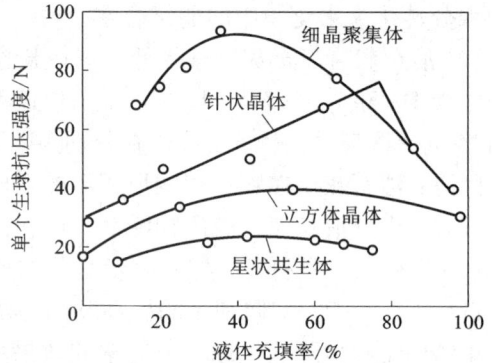

图8-30　各种人造氧化铁和氢氧化铁的生球强度

在液体充满率为77%时，单球强度为76.3 N，而星状晶体构成的球，单球强度只有20 N，这种现象用精矿的粒度和生球的孔隙来解释是不行的。因为构成这些球的矿石粒度和球的它隙率相差不大。主要是孔隙的数目和大小不同，这与矿粉的形状有关。

颗粒表面粗糙度对颗粒间的摩擦力及啮合作用也有影响，表面粗糙，利于生球强度的提高。

（3）原料粒度特性的影响　生球强度在很大程度上取决于生球密实度，颗粒排列得越紧密，原料的粒度愈细，又有合适的粒度组成，则生球中粒子排列愈紧密，形成的毛细管平均直径也越小，接触面积越大，则球团的密实度越高，孔隙率也就越小。颗粒之间的黏结力（内摩擦力、毛细力、分子力等）也就越大，生球强度就愈高。

球团内颗粒怎样排列才算是最紧密呢？为了更简便地说明问题，我们可以从三种极端的理想的排列方式来看球形颗粒的粒度组成对生球强度的影响。

从图8-31可以看出：（c）型排列最紧密，大颗粒之间嵌入小颗粒，小颗粒之间嵌入更小的颗粒。因此，球团的密实度大，孔隙率低，孔径小，故其内摩擦力、毛细力和分子力大，生球的强度自然就高。排列最差的（a）型，其原因是粒度均匀，颗粒间空位缺乏填充物，因而孔隙率较高，不利于内摩擦力、毛细力、分子力的发展，其结果生球强度差。可见依靠磨细粒度来提高生球强度非常奏效，但要获得最低的孔隙率，不能单纯地用粒度的粗细来决定，同时要注意粒度组成。对造球来说，具有决定意义的是小于0.045 mm粒级的含量。一般都将这一粒级的含量来评定原料细度。随着小于0.045 mm粒级增加，生球强度提高，见图8-32。曲线Ⅰ表示粒度对赤铁矿生球的影响；曲线Ⅱ表示粒度对混合矿生球强度的影响；

曲线Ⅲ表示比表面积对赤铁矿生球强度的影响。

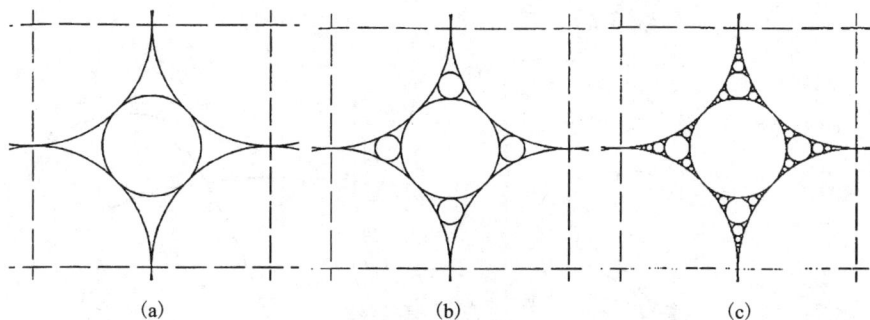

图 8 - 31 不同粒度组成的球团内颗粒的排列示意图

造球原料的粒度分布，显著影响生球的最终孔隙率 ε，在造球工艺中，希望生球的孔隙率尽可能低，考虑到后续的固结，通常生球团的孔隙率为22% ~ 30% 。

许多研究工作者和生产单位，常以原料的比表面积来衡量造球原料的粒度粗细。从图 8 - 32 曲线Ⅰ和Ⅱ看出，随细粒级增加，生球强度提高。但是超过一定细度后，曲线变陡。而生球强度与比表面积之间有着线性关系，见曲线Ⅲ。由此说明用比表面积评价有关细粒矿石造球性能更可靠。因为比表面积不仅表明颗粒大小，同时反映了颗粒的形状和粒度组成。

一般来说，原料的比表面积为 1600 ~ 2000 cm^2/g 时，造球性能良好。如图 8 - 33 所示，要达到如此细度，物料需被磨到 0.04 mm 以下占 60% ~ 90% 。生球的强度随物料比表面积的增加而增加，但是并不是一直增加，如图 8 - 34所示，这与原料的性质和种类有关。

（4）原料水分的影响 原料的水分对造球影响很大。若原料水分不足，生球同样很难长大。因为在成球的初期，矿粒之间毛细水不足，矿粒之间的空隙就可能被空气填充，颗粒之间的结合非常脆弱。不过水分不足的物料，可以在造球时补充加水。若采用过湿的物料，则母球容易相互黏结或变形，而使生球粒度不均匀。同时过湿的生球和过

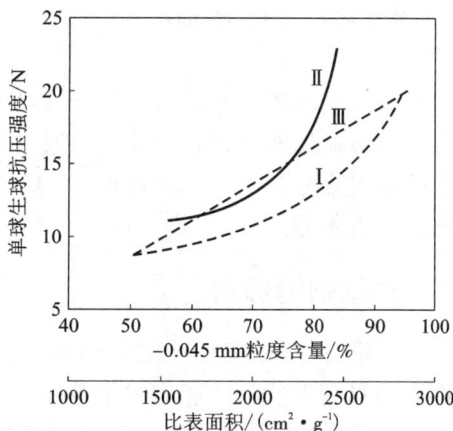

图 8 - 32 原料粒度和比表面积对生球强度的影响

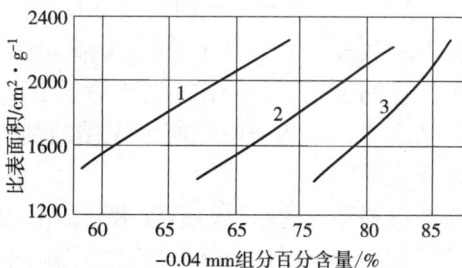

图 8 - 33 物料粒度与比表面积的关系

湿的物料，容易黏在造球机上使操作发生困难，轻者破坏母球的正常运行轨迹，重者使母球失去滚动能力，使造球过程无法进行，见图 8 - 35。此外过湿的生球，强度小、塑性大、易变

形,在运输和干燥时相互黏结,影响料层透气性,从而影响焙烧过程的产质量。

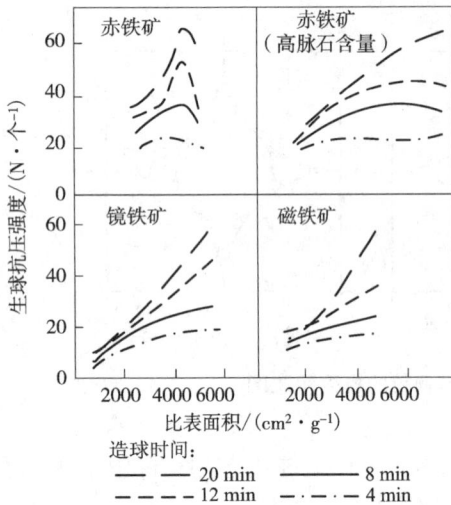

图 8-34　生球强度的影响因素

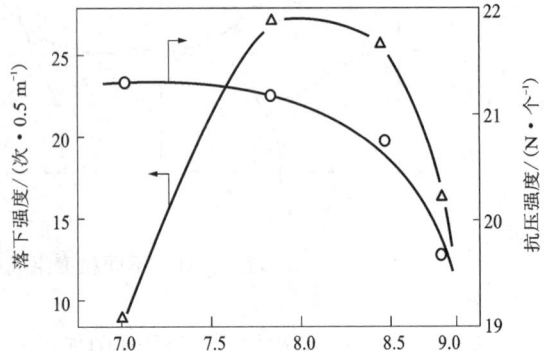

图 8-35　生球水分对落下抗压的影响

由于造球时所要求的最适宜水分波动范围很窄,一般为 0.5%,所以每一种造球物料的最适宜水分应通过造球试验来确定。通常磁铁精矿和赤铁精矿造球的适宜水分为 8%~10%,褐铁矿的适宜水分较高,一般为 14%~18%。在生产过程中要求用于造球物料的水分应稍低于造球的适宜水分。

8.5.2　黏结剂的影响

(1)消石灰　消石灰是生石灰(CaO)加水消化后所得产物。它具有粒度小,比表面积大、亲水性好和具有天然胶结能力的优等成球性的物料。造球的物料中添加消石灰,其比表面积明显增加,分子黏结力和毛细力提高,因此使生球强度得到提高(见图 8-36)。

由于消石灰增加了生球的塑性,因此提高生球落下强度效果比提高抗压强度更明显。不过当消石灰加入量过多时,由于物料堆密度变小,使得毛细水迁移缓慢,因而也会使成球速率降低。一般消石灰用量为 3%~5%。

(2)膨润土　膨润土是国内外球团厂广泛采用的黏结剂。膨润土的主要成分是蒙脱石,并含有不定数量的其他黏土矿物(如高岭土)和非黏土矿物(如石英、长石、方英石等)。

由于膨润土是层状结构、遇水后,不仅表面吸水,其晶层间也要吸附一定量的水分,成为层间结合水,因此采用膨润土作黏结剂,可以达到调节造球原料水分,稳定造球操作,提高生球强度的作用。

前面已提到,造球原料适宜水分范围较窄,一般原料水分允许波动范围为 0.5%,当水分超过适宜湿度范围时,就会造成操作困难,降低生球质量。但当添加膨润土后,由于它具有很强的吸水性,造球物料中有较多的水分变为层间水。这种层间水与毛细水不同,在机械力作用下不发生迁移,因此不致使生球表面过湿而发生黏结,所以采用膨润土后允许造球物料有较宽的水分波动范围。

膨润土是一种高分散性物质。添加膨润土后改善了造球物料的粒度组成,使生球内毛细

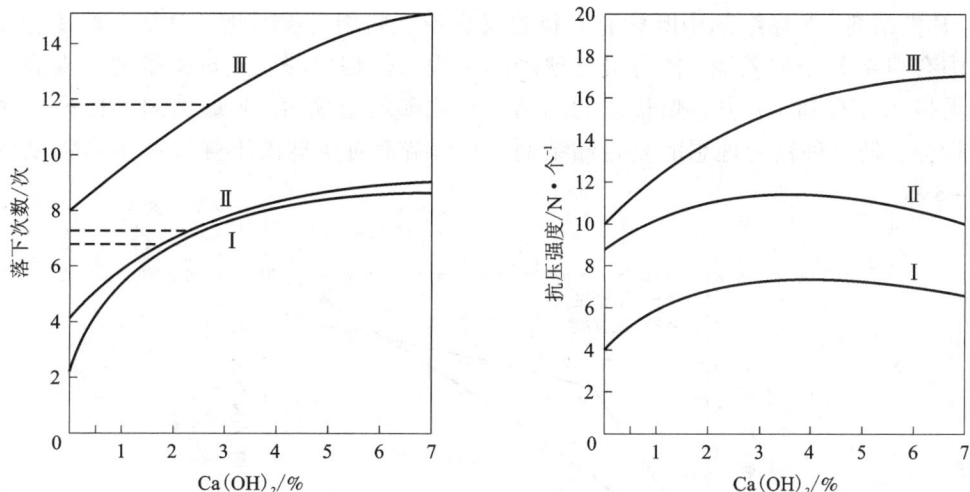

图 8-36 Ca(OH)₂ 对湿球落下强度和抗压强度的影响

矿石比表面积(cm²/g)：Ⅰ—740；Ⅱ—1120；Ⅲ—1720(注：落下强度是从 45 cm 高落下)

管径变小，毛细力增大；另一方面膨润土吸水后呈胶体颗粒，填充在生球的颗粒之间，增加了颗粒之间的分子黏结力，因此它可以提高生球的强度。当生球受到外力冲击，颗粒之间可产生滑动。所以对提高生球落下强度更为明显，见图 8-37。但是膨润土的主要成分为 SiO₂，过多添加膨润土不但降低生球长大速度，主要还降低球团矿品位。国外膨润土最大用量一般控制在 0.5%~0.7%。我国球团厂所用膨润土质量较差，加上添加设备限制，膨润土用量比较大，一般在 2%~3%。

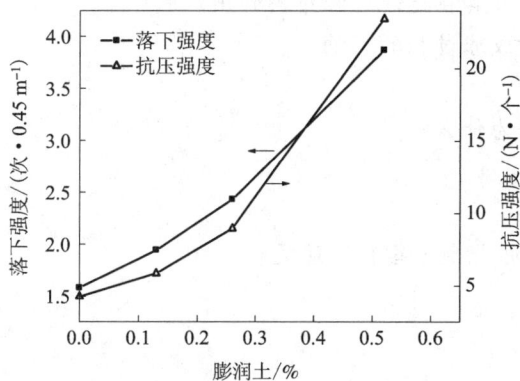

图 8-37 膨润土对生球强度的影响

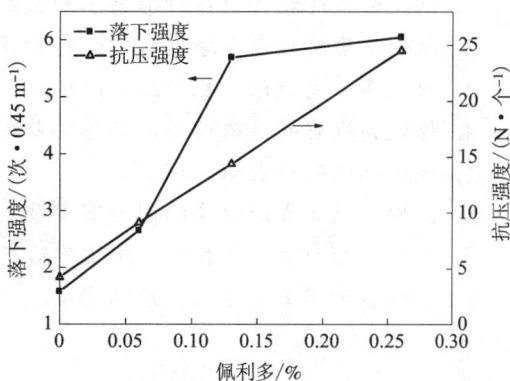

图 8-38 佩利多对生球落下强度和抗压强度的影响

（3）佩利多 在球团焙烧时，佩利多被烧掉，因此球团矿的含铁品位不会因为添加佩利多而降低。

佩利多是一种高效黏结剂，它的用量仅为膨润土的 1/10~1/5，能达到膨润土同样的效果，见图 8-38。佩利多溶于水形成一种黏性溶液，包裹在颗粒表面。在造球过程中颗粒接触时呈薄膜状连接键，因而使生球具有较高的强度，它和膨润土一样能显著地提高生球强度。

(4)F 黏结剂。F 黏结剂中既含有有机物又含有无机组分，因此 F 黏结剂球团在预热焙烧过程中有机组分分解燃烧，使得最终球团的全铁品位相比膨润土球团得到了提高。同时少量的无机组分有利于预热、焙烧球的固结。相比膨润土而言，F 黏结剂能提高球团的各项质量指标，是一种较为理想的复合黏结剂。F 黏结剂对生球落下强度和抗压强度的影响见图 8-39。

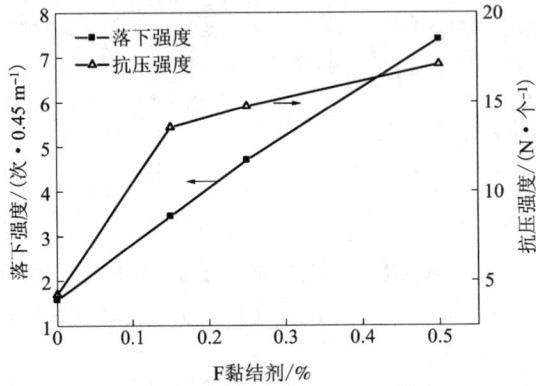

图 8-39　F 黏结剂对生球落下强度和抗压强度的影响

思考题

1. 试叙述造球物料中各种形态水形成的原因及其在造球过程中的作用。
2. 叙述细磨物料在造球过程中的行为及其对成球过程的影响。
3. 叙述实验室造球过程的三个阶段。
4. 你认为良好的造球效果应具备哪些因素？为什么？
5. 详细阐述矿粉成球机理。
6. 影响铁精矿成球速率的因素有哪些？
7. 什么是静态成球性指数？什么是动态成球性指数？各有何意义？
8. 分析各种因素对生球强度的影响。

第 9 章　球团固结理论基础

生球的单球抗压强度一般只有 10 ~ 20 N，干燥以后的球团强度虽有提高，可达 80 ~ 100 N，但仍然不能满足运输和高炉冶炼的要求。目前，提高球团矿的强度虽然有许多方法，但 95% 以上的球团矿仍然靠焙烧固结。

焙烧固结是球团矿生产过程中最复杂的工序，期间发生一系列物理和化学反应，最终通过铁氧化物再结晶使相邻颗粒彼此相连，达到固结效果，从而提高球团矿的强度，并使其冶金性能得到改善。

焙烧球团矿的设备主要有竖炉、带式焙烧机和链箅机 - 回转窑三种。不论采用哪一种设备，焙烧球团矿应包括干燥、预热、焙烧、均热和冷却五个过程，见图 9 - 1。

干燥过程的温度一般为 200 ~ 400℃，主要是生球中水分的蒸发，物料中部分结晶水的脱除。

预热过程的温度一般为 400 ~ 1100℃，主要是球团的升温，干燥过程中尚未脱除的少量水分在此进一步排除。这一过程中的主要

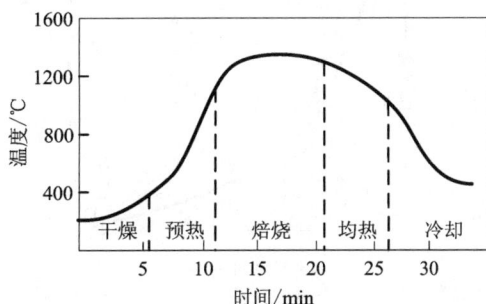

图 9 - 1　球团矿焙烧过程

反应有磁铁矿的氧化、碳酸盐矿物的分解、硫化物的分解和氧化，以及其他一些固相反应。

焙烧的温度一般为 1100 ~ 1300℃。预热过程中尚未完成的反应，如分解、氧化、脱硫、固相反应等也在此继续进行。这一过程中的主要反应有铁氧化物的结晶和再结晶使晶粒长大，固相反应以及由之而产生的低熔点化合物的熔化形成部分液相，球团矿体积收缩及结构致密化。

均热的温度水平略低于焙烧温度。在此阶段保持一定时间的主要目的是：使球团矿内部晶体长大，尽可能使之发育完整，使矿物组成均匀化，消除一部分内部应力。

冷却阶段应将球团矿的温度从 1000℃ 以上冷却到运输皮带可以承受的温度。冷却介质一般为空气，它的氧势较高，如果球团矿内部尚有未被氧化的磁铁矿，在这里可以得到充分氧化。

9.1　生球的干燥

9.1.1　生球的干燥机理

生球干燥过程是从湿生球表面通过热风或燃气流时开始的。气流温度、露点、流量和干燥速率均起着重要作用。根据干燥速率的变化，脱水过程可分为三个阶段，如图 9 - 2 所示。

在第一阶段(BC),生球所含水分开始是在整个表面上均匀蒸发,球团内部的水分在毛细力作用下向球团表面扩散。在这一阶段继续进行的过程中,干燥速率保持不变。但是,如果球团表面的脱水速率大于球团内部水分向表面的迁移速率时,干燥前锋便向球团内部迁移,这时干燥进入第二阶段(CD)。在这一阶段,水蒸气便要流经一个越来越大的距离,穿过已被干燥的各个毛细孔,一直到达球团表面。在此干燥阶段内,干燥速率不再是不变的,而是下降的,当毛细水蒸发完毕,这一干燥阶段便告结束。除了表面水和毛细水以外,如果球团含有结晶水或化合水,那么干燥过程通常要在改变的条件下(如提高干燥介质温度)继续进行,这时干燥进入第三阶段(DE)。由于结晶水或化合水更难脱除,因此第三干燥阶段的速率还要低一些。

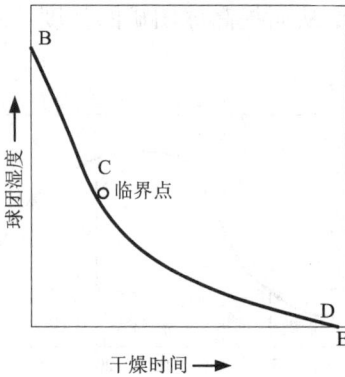

图 9-2　干燥曲线

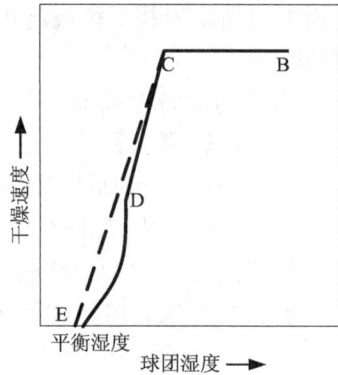

图 9-3　干燥速率特性曲线

　　(1)等速干燥阶段(BC)　等速干燥阶段,是当干燥介质的温度、流速和湿含量不变的情况下,生球表面的水分以等速蒸发。当表面水分蒸发后,生球内外产生湿度差,引起"导湿现象",即水分由生球内部(水分高的地方)向表面扩散,并且水分的内部扩散速率大于或至少是等于生球表面气化的速率,生球表面能保持潮湿,表面的蒸气压等于纯液面上的蒸气压,这时,干燥过程为表面气化控制,干燥速率以下式计算:

$$\frac{d\omega}{Fd\tau} = \frac{a}{r_{表}}(t_{介} - t_{表}) = K_p(p_H - p_\eta) \tag{9-1}$$

式中:$\frac{d\omega}{Fd\tau}$ 为干燥速率,kg/(m² · h · ℃);a 为干燥介质与生球表面的传热系数,kJ/(m² · h · ℃);$r_{表}$ 为水分在生球表面上温度为 $t_{表}$ 时的气化潜热,kJ/kg;$t_{介}$ 为干燥介质的温度,℃;$t_{表}$ 为生球表面上的温度(气化温度),℃;K_p 为气化系数(以分压差为推动力,从生球表面穿过边界层扩散的传质系数),根据相似原理,气流平行流动于物体表面时,气化系数 $K_p = 0.745 (\omega\rho_g)^{0.8}$,若垂直于物体表面时,$K_p$ 约增加一倍;ω 为介质的流速,m/s;ρ_g 为空气的密度,kg/m³;p_H 为生球表面水蒸气的压力,Pa;p_η 为干燥介质中水蒸气分压,Pa。

　　干燥速率也可用湿含量来表示:

$$\frac{d\omega}{Fd\tau} = K_x(C_H - C_\eta) \tag{9-2}$$

式中:K_x 为气化系数(以湿度差为推动力,从生球表面穿过边界层扩散的传质系数)

$K_x = 4.35a$；C_H 为在温度 t 时生球表面空气的饱和湿含量，kg/kg；C_η 为干燥介质的湿含量，kg/kg。

式中传热系数 a，决定于介质流动方向和速率，是与介质流速有关的一个函数，流速快，热交换好，a 值就大，生球表面的蒸气压 p_H 是随生球表面温度的升高而增大，干燥介质中水蒸气分压 p_η 是随介质中水分而变的，当温度一定时，水分少，蒸气分压低。生球表面空气饱和湿含量 C_H 随温度的升高而增大（如 42℃，饱和湿含量 0.05 kg/kg；53℃时，饱和湿含量是 0.1 kg/kg），所以在等速干燥阶段干燥速率取决于干燥介质的温度、流速和湿含量，与生球的尺寸和初始湿含量无关。

（2）第一降速阶段（CD）　生球的水分达到临界点 C 以后，就进入降速阶段，这时内部扩散速率小于表面气化速率，即表面水分蒸发后，内部水分来不及扩散到表面，生球表面部分出现干燥外皮，干燥过程为内部扩散控制。因为在等速干燥阶段，生球表面水分蒸发后，内外湿度梯度较大，因而"导湿现象"显著，水分迅速地沿着毛细管从内部向表面扩散，使表面保持潮湿，随着水分减少，毛细管收缩，水在毛细管内迁移的阻力增加，在某些地方的连通毛细水（蜂窝毛细水）排除后，在触点处剩下单独的彼此不衔接的水环，这种触点毛细水与矿粒结合较紧密。同时，湿度梯度减小，使"导湿现象"减弱。因此水沿着毛细管扩散的速率减慢，不能补偿表面已蒸发的水分，致使表面局部出现干燥外皮，干燥速率下降。已经干燥的外皮温度升高，由于球团导热性差，球表面与内部便产生温度差，因而又出现"热导湿现象"，这是促使水分沿热流方向扩散的力量，因此使干燥速率不断下降。

（3）第二降速阶段（DE）　干燥速率降到 D 点时，生球表面的干燥外壳完全形成，整个表面温度升高，热量逐渐向球内部传导，当内部与干燥外壳交界的地方，达到气化温度时，水分在此交界面上蒸发，蒸气通过扩散到达生球表面，再被介质带走。

因为吸附水、薄膜水与矿粒表面结合得更牢固，不能自由迁移，只能变成蒸气才能离开表面。随着生球中水分减少，干燥速率不断下降，达到平衡湿度 E 点，干燥速率等于零，干燥过程停止。

第二降速阶段，干燥的速率取决于蒸气在球团内的扩散速率，因此生球的物理性质与化学组成决定着干燥速率，如生球的尺寸、水分含量，毛细管的数量及分布情况，毛细管的直径大小、管壁的光滑程度，以及原料的亲水性、添加物等都影响着此阶段的干燥速率。

降速阶段干燥速率曲线的形状，视物料的性质与水分扩散的难易程度而定。图 9-3 中降速阶段的曲线，前一段（CD）为直线，后一段（DE）为曲线，有时也可能是两段不同曲线。

由于降速阶段干燥速率曲线的复杂性，计算时通常用简便的处理方法，即将 C 点与 E 点直线连接（图 9-3 中虚线），用来代替降速阶段的干燥曲线。这种近似计算的根据，是假定在降速阶段中，干燥速率与生球中湿含量成正比，即

$$\frac{\mathrm{d}\omega}{F\mathrm{d}\tau} = \frac{G_C \mathrm{d}C}{F\mathrm{d}\tau} = K_C(C - C_E) \tag{9-3}$$

式中：G_C 为干球的质量，kg；K_C 为比例系数，kg/(m²·h)；C 为在 τ 时生球的湿含量，kg（水）/kg（干球）；C_E 为球的平衡湿含量，kg（水）/kg（干球）。

9.1.2 干燥过程中生球的行为

9.1.2.1 干燥过程生球强度的变化

生球主要靠毛细力的作用使粒子彼此黏结在一起而具有一定的强度。随着干燥过程的进行，毛细水减少，毛细管收缩，毛细力增加，粒子间黏结力加强，因此球团的强度逐渐提高。当大部分毛细水排除后，在颗粒触点处剩下单独彼此衔接的水环，即触点态毛细水，这时黏结力最大，球团出现最高强度（见图9-4）。水分进一步减少，毛细水消失，因而失去毛细黏结力，球团的强度下降，但随着毛细水的消失，颗粒靠拢，颗粒之间的摩擦力增大，球团的强度又得以提高。当有黏结剂存在时，随着颗粒靠近，黏结剂的黏结力加强，球团强度更高。

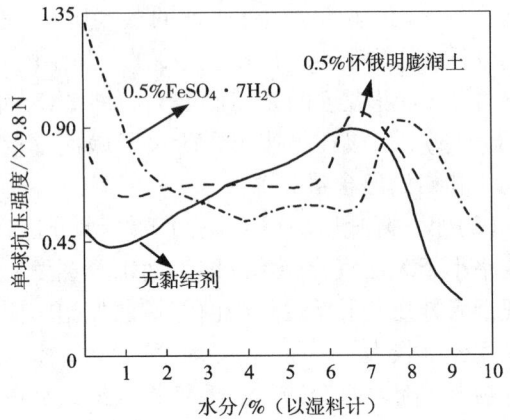

图9-4 天然磁铁矿生球干燥过程水分的变化与抗压强度的关系

9.1.2.2 干燥过程中生球的破裂现象

生球干燥进入内部气化阶段时，受内部气压及收缩应力的作用，可能发生结构的破坏。干燥过程中生球结构破坏形式有两种，一种是生球表面出现裂纹，另一种是整个生球破碎散开。使生球结构遭到破坏的最低温度称为生球的爆裂温度。

随着干燥过程的进行，生球表里会产生湿度差，从而引起表里收缩不均匀。表面湿度小收缩大，中心湿度大收缩小。由表里收缩不均匀，便产生应力，即表面收缩大于平均收缩，表面受拉，在受拉45°方向受剪，而中心收缩小于平均收缩而受压。如果收缩不超过一定的限度，生球产生圆锥形毛细管，可加速水分由中心移向表面，从而加速干燥，同时使生球内的粒子紧密，增加强度。但是，不均匀收缩过大，生球表层所受的拉应力或剪应力超过生球表层的极限抗拉、抗剪强度，生球便产生裂纹，球团的强度降低。

爆裂一般都发生在降速干燥阶段。当生球干燥过程由表面气化控制转为内部扩散控制后，水分蒸发面向球团内推进，此时生球的干燥是由于水分在球团内部气化后，蒸气通过球干燥外层的毛细管扩散到表面，然后进入干燥介质中。如果供热多，球团内产生的蒸气就会多，蒸气若不能及时扩散到生球表面，就会使球团内蒸气压增加。当蒸气压力超过干燥表层的径向和切向抗拉强度时，球团就产生爆裂。蒸发面愈靠近球中心，蒸气向外扩散的阻力就愈大，过剩蒸气压也愈大，球团产生爆裂的可能性就越大，其结构破坏越严重。

为了使生球在干燥过程中不产生破裂，常常可以采用较低的干燥温度和介质流速，降低干燥速率。但是干燥速率太低，干燥时间延长，导致干燥设备面积增大，其结果投资高，设备生产率低。目前设计单位和球团生产者往往采用提高生球爆裂温度的措施强化干燥过程，保证生球结构不破坏的前提下尽可能提高干燥速率。添加黏结剂是提高生球爆裂温度的有效途径。

膨润土、消石灰及一些有机黏结剂都可以不同程度地提高生球爆裂温度。但目前国内外使用最广、效果最好的是膨润土。如梅山菱铁精矿添加1.5%平山膨润土，生球爆裂温度由260℃提高到450℃；杭钢竖炉球团，加1.5%平山膨润土代替6%消石灰，生球静态爆裂温度由670℃提高到860℃。由此可知膨润土提高生球爆裂温度效果明显。膨润土能提高生球爆裂温度的主要原因是：其一，添加膨润土的生球，水分蒸发速率较慢，因为膨润土晶层间含有大量的分子结合水，这种水有较大的黏滞性和较低的蒸气压，气化速率低。其二，它能形成强度较好的干燥外壳，这种干燥外壳能承受较大内压力的冲击而不破裂。但对于一些粒度细微物料构成的球团，膨润土用量过高时可能降低生球的爆裂温度，主要原因是膨润土降低了干球的孔隙率，阻碍了水蒸气的扩散。

9.1.3　影响生球干燥的因素

生球干燥必须在不破裂的条件下进行，其干燥的速率与干燥需要的时间，取决于下列因素：干燥介质的温度与流速、生球的结构与初始温度、生球的粒度、球层的高度和添加剂的种类及数量等。

9.1.3.1　干燥介质的影响

影响干燥过程最主要的因素是干燥介质的温度和流速。干燥介质的温度对干燥过程影响最大，因为水分气化速率与传热量成正比，两者关系为：

$$dQ/d\tau = \lambda dW/d\tau \qquad (9-4)$$

式中：λ 为比例系数；Q 为传给球表面的热量，kJ；W 为水分气化量，kg。

干燥介质与生球二者的温差越大，则所需要的干燥时间就越短。为了加速干燥，总是希望干燥介质的温度尽量高些。在干燥气流速率一定的条件下，干燥介质温度的影响见图9-5[其中干燥度 $E=$（初始水分-最终水分）/初始水分]。从图看出，随介质温度升高，干燥的时间可以缩短。但是，介质温度与干燥速率的关系不是平行一致的，在200℃以前，随着介质温度的升高，干燥速率迅速增加，但大约从200℃开始，随介质温度升高，干燥速率的增加就越来越慢。因为生球干燥的速率是受水分蒸发和球内部扩散两个因素影响。

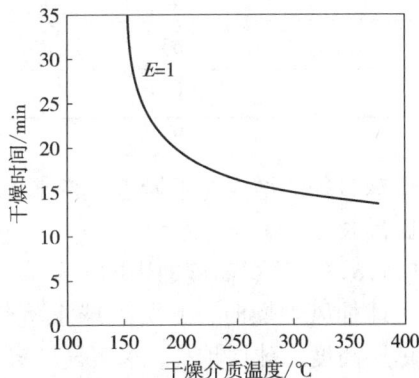

图9-5　干燥介质温度对干燥时间的影响
干燥气流速率为0.18 m/s；
球团粒度为10~12 mm；
料层厚度为6 cm

介质的流速对干燥速率的影响见图9-6。当介质温度一定时，随着干燥介质流速增加，单位时间内供应的热量也增加，干燥的时间便缩短。同时介质流速大，可以保证球表面的蒸气压与介质中的蒸气分压有一定的差值。但是，过大的风速同样会导致球团破裂。当介质温度较高时，流速应低。反之亦然。通常对于处理"热敏感"的生球，是采用流速大、风温低的干燥介质。适宜的介质温度和流速需要通过实验来确定。

9.1.3.2 生球性质的影响

构成生球原料的颗粒愈细,生球愈致密,则生球的爆裂温度就愈低。因细粒原料构成的球,其内部毛细管孔径非常小,水分迁移慢,容易形成干壳,内部蒸气扩散阻力也大,因此,对这种球必须在较低的温度下进行干燥。但是,由细粒原料构成的生球,干燥后,比粗粒原料构成的球强度好。因此,往往用细粒原料造球,通过添加黏结剂来提高生球的爆裂温度。

生球初始水分越高,所需要的干燥时间也就越长。因生球水分增加,降低了生球的爆裂温度,见表9-1。因为生球水分高,内部蒸发的水分也多,大量蒸气要逸出,容易引起爆裂。因此,就限制了在较高的介质温度与流速下干燥。

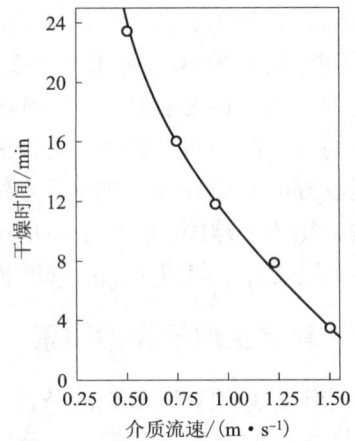

图9-6 介质流速与干燥时间的关系

注: 料高 = 200 mm, $T_{气}$ = 250℃

表9-1 生球含水量与爆裂温度的关系

生球含水量/%	爆裂温度/℃
7.7	425 ~ 450
6.2	475 ~ 500
1.63	750 ~ 800
0	1300 ~ 1350

生球直径的增大对干燥也将带来不利,因为大球的蒸发比表面积小,以及球核内蒸气扩散的距离长。

9.1.3.3 球层高度的影响

生球抽风干燥时,下层生球水蒸气冷凝程度取决于球层高度。球层越高,水蒸气冷凝越严重,从而降低了下层球的爆裂温度。例如,当球层高度为100 mm时,干燥介质流速为0.75 m/s,介质温度为350 ~ 400℃,生球并未爆裂。但球层高度增加到300 mm时,干燥介质流速为0.75 m/s,250℃时生球即开始爆裂。

另外,在同样的干燥制度下,随球层高度增加,干燥速率下降。例如,介质温度为250℃及流速为0.75 m/s 的干燥条件下,球层为100 mm,干燥时间不到10 min。而球层为500 mm 时,干燥时间则要88 min,见图9-7。从图中还看出,只有在球层高度

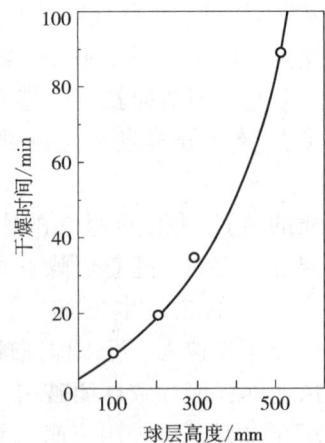

图9-7 球层高度对干燥时间的影响

不超过 300 mm 时，才能保证生球有满意的干燥速率。但是生球球层过低不利于热能的利用。

9.1.3.4　黏结剂的影响

1）膨润土

膨润土在铁矿球团生产中是应用最广泛的一种黏结剂。它的最大作用是提高干球强度和生球爆裂温度，因而强化了干燥过程。从图 9-8 和图 9-9 可看出，随膨润土添加量的增加，干球的抗压强度和生球的爆裂温度都有提高。并且，其作用随着蒙脱石含量及所吸附的阳离子不同而有差别。蒙脱石含量高的效果好。在蒙脱石含量相同时，钠型膨润土比钙型膨润土好，见图 9-10。这是由于钠型膨润土的电位较钙型的高，而且呈细片晶状分散在水中。干燥时分散的钠型蒙脱石片晶和剩下的水分集中在矿粒之间的接触点上，见图 9-11（a）。在水分最终蒸发的过程中，集中在这里的胶体干燥并形成固态胶泥连接桥，使干燥强度提高。而钙型蒙脱石片晶凝集成聚合体，这些聚合体又依次与含氧离子的颗粒凝聚。当球干燥时，分散的钙型蒙脱石和剩下的水分集中在颗粒接触点之处，见图 9-11（b），在干燥状态下它们将颗粒黏结，使干球强度提高，但不如钠型蒙脱石的效果好。

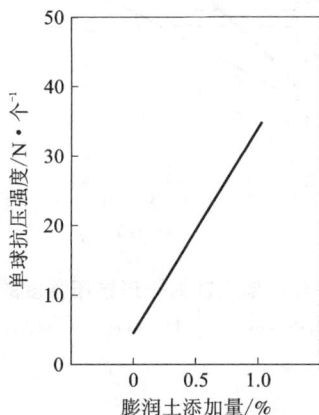

图 9-8　膨润土对干球抗压强度的影响

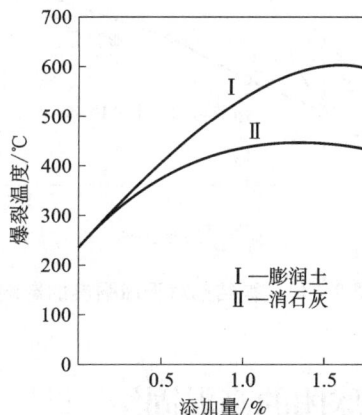

图 9-9　黏结剂用量对生球爆裂温度的影响

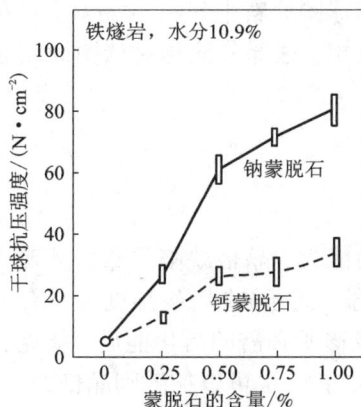

图 9-10　不同类型的蒙脱石
对干球强度的影响

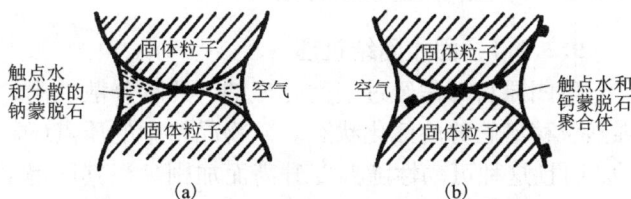

图 9-11　生球干燥时蒙脱石片晶的行为

（a）钠型蒙脱石片晶在触点水中富集简图；

（b）钙型蒙脱石凝结进入聚合体简图

2)佩利多

佩利多是一种有机黏结剂，它对提高干球强度的效果比膨润土更好，见图9-12，其作用机理类似膨润土，但佩利多是水溶性物质，它在生球中各颗粒接触点之间形成连续的黏性溶液，干燥后成为连续的固相连接桥，使干球强度提高。由于这种连续性，使少量的佩利多就能充分发挥作用。

3)消石灰

消石灰作为黏结剂也能提高干球强度(见图9-13)和生球的爆裂温度，但其效果不如膨润土。消石灰比表面积大，使生球内颗粒接触紧密，因此干燥后球内摩擦力增加，干球强度提高。

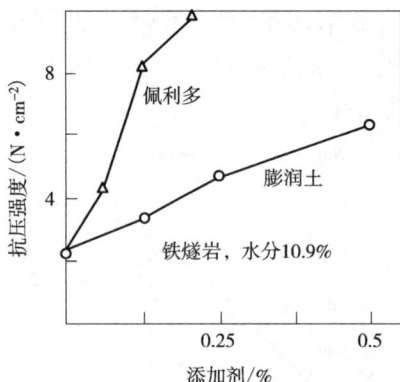

图9-12　黏结剂对干球强度的影响

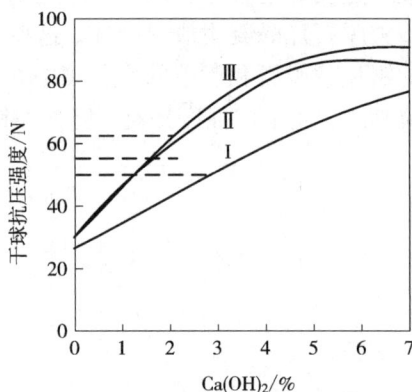

图9-13　消石灰对干球抗压强度的影响

矿石比表面积(cm²/g)：Ⅰ—740；Ⅱ—1120；Ⅲ—1720

9.2　球团的高温固结

与烧结矿的固结方式不同，球团矿的固结主要靠固相固结，通过固体质点扩散形成连接桥(或称连接颈)、化合物或固溶体把颗粒黏结起来。但是当球团原料中SiO_2含量高，或在球团中添加了某些添加物时，在球团焙烧过程中会形成部分液相，这部分液相对球团固结起着辅助作用。

9.2.1　球团焙烧固结机理

9.2.1.1　固相固结机理

球团原料都是经过细磨处理的，具有分散性高，比表面能大，晶格缺陷严重，呈现具有强烈位移潜趋势的活化状态。矿物晶格中的质点(原子、分子、离子)在塔曼温度下具有可动性，而且这种可动性随温度升高而加剧。当其取得了进行位移所必需的活化能后，就克服周围质点的作用，可以在晶格内部进行位置的交换，称之为内扩散，也可以扩散到晶格的表面，还能进而扩散到与之相接触的邻近其他晶体的晶格内进行化学反应，或者聚集成较大的晶体颗粒。

球团被加热到某一温度时，矿粒晶格间的原子获得足够的能量，克服周围键力的束缚进行扩散，并随温度升高，这种扩散加强，最后发展到颗粒互相接触点或接触面上扩散，使颗粒之间产生黏结。在晶粒接触处通过顶点扩散而形成连接桥(或称连接颈)。在连接颈的凹曲面上,由于表面张力产生垂直于曲颈向外的张应力($\sigma = -\gamma/\rho$),γ 是表面张力,ρ 是颈的曲率半径),使曲颈表面下的平衡空位浓度高于颗粒的其他部位。这种过剩空位浓度梯度将引起颈表面下的空位向邻近的球表面发生体积扩散(见图9-14),即物质沿相反方向向颈迁移,使颈体积长大。因此,单位时间内物质的迁移量应等于颈的体积增大量,即有连续方程式:

$$\mathrm{d}V/\mathrm{d}\tau = J_{\mathrm{V}} \cdot A \cdot \Omega \qquad (9-5)$$

式中:V 为颈的体积[根据图9-14(a)模型],$V = \pi x^2 \rho$,$\rho = x^2/2a$;τ 为焙烧时间;J_{V} 为单位时间通过颈的单位面积流出的空位个数;A 为扩散断面积($A = 2\pi x \cdot 2\rho = 2\pi x^3/a$);$\Omega$ 为个空位或原子的体积($\Omega = d^3$,d 为原子直径)。

根据扩散第一定律:

$$J_{\mathrm{V}} = D'_{\mathrm{V}} \cdot \nabla C_{\mathrm{V}} = D'_{\mathrm{V}} \cdot \Delta C_{\mathrm{V}}/\rho \qquad (9-6)$$

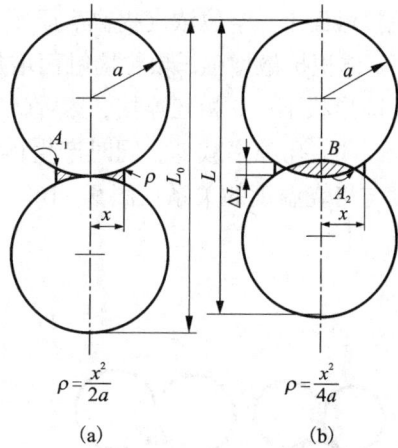

图9-14 两个球型颗粒固相连结模型

ρ—颈部表面曲率半径;x—颈部半径;a—粒子半径;

A_1—体积扩散,凸表面到颈部;

A_2—体积扩散,晶界到颈部;B—晶界扩散

(a)中心距不变 $\rho = x/2a$;

(b)中心距减小,两球互相贯穿,$\rho = x^2/4a$

式中:D'_{V} 为空位自扩散系数;∇C_{V} 为颈表面与球面的空位浓度梯度;ΔC_{V} 为空位浓度差。

将式(9-6)代入式(9-5):

$$\mathrm{d}V/\mathrm{d}\tau = A D'_{\mathrm{V}} \cdot \Delta C_{\mathrm{V}}/\rho \cdot \Omega \qquad (9-7)$$

原子自扩散系数为:

$$D_{\mathrm{V}} = D'_{\mathrm{V}} C^0_{\mathrm{V}} \Omega$$

过剩空位浓度梯度为:

$$\Delta C_{\mathrm{V}}/\rho = C^0_{\mathrm{V}} \cdot \gamma \cdot \Omega/(kT\rho^2)$$

将所有上述关系式代入(9-7)

$$\mathrm{d}x/\mathrm{d}\tau = D_{\mathrm{V}} \cdot \gamma \cdot \Omega \cdot \frac{1}{kT} \cdot \frac{4a^2}{x^4} \qquad (9-8)$$

积分:

$$x^5/a^2 = \left(20 D_{\mathrm{V}} \cdot \frac{\gamma\Omega}{kT}\right)\tau \qquad (9-9)$$

金捷里-柏格则基于图9-14(b)模型,认为空位是由颈表面向颗粒接触面上的晶界扩散的,单位时间和单位长度上扩散的空位流为:

$$J_{\mathrm{V}} = 4 D'_{\mathrm{V}} \Delta C_{\mathrm{V}}$$

将这些关系式一并代入式(9-7),积分后得:

$$x^5/a^2 = \left(80 D_{\mathrm{V}} \cdot \frac{\gamma\Omega}{kT}\right)\tau \qquad (9-10)$$

将式(9-10)和式(9-9)比较,只是系数相差四倍,形式完全相同。因此,按照体积扩散机理,连接颈长大应服从(x^5/a^2)-τ的直线关系。球团焙烧初期,由于颗粒表面原子扩散,使球内各颗粒黏结形成连接颈[见图9-15(a)],颗粒互相黏结使球的强度有所提高。在颗粒接触面上,空位浓度提高,原子与空位交换位置,不断向接触面迁移,使颈长大。温度升高,体积扩散增强,颗粒接触面增加,粒子之间距离缩小[见图9-15(b)]。起初粒子之间的孔隙形状不一,相互连接,然后就变成圆形的通道[见图9-15(c)]。这些通道收缩,有的孔隙封闭,孔隙率减少。同时产生再结晶和聚集长大,使球团致密,强度提高。球团强度、致密度与焙烧温度的关系见图9-16。

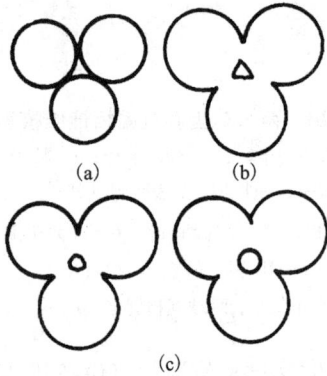

图9-15 焙烧时球形颗粒连结模型

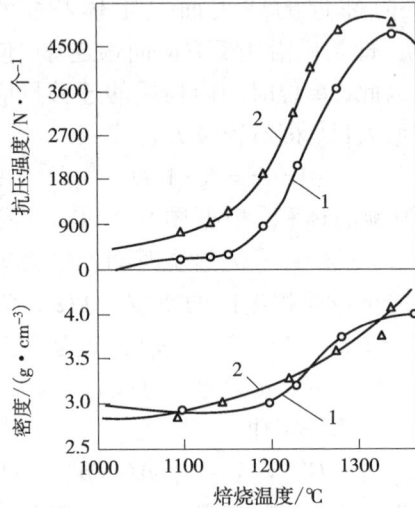

图9-16 磁铁矿球团焙烧温度与强度、密度的关系

1—小于37 μm 占79.4%;2—小于37 μm 占86.6%

影响固相扩散反应的因素很多,除温度和在高温下停留的时间外,凡能促进质点扩散的因素,都能加速固相扩散反应,如增加物料的细度、多晶转变、脱除结晶水或分解、固溶体的形成等物理化学变化都伴随着晶格的活化,促进固相扩散反应。除此之外,液相的存在,为固相物质的扩散提供了介质,也是强化固相扩散反应不可忽视的重要因素。

球团矿焙烧固结过程中,预热阶段(900~1000℃)进行的反应一般均为固相扩散反应。Fe_2O_3 固相扩散是球团矿固结的主要形式。若生产球团矿的原料为磁铁矿时,由 Fe_3O_4 氧化变成 Fe_2O_3,此时由于晶格结构发生变化,新生成的 Fe_2O_3 具有很大的迁移能力,在高温作用下,颗粒之间通过固相扩散形成赤铁矿晶桥,将颗粒连接起来,使球团矿具有一定的强度,图9-17 为 Fe_2O_3 固相扩散固结示意图。由于两个颗粒是同质

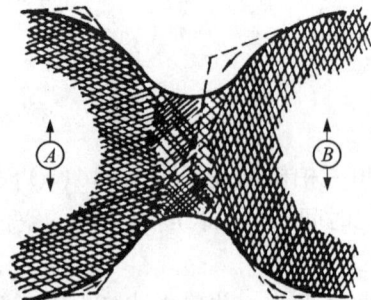

图9-17 Fe_2O_3 固相扩散固结示意图

的,所以在颗粒之间的晶桥是 Fe_2O_3 一元系,不过相邻颗粒的结晶方向很难一致,所以晶桥成为两个不同结晶方向的过渡区。但其晶体结构极不完善,只有在1200~1250℃高温下,

Fe_2O_3 才发生再结晶和聚集长大。若初始原料为赤铁矿时，则要在 1300~1350℃下，才能消除晶格缺陷，增加球团矿致密化程度，球团矿才能获得牢固的固结和良好的机械强度。

9.2.1.2 液相在球团固结中的作用

铁精矿球团矿中，液相量虽然不多，但在球团矿的固结过程中起着重要的作用：第一，液相将固体颗粒表面润湿，并靠表面张力作用使颗粒靠近、拉紧，并重新排列，因而使球团矿焙烧过程中产生收缩，结构致密化。第二，使固体颗粒溶解和重结晶。由于一些细小的具有缺陷的晶体较之具有完整结构的大晶体在液相中的溶解度大，因而对正常的大晶体是饱和溶液，对于细小的有缺陷的晶体就是未饱和的液相。这样小晶体不断地在液相中溶解，大晶体不断地长大，这个过程称为重结晶过程。第三，促使晶体长大。由于液相的存在，可以加快固体质点的扩散，使相邻质点间接触点扩散速度增加，因此促使晶体长大，加速球团矿的固相固结。

球团矿焙烧过程中液相的来源主要是固相反应过程中形成的一些低熔点化合物和共熔物；其次是球团矿原料中带入的低熔点矿物，如钾长石，在 1100℃左右便可熔化；造球过程中添加的膨润土的熔化温度也较低；近年来有些球团厂的混合料中添加硼泥降低球团矿焙烧温度，硼泥中的 B_2O_3 600℃时就开始熔融，1800℃开始沸腾。

在生产熔剂性球团矿时，若在氧化气氛中进行焙烧，产生的液相主要是铁酸钙体系，如 $CaO \cdot Fe_2O_3$、$CaO \cdot 2Fe_2O_3$ 及 $CaO \cdot Fe_2O_3 - CaO \cdot 2FeO$ 共熔混合物，它们的熔点均较低，分别为 1216℃，1226℃和1205℃，在正常焙烧温度下形成液相。这种液相对球团矿固结有利。但如果氧化不完全，熔剂性球团矿焙烧过程中也有可能出现钙铁橄榄石体系的液相，这种情况应尽量避免出现。

球团矿中液相量通常不超过 5%~7%，焙烧过程中过多的液相会导致球团矿产、质量下降。一般而言，熔剂性球团矿液相量明显高于高品位非熔剂性球团矿。对熔剂性球团矿焙烧过程中应特别注意严格控制焙烧温度和升温速度，防止温度波动太大，产生过多的液相。因为液相量太多，不仅阻碍固相颗粒直接接触，并且液相沿晶界渗透，使已聚集成大晶体的固结"粉碎化"，且球团会发生变形，相互黏结，恶化球层透气性。

9.2.2 铁矿球团的固结形式

磁铁矿精矿和赤铁矿精矿是生产铁矿球团矿的两种主要原料。磁铁矿精矿由于在焙烧过程中的发生氧化，对生产球团矿更具有优势。本节主要介绍磁铁矿精矿和赤铁矿精矿为原料的球团矿固结形式。

9.2.2.1 磁铁矿球团固结

1）磁铁矿球团的氧化

以磁铁矿精矿为主要原料生产球团矿时，在焙烧过程中，磁铁矿首先被氧化成赤铁矿。磁铁矿的氧化从200℃开始，1000℃左右结束，氧化过程分两阶段进行。

氧化第一阶段：

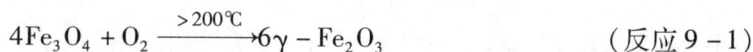

$$4Fe_3O_4 + O_2 \xrightarrow{>200℃} 6\gamma - Fe_2O_3 \qquad （反应 9-1）$$

在这一阶段，化学过程占优势，不发生晶型转变（Fe_3O_4 和 $\gamma - Fe_2O_3$ 都属于立方晶系），

215

即由 Fe_3O_4 生成了 $\gamma - Fe_2O_3$(磁赤铁矿)。但是, $\gamma - Fe_2O_3$ 一般是不稳定的。

氧化第二阶段:

$$\gamma - Fe_2O_3 \xrightarrow{>400℃} \alpha - Fe_2O_3 \qquad (反应9-2)$$

由于 $\gamma - Fe_2O_3$ 不稳定,在较高的温度下,结晶会重新排列,而且氧离子可能穿过表层直接扩散,进行氧化的第二阶段。这个阶段晶型转变占优势,从立方晶系转变为斜方晶系,即 $\gamma - Fe_2O_3$ 转变为 $\alpha - Fe_2O_3$,磁性也随之消失。

但是,在球团生产过程中,因受动力学因素的影响,在预热阶段 Fe_3O_4 的氧化产物主要为 $\gamma - Fe_2O_3$。磁铁矿球团的氧化是呈层状地由表面向球中心进行的。一般认为符合化学反应的吸附－扩散学说。首先是气相中的氧被吸附在磁铁矿颗粒表面,并且从 $Fe^{2+} \rightarrow Fe^{3+} + e^-$ 的反应中得到电子而电离。由于以上反应引起 Fe^{3+} 扩散,使晶格连续重新排列而转变为固溶体。

Fe_3O_4(晶格常数 0.838 nm)和 $\gamma - Fe_2O_3$(晶格常数 0.832 nm)的晶格常数相差甚微,因此, $Fe_3O_4 \rightarrow \gamma - Fe_2O_3$ 的转变仅仅是进一步除去 Fe^{2+},形成更多的空位和 Fe^{3+}。$\gamma - Fe_2O_3$ 或 Fe_3O_4 与 $\alpha - Fe_2O_3$(晶格常数 0.542 nm)的晶格常数差别却很大,从 $\gamma - Fe_2O_3$ 或 Fe_3O_4 转变到 $\alpha - Fe_2O_3$ 时,晶型改变,体积发生收缩。因此,低温时只能生成 $\gamma - Fe_2O_3$。

无论在什么情况下,对氧化过程起主要作用的不是气体氧向内扩散,而是铁离子和氧离子在固相层内的扩散。这些质点在氧化物晶格内的扩散速度与其质点的大小和晶格结构有关。O^{2-} 的半径(0.14 nm)比 Fe^{2+}(0.074 nm)或 Fe^{3+}(0.060 nm)的半径大,故后二者扩散速度比前者大。O^{2-} 是不断失去电子成为原子(氧原子的半径约 0.06 nm),又不断与电子结合成为 O^{2-} 的交换方式扩散的,但仅在失去电子变为原子状态下的瞬间,才能在晶格的结点间移动一段距离,所以 O^{2-} 比铁离子的扩散慢得多。

在低温下,磁铁矿表面形成很薄的 $\gamma - Fe_2O_3$ 层,随着温度升高,离子的移动能力增强,此时 $\gamma - Fe_2O_3$ 层的外层转变为稳定的 $\alpha - Fe_2O_3$。温度继续提高, Fe^{2+} 扩散到 $\gamma - Fe_2O_3$ 和 Fe_3O_4 界面上,充填到 $\gamma - Fe_2O_3$ 空位中,使之转变为 Fe_3O_4, Fe^{2+} 扩散到 $\alpha - Fe_2O_3$ 和 O_2 界面,与吸附的氧作用形成 Fe^{3+}, Fe^{3+} 向内扩散,同时, O^{2-} 向内扩散到晶格的结点上,最后全部成为 $\alpha - Fe_2O_3$。

人造磁铁矿具有不完整的晶格结构,固溶体的形成非常迅速,因此,在低温下就能形成 $\gamma - Fe_2O_3$,它的反应性要比天然磁铁矿强得多。人造磁铁矿在 400℃ 时的氧化度,就接近天然磁铁矿在 1000℃ 时的氧化度,见图 9-18。

天然磁铁矿所形成的 Fe^{3+} 的扩散相对来讲是慢的,氧化过程只在表面进行,且能形成固溶体和 $\alpha - Fe_2O_3$,而在颗粒内部只能形成固溶体。在天然磁铁矿氧化的温度下, $\alpha - Fe_2O_3$ 是赤铁矿的稳定形式,并且由于氧化的进行,颗粒内部固溶体也转换生成 $\alpha - Fe_2O_3$。

等温条件下非熔剂性球团矿氧化所需时间可用下列扩散反应方程表示:

$$t = \frac{d^2}{k}\left(\frac{(1 - \sqrt[3]{1-\omega})^2}{2} - \frac{(1 - \sqrt{1-\omega})^3}{3}\right) \qquad (9-11)$$

式中: ω 为氧化度, $\omega = 1 - (d-x)^3/d^3$; d 为球团直径,cm; x 为氧化带深度,cm; t 为氧化时间,s; k 为氧化速度系数,cm^2/s。

球团矿完全氧化的时间，当 $\omega = 1$ 时为：

$$t_{完} = d^2/(6k) \qquad (9-12)$$

氧化速度系数 k 值与介质含氧量有关；介质若为空气：

$$k = (1.2 \pm 0.2) \times 10^{-4}\ cm^2/s \qquad (9-13)$$

若为纯氧：

$$k = (1.4 \pm 0.1) \times 10^{-4}\ cm^2/s \qquad (9-14)$$

球团焙烧时介质的氧含量是变化的，而且总是低于空气的氧含量，所以 k 值小于式（9-13）中的 k 值。

在焙烧过程中磁铁矿充分氧化成赤铁矿对球团矿的固结有重要意义：

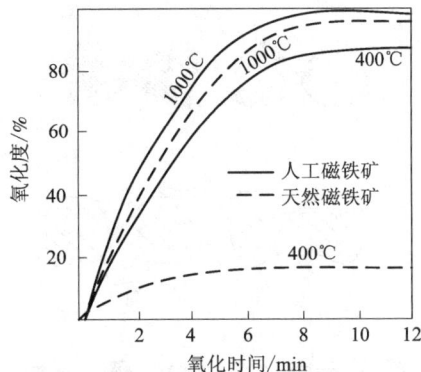

图 9-18　氧化气氛下焙烧天然磁铁矿和人工磁铁矿的氧化度

（1）磁铁矿氧化成赤铁矿时伴随结构的变化。磁铁矿晶体为等轴晶系，而赤铁矿为六方晶系，氧化过程中的晶格变化及新生晶体表面原子具有较高的迁移能力，有利于在相邻的颗粒之间形成晶键。

（2）磁铁矿氧化为赤铁矿是放热反应。它放出的热能几乎相当于焙烧球团矿总热耗的一半。所以保证磁铁矿在焙烧过程中充分氧化，可以节约能耗。

（3）磁铁矿氧化若不充分，则在球团矿中心尚有剩余的磁铁矿。如果进入高温焙烧带，更不利于磁铁矿氧化；在这种情况下磁铁矿将与脉石 SiO_2 反应，生成低熔点化合物。在球团矿内部出现液态渣相。它冷却时收缩，使球团矿内部出现同心裂纹，这不仅影响球团矿的强度，而且恶化其还原性。

2）磁铁矿球团的固结形式

磁铁精矿球团焙烧的固结形式包括：

（1）Fe_2O_3 微晶键连接　磁铁矿球团矿在氧化气氛中焙烧时，氧化过程在 200~300℃ 时就开始，并随温度升高氧化加速。氧化首先在磁铁矿颗料表面和裂缝中进行。当温度达到 800℃ 时，颗粒表面基本上已氧化成 Fe_2O_3。在晶格转变时，新生的赤铁矿晶格中的原子具有极大的活性，不仅能在晶体内发生扩散，并且毗邻的氧化物晶体也发生扩散迁移，在颗粒之间产生连接桥。这种连接桥称为微晶键连接，见图 9-19（a）。之所以称为微晶键连接是因为赤铁矿晶体保持原来细小的晶粒。

颗粒之间产生的微晶键使球团强度比干球强度有所提高，但仍较低。

（2）Fe_2O_3 再结晶连接　Fe_2O_3 再结晶连接是铁精矿氧化球团矿固结的主要形式，是 Fe_2O_3 微晶键固结形式的发展。当铁矿球团在氧化气氛中焙烧时，氧化过程由球表面沿同心球面向内推进，氧化预热温度达 1000℃ 时，约 95% 的磁铁矿氧化成新生的 Fe_2O_3，并形成微晶键。在最佳焙烧制度下，一方面残存的磁铁矿继续氧化，另一方面赤铁矿晶粒扩散增强，并产生再结晶和晶粒长大，颗粒之间的孔隙变圆，孔隙率下降，球团体积收缩，球团内各颗粒连接成一个致密的整体，球团的强度显著提高，见图 9-19（b）。

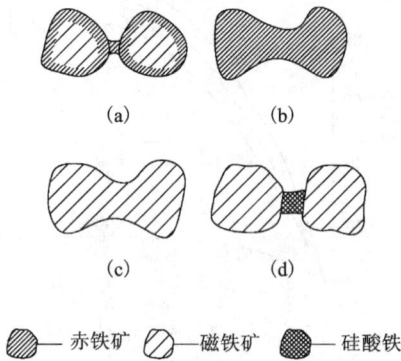

图 9-19　磁铁矿生球焙烧时颗粒间
所发生的各种连接形式

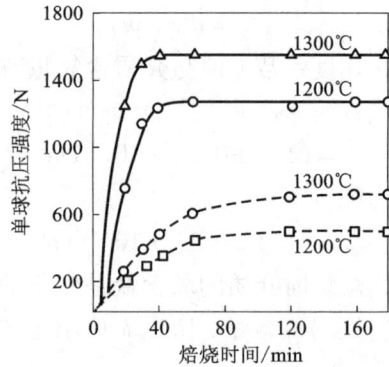

图 9-20　在氮气中焙烧时，
焙烧时间与球团强度的关系
——表示预氧化的铁精矿球团；
……表示未氧化的铁精矿球团

（3）Fe_3O_4 再结晶固结　在焙烧磁铁矿时，如果在中性气氛中进行或氧化不完全时，内部的磁铁矿在900℃便开始发生再结晶，使球团各颗粒连接，见图9-19(c)。但 Fe_3O_4 再结晶的速度比 Fe_2O_3 再结晶的速度慢，因而反映出以 Fe_3O_4 再结晶固结的球团矿，其强度比以 Fe_2O_3 再结晶的球团矿强度低。图9-20所示是用 TFe 71.34%，FeO 23.86%，SiO_2 0.52%的磁铁矿制成的生球，不经氧化或预先氧化在氮气中焙烧后的球团矿强度。

（4）液相连结　当磁铁矿生球中含有一定数量的 SiO_2 时，如果焙烧是在中性气氛中或弱氧化气氛中进行，或是 Fe_3O_4 氧化不完全，温度升到1000℃，就会形成 $2FeO \cdot SiO_2$，其反应式如下：

$$2FeO + SiO_2 \Longrightarrow 2FeO \cdot SiO_2 \qquad (反应9-3)$$

此外，如果焙烧温度高于1350℃，即是在氧化气氛中焙烧，Fe_2O_3 也会发生部分分解，形成 Fe_3O_4，同样会与 SiO_2 作用而产生 $2FeO \cdot SiO_2$。$2FeO \cdot SiO_2$ 熔点低，而且很容易与 FeO 和 SiO_2 形成熔化温度更低的共熔体，如 $2FeO \cdot SiO_2$ – FeO 共熔混合物，熔点1177℃，$2FeO \cdot SiO_2$ – SiO_2 的熔点为1178℃。$2FeO \cdot SiO_2$ 与其共熔混合物形成的液相在冷却过程中凝固，把球团矿固结起来[见图9-19(d)]。这种固结又称渣键固结或渣相固结。

上述四种固结形式中，以 Fe_2O_3 再结晶最理想，所得球团矿强度高、还原性好，在焙烧过程中应力求达到这种固结形式。Fe_2O_3 微晶连接的球团矿强度较低，满足不了球团矿运输和高炉冶炼要求，这种形式的固结只有在焙烧不均匀或焙烧温度较低时出现，例如竖炉球团矿中总有为数不多的微晶键连接的球团矿。Fe_3O_4 再结晶球团矿虽具有一定的强度，但由于球团矿还原性差，且难以制备，钢铁生产中极少应用。第四种固结形式视情况而定，如果是 $2FeO \cdot SiO_2$ 与其共熔混合物作黏结相，由于 $2FeO \cdot SiO_2$ 在冷却过程中很难结晶，常呈玻璃质存在，玻璃质性脆，使得球团矿强度低，而且在高炉冶炼中难还原，因此这种固结键是不受欢迎的。如果是熔剂性球团矿，则铁酸钙体系的黏结相是不应该避免的，因为这种固结形式不仅使球团矿具有较好的冷强度，而且对改善球团矿的冶金性能有利。

9.2.2.2　赤铁矿球团固结形式

对于较纯的赤铁矿球团矿，一般认为其固结形式是晶粒长大和高温再结晶。它与磁铁矿球团矿氧化焙烧不同。在 1200℃ 以下，赤铁矿的矿石颗粒及球团矿结构一直保持其原有形态，各颗粒虽然彼此靠近，但无任何连接。只有温度超过 1300℃ 时，才能观察到晶体颗粒明显长大，小晶粒之间才形成初期的连接桥。到 1350℃ 时，可以观察到再结晶。与此同时，球团矿的抗压强度亦随之增加。但焙烧温度不能太高，在温度超过 1350℃ 时，赤铁矿便开始按下式分解：

$$6Fe_2O_3 \Longrightarrow 4Fe_3O_4 + O_2 \qquad (反应 9-4)$$

生成磁铁矿和氧，造成球团矿强度下降。

赤铁矿球团固结温度较高(1300 ~ 1350℃)，适宜焙烧温度区间范围窄，生产操作困难。内配适量固体燃料(通常采用无烟煤)可以提高赤铁矿球团矿强度，改善球团矿的冶金性能。内配无烟煤在赤铁矿球团焙烧固结中的作用主要有两个方面：无烟煤反应产生的还原性气体 CO/H_2 使赤铁矿还原成磁铁矿，从而改变球团的固结形式；无烟煤燃烧可提供部分赤铁矿焙烧所需的热量，弥补球团内部热量的不足，有利于赤铁矿球团的焙烧固结。

与纯赤铁矿球团的 Fe_2O_3 高温再结晶长大的固结方式相比，内配碳赤铁矿球团中，由于部分原生赤铁矿预先还原为磁铁矿，继续在氧化性气氛中焙烧时再氧化为活性较高的次生赤铁矿。由于次生赤铁矿活性高，在较低焙烧温度下即可发生再结晶，由此改变了赤铁矿球团只能通过原生赤铁矿 Fe_2O_3 晶粒长大或再结晶的固结历程，降低了赤铁矿球团的焙烧温度，改善了赤铁矿的焙烧性能。

9.2.2.3　熔剂性球团的固结

当生产熔剂性球团矿或含 MgO 球团矿时，球团矿内出现了 $CaO-Fe_2O_3$，$MgO-Fe_2O_3$ 二元系。在 500 ~ 600℃ 时开始进行固相反应，首先生成 $CaO \cdot Fe_2O_3$，其生成量与温度的关系见图 9-21。800℃ 时已有 80% $CaO \cdot Fe_2O_3$ 生成，1000℃ 时已完全形成。

若有过剩 CaO 时，则按下式反应进行：

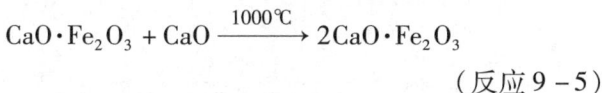

$$CaO \cdot Fe_2O_3 + CaO \xrightarrow{1000℃} 2CaO \cdot Fe_2O_3$$

$$(反应 9-5)$$

该反应到 1200℃ 时结束。

虽然 CaO 与 SiO_2 的亲和力大于 CaO 与 Fe_2O_3 的亲和力，但由于动力学因素，在低温时优先生成 $CaO \cdot Fe_2O_3$。但是这个体系中的化合物及其固溶体熔点比较低，出现液相后，SiO_2 就和铁酸盐中的 CaO 反应，生成 $CaO \cdot SiO_2$，Fe_2O_3 便被置换出来，重结晶析出。

图 9-21　铁酸盐和硅酸盐的生成量与焙烧温度的关系

(a) $CaO \cdot Fe_2O_3$；(b) $2CaO \cdot SiO_2$；
(c) $MgO \cdot Fe_2O_3$；(d) $2MgO \cdot SiO_2$

MgO 与 Fe_2O_3 在 600℃ 时开始发生固相反应，生成 $MgO \cdot Fe_2O_3$。实际上总有或多或少的 MgO 进入磁铁矿晶格中，形成 $[Mg_{(1-x)} \cdot Fe_x]O \cdot Fe_2O_3$，使磁铁矿晶格稳定下来，因此含 MgO 球团矿中 FeO 含量比一般球团矿要高。

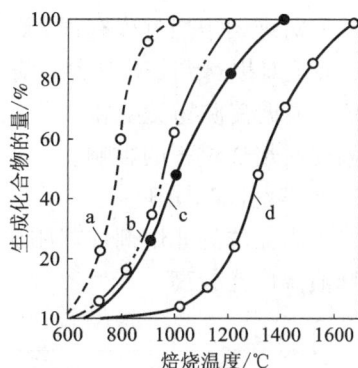

生产自熔性球团矿时，铁精矿中的 SiO_2 与熔剂 CaO 作用，形成硅酸盐体系化合物；它们首先靠固相反应生成，不论 CaO 的数量多少，首先生成的是 $2CaO \cdot SiO_2$。硅酸盐体系有几种化合物，它们依次是 $3CaO \cdot SiO_2$，$2CaO \cdot SiO_2$，$3CaO \cdot 2SiO_2$ 和 $CaO \cdot SiO_2$。如果以过量的 CaO 和 SiO_2 进行固相反应，虽然首先生成物是 $2CaO \cdot SiO_2$，但最终产物将是 $3CaO \cdot SiO_2$ 和剩余的 CaO；相反，若以过量的 SiO_2 和 CaO 反应，首先生成物也是 $2CaO \cdot SiO_2$，最终的产物将是 $CaO \cdot SiO_2$ 和多余的

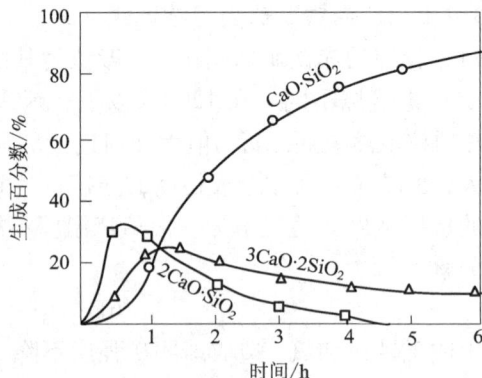

图 9-22　$CaO : SiO_2 = 1 : 1$ 时固相反应生成物变化

SiO_2。图 9-22 是 CaO 与 SiO_2 摩尔数相等的混合物，在 1200℃下进行固相反应的生成物变化。首先生成的是 $2CaO \cdot SiO_2$，其次出现的是 $3CaO \cdot 2SiO_2$，然后出现 $CaO \cdot SiO_2$。6 h 后，$2CaO \cdot SiO_2$ 消失，$3CaO \cdot SiO_2$ 也几乎消失，最终只有 $CaO \cdot SiO_2$。应当指出，实验室研究，可以用很长的时间，使反应在接近平衡的条件下进行，而实际生产中，反应时间很短，反应往往达不到平衡。

9.2.3　影响球团矿固结的因素

影响铁精矿球团矿焙烧的因素很多，如焙烧温度、高温保持时间、加热速度、焙烧气氛、冷却制度、原料性质等，都对球团矿的产量和质量有影响。

9.2.3.1　焙烧温度

温度对球团焙烧过程有很大的影响。如果温度太低，则各种物理化学反应都进行得非常缓慢，甚至难以达到焙烧固结的效果。生产球团的原料不同，其适宜的峰值焙烧温度是不同的，必须根据其矿物类型和成分，通过试验确定。下面分非熔剂性球团矿和熔剂性球团矿来介绍温度对焙烧过程的影响。

1）非熔剂性球团矿

对于高品位的非熔剂性球团矿，其固结主要靠铁氧化物的固相扩散完成，因此，一般焙烧的峰值温度比较高。

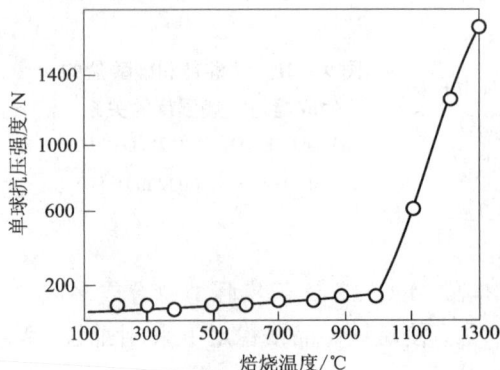

图 9-23　磁铁矿精矿球团强度与焙烧温度的关系

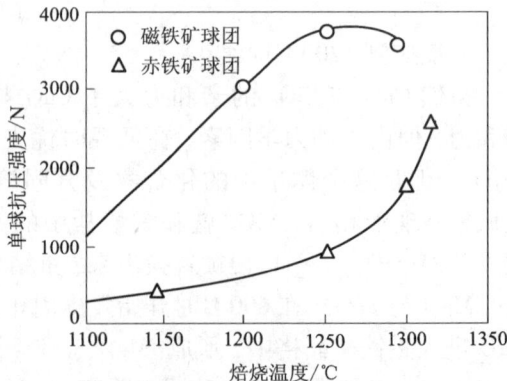

图 9-24　焙烧温度对两种原料球团强度的影响

磁铁矿球团在氧化气氛中焙烧时，温度对它的影响如图9-23所示。在低温下球团矿的强度增加很慢，只有超过1000℃，强度才开始上升。球团矿强度决定于最终温度，在某一温度下，保持一定的时间后，球团强度达到某一强度，不再提高。

赤铁矿球团焙烧的温度要求比磁铁矿高，如图9-24所示。如前所述，赤铁矿需要在较高的温度下，才能使晶格中的质点扩散，所以只有在较高的温度下才发生晶粒长大和再结晶固结。但焙烧温度亦不能过高，否则会使赤铁矿显著分解。同时，过高的温度还会引起球团熔化。

因此，从提高球团矿的质量和产量的角度出发，应该尽可能选择较高的温度，因为它可以提高球团矿的强度，缩短焙烧时间，增加生产率，但此温度不能超过球团矿的熔点和赤铁矿显著分解的温度。

从设备使用寿命、燃料和电力消耗的角度出发，应该尽可能选择较低的焙烧温度，因为高温焙烧设备的投资与消耗要高得多。但是，焙烧的最低温度应足以使生球中的各颗粒之间形成牢固的连接。实际上选择焙烧温度，通常是从以上两方面综合考虑的。对于高品位磁铁矿球团，一般焙烧温度选1250~1300℃，赤铁矿球团焙烧温度一般为1300~1350℃。

2）熔剂性球团矿

对于含CaO物质的熔剂性球团矿，其峰值温度较低，必须仔细地加以控制。液相的数量对温度是非常敏感的，随温度增加，液相量便迅速增加。如果球团内温度不均匀，则在一些区域中液相量太多，而在另一些区域又太少，这样会影响球团矿的强度，并使孔隙分布不均匀。当焙烧温度高于1200℃时，其矿相结构中有铁酸钙产生，温度愈高，铁酸钙就愈多。

如果添加白云石，由于氧化镁的存在，则球团焙烧的温度应该比氧化钙熔剂球团矿的高，因为铁酸镁的形成比铁酸钙困难，其渣相的熔点也比较高。

9.2.3.2　加热速度

加热速度对球团矿质量有重大的影响，升温过快会使磁铁矿氧化不完全，球团矿产生双层结构。表层由Fe_2O_3组成，而中心是由Fe_3O_4和$2FeO \cdot SiO_2$组成，这样在未氧化的磁铁矿和已氧化成赤铁矿之间产生同心裂纹。同时，升温速度过快，使球团内外造成较大的温差，而产生不同的膨胀，也会导致裂纹产生，影响球团矿的强度。实验室测得加热速度与球团矿的强度关系见图9-25。从图可看出，升温速度减慢，球的强度上升。但升温过慢，会使生产率下降，一般升温速度为60~120℃/min。

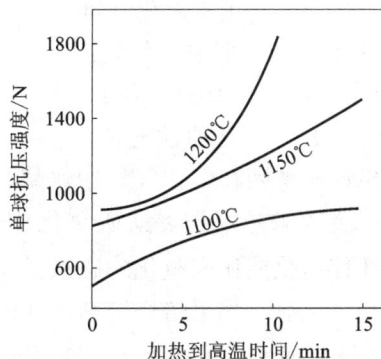

图9-25　加热速度对磁铁矿球团矿强度的影响

对于含MgO的磁铁矿球团矿，由于磁铁矿氧化和铁离子扩散比镁离子扩散快得多，因此，为了使Mg^{2+}能扩散到磁铁矿晶格中，形成$MgO \cdot Fe_2O_3$，必须用快速加热的方式，使之在磁铁矿未氧化完全之前完成，因为在较慢的加热速度下，有较多的MgO进入渣相。

9.2.3.3　高温保持时间

生球焙烧时，必须在最适宜的焙烧温度下保持一定的时间，因为各种物理化学反应、晶粒长大和再结晶需要一定的时间才能完成。缺乏必要的高温保持时间，则所获得的球团矿强度低。然而在高温下保持过长的时间也是不必要的，因为超过一定的时间后，强度保持一定值不再升高，而且还有可能引起球团矿熔化黏结，降低球团矿质量和设备生产率。

9.2.3.4 冷却速率

冷却速率是决定球团矿强度的重要因素。从图 9-26(a)可见，球团矿总孔隙率随冷却速度的增加而增加。随着冷却速度增加，球团矿强度下降，见图 9-26(b)。快速冷却增加球团矿的破坏应力，引起焙烧过程中所形成的黏结键破坏。球团矿的强度还与球团冷却的最终温度和冷却介质有关。随球团冷却的最终温度降低，强度升高，在空气中冷却比在水中冷却的强度好，见图 9-27。球团矿一般不允许用水冷却。

9.2.3.5 焙烧气氛

生球焙烧时，气体介质的特性对球团的氧化和固结有重要的影响。气体介质的特性由燃烧产物的含氧量所决定，通常按照燃烧产物的含氧量不同分为：

燃烧产物含氧量为(%)：

>8	强氧化气氛；
4~8	正常氧化气氛
1.5~4	弱氧化气氛；
1.0~1.5	中性气氛；
<1	还原性气氛。

磁铁矿球团在氧化气氛中焙烧，能得到良好的焙烧效果。因为磁铁矿氧化成 Fe_2O_3 后，质点迁移活化能比未氧化的磁铁矿小(见表 9-2)。其原子扩散速度大，有利于粒子间固相固结和再结晶。如果焙烧熔剂性球团矿，则形成铁酸钙固结。而在中性或还原性气氛中焙烧时，磁铁矿原子扩散速度慢，再结晶不完全，靠形成硅酸铁或钙铁硅酸盐来固结，所以，磁铁矿球团在氧化气氛中焙烧比在中性或还原性气氛中焙烧所获得的成品球团强度大，还原度好。

对于赤铁矿球团的焙烧，只要不是还原性气氛，其他各种气氛对它的强度影响不大。

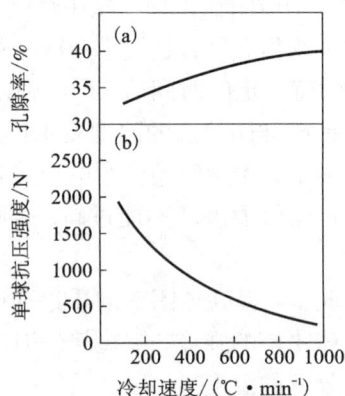

图 9-26　冷却速度与球团矿
抗压强度和孔隙率的关系

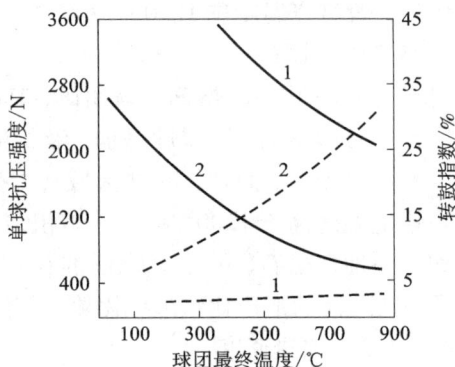

图 9-27　球团冷却最终温度和
冷却介质与强度的关系
1—空气冷却；2—水冷却；
实线—抗压强度；虚线—转鼓指数

表 9-2　不同铁矿质点迁移的活化能

原料	赤铁矿	磁铁矿	磁铁矿氧化的赤铁矿
质点迁移活化能/($kJ \cdot mol^{-1}$)	58.604	376.74	50.232

9.2.3.6　球团尺寸

球团尺寸对焙烧过程中热能的消耗、设备生产能力及产品强度都有影响。

直径大的球比直径小的球单位热耗量多。在鲁奇公司编制的带式焙烧机球团法的计算机模型中，通过不同的均一粒级球团料层的对比，从热耗和生产率两方面，研究了最佳球团矿的直径。研究表明：焙烧球的直径为 8 mm，单位热耗量为 1758 kJ/kg；焙烧球为 16 mm 时，单位热耗量上升到大约 2345 kJ/kg。与此同时，被废气带走的单位热量也增加，从直径 8 mm 的 360 kJ/kg，增加到 16 mm 球的 850 kJ/kg，见图 9-28。这说明球径小有利于热能的利用。

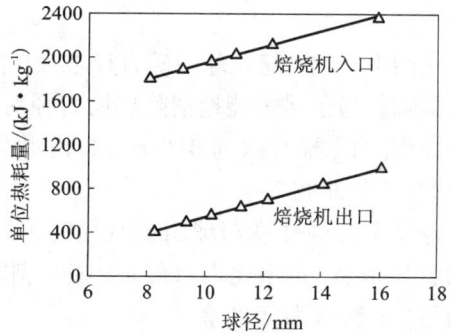

图 9-28　球团直径对焙烧带单位热耗量的影响

球团直径与球团焙烧时间的关系见图 9-29。直径为 10 mm 的球团焙烧时间最短，直径 12 mm 的球团所需冷却的时间最短。综合焙烧和冷却时间来看，直径 11 mm 的球所需要的总时间最短。因为球径较大的，比表面积较小，则冷却速度慢，冷却需要的时间长；而球径很小的，则由于气流阻力增大所以冷却时间也长。

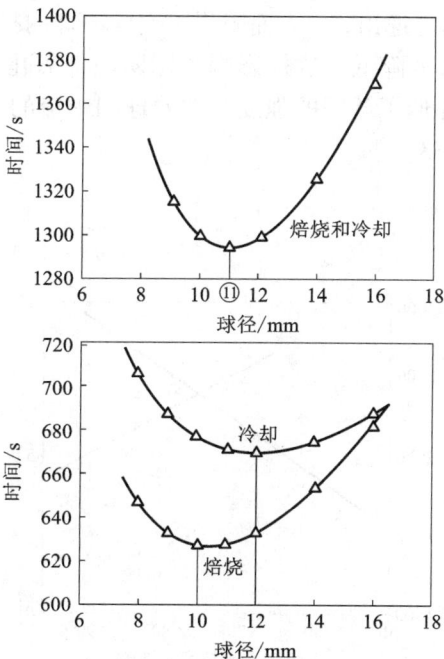

图 9-29　球团直径与焙烧和冷却时间的关系

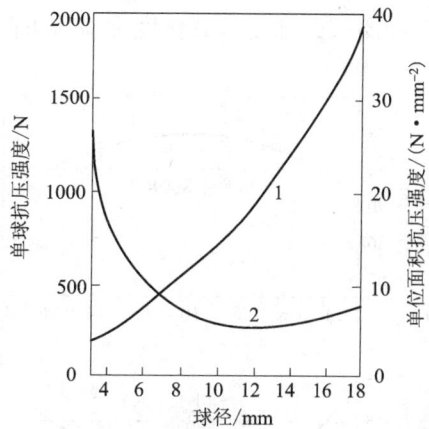

图 9-30　焙烧球团的抗压强度、单位面积抗压强度与球团直径的关系
1—抗压强度与球径关系；
2—单位面积抗压强度与球径关系

关于球团矿冷抗压强度与直径的关系，有许多研究者做了试验工作，希望能找出一个函数关系。古登纳（H. W. Gudenau）和华尔顿（H. Walden）等，研究了不同生产厂家、不同直径球团矿的冷抗压强度，然后绘出了冷抗压强度与球团矿直径的关系曲线，见图 9-30 曲线 1，

其关系式如下：

$$\sigma_{抗} = K_0 d^n \qquad (9-15)$$

式中：$\sigma_{抗}$ 为抗压强度；d 为球团矿直径；n 为指数，在 $1.3 \sim 1.7$ 之间，一般为 $1.3 \sim 1.5$；K_0 为常数。

从图中看出，随着球团矿直径增大，抗压强度也增大。这对于衡量球团矿的真正强度有不实影响。为了尽可能地消除球团直径对抗压强度测量的影响，往往将每个球团矿所获得的抗压强度除以球的截面积（πr^2），由此发现，随球团直径增大，单位面积抗压强度下降（见图 9-30 曲线 2）。

球团矿转鼓强度与球团矿直径的关系见图 9-31。从图看出，球团矿的直径有最佳值，球的直径太小，由于比表面积大，相互剥磨厉害，所以转鼓强度差，球的直径太大，可能由于固结不好，转鼓强度也差。

9.2.3.7 精矿粒度

造球的原料粒度愈细，所获得的成品球团矿强度就愈好，见图 9-32。因为颗粒愈细，球内颗粒之间接触点愈多，有利于质点扩散和黏结，所以能提高球团矿强度，但是原料粒度过细，生球爆裂温度降低，影响生球干燥速度。

9.2.3.8 精矿中含硫量

含硫生球在氧化焙烧时，能达到较高的脱硫率。但是硫对球团的氧化、抗压强度和固结速度有相当大的影响。精矿中含硫会妨碍磁铁矿的氧化，因为氧对硫的亲和力比氧对铁的亲和力大，所以硫首先氧化，同时所形成的二氧化硫向外逸出，一方面阻碍了空气向球内扩散；另一方面，由于二氧化硫存在，使磁铁矿表面氧的浓度降低。这样影响了球团内部氧化，使球团出现层状结构，在核心与外壳之间形成空腔，降低了球团的强度。随着球团中硫的含量增加，球团矿的强度和氧化度都显著下降，见图 9-33。

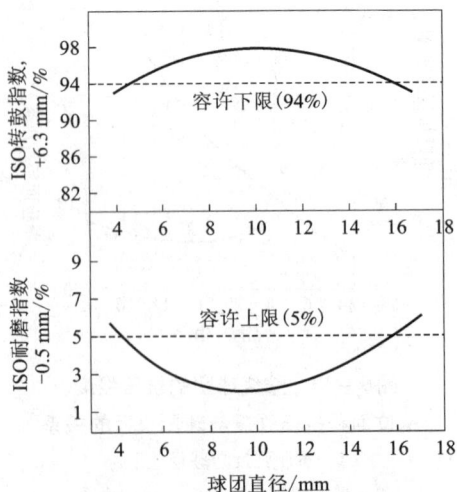

图 9-31　焙烧球团的转鼓指数、
耐磨强度与球团直径的关系

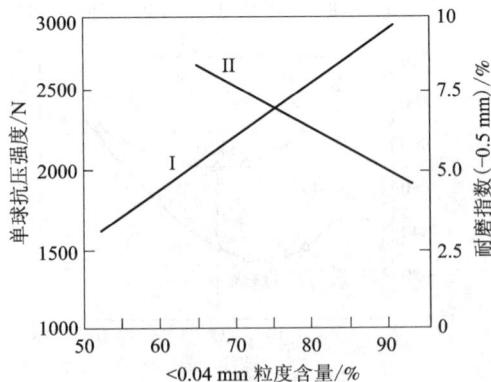

图 9-32　原料粒度对焙烧球团矿抗压
强度和耐磨指数的影响

Ⅰ—抗压强度；Ⅱ—耐磨指数

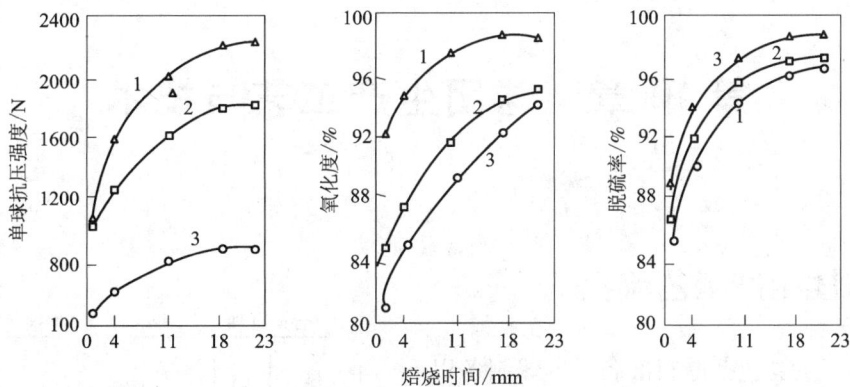

图 9-33 焙烧时间对含硫球团矿的强度、氧化度和脱硫率的影响

精矿含硫量：1—0.30%；2—0.52%；3—0.98%

思考题

1. 名词解释：爆裂温度、表面汽化控制、内部扩散控制、导湿现象。

2. 对于粒度极细的赤铁矿生球，采用哪些措施才能获得满意的干燥效果？

3. 球团生产中一般采用哪些措施提高生球干燥速率？

4. 比较烧结、球团两种造块方法固结机理、产品矿物组成和显微结构的异同。

5. 比较磁铁精矿和赤铁精矿球团焙烧机理、固结形式、产品矿物组成与显微结构。

6. 怎样才能保证球团矿具有满意的机械强度和冶金性能？

7. 解释下述概念：固相固结、液相固结、固相扩散、晶界扩散、体积扩散、再结晶、重结晶。

8. 分析影响球团矿焙烧固结的主要因素。

第 10 章　球团生产工艺与技术

10.1　球团生产工艺流程

　　球团生产主要包括原料准备、生球制备以及球团焙烧三个阶段。原料准备包括原料接受、贮存、干燥及其预处理等环节；生球制备包括配料、混合、造球、生球筛分等环节；球团焙烧包括干燥、预热、焙烧、均热、冷却等环节。典型的球团生产工艺流程如图 10 – 1 所示。

　　根据化学成分球团产品可以分为酸性球团、自熔性或熔剂性球团和镁质球团三种。酸性球团是指按原料的自然成分生产的球团矿，一般都呈酸性，因而称为酸性球团。自熔性或熔剂性球团是指通过在混合料中加入碱性熔剂而生产的具有一定碱度的球团矿。镁质球团是为增加球团中 MgO 的含量而在混合料中加入一定量的含镁添加剂而生产的具有较高 MgO 含量的球团。三种类型中，酸性球团的生产最为普遍，具有工艺简单、易于操作、球团质量好等优点。

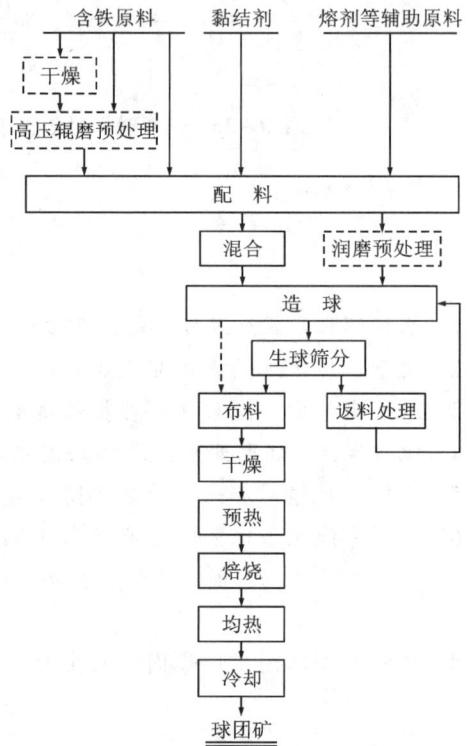

图 10 – 1　球团生产的原则工艺流程

10.2　球团原料的准备

　　球团制备所用到的原料主要包括含铁原料、黏结剂、燃料以及其他辅助原料。这些原料送到球团厂后，往往需要经过一定的处理过程后才能投入球团生产，即需要进行原料的准备。原料准备主要包括接受、贮存以及性能调整等方面。

10.2.1　含铁原料的准备

　　用于球团生产的含铁原料除了在化学组成尤其是铁品位方面有较高的要求以外，还需要有一定的粒度和粒度组成，以及适宜的水分。为了生产出化学成分均匀的球团矿，首先必须保证原料化学成分稳定。国外要求球团用的精矿全铁含量昼夜平均波动在 ±0.5% 以下，如日本要求为 ±(0.2%~0.3%)，法国要求矿石中和后全铁含量昼夜平均波动为 ±0.4%。我国球团技术协调组规定，我国球团用的原料全铁含量波动为 ±0.5%。

对铁精矿除化学成分的要求外，还要求有合适的粒度和粒度组成，以获得好的生球强度和高温固结强度。但是精矿粒度过细，一方面增加磨矿费用，另一方面矿浆难以过滤脱水，滤饼必须进行干燥，造成工艺复杂化。同时，粒度过细也会降低生球爆裂温度，给干燥带来困难。

造球要求原料的水分适宜，且适宜水分波动范围很窄，一般为 ±0.5%，对水分敏感的原料甚至更窄。因此，需要对造球原料的水分进行精确控制。原料的适宜水分受原料物理性能、原料的粒度和粒度组成、混合料的成分和添加剂等影响。

10.2.1.1　含铁原料的接受、贮存和中和

球团生产中含铁原料的接受和贮存方式与烧结原料类似，而且对于许多建在钢铁企业内部的球团厂来说，其原料的接受和贮存往往和烧结原料统一在原料场进行，共用接受和贮存设备及场地。也有一些离船码头近的球团厂对于船运的原料在船码头进行接受和贮存。一般在球团厂内设有原料仓库，用来起贮存和缓冲作用，以保障生产的连续。附近设有贮存场地（原料场或船码头）时，原料仓库只是起缓冲作用，否则，需要仓库有足够的贮存功能。

进入仓库的原料在运输方式上主要有皮带运输、火车运输和汽车运输等几种。来自原料场或船码头的原料多用皮带运输，有些毗邻选矿厂而建的球团厂也采用皮带运输铁精矿，通过移动卸料车卸到矿仓内。除了这些有条件用皮带运输的球团厂以外，火车是球团用含铁原料的主要运输工具。许多球团厂既没有原料场或船码头，也不是毗邻选矿厂而建，其含铁原料主要靠火车运输。即便设有原料场，有时对于用火车运输的原料也直接运到球团厂进行接受。汽车运输是一种辅助运输方式，主要用于散点原料和杂料的运输。此外，少数使用自有矿山选精矿的球团厂，采用管道输送的方式将矿浆泵至球团厂脱水后使用。

除了接受和贮存以外，各厂对原料中和也采取了相关的措施。原料中和不仅可以减少成分的波动，还可以使原料的粒度和水分趋于均匀，对于确保造球和焙烧过程的稳定起到了很好的作用。国外对含铁原料的中和非常重视，许多球团厂都专门设置有现代化原料中和设备。目前我国球团厂的原料除了有条件的在原料场通过堆取料过程进行中和以外，多数都在原料仓库内通过抓斗吊车采用倒堆法进行中和。

10.2.1.2　含铁原料的干燥

水分对造球是极为重要的。对每种原料来说，适宜的造球水分是不同的。磁铁精矿和赤铁精矿适宜的水分范围为 7%～9.5%；黄铁矿烧渣和磁化焙烧制得的磁铁精矿，由于颗粒有孔隙和裂缝，其水分可达 15%～17%；褐铁精矿可高达 17%。在很多情况下，精矿水分高于适宜的造球水分，需要经过干燥以进一步降低精矿水分。

圆筒干燥机可有效地控制原料水分。圆筒干燥机的优点是机械化程度高，结构简单，生产能力大，操作控制方便，故障少，维修费用低，对物料的适应性强，不仅适用于处理散状物料，而且适用于处理黏性大或者含水量高的物料。不足之处是设备笨重，热效率较低，一次投资高，当处理黏性大的精矿粉时，干燥过程中易结块，干燥后还要进行粉碎。

圆筒干燥机内的气体和物料之间的流向有逆流式和顺流式两种操作类型。在处理含水量较高、不耐高温、可以快速干燥的物料时，宜采用顺流操作。当处理不能快速干燥而能耐高温的物料时，则采用逆流操作。我国球团厂的圆筒干燥机多数采用顺流干燥方式。由于被干燥的物料通过皮带给到干燥机内，进料端温度较高，皮带机故障较多，因此也有的厂采用逆

流式干燥方式。

球团原料干燥流程分为配料前干燥和配料后干燥两种。相比之下，配料前干燥的流程比较灵活，首先将精矿干燥后送进精矿配料仓，矿仓下料畅通，给料均匀，能使配料比较准确，而且精矿的水分波动比较小，不过它多了一道混合工序，投资比较大。配料后干燥的流程，把混合工序和干燥工序结合在一起，它的优点是节省了一台混合机，工艺简单，投资较少，占地面积小，其不足之处有以下几点：

（1）当精矿水分过大时，配料过程下料不畅，给料不均匀，配料不准确，严重时还可能出现堵料。

（2）以干燥机代替混合机，混匀效果差，膨润土用量大。

（3）膨润土接触高温干燥介质后活性下降，黏结性变弱。

（4）干燥过程中易形成小球，对造球过程不利。

（5）由于混合料中配入的膨润土粒度细、密度小，容易被干燥气流吹出，既增加了对环境的污染，又造成了膨润土的损失，进而影响生球质量。

10.2.1.3　含铁原料的预处理

在原料粒度及粒度组成方面，要求精矿 -0.044 mm 粒级含量大于 60%，或者 -0.074 mm 粒级含量大于 90%。由于比表面积较之粒度组成能更好地反映物料的成球性好坏，因而球团生产越来越多地关注原料的比表面积。实践证明，铁精矿比表面积在 $1600 \sim 2000$ cm^2/g 以上时，成球性能良好。我国要求铁精矿 -0.074 mm 粒级含量大于 80%，比表面积大于 1300 cm^2/g。另外，还要求原料具有一定的微细粒级含量，以使球团具有足够的致密度。微细粒在球团孔隙中填充，可以加强颗粒间的接触，对于改善成球过程、提高生球强度、促进球团固结都具有重要的作用。

当精矿粒度比较粗或用富矿粉生产球团时，需要进行原料预处理。预处理方式包括磨矿、高压辊磨和润磨三种。当原料细度离造球要求差距较大、用高压辊磨和润磨都难以达到理想造球性能时，则需要进行磨矿处理；当原料细度与造球要求相差较小，或微细粒级含量较少、比表面积较小时，可采用高压辊磨或润磨进行预处理，以改善原料的造球性能，或降低膨润土用量。因此，高压辊磨和润磨一般只用于精矿的预处理，而磨矿则既可以用于精矿，又可以用于富矿粉。

1）磨矿预处理

磨矿的目的是降低原料的颗粒粒度，提高细粒级百分含量，使原料粒度组成达到造球的要求。磨矿设备主要为球磨机，磨矿工艺一般有湿磨和干磨两种，分别有开路和闭路两种流程。若一次通过磨机后粒度组成可满足造球要求，可采用开路流程；当一次磨矿后粒度组成仍不能满足造球要求时，需要采用闭路流程，通过粒度分级将粗粒部分返回再磨。

湿磨是将矿粉或粗精矿加水在开路或闭路的磨矿系统中磨矿至造球所需的粒度，磨后的矿浆经过滤机脱水。采用闭路流程时，一般用水力旋流器进行粒度分级。由于细磨的矿浆，特别是赤铁矿、褐铁矿等亲水性好的铁精矿过滤性能差，难于脱除到所要求的水分，经过脱水后的精矿还需要通过干燥进一步脱除水分才能满足造球要求。

由于湿磨工艺存在过滤困难、磨矿介质消耗高等问题，国外不少球团厂采用干磨工艺。干磨工艺是先将矿粉或精矿干燥到含水分 0.5% 以下再进行磨矿，采用闭路流程时，用风力分级机进行分级。

　　两种磨矿工艺相比较，湿磨工艺的优点是磨矿效率高，处理能力大，投资较小，动力消耗较低，劳动条件和环保较好；缺点是不能用于难过滤的物料，磨矿介质磨损较大，需要设置矿浆过滤环节，且脱水后的物料水分高、难达到造球要求。干磨工艺的优点是磨矿介质磨损较小，不需要浓缩和过滤，适应性较强；可加入黏结剂共磨，节省黏结剂用量。存在的问题是：①灰尘量大，劳动条件较差；②球磨机生产率和磨矿细度受原料湿度影响大，物料水分必须控制在 0.5% 以下；③造球时需要对干磨后的细矿粉增设润湿环节，且润湿搅拌过程中会出现小球，影响混合质量，并对造球过程产生干扰。

　　就同一种矿石来说，湿式闭路磨矿的电耗低，干式开路磨矿的电耗高；从投资方面看，湿式开路磨矿费用低，干式闭路磨矿所需投资大。但如果按磨矿总费用考虑，干磨方式的钢球和磨机衬板的消耗比湿磨低得多，但物料预先干燥所需要的费用都超过所得补偿。因此，对于容易过滤的磁铁精矿，一般采用湿磨作为再磨方式。而对于赤铁矿、褐铁矿或其混合矿等难以过滤的原料，更适合采用干磨。在以外购矿石为主的情况下，采用干式磨矿更为适宜，可保证灵活供矿。

　　2）润磨预处理

　　润磨是通过磨矿介质对处于润湿状态的物料进行处理的一种预处理方法，是不同湿式磨矿和干式磨矿的一种原料预处理方式。润磨所处理的原料含有一定的水分，既避免了湿磨时的过滤脱水作业，又避免了干磨时将水降至 0.5% 的干燥作业和后续的润湿环节。润磨对原料粒度降低的作用没有干磨和湿磨大，适合于处理粒度组成与造球要求相差较小的物料，一般配置在配料之后，可同时完成混合作业。润磨机的结构如图 10-2 所示。

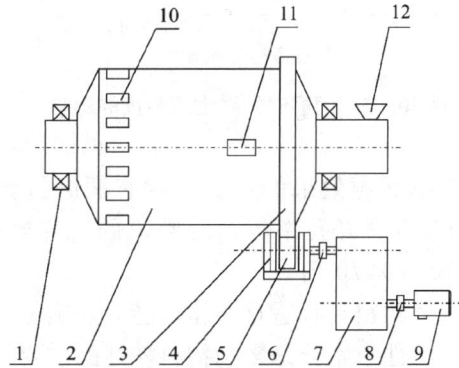

图 10-2　润磨机系统构造简图

1—轴承；2—筒体；3—大齿轮；4—小齿轮座；
5—小齿轮；6、8—联轴器；7—减速器；9—电动机；
10—排料口；11—入孔；12—入料口

　　由于润磨机入磨物料含有一定的水分，因而要求润磨机具有特殊的结构形式：

　　（1）周边排料　采用球磨机的格子板排料，会堵塞格子条孔，故必须采用周边排料。即在润磨机排料端筒体周边的适当位置设置排料格子，物料经格子孔排出。

　　（2）强制给料　一般的给料器和中空轴颈的内螺旋给料会因黏料而出现故障，使润磨作业不能正常进行，所以润磨机必须采用螺旋给料机强制给料。为了使润磨机工作状态良好，在螺旋给料机前设置圆盘给料机，用以稳定入磨料量。

　　（3）橡胶衬板　一般常用的钢衬板，具有一定的亲水性，无弹性，故易黏料，只能用于干磨或湿磨。润磨时，物料中含有一定的水分，为了防止黏料现象发生，润磨机采用橡胶衬板。因为橡胶衬板亲水性较差，具有良好的弹性，当钢球冲击橡胶衬板时，由于弹力的反作用，黏附在衬板上的物料又被弹起而脱落，故使用橡胶衬板不易黏料。

　　润磨的作用主要有三个方面：

　　（1）润磨具有磨矿作用，可一定程度降低原料粒度，改善粒度组成。通常原料原始粒度越粗，润磨的磨矿作用越明显。随着原始粒度的下降，润磨的磨矿作用减弱。

(2)可以提高原料的塑性，改善生球质量。润磨过程中的搓揉、挤压作用使物料塑性增加，可提高生球的强度，尤其是落下强度。由图10-3可知，当润磨超过一定时间后，虽然生球抗压强度有所下降，但落下强度仍有明显提高，充分表明润磨提高了物料的塑性。

(3)可以降低膨润土用量。将膨润土与含铁原料一起润磨，可以增强膨润土在铁矿中的分散效果，并强化膨润土与铁矿颗粒表面的相互作用，从而可降低膨润土的用量。图10-4充分显示了这一作用。

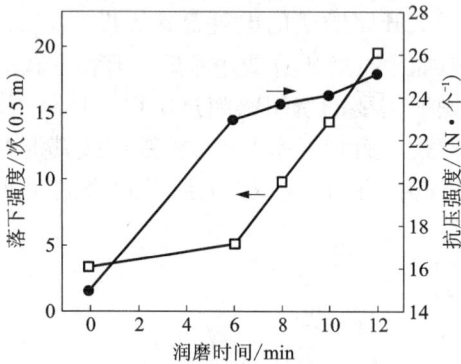

图10-3　润磨时间对生球强度的影响

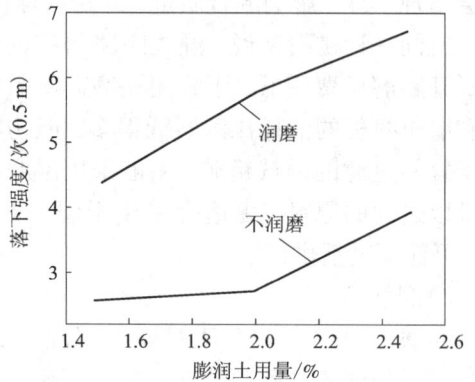

图10-4　润磨对膨润土用量的影响

影响润磨效果的主要因素有润磨机转速、物料水分、介质充填率、物料充填率（或球料比）、排料开孔率等。润磨机的工作转速较一般球磨机低，通常工作转速为临界转速的0.65~0.70倍。

入磨物料具有适宜的黏附能力是确保润磨效果的重要条件，也是润磨区别于干磨和湿磨的本质特性。水分是影响物料黏性的主要因素，因此水分对于润磨效果极为重要。在一定的范围内，随着含水量的增加而黏附能力增加，但当入磨物料的含水量超过某一值时，物料具有的黏附力大于钢球冲击下橡胶衬板的弹力，物料不能在衬板弹力的作用下脱落，因而开始发生黏料现象。因此，在润磨过程中，水是增强研磨效果、改善成球性能必不可少的因素，又是可能发生黏料的重要原因。控制适宜的入磨原料水分，可在确保不发生黏料的前提下尽可能增强润磨效果。由于不同物料的亲水性能不同，因而入磨物料的适宜水分含量范围也有所不同。对于水分过大的原料，需要在润磨之前先进行干燥以控制其水分。

磨矿介质（钢球）填充率和物料充填率对润磨效果影响较大，当介质填充率低，而物料填充率过大时，不但减弱磨矿、研磨、搓揉作用，而且造成物料包裹介质及黏料现象。一般来说，介质填充率根据润磨机的产量，通过试验后确定。国内外的φ3300 mm~φ3200 mm润磨机产量一般为50 t/h，介质填充率一般为17%~18%。当物料与钢球能维持一定的比例时，润磨机得以在不黏料的情况下正常运转，若物料充填率增大到某一限度时，钢球被大量物料包裹，无法直接打击橡胶衬板，对物料的粉碎、研磨作用显著降低，甚至有夯实物料的副作用，此时尽管物料水分不高，但在钢球的夯实作用下，黏料现象仍然随之发生。因此，润磨过程中要求有适宜的物料填充率或球料比。

润磨过程中，物料和钢球在润磨机的分布是有一定规律的。在进料端物料充填率最大，钢球充填率最小。与此相反，在排料区，物料充填率最小，钢球充填率最大，球料比通常大于正常值，故不易黏料。同时开孔率增大，物料在润磨机内的移动速度加大。因此，要求控制适当的给料量，使物料的充填率和钢球的充填率都发生有利的变化，可以保证有合适的物料充填率和料球比，有利于克服黏料现象。

排料开孔率也是影响润磨机产量和效果的重要参数。开孔率过大，排料能力增加，润磨机产量提高，但由于物料在润磨机内停留时间太短，致使润磨效果下降。相反，开孔率过小时，润磨机内物料填充率增加，介质与物料之比降低，润磨效果也会变差。开孔率与润磨介质填充率及磨矿细度、原料水分等均有关。日本 $\phi 3300 \times 5100$ mm 润磨机排料开孔总面积为 0.57 m²，我国 $\phi 3200 \times 5300$ mm 润磨机排料开孔总面积为 0.69 m²。

3）高压辊磨预处理

自 20 世纪 90 年代中期第一台双驱动液压高压辊磨机问世后，高压辊磨技术得到迅速发展。在水泥生产、石灰石、石英等脆性物料粉碎方面已取得了理想的效果。国外球团厂将高压辊磨应用于原料的预处理，获得提高细度、增加比表面积、改善造球性能、降低膨润土用量的良好效果。我国近年新建的链箅机 – 回转窑球团厂，如武钢程潮铁矿、柳钢、昆钢球团厂，由于铁精矿粒度较粗，大都采用高压辊磨机对铁精矿进行处理。

高压辊磨机主要由工作辊、传动系统、压力系统、机架、给料和排料装置、控制系统等组成。工作辊包括固定辊和可动辊，轴和轴承座。固定辊和可动辊的规格和结构相同，工作辊由辊芯和辊套组成，磨损后辊套可以更换。两工作辊安装在同一水平面上且相互平行，同步相向运转。固定辊的轴承座定位于机架上，可动辊的轴承座能沿上下机架的导轨前后移动，并与施压部件相联，

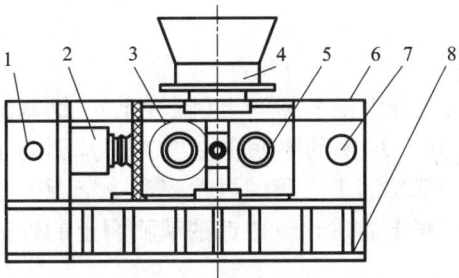

图 10 – 5　高压辊磨机结构示意图
1—前支撑；2—液压缸；3—前支承座；4—料斗；
5—后支承座；6—上横梁；7—后轴承座；8—下支承

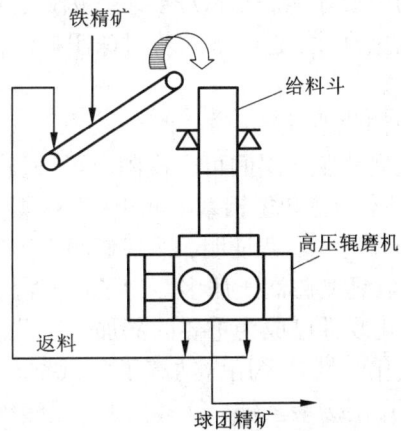

图 10 – 6　高压辊磨闭路流程示意图

图 10 – 5 为高压辊磨机的结构简图。用于铁精矿处理的高压辊磨机的工作辊面上设有栓钉，物料嵌布在栓钉之间，形成抗磨损的保护层，抗磨损保护层的高度与栓钉高度一致。这一结构有效地延长了高压辊磨机辊面的工作寿命，球团厂的高压辊磨机的辊面工作寿命超过两年。高压辊磨可以是开路辊磨也可以是闭路辊磨，其工艺的选择视铁精矿的原始粒度和对铁精矿的粒度要求而定。开路流程经过一次辊磨后，全部直接送去配料系统。闭路流程则将辊磨机两端的辊后料经过分流，返回进料系统，称为边料循环。图 10 – 6 为高压辊磨闭路

流程。

高压辊磨与润磨相比具有单台设备生产能力大、电耗低的优点，对于大型球团厂，有利于简化厂房布置。润磨机作用效果好，但单台设备生产能力小、电耗高。

10.2.2 膨润土的准备

目前，国内外球团生产广泛采用膨润土为黏结剂。膨润土的准备包括细磨、提纯、以及改性三个方面。膨润土的加工准备有的在供应厂完成，也有的在球团厂进行。

10.2.2.1 膨润土的提纯

对于蒙脱石含量高、质量较好的钠基膨润土，一般采用干法加工流程。膨润土矿开采后，首先通过晾晒进行自然干燥，破碎，然后经干燥至水分在 6%~8% 以下，再通过细磨加工成粒度小于 0.074 mm 的产品。

湿法加工工艺的目的是通过分选过程，提高膨润土的蒙脱石含量，以实现膨润土的提纯。蒙脱石含量在 30%~50% 的低品位原矿，必须采用湿法加工工艺除去大部分杂质矿物，如石英、长石、伊利石、水云母、白云母、铁氧化物等。同时，要想获得高品位优质膨润土，也必须使用湿法加工。湿法加工效率不仅与加工工艺有关，而且与膨润土矿石性质及其杂质的性能有很大关系。

膨润土湿法加工通常使用重力分选法。首先将原矿制备成泥浆，再进行分离，有使用分散剂或不用分散剂之别，常用分散剂为六偏磷酸钠。

10.2.2.2 膨润土的改性

我国膨润土贮量丰富，但质量较差，且各地膨润土质量参差不齐，许多天然膨润土需要较高的用量才能满足造球要求。因此，对膨润土进行人工改性越来越受到重视。人工改性主要为钠化改性，近年来随着对球团矿品位重视程度的不断提高，也常对球团用膨润土进行有机改性。

1）钠化改性

根据蒙脱石层间可交换阳离子种类、含量，膨润土分为钠基膨润土（碱性土）、钙基膨润土（碱土性土）和氢铝基膨润土（天然漂白土）三种。用于球团的膨润土主要为钙基膨润土和钠基膨润土。实践证明，钠基膨润土造球效果优于钙基膨润土。我国虽然膨润土资源贮量丰富，但以钙基膨润土居多。为了使资源丰富的钙基膨润土能达到或接近钠基膨润土的性能要求，钠化改性已成为重要的深加工工艺。

钠化改性是采用含钠离子的试剂与钙基膨润土进行阳离子的交换。常用的试剂是碳酸钠，也可用碳酸氢钠、氢氧化钠、醋酸钠、草酸钠、焦磷酸钠等。

钙基膨润土在自然条件下或者在水介质中，都是以聚结状态存在。因此，在钠化过程中，除了必须具备自由钠离子外，还应当施加外力，主要是剪切力，将晶层推开，增加钙蒙脱石的比表面积，同时加速钠离子交换钙离子的过程。膨润土的人工钠化改性需要在一定水分及温度下进行，主要方法有悬浮液法、堆场钠化法、挤压钠化法等：

（1）悬浮液钠化法　在钙基膨润土中加入 Na_2CO_3 后加水配制成矿浆，浸泡陈化或搅拌处理一定时间后，经脱水、干燥、磨粉即得改性产品。此法过滤脱水困难，生产效率低，因而只有与湿法提纯配合才有使用价值。

（2）堆场钠化法　在原矿或加工后的干粉中，按所需 Na^+ 量（通常 Na_2CO_3 量为矿石量的 3%~5%）将试剂溶化成水溶液加入，拌匀、堆放，整个矿石含水量控制在 30% 左右，堆放

(老化)7~10 天,并经常翻动拌合。钠化后干燥、磨粉。此法为早期使用的方法,钠化效率差,质量不稳定,较难满足球团生产要求。

(3)挤压钠化法　挤压钠化法是在对混有钠化剂的钙基膨润土施加挤压力的条件下进行的钠化改性方法。挤压方式根据所用设备不同有轮碾挤压法、双螺旋挤压法、螺旋阻流挤压法和对辊挤压法等。

轮碾挤压钠化法在轮碾机内,把湿土与碳酸钠及少量丹宁酸混合碾压,再堆放陈化一定时间。双螺旋挤压钠化法将粉碎成 5~10 mm 以下的干燥原土加入 Na_2CO_3 粉,在双螺旋混料机中混合,再加水至含水量 30% 左右,混合成软泥状,经切片机切片,再干燥、粉碎。螺旋阻流挤压法将混匀碱液的矿粉,经带孔板阻流的三轴螺旋混炼机挤压钠化,完成钠化反应并同时造粒。对辊挤压法将碱溶液加入到颗粒小于 5 mm 的干燥的钙基土中,拌匀后在对辊挤压机中挤压,然后干燥、粉碎。几种方法中,螺旋阻流挤压法和对辊挤压法效果较好。

2)有机改性

球团用膨润土的有机改性主要是在膨润土中添加少量的有机黏结剂(如 CMC 等)并充分混匀,使有机黏结剂与膨润土发生作用。有机黏结剂的加入不仅可以有效地增加膨润土的内聚力,而且可以加强黏结剂与铁矿颗粒表面的相互作用力,提高黏结剂的附着力。

有机改性一般结合膨润土生产及钠化改性流程进行。为了加强与膨润土的混匀及相互作用效果,有机黏结剂常与膨润土一起加入到雷蒙磨中共磨,其添加量一般为 1% 左右。

10.3　生球的制备

10.3.1　配料

配料是确保球团矿化学成分稳定的关键环节。球团使用的原料主要为铁精矿和黏结剂,有些球团厂为了综合利用钢铁厂二次资源,将钢铁厂内的粉尘也应用于球团生产;有些球团厂为了提高球团矿碱度或 MgO 含量,在球团原料中配入熔剂或含镁添加剂。总的来说,球团原料种类较少,配料工艺较简单。

球团生产采用的配料方法主要有容积配料法和重量配料法两种。配料设备包括给料设备和称量设备。给料设备主要有圆盘给料机、螺旋给料机以及皮带给料机。称量设备主要为电子皮带秤,其基本构造和工作原理已在烧结配料中叙述。

10.3.2　混合

不同原料和黏结剂按给定比例配料后,需要进行混合。混合不仅可使所获得的混合料成分和粒度均匀,更重要的是可使黏结剂在混合料中分散均匀。球团原料的混合设备主要有圆筒混合机、强力混合机等。除此以外,圆筒干燥机和润磨机也兼具混合设备的功能。

我国球团配合料过去大多数采用类似于烧结混合机的一段圆筒混合机混合。圆筒混合机除混匀外,还有制粒作用。但混合料制粒对球团生产不利,一是形成小球后,难以混合均匀,尤其是黏结剂无法分散到小球内部的颗粒群中;二是球团混合料中准颗粒太多,也就是母球多,使造球操作不稳定,在正常加水加料情况下,母球长大速度慢,生球粒度偏小,因而干扰了造球过程的稳定顺行。采用圆筒干燥机干燥混合料时,实际上也就完成了一段圆筒混合机混合。

当采用润磨机对混合料进行预处理时，也可同时完成了混合。在圆筒干燥机后设有混合料润磨时，则起到了两段混合的作用。从混合的角度来看，润磨机不仅可以起到进一步混匀的作用，而且可以破碎小球，加强混匀效果，使黏结剂充分分散，并可促进黏结剂在颗粒表面的作用，克服了圆筒干燥机代替混合机的不足之处。

为了避免圆筒混合机存在的上述问题，越来越多球团厂代之以强力混合机。强力混合机的优点为混合时间短、混合效率高，适合于加膨润土的细磨湿精矿的混合。根据筒体中心轴的方向，有卧式强力混合机和立式强力混合机两种。卧式强力混合机的筒体为固定卧式圆筒，内装特殊设计的安装在中心轴上的混合耙。物料呈单个颗粒分别投向筒壁再返回，与其他颗粒交叉往来，形成物料颗粒与气体的紊动混合物。立式强力混合机的筒体为固定立式圆筒，筒内装有两根转动轴，带动混合耙作相向转动，达到强力混匀的效果。

10.3.3　造球

造球是球团矿生产中重要的基本工序之一，其产品(生球)质量的优劣及其稳定性在很大程度上决定着成品球团的质量。造球过程在水分和黏结剂的作用下通过机械滚动作用将细粉颗粒制成含有适宜水分的生球，使颗粒之间形成紧密接触状态，为球团在后续的焙烧固结过程中的颗粒连接奠定了基础，同时也使生球具有足够的强度以抵抗转运过程的机械冲击、干燥料层的挤压，以及干燥过程中水蒸气的压力。

10.3.3.1　造球工艺

造球工艺包括造球、生球筛分、返球破碎等环节。生球从造球机中排出后，经两段筛分，将粒度不符合要求的大球、大块、小球及细粉分离出来，破碎后返回造球。

国内外应用较多的造球方法有圆盘造球法和圆筒造球法两种。圆盘造球法具有自动分级的作用，而圆筒造球法没有。因此，采用圆筒造球机造球时，必须配置生球筛分系统，将过大的和过小的生球经过相应破碎处理后作为返料返回造球。

由于筛分能有效控制生球粒度，我国大多数圆盘造球机也常配置生球筛分系统，用来分离混入生球中的大块及小球与细粉。实践证明，生球筛分可显著降低干燥球层粉末量，改善球层气体分布状态，并可减少高温焙烧过程中的结块，从而减少了竖炉的悬料或回转窑中的结圈等不良现象。

生球筛分的主要设备为圆辊筛，分一段筛分和两段筛分两种流程。一段筛分只能用于与圆盘造球机配套，由于圆盘造球机具有良好的自动分级作用，生球产品中小球较少，因此，采用一段筛分时，多用于筛出大球。而圆筒造球机必须配备两段筛分流程。

两段筛分是完整的生球筛分工艺，可以将生球粒度严格控制在要求范围内，主要有三种配置方法。一种是在同一个辊筛上采用两种辊间距，前一段间距小，筛分出小球，后一段间距大筛分出大球。这种配置筛分设备简单，但下料系统较复杂，需要对大球和小球分别设置接料漏斗。第二种是双层辊筛，上层辊间距大，筛出大球，下层辊间距小，筛出小球。这种配置的特点是大球和小球可以集中采用一个接料漏斗，下料系统易于配置，缺点是辊筛上下配置，操作故障的排除及设备的维修比较困难。第三种是大球辊筛加辊筛布料器，这种配置方式适用于采用辊式布料器的链算机和带式机工艺，将辊式布料器延长出一段小球辊筛分段，可避免双层筛的复杂结构。

生球的尺寸控制一般下限为 6~9 mm，上限为 16~20 mm，生球粒度范围小时，生球产量小，但球团焙烧均匀性好；生球粒度范围大时，生球产量大，但球团焙烧的质量不均。生球返料的处理方式主要有两种类型:一类是经破碎后返回混合机或造球缓冲料仓,此类方式对造球过程干扰小,但需要设置专门的生球破碎设备。第二类是直接返回混合机或造球缓冲料仓,节省了生球破碎设备,返料中的大球通过转运落差摔碎,小球可作为造球的母球,但过多的小球容易对造球过程引起干扰,影响造球过程的稳定性。

10.3.3.2　造球设备

国内外已有的造球机械设备有圆筒造球机、圆盘造球机、圆盘型圆锥造球机、螺旋挤压 - 圆锥造球机等。在上述几种造球机中,圆筒造球机和圆盘造球机应用得最广。国外圆筒造球机约占 60% ,圆盘造球机占 30% 。国内除了鄂州 500 万 t/a 的球团厂采用圆筒造球机以外,其余球团厂几乎全部采用圆盘造球机。现有圆筒造球机最大规格为 $\phi5.0\ m \times 13\ m$,单机产能为 150 ~ 200 t/h;圆盘造球机规格最大为 $\phi7.5\ m$,单机产量为 100 ~ 160 t/h。

1)圆盘造球机

圆盘造球机是一个带边板的平底钢质圆盘(见图 10 - 7),工作时圆盘绕中心线旋转。它的主要构件是:圆盘、刮刀、给水管、传动装置和支承机构。为了强化物料和生球的运动、分级和顺利排出合格生球,圆盘倾斜安装,倾角一般为 45°~ 50°。圆盘造球机在 20 世纪 40 年代末正式用于冶金工业,由于有自动分级作用,无须筛分,运转可靠,生产能力大,因而发展较快。

造球物料经给料机加入圆盘造球机内。物料加入后,随着给水管不断加水和造球盘的旋转使物料产生滚动,逐渐变成各种粒度的生球。由于粒级的差异,在旋转圆盘的作用下,它们将按不同的轨迹进行运动,大颗粒位于表面和圆盘的边缘。因此,当总给料量大于圆盘的填充量时,大颗粒的合格生球即自盘内排出。由于

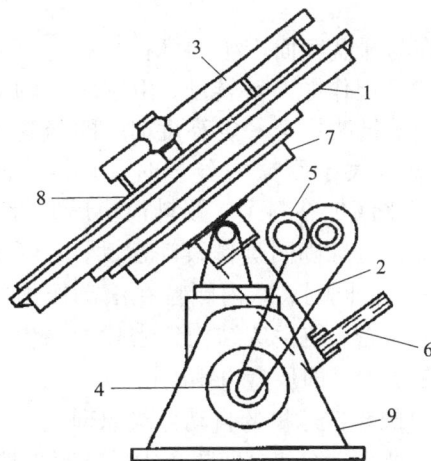

图 10 - 7　圆盘造球机
1—圆盘;2—中心轴;3—刮刀架;
4—电动机;5—减速器;6—调倾角螺栓杆;
7—伞齿轮;8—刮刀;9—机座

圆盘造球机具有自动分级的特点,所以它的产品粒度比较均匀,小于 5 mm 的含量一般不大于 3% 。

2)圆筒造球机

圆筒造球机是造球机中应用最早的一种,它结构简单,运行可靠,生产能力大,至今在国外仍得到广泛使用,是大型球团厂的首选造球机。圆筒造球机的主体结构如图 10 - 8 所示。

圆筒造球机内壁衬有耐磨衬板,衬板上安装有扬料条,通过扬料条与混合料运动方向相反的反作用力,使物料产生滚动,增加生球与物料、生球与生球之间的摩擦,从而增加造球过程机械力的作用。圆筒造球机的筒体内装有与筒壁平行的刮刀,在筒体的前段设有喷水装置。刮刀的作用是刮下黏附在筒壁上的粉状物料,从筒壁上刮下的料块度和水分都不均匀,尽管造球的时间相等,但生球的粒径不均匀。因此,圆筒造球机常与筛分机械构成闭路,控制生球粒度及细粉含量。

10.3.3.3　圆盘造球机的造球过程

圆盘造球机的造球过程如图 10 - 9 所示,圆盘顺时针方向转动,向加料区加入的混合矿

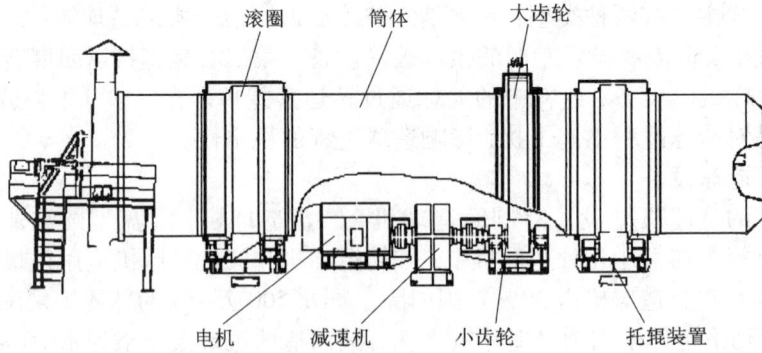

图 10 - 8　圆筒造球机

料，在与圆盘底面产生的摩擦力作用下，被圆盘带着一起作顺时针转动，由于圆盘的倾斜安装，当矿料被带至一定高度时，即当其本身的重力分量大于摩擦力分量时，矿料将向下滚落。当水滴加在料上，散料很快形成母球，不同大小的母球随圆盘作滚动运动，不断滚黏散料而长大，同时，球内颗粒在滚动压力的作用下相互紧密，使生球结构致密化。当生球生长到足够大时，即从盘边排出。

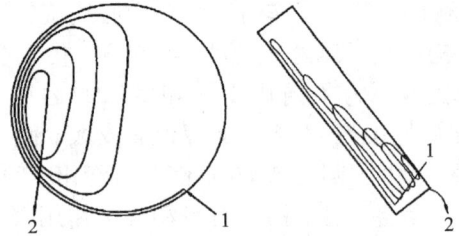

图 10 - 9　圆盘造球机造球过程示意图
1—加料；2—排球

1）圆盘造球机的自动分级原理

所谓自动分级，即圆盘中的球料能按其本身粒径大小有规律地运动，并且都有各自的运动轨迹。分级的特性是大球被球盘带到的高度比小球低，即在圆盘转动过程中，大球比小球先脱离盘边向下滚动。因此，不同粒径的球粒间运动轨迹存在差异，大球靠近盘边，浮在料面，小球或散料贴近盘底并远离盘边。当球径大小到达要求时，则从盘边自行排出，粒度小的球贴近盘底运动，通过黏附盘底的散料，继续滚动长大。自动分级效果取决于是否能正确地选择圆盘造球机的工艺参数，以便最大限度地提高造球机的产量和质量。

球料发生自动分级的根本原因是不同大小的球料受力状态存在差异。如图 10 - 10 所示，若将 β 角定义为球粒的脱离角，则脱离角愈小，球粒被圆盘提升的高度愈高。从受力状态来看，直接作用在球粒上的力有离心力（F_1）、重力（G）、盘边对球粒的作用力（F_2）和摩擦力（F_3）。F_3' 是阻碍球粒依 G_2 方向沿盘边发生运动，而 F_3 则是阻碍球粒依 G 的方向沿盘面向下发生运动。当球粒运动到某一高度（如 A 点），在球粒处于平衡状态时（即球粒开始向下运动前一瞬间），作用在球粒上的合力为

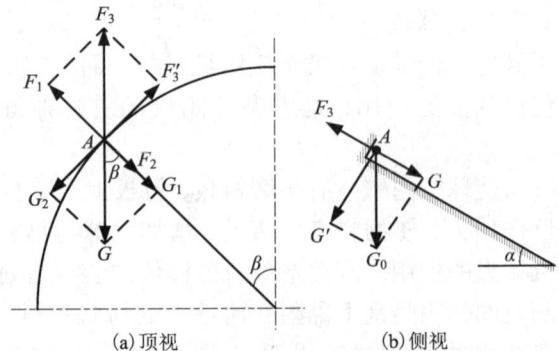

图 10 - 10　圆盘内球团受力示意图

(a) 顶视　　　(b) 侧视

零。即：

$$\sum F = 0$$
$$G_2 = F'_3$$
$$F_2 + G_1 = F_1 + F_3\cos\beta$$

而球料失去平衡时的一瞬间，盘边对球粒失去作用力，因而 $F_2 = 0$，则上式变为：

$$G_1 = F_1 + F_3 \cdot \cos\beta$$

即：

$$mg\sin\alpha \cdot \cos\beta = m\frac{v^2}{R} + mg\cos\alpha \cdot f\cos\beta \qquad (10-2)$$

式中：R 为圆盘半径，m；v 为圆盘圆周线速度，m/s，$v = 2\pi R \cdot n$；f 为球粒与盘面的摩擦系数；α 为圆盘倾角，°；β 为脱离角，°；m 为球粒质量，kg；g 为重力加速度，m/s^2；

得：

$$\cos\beta = \frac{1}{g} \cdot \frac{v^2}{R} \cdot \frac{1}{\sin\alpha - f\cos\alpha} \qquad (10-3)$$

由上式可知，球粒的脱离角 β 与圆盘转速、倾角以及球粒与盘面的摩擦系数有关。圆盘转速增大、圆盘倾角增大，或球粒与盘面摩擦系数增大，均可使脱离角减小，从而球粒被圆盘带上的高度增大。

对于同一种物料来说，直径大的球粒的摩擦角小，而摩擦角小则摩擦系数小。即对于两个大小不同的球粒，若 $d_1 > d_2$，则 $f_1 < f_2$，从而 $\beta_1 > \beta_2$。因此，小球粒脱离角小，被圆盘带上的高度高，从而下滚时离盘边比大球远。不同大小球粒的这种脱离角的差异是圆盘造球机自动分级的根本原因。

如前所述，物料从加入圆盘到开始成球、长大，直至制成要求的球粒，其粒径是逐渐长大的，即成球的不同阶段，小球的直径是不同的。小球直径越大，与盘底的摩擦角越小，即摩擦系数 f 越小，因而脱离角 β 越大，其上升高度越小。因此，各种不同直径的球粒便随 β 角由小到大，球粒从大到小

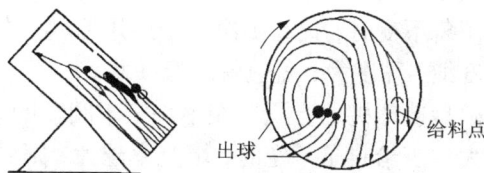

图 10-11　圆盘造球机内物料运动状态

依次沿盘面滚下。这样，便使得整个球盘中的球料按不同直径有规律地分布和循环运动（图 10-11）。这时，在造球盘的平面上（由外向中心）和断面上（由上往下）球粒便按由大到小的顺序进行分级。直径最大的球团处于最外层和表面，细粒物即处于最里层和盘底。

从圆盘的正面观察，小球的运动轨迹呈左偏的锥螺旋状，螺旋线的每一圈都可以分为上升的和下降的两部分，其下降部分依球径大小依次远离盘面左边，而上升部分则顺着盘面垂直线的方向依球径大小靠近盘边，即球径愈大愈靠近螺锥尖端，并由盘边排出。这种运动规律造成了料球的自动分级，使得圆盘造球机只排出合格的球粒。

若有超出要求的大球产生，则该球沿盘内料坡滚入低处料流旋涡中，在圆盘中继续增大，并在料的旋涡中自旋，不能自行排出。因此，实际造球过程中常见有超大球滞留于球盘中。当这种球过多时，将对球料运动状态产生干扰，因此需要将其打碎或另作处理。

2）圆盘造球过程的操作与控制

（1）圆盘造球机参数对造球的影响　圆盘造球机的倾角、边高、转速和刮板对生球的产量和质量都有重要的影响。

①圆盘的倾角与边高。圆盘的倾角是由造球原料的动休止角来确定的，倾角必须稍大于原料的动休止角。布雷尼提出了造球机的倾角与原料动休止角的关系，如图 10-12。图中 φ_0 是动休止角，α 是圆盘倾角。α 角必须总是要大于 φ_0 角，如果 α 角小于或等于 φ_0 角，则物料处于静止状态，使滚动混乱，并破坏了造球过程。如果 α 角过大，则物料不会被摩擦力提升，同样达不到造球的目的。因此，适宜的倾角应根据所处理物料的摩擦系数而定。

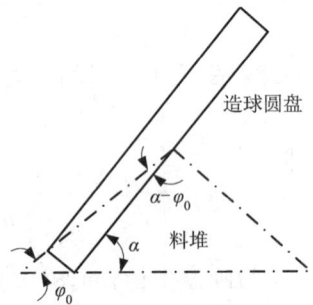

图 10-12　圆盘倾角、
边高与物料动休止角的相互关系

在圆盘造球机的转速相应提高的情况下，增大倾角可以提高生球的滚动速度和下滚的动能，因而对生球的紧密过程是有利的。但是当倾角过大时，由于下滚球团的动能过大，它们撞击圆盘周边很易导致生球的粉碎。另外，增大倾角会使得圆盘的填充率下降，生球在盘内的停留时间缩短，这些都不利于提高造球机的产量和球团质量。圆盘造球机的倾角一般在 45°~50° 之间。

边高的大小和圆盘造球机的填充率密切相关，也就是和生球在造球机内的停留时间密切相关。因此，边高影响生球的强度和尺寸。实践证明：过高或过低的圆盘边高都不能使造球盘获得良好的指标。边高过低，生球很快从球盘中排出，不可能获得粒度均匀、强度高的生球。边高过高则不能获得高的生产率。这是由于填充率过大时盘内的物料运动特性受到了破坏，生球不能进行很好的分级的结果。

圆盘的边高是随造球机直径而定的。造球机直径增加，边高也相应增加。当造球机的直径和倾角不变时，边高则决定于所用原料。如果物料粒度粗、黏度小，盘边就应高些。若物料粒度细、黏度大，盘边就应低一些。

圆盘造球机的容积填充率决定于圆盘的倾角和边高。倾角越小，边高越大，则容积填充率越大。当给料量一定时，填充率越大，则成球时间越长，因而，生球的强度越好。但是，圆盘造球机的填充率也不能太大，一般是 10%~20% 之间。如果超出上述范围，则造球机生产率反而下降，因为破坏了物料运动性质。通常，直径为 1 m 的圆盘造球机，其倾角 45°，边高 180 mm；直径为 5.5~10.0 m 的圆盘造球机，其倾角 45°~47°，边高 600~650 mm。

②圆盘转速。圆盘适宜的转速与倾角有关，如果圆盘的倾角较大，为了使物料提升到规定的高度，则必须提高圆盘的转速。当倾角一定时，圆盘造球机应当有一适宜的转速。如果转速过低，则物料保持在一个相对静止的位置，不产生滚动。或者物料上升不到圆盘的顶点，会造成母球形成区"空料"，并且母球下滚时滚动路程较短，它所具有用于压紧细粒物料的动能也较小。如果转速过高，由于离心力的作用，物料贴在盘边和盘一起转动，所以也不产生相对运动。或者盘内物料就会全甩到盘边，造成盘心"空料"，母球的形成过程甚至停止。另外，由于速度过大，球粒紧靠盘壁，在上升过程中球粒滚动微弱。如果用刮板强迫物料下降，则造成狭窄的料流，干扰球料的运动特性。因此，造球机的临界转速十分重要。在临界转速下，物料的重力刚好被作用到球料上的离心力所抵消。

圆盘造球机的适宜转速随物料特性和圆盘倾角不同而异，通常波动于 1.0~2.0 m/s 之间。一般的经验是：若物料摩擦角大，则圆周速度可选低一点（$1.2 \sim 1.6$ m/s，$\alpha = 45°$），若物料摩擦角较小，则圆周速度可选高一点（$1.6 \sim 2.0$ m/s，$\alpha = 45°$）。

对于给定的物料，还须考虑其动休止角和摩擦阻力。因此，最佳转速为临界转速的 $55\% \sim 60\%$。对于生产中使用的大型圆盘造球机来说，当圆盘直径为 $6.0 \sim 7.5$ m 时，其最佳转速应低于或等于 $6 \sim 7$ r/min。在这种转速下，不仅可以达到良好的造球状态，而且还可以保证最大限度地利用圆盘造球机面积。

母球在造球盘内单位时间所经过的路程愈长，长大也就愈快。为此，增大圆盘造球机的直径和转速，对提高造球机的产量是有利的。但是转速的提高必然引起离心力的增大。而这种离心力一直企图将球粒压向圆盘的边壁并防止它向下运动。因此，要加强球粒下滚的趋势，就必须相应地增大圆盘的倾角。

总而言之，圆盘造球机倾角、转速和边高三者之间是相互制约的，因此，必须统筹兼顾才能使圆盘造球机获得最高的产量和质量指标。

③刮刀。为了使造球盘内保持一定厚度的底料，必须在造球机内设置刮刀。另外，刮刀还可以控制球料运动，以达到最大限度地利用盘面。

实践证明，旋转刮刀是各种类型刮刀中效果最好的。随着一批 $\phi 5.5 \sim 10.0$ m 大型圆盘造球机投入使用，旋转刮刀愈来愈受到重视。使用这种造球机，首先必须在圆盘上造就一个良好的底料床。旋转刮刀的工作效果在很大程度上取决于圆盘与旋转刮刀的转速是否匹配合理。

④填充率。圆盘造球机的填充率取决于圆盘的直径、边高和倾角。在一定范围内，填充率越大，产量越高，球粒强度也将越大。但是过大的填充率，球粒不能按粒度分级，反而降低了生产率。根据经验，填充率一般取 $8\% \sim 18\%$ 为宜。

⑤造球时间。从物料进入圆盘到制成合格生球的时间为造球时间。造球时间与生球的粒度和质量要求有关，时间的长短可由调整圆盘的转速和倾角来控制。一般情况下，造球时间为 $6 \sim 8$ min。

（2）加料和加水方式　加料和加水方式对成球过程具有重要影响。当圆盘造球机参数确定以后，调整加料和加水是控制圆盘造球机成球过程的基本途径。

加料位置确定的原则是使加入球盘内的混合料一部分可用于生成母球，一部分可用于生球的长大。因此，加料的位置不能处于生球的紧密区，即混合料不能加入靠近排料侧盘边的大球区。最好的加料方式是在长球区加入大部分混合料，但这种加料方式需要两个加料口，配置复杂。因此，常采用单个具有一定宽度的加料口以面布料的方式加料，可将加料位置偏向生球的长大区，或者母球形成区，通过控制加水来调整母球形成的数量，从而调整加入的料用于形成母球和用于生球长大的比例。给料时应使物料疏松，散开，不结块，并要有足够宽的给料面。

由于加料位置确定以后，难以在操作中灵活调整，因此，加水方式的操作是控制造球过程的主要手段。混合料在加入造球机前，应把水分控制在适宜造球水分之下 $1\% \sim 2\%$，在造球过程中再加入少量的补充水，以便控制造球过程。圆盘造球机的加水通常有滴状水和雾状水两种。滴状水加在新给入的物料上，使散料形成母球。雾状水喷洒在长大的母球表面，使母球表面湿润，从而可黏附散料颗粒而呈层状长大。就给水量来说，通常大部分水以滴状水形式加到新给入的散料中以形成母球，而少部分水则以雾状水形式加在母球长大区。生产中通常配有活动加水管，以增加造球过程控制的灵活性。同时，固定加水管分别配置调节阀门。对于大型造球盘，主要通过控制阀门来控制不同位置的加水量，以平衡母球的形成和长大。

10.3.3.4 圆筒造球机的造球过程

圆筒造球机和圆盘造球机不同，它没有分级作用，因此排出的球料必须经过筛分，将粒度合格的生球分出。粒度过大的球经破碎后，再同筛下的不合格的小球返回到造球机内继续造球，这样形成了循环负荷。循环负荷量可以为新料100%~400%，其中的小球，在反复通过圆筒造球机的过程中，便起着母球的作用。

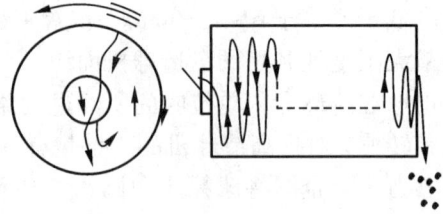

图10-13　圆筒造球机造球过程示意图

图10-13 圆筒造球机造球过程示意图。圆筒造球机的主要参数为圆筒转速、长度、倾角、以及循环负荷。

1) 圆筒转速

圆筒造球机需要有一个适宜的转速，过慢和过快对造球都是不利的。图10-14表示了圆盘转速对物料运动类型的影响。转速过低，物料只在圆筒内滑动，而不形成滚动，就像一个整体沿筒壁上下摆动。转速过快，物料以超过动休止角的角度进行运动，并且压贴到筒壁上，在较陡的角度下，物料回转翻落到下部料层上面，同样不产生滚动，在这种运动状态下，不能成球。转速合适时，物料在圆筒内发生滚动，以达到滚动成球的效果。在滚动的状态下，圆筒转速增大，球料的单程滚动距离加大，球料所经受机械作用力增强，成球速率和生球的紧密度也增加。因此，应该在确保球料发生滚动的条件下，适当采用高转速操作。圆筒造球机的最佳转速应为临界转速的25%~35%。在此转速下，物料主要是作滚动运动，如图10-14(b)所示，其中 D 为圆筒造球机的直径。

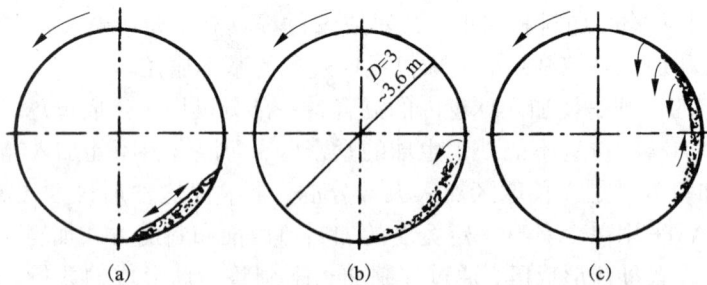

图10-14　不同转速下圆筒造球机内的物料运动状态
(a)圆筒转速过慢，物料滑动；(b)圆筒转速合适，物料滚动；(c)圆筒转速过快，物料回转翻落

2) 圆筒长度与倾角

物料在圆筒造球机中要形成合格的生球，需要经过一定的成球阶段，在此阶段，必须经历所需要的滚动时间。为此造球机的圆筒必须要有一定的长度。经验表明，圆筒的长度应是圆筒直径的2.5~3.0倍。

除了圆筒长度以外，圆筒倾角也是重要的参数。因为在给定处理能力的条件下，圆筒倾角决定着圆筒的填充率和物料在圆筒内停留的时间。圆筒的倾角一般为6°左右。

圆筒造球机的填充率比较小，不超过圆筒容积的5%，一般为2.0%~2.5%，因为填充率太大会破坏球的滚动，不利于成球过程。

圆筒倾角与物料填充率、造球时间的关系见图10-15，随着倾角增加，物料在造球机内停留时间缩短。

3）循环负荷

圆筒造球机没有自动分级作用，因而必然会有一定量的循环负荷。循环负荷量在100%~400%之间。增加循环负荷量，能够提高造球过程的稳定性和增加生球强度。

如图10-16所示，圆筒造球机的循环负荷量取决于圆筒的长度、倾角和筛分用的筛孔尺寸。随着圆筒长度的增加，循环负荷减少。但圆筒很长时，循环负荷仍不会消除。倾角增加，导致循环负荷增加。筛孔尺寸增加，循环负荷也增加。

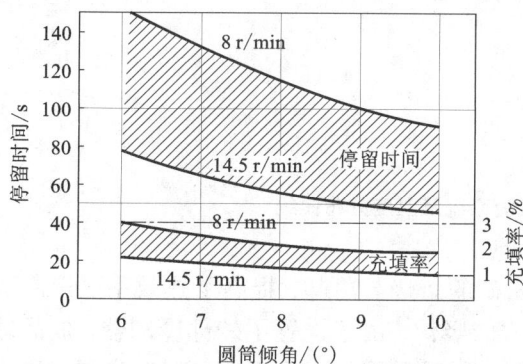

图 10-15　圆筒倾角对物料
填充率和停留时间的影响
圆筒规格：φ3.6 m×11.0 m

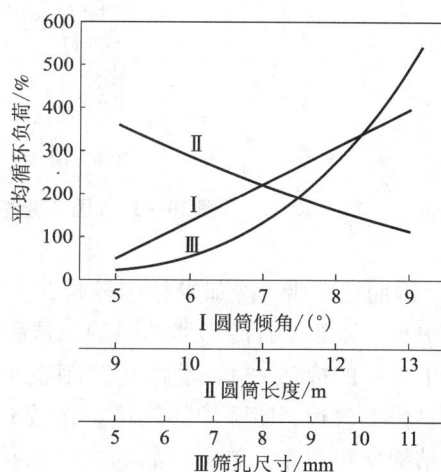

图 10-16　圆筒造球参数对循环负荷的影响

10.4　球团的焙烧与冷却

10.4.1　竖炉工艺

10.4.1.1　概述

竖炉是国外用来焙烧铁矿球团最早的设备。它具有结构简单、材质无特殊要求、投资少、热效率高，操作维修方便等优点，所以自美国伊利公司投产世界上第一座竖炉以来，直到1960年竖炉生产的球团矿占全世界球团矿总产量的70%。但由于竖炉单炉产量小，对原料适应性差，产品质量不均匀，难以满足现代大型高炉对熟料的要求，因此在应用和发展上受到限制。国外早期的竖炉为圆形，因料流及气流分布均匀性差，且料流不畅，因而发展了矩形竖炉，最大竖炉横断面积为2.5 m×10.5 m。这种竖炉的各个工艺分段以及各段内球团停留时间和主要温度分布状态见图10-17。目前，世界上绝大多数竖炉为矩形竖炉。

矩形竖炉按炉身结构可分为三类。第一类是高炉身、无外部冷却器的竖炉。由于竖炉炉

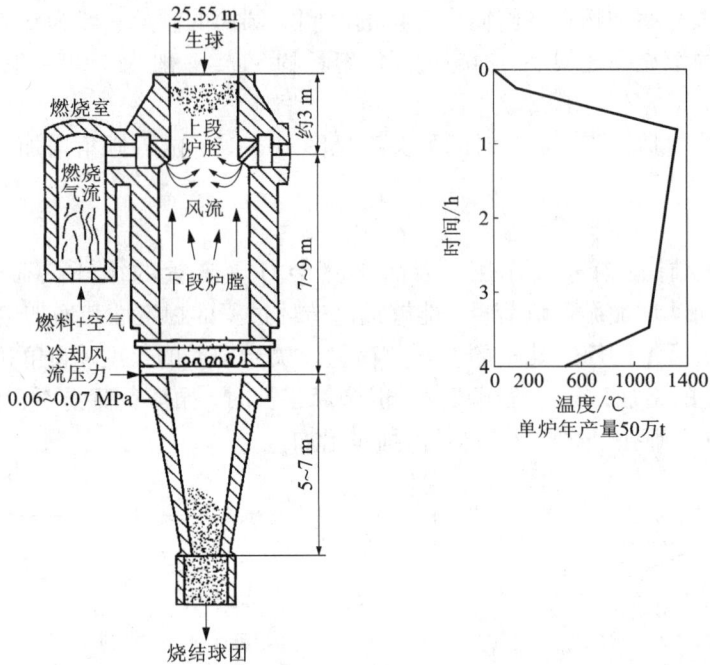

图 10－17　国外竖炉炉型、气流系统及温度分布曲线

身高，因而焙烧带、冷却带相应较长，有利于球团矿的焙烧与冷却，提高了热效率。第二类是矮炉身、外部设有冷却器的竖炉。这种结构形式的竖炉，由于设置了外部冷却器，成品球得到了较好的冷却，排矿温度可控制在 100℃ 以下。通过采用热交换系统，产生热空气进入燃烧室作助燃风，使竖炉的热量获得较充分的利用。但是，外部冷却器和热交换器的设置使竖炉结构变得复杂，单位产品的投资和动力消耗有增加。第三类是介于高、矮炉身之间的中等炉身竖炉。这种竖炉在外部也设有冷却器，但不设热交换器，炉身较高，球团矿先在竖炉内尽可能进行冷却，然后将已冷却到一定程度的球团矿引入一个小型的单独冷却器，完成最终的冷却过程，这样可以省去一个热交换器。

我国竖炉球团虽起步较晚，但经过不断改革，不断完善工艺和设备，改进操作，已形成自己独有的技术特点，使竖炉生产达到或超过国外同类竖炉水平。如图 10－18 所示，我国竖炉的特点是在炉内架有导风墙，炉顶架有干燥床。

10.4.1.2　竖炉设备

1）竖炉炉体

竖炉炉体由燃烧室和炉膛两部分组成。燃烧室尺寸是根据燃料燃烧所需容积确定。炉膛根据球团试验参数、竖炉产量及排料畅通等条件确定。

（1）燃烧室　燃烧室分为矩形和圆形两种。我国最初设计的竖炉均为矩形燃烧室，与炉膛砌成一体，火道短，燃烧后热气体可以直接送入炉膛内。由于矩形燃烧室膨胀收缩受力不均匀，易引起拱顶、拱脚、烧嘴及入孔等处烧穿，且燃烧室烧嘴多，操作复杂。圆形燃烧室燃烧后的热气体通过通道进入火道口，喷入炉膛内。这种燃烧室结构强度好，两个烧嘴对吹，火焰相互冲击，燃料燃烧完全。

燃烧室与炉膛通过火道口相连，火道口也称为喷火口，其角度应小于球团在下降过程中

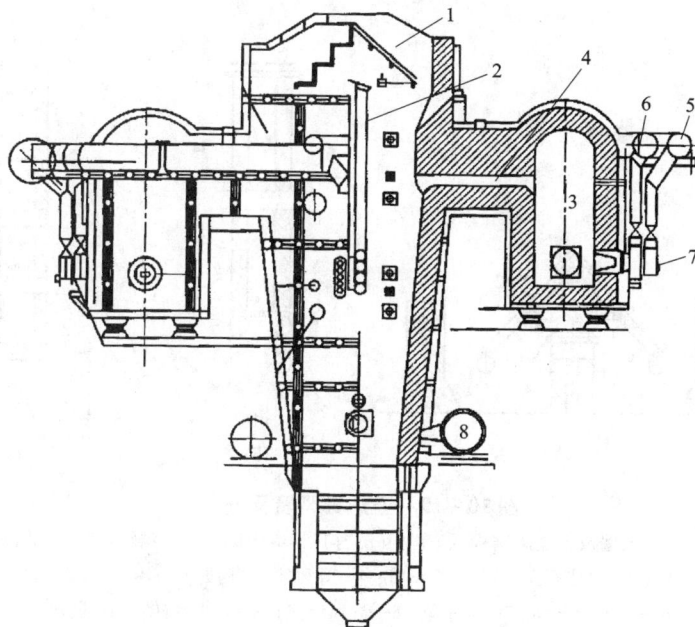

图 10 - 18　国内典型竖炉结构

1—干燥床；2—导风墙；3—燃烧室；4—火道口；5—煤气管；6—助燃风管；7—烧嘴；8—冷却风管

的动安息角 35°。炉膛两侧的火道口以均匀密布为合理。

（2）竖炉炉膛　竖炉炉膛的基本结构参数为宽度、长度和高度。炉膛的宽度主要由燃烧室废气的穿透能力确定，应保证燃烧室废气能穿透到炉膛中心，使球层温度分布均匀。此外，还应考虑齿辊的长度和布置方式。如果炉膛过宽，齿辊过长，则会影响齿辊强度。

宽度和面积确定后，即可确定炉膛的长度。根据我国竖炉炉型的特点，可以通过延长长度来增加竖炉的焙烧面积。我国 $8 \ m^2$ 竖炉宽度为一般为 $1.6 \sim 2.2 \ m$，长度一般为 $4.8 \sim 5.5 \ m$。

炉膛高度的确定原则是保证生球干燥、预热、焙烧、均热及球团矿冷却所需要的时间。对于不同的原料，各环节所需要的时间不尽相同，因此，竖炉对原料的适应性较差。确定炉膛高度时，球团在炉内下降速度是确定各带宽度的主要参数，各环节所需要的停留时间是基础，同时还要考虑到竖炉内温度分布、球团下降速度不均匀等因素。

2）导风墙和干燥床

我国竖炉均设有导风墙和干燥床，如图 10 - 19 所示，导风墙由砖墙和大水梁两部分构成。导风墙墙体是用高铝砖砌成有多个通风孔的空心墙，通风孔的总面积根据所用的冷却风流量和导风墙内的气体流速来确定。导风墙中心线与竖炉长度方向中心线重合，整个墙体支撑在大水梁上。大水梁是用来支撑导风墙的钢质横梁，由于作业温度高，需要水冷却，因而称为大水梁。大水梁两端支撑在竖炉炉墙和炉壳上，沿水梁中心线有若干个矩形垂直通风孔与砖墙的通风孔相通。

干燥床由水梁和干燥算组成，在竖炉炉顶呈屋脊形布置。干燥床水梁俗称炉算水梁，一般有 $5 \sim 7$ 根，用于支撑干燥算子。干燥算普遍采用算条式，也有的为百叶窗式，安装角度一般为 $36 \sim 40°$，其确定原则是要求稍大于生球的安息角，使生球在干燥床上保持相对均匀的

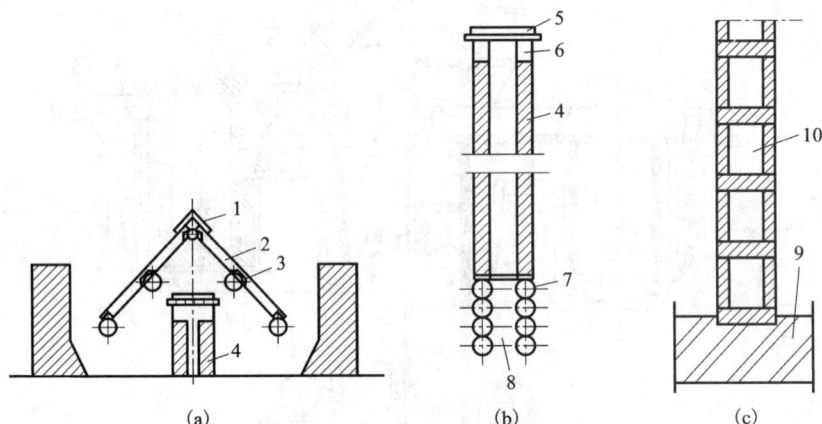

图 10 - 19　竖炉导风墙及干燥床

(a)导风墙及干燥床结构示意图；(b)导风墙纵向截面；(c)导风墙横向截面

1—烘床盖板；2—烘床算条；3—水冷钢管；4—导风墙(结构如b、c所示)；5—导风墙盖板；
6—导风墙出口；7—大水梁；8—导风墙进口；9—炉墙砖；10—通风口

厚度。算条式干燥算具有拆卸更换方便的优点，但算子的缝隙易堵塞，需要经常清理和更换。百叶窗式的特点是不易堵塞，但实际通风面积比算条式小。

竖炉增设导风墙后，从下部鼓入的冷却风，首先经过冷却带的一段料柱，然后极大部分(70%~80%)不经过均热带、焙烧带、预热带，而直接由导风墙引出，被送到干燥床下面。有效降低了冷却风对燃烧室废气造成的穿透阻力，从而可在实现"低压焙烧"的同时增加燃烧废气的穿透深度，改善了炉内温度分布状态。同时，导风墙大大减少了冷却风的阻力，使冷却风量大为增加，提高了冷却效果，降低了排矿温度。实践表明，我国竖炉比国外同类球团竖炉降低电耗50%以上。

设置干燥床时，由导风墙出来的冷却风与球层出来的热废气在干燥床下面混合，使干燥风温度趋于均匀。同时，由于导风墙使冷却风量增加，增加了干燥风量，降低了干燥风温，使生球爆裂的现象大为减少。干燥床的屋脊形结构增加生球干燥面积，加快了生球干燥速度，提高了竖炉产量。基本可以做到干球入炉，消除了湿球相互黏结而造成结块的现象，保证了竖炉正常生产。

由于绝大部分冷却风从导风墙内通过，使焙烧带到导风墙下沿出现了一个高温的恒温区(1160~1230℃)，从而有了明显的均热带，有利于球团中的Fe_2O_3再结晶充分，使成品球团矿的强度进一步提高。另外，干燥床使竖炉有了一个合理的干燥带，而在干燥床下及竖炉导风墙以下，又自然分别形成了预热带和冷却带。因此，导风墙和干燥床的设置使竖炉球团焙烧过程的干燥、预热、焙烧、均热、冷却等各带层次分明，温度分布合理，形成了比较合理的焙烧制度，有利于球团矿产、质量的提高。

由于消除了冷却风对焙烧带的干扰，使焙烧带的温度分布均匀，竖炉内水平断面的温度差小。当用磁铁矿为原料时，由于Fe_3O_4的氧化放热，焙烧带的温度比燃烧室温度高150~200℃。所以，我国竖炉能用低热值的高炉煤气或混合煤气，生产出强度高、质量好的球团矿。

干燥床的设置还可简化布料设备和布料操作，使竖炉由"平面布料"简化为"直线布料"。将由大车和小车组成的可做纵横向往复移动的梭式布料机，简化成只做往复直线移动的带小车的布料机。因此，干燥床不仅简化了布料设备，而且简化了布料操作。

3）布料设备

目前国内竖炉的布料设备都是采用往复式布料车，它实际上是一条沿炉顶干燥床床脊作往返运动的胶带运输机。布料车上胶带速度一般为 0.6 m/s，小车行车速度为 0.2 ~ 0.3 m/s。对布料车的要求是将生球均匀、连续地布入炉内，而且要求布料点根据炉况灵活可调。

4）排料设备

竖炉的排料设备，应能将球团矿均匀、连续排出，使炉内料柱经常处于松散而活动的状态，以利于炉料的运行及炉内气流和温度均匀分布。同时如果遇到炉况要求大量排料时也能适应，另外在排料设备与炉体交接处，要求密封，严防炉内冷却风逸出。竖炉的排料设备包括齿辊卸料器和电磁振动给料机两个部分。

齿辊卸料器是装设在炉底的靠液压传动的一组齿辊，它是绕自身轴线往复转动的一个活动炉底。齿辊的转动有两个作用，一是使球团处于松散活动状态，并将其连续排入底部漏斗，二是将结块的球团在齿辊的剪切、挤压下破碎，以利于其通过齿辊间隙排出。因此，齿辊系统既是炉底支撑装置，又是排料设备。齿辊根据炉子生产情况，间断式或连续式慢慢运动，使球团矿不断排出，维持竖炉正常生产。运动时，相邻两个齿辊相向转动，构成一组，对球团运动形成一个同向的驱动力。

我国竖炉普遍采用电磁振动给料机排料。在齿辊卸料器下部沿竖炉长度方向有两个排料漏斗，各连接一个振动给料机。排料漏斗一方面起给振动给料机导料的作用，另一方面起料柱密封的作用。振动给料器将球团排出后，多数采用链板运输机运输，当竖炉下部设有二次冷却器时，可直接用胶带运输机运输。也有些没有二次冷却器的竖炉采用胶带运输机运输，为了避免胶带烧坏，常配有冷却水管，当排出的球团温度过高时，向胶带上加水冷却。

10.4.1.3　竖炉焙烧工艺过程

竖炉是一种按逆流原则工作的热交换设备，其特点是在炉顶通过布料设备将生球装入炉内，球以均匀的速度连续下降，燃烧室的热气体从喷火口进入炉内，热气体自下而上与自上而下的生球进行热交换。生球经过干燥、预热后，进入焙烧和均热区，进行高温固结反应，然后在炉子下部进行冷却和排出，整个过程是在竖炉内一次完成。

1）布料

为了使竖炉内球料具有良好的透气性，生球必须松散均匀地撒布到料柱上面。布料方式主要有矩形布料、横向布料和直线布料三种。没有干燥床时，常采用矩形布料或横向布料。我国竖炉都设有干燥床，普遍采用直线布料。布料车在屋脊形干燥床顶部上方沿屋脊方向往返运动，将生球均匀撒布到干燥床上。这种布料装置大大简化了布料设备，提高了设备作业率，缩短了布料时间。但布料车沿着炉口纵向中心线运行，工作环境较差，皮带易烧坏，因此要求加强炉顶排风能力，降低炉顶温度，改善炉顶操作条件。

2）干燥和预热

国外竖炉生球自上往下运动，与预热带上升的热废气发生热交换进行干燥，无专门的干燥设备。生球下降到离料面 120 ~ 150 mm 深度处，相当于经过了 4 ~ 6 min 的停留时间，大部分已经干燥，并开始预热，磁铁矿开始氧化。当炉料下降到 500 mm 时，便达到最佳焙烧温度。

我国竖炉干燥采用屋脊形干燥床，生球料层为 150～200 mm。预热带上升的热废气和从导风墙出来的热废气（330℃左右）在干燥床的下面混合，其混合废气的温度为 550～750℃，穿过干燥床与自干燥床顶部向下滑的生球进行热交换，达到使生球干燥的目的。生球在干燥床上经过 5～6 min 后基本上完成了干燥过程到达炉喉，进入预热区。热气流由下而上通过球层，将球层加热。同时，气流中的 O_2 由外向内将球内的 Fe_3O_4 氧化成 Fe_2O_3，逐步完成氧化过程，并放出热量，将球层的温度进一步提高。

干球从干燥床下到炉内以后，按其自然堆积角向炉子中心滚动进行再分配，小球和粉末多聚集在炉墙附近（离墙 200 mm 左右），大球由于具有较大的动能，多滚向中心导风墙处。由于靠炉墙的球层较厚，而聚集的又多是小球和粉末，因此基本上抑制了边缘气流的过分发达。相反，由于中心料位较低，球比较大，有利于发展中心气流。这种气流分布特性使球层温度分布趋于均匀，球层内分带特性分明，有效保证了球团的预热时间。

竖炉采用干燥床干燥生球，提高了干球质量，防止了湿球入炉产生的变形和彼此黏结的现象，改善了炉内料层的透气性，为炉料顺行创造了条件。另外采用干燥床，扩大了干燥面积，能做到薄料层干燥，热气体均匀穿透生球料层。由于热交换条件的改善，其温度从 550～750℃降低到 200℃以下，提高了热利用率。除此之外，采用干燥床还可以把干燥工艺段与预热工艺段明显地分开，有利于稳定竖炉操作。

3）焙烧

生球经干燥预热后下降到竖炉焙烧段。国外竖炉球团最佳焙烧温度保持在 1300～1350℃。我国竖炉球团焙烧温度较低，一般燃烧室温度为 1150℃，甚至低到 1050℃，竖炉料层温度为 1200～1250℃。其原因是一方面我国磁铁精矿品位较低，含 SiO_2 较高，焙烧温度过高球团会产生黏结，破坏炉况顺行；另一方面是我国竖炉都是采用低热值高炉煤气为燃料。除此之外，与我国竖炉导风墙加干燥床的特有结构也有关。

整个竖炉断面上温度分布均匀是获得质量均匀球团矿的先决条件。温度分布状况又是直接受气流分布所影响的。由于料柱对气流的阻力作用，使燃烧气流从炉墙往料柱中心的穿透深度受到限制，因而也局部地限制了可得到的热量，所以也影响到竖炉断面上温度的均匀分布。因此燃烧室热废气通过火道口进到竖炉内的流速，应尽可能保证竖炉断面温度分布均匀。气流速度愈大，对球层穿透能力就愈强，炉子断面温度也愈均匀。气流速度过小，对球层穿透能力就弱，因而使炉子中心焙烧温度过低，球团矿达不到理想的固结状态。一般燃烧气流速度应为 3.7～4.0 m/s。但流速过大，会使电耗大，另外还会造成炉料喷出等问题。

气流分布状况是限制竖炉大型化的重要原因，国外竖炉最大宽度限制在 2.5 m 左右。竖炉宽度过大，由于球团对气流产生阻力而导致边缘效应，使得竖炉中心气流较弱，炉子中心易形成"死料柱"，当下料速度过快时，"死料柱"呈楔状向下伸入焙烧带，其上部则发展成愈来愈厚的湿料层，甚至产生塌料的现象。

除此之外，气流性质也是竖炉操作不可忽视的问题，料柱气流中 O_2 含量不得低于 2%～4%，即气流应属氧化气氛，否则高价铁氧化物会还原生成 FeO，进而会与 SiO_2 生成低熔点的

$2FeO \cdot SiO_2$。

竖炉下部鼓入的冷却风全部穿过焙烧带，一方面吸收了焙烧带的热量，同时其流量又随料柱阻力的变化而波动，使焙烧带的高度和温度不稳定，干扰甚至破坏焙烧过程；另一方面由于边缘效应，冷却风沿炉墙上升，在火道口与热废气相交会，减弱了热废气的穿透能力，使温度在炉子截面分布不均匀而导致球质量不均匀。我国竖炉内设置有导风墙，大部分冷却风从导风墙导出，减少了经过火道口的冷却风流量，使燃烧室压力显著降低，与国外同类型竖炉相比要低 1/3 ~ 2/3。燃烧室吹出的热气流量增加且稳定，有利于对料柱的穿透能力，使燃烧带固定，温度比较均匀稳定。

4）均热

球团从竖炉焙烧带再往下运动进入均热带，均热带的作用是进一步提高球团矿的强度和质量的均匀性。进入均热带后，球团内赤铁矿晶粒进一步长大，晶型转变继续进行，球团发生进一步的收缩和致密化，晶格结构进一步完善，因此球团的强度得到进一步提高。同时，由于受气流和温度分布不均的影响而在焙烧带没有焙烧好的球可以通过均热过程进一步完成焙烧，使球团质量均匀。因此，从某种意义上说，球团的均热实际上是焙烧过程的延续。

设置有导风墙的竖炉，绝大部分冷却风从导风墙内通过，导风墙外只走少量的冷却风。从而使焙烧带到导风墙下沿出现了一个高温的恒温区，因而使竖炉有了明显的均热带，有利于球团中的 Fe_2O_3 再结晶充分，使成品球团矿的强度进一步提高。

5）冷却

竖炉炉膛大部分用于球团矿的冷却。球团经过均热带后进入竖炉的冷却带，冷却带是竖炉整个焙烧过程的最后一个阶段。球团到了冷却带，与鼓入炉内冷空气发生逆流热交换，温度逐渐下降。

竖炉下部有一组摆动着的齿辊隔开，齿辊支承着整个料柱，并破碎焙烧带可能黏结的大块，使料柱保持疏松状态。冷却风由齿辊标高处鼓入竖炉内。冷却风的压力和流量应该使之均衡地向上穿过整个料柱，并能将球团矿很好地冷却。排出炉外的球团矿温度可以通过调节冷却风量来控制。冷却风量的调节既要考虑球团的冷却效果，又要考虑竖炉内气流及温度分布状态。由于冷却风会降低火道口热废气的穿透能力，因此过高的冷却风量会使热废气难以穿透到竖炉中心，使中心温度达不到各带温度要求，影响球团焙烧效果及质量均匀性。

架设有导风墙的竖炉，由于炉中心处料柱高度大大降低，阻力降低，冷却风从炉子两侧送进炉内，由导风墙导出，使得风量在冷却带整个截面分布较均匀，并且在风机压力降低的情况下，鼓入的风量却增加，因而提高了球团矿冷却效果。同时，冷却风从导风墙导出可显著降低对火道口热废气形成的穿透阻力，改善了炉内气流及温度的分布状态。据有关资料报道：这种竖炉冷却风风压比同类型竖炉低 1/3 ~ 1/2，风机电耗大大下降，一般为 30 ~ 35 kWh/t - s，比无导风墙竖炉低 30% ~ 40%。

球团矿在竖炉下部冷却后，排出炉外的温度一般为 300 ~ 600℃，当竖炉产量较高时，甚至高于 600℃。这种温度的球团矿给运输和贮存均带来困难，因此必须进行二次冷却。要达到良好的冷却效果，需要采用二次冷却设备。也有一些厂没有二次冷却设备，而是采用链板机运输，在运输和堆存过程中进一步冷却；若直接采用胶带运输机运输，则在胶带机上喷水保护胶带，或直接向球团上喷水将球团强制冷却。但是，喷水急冷会使球团强度下降。

10.4.2 链箅机－回转窑工艺

10.4.2.1 链箅机－回转窑主要设备

链箅机－回转窑是一种联合机组，包括链箅机、回转窑、冷却机及其附属设备。这种焙烧方法的特点是干燥、预热、焙烧和冷却分别在三台设备上进行。干燥、预热在链箅机上进行，预热后球团进入回转窑内焙烧，最后在冷却机上冷却。

1）链箅机

链箅机是由封闭铸铁链子、箅板、侧挡板、主动轮等主要部件组成。铸铁链子将链箅机连成一体，并带动链箅机进行定向运动，因而是链箅机的连接和传动装置。箅板承载球层并使气流通过。侧挡板保证了球层的高度和侧面的密封。主动轮是链箅机的驱动装置。由于链箅机宽，主传动轴长，加上处于高温环境下工作，受热膨胀后易引起变形，因此，链箅机不用齿轮传动而多用双边链轮传动，主轴用中空风冷，保证轴的正常运转。

2）回转窑

回转窑由窑体、托轮和滚圈、传动装置等部件组成（见图 10－20）。窑体是球团焙烧的反应器，托轮是回转窑的支撑装置，通过辊圈支撑着整个窑体及窑内球团的重量。

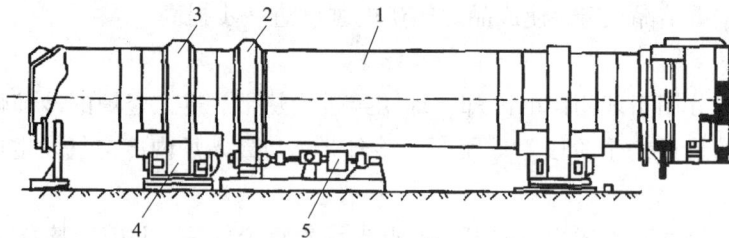

图 10－20 回转窑示意图
1—回转窑筒体；2—传动齿圈；3—滚圈；4—托轮；5—电机

回转窑窑体由钢板加工而成，外壳上匝有滚圈和大牙轮。回转窑窑体安放在两组距离较远的托轮上，因此，回转窑窑体承受了较大的弯曲应力。为此，窑体钢板的厚度和托轮间的距离要根据钢材承受弯曲应力的限度来决定。一般托轮的距离随窑体直径的增大而增大。窑体除受弯曲应力之外，还受切应力的作用，当负荷分布不均衡时，切应力有引起窑体变形的危险。例如，当上部窑体衬料间有空隙时，则衬料的重量势必由窑的下部来承受，从而就有发生窑体变形的危险。

托轮和滚圈共同构成回转窑的支承结构，滚圈搁置在托轮之上，使回转窑限制在一定的轴向位置内。当回转窑由传动装置带动旋转时，滚圈和托轮同时作相向转动，从而使回转窑发生转动。由于工艺上的要求，托轮在基础上的安装应保证回转窑沿排料端有 3%~5% 的倾斜度。

10.4.2.2 链箅机－回转窑焙烧工艺过程

1）布料

链箅机布料的要求是将生球按一定高度均匀、平整地布到链箅机上，同时要求布料过程中不至于因为落差太大发生生球破碎、变形，或被压实。链箅机 – 回转窑法所采用的布料设备有皮带布料器和辊式布料器两种。

皮带布料器布料时横向均匀，但纵向会由于生球滚动而不够均匀。为了减轻生球的落下冲击，加拿大亚当斯厂采用在皮带布料器卸料端装磁辊的方法。据介绍此法可以减少生球破损。

辊式布料器一般与梭式皮带机（或摆动式皮带机）、宽皮带组成布料系统。用辊式布料器布料，生球质量可获得两方面的改善，一是通过布料辊的间隙，筛除生球中的矿粉和粒度不符合要求的小球，改善料层透气性；二是生球在布料器上进一步滚动，改善了生球的表面光洁度，并使生球进一步紧密，提高了生球强度。

目前国内外许多球团厂都采用辊式布料器布料。新建的大型球团厂都趋向于采用由梭式布料机（或摆动皮带机）、宽皮带与辊式布料器组成的布料系统。与摆动皮带机相比，梭式皮带机的布料效果更好些，对于宽链箅机更适用。

2）干燥和预热

随着链箅机的移动，通过鼓风和抽风，气流垂直通过球层进行传热和传质，球团依次发生干燥和预热过程。干燥的目的是脱除生球中的水分，要求干燥过程中不发生爆裂，以免产生的粉末影响料层透气性和导致回转窑结圈。链箅机 – 回转窑工艺要求预热过程不仅将 Fe_3O_4 氧化成 Fe_2O_3，并使预热球形成一定的强度，以抵抗回转窑中的机械冲击和磨损。

（1）干燥预热工艺类型　生球干燥和预热均在链箅机上进行，利用从回转窑和环式冷却机出来的热废气在链箅机上进行鼓风干燥、抽风干燥和抽风预热。干燥预热工艺按链箅机炉罩分段和风箱分室而分成不同类型。

按链箅机炉罩分段，可分为二段式、三段式、四段式和五段式。二段式即为链箅机分为一段干燥和一段预热；三段式即为将链箅机分为三段，两段干燥和一段预热；四段式即为将链箅机分为四段，一段鼓风干燥、一段抽风干燥、两段预热（分别为预热一段和预热二段），一段为升温预热段，二段为预热段。

按链箅机风箱分室，又可分为二室式、三室式和四室式。二室式，即干燥段和预热段各有一个抽风室，或者第一干燥段有一个鼓风室，抽风干燥和预热共用一个抽风室；三室式即鼓风干燥段为一个鼓风室，抽风干燥段和预热一段共用一个抽风室，预热二段为一个抽风室；四室式为四段炉罩各对应一个抽风室（或鼓风室）。常见的干燥预热工艺类型如图 10 – 21 至图 10 – 26 所示。

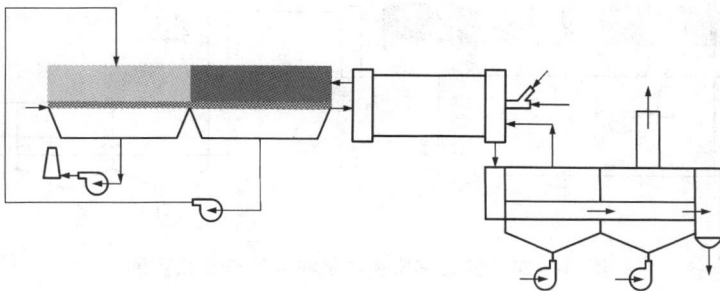

图 10 – 21　二段二室式链箅机 – 回转窑示意图

生球的热敏感性是选择链算机工艺类型的主要依据。早期的链算机-回转窑系统没有环冷机回流换热系统，对于一般热敏感性不高的赤铁矿精矿和磁铁矿精矿，常采用二段二室式（见图10-21）。当处理热敏感性强的含结晶水的土状赤铁矿生球时，为了强化干燥过程，采用三段二室式（见图10-22）或三段三室式（见图10-23）。后来开发的环冷机回流换热系统可为链算机提供更多热量，来处理粒度极细（-500目占80%以上）、水分较高的精矿和土状赤铁矿等对热敏感性极强的生球。对于要求初始干燥温度很低，需要较长的干燥时间时，可采用四段三室式（见图10-24）、四段四室式（见图10-25）甚至五段五室式（见图10-26）的阶梯缓慢升温的干燥预热制度，可充分利用环冷机低温废热，不足部分还可在炉罩上加烧嘴补充热量。

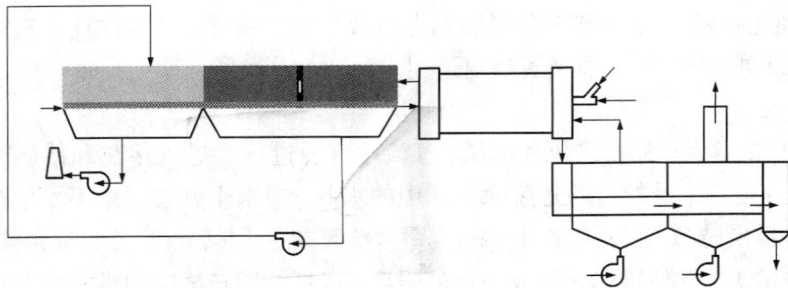

图 10-22　三段二室式链算机-回转窑示意图

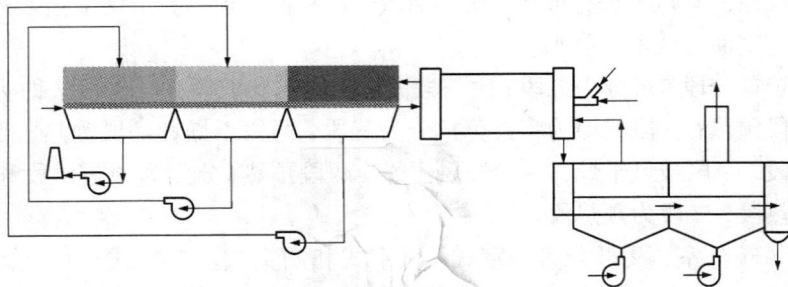

图 10-23　三段三室式链算机-回转窑示意图

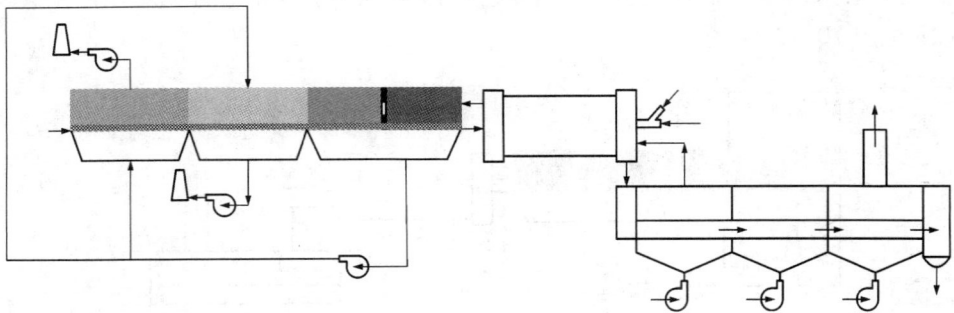

图 10-24　四段三室式链算机-回转窑示意图

（2）链算机工艺过程及热工制度　生球布到链算机上后依次经过干燥段和预热段，脱除

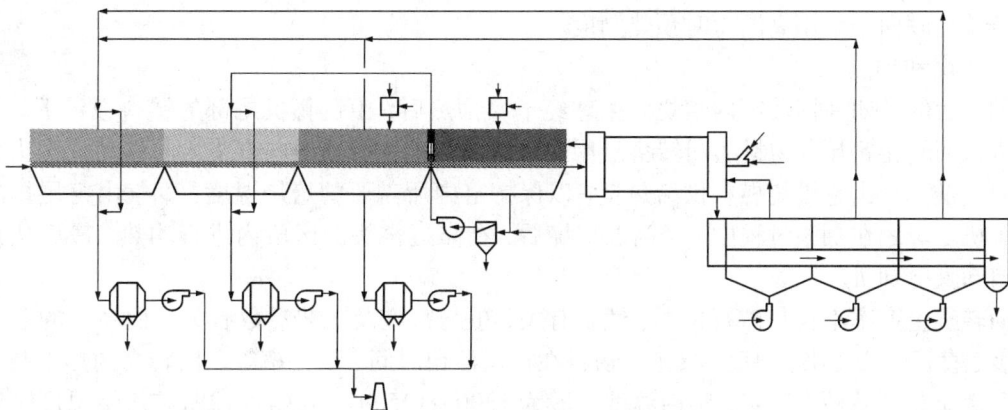

图 10 – 25 四段四室式链箅机 – 回转窑示意图

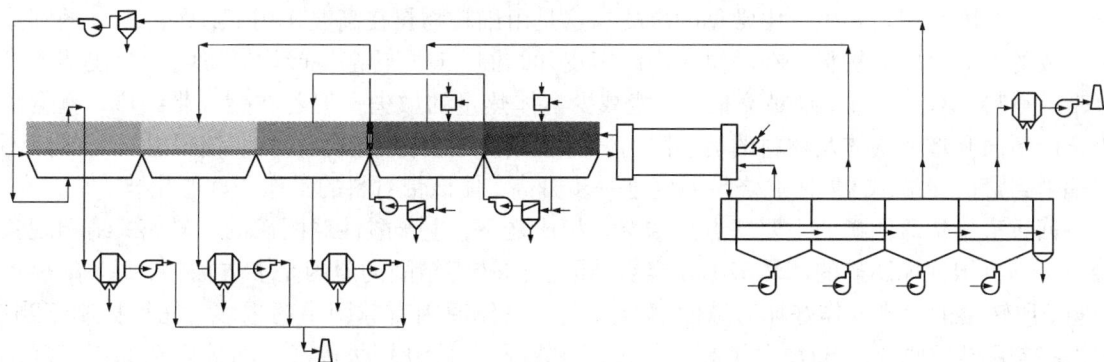

图 10 – 26 五段五室式链箅机 – 回转窑示意图

各种水分，磁铁矿氧化成赤铁矿，使球团具有一定的强度，然后进入回转窑。关于预热球团矿的强度，目前尚无统一标准。日本加古川球团厂要求单球强度为 150 N/球；美国爱里斯 – 哈默斯公司最初要求单球强度为 90 ~ 120 N/球。我国要求预热球抗压强度不小于 400 N/球，AC 转鼓指数不小于 95%。

从回转窑窑尾出来的废气，其温度达 1000 ~ 1100℃，通过预热抽风机抽过球层对球团进行加热。如果温度低于规定值，可用辅助热源作补充加热。温度过高或出事故时，可用预热段烟囱调节。由预热段抽出的风流经除尘后，与冷却机低温段的风流混合，温度调至 250 ~ 400℃，送往抽风或鼓风干燥段以干燥生球，废气经干燥风机排入大气。

链箅机的热工制度根据处理的矿石种类不同而不同。对于热敏感性强、爆裂温度低的物料，常在抽风干燥之前加一段鼓风干燥过程。鼓风干燥的主要作用是将下部球层加热，并将脱除一部分水，以避免抽风干燥时水分在下部球层冷凝，造成过湿现象。鼓风干燥时间不宜过长，否则将在球层中、上部形成过湿，从而在抽风干燥时产生爆裂。鼓风干燥的温度一般为 150 ~ 250℃，抽风干燥温度根据生球爆裂温度确定，一般要求比爆裂温度低 100 ~ 150℃，常用的抽风干燥温度为 300 ~ 400℃。

预热温度一般为 900 ~ 1100℃，但矿石种类不同，其预热温度也有所差异。磁铁矿在预热过程中氧化成赤铁矿，同时放出大量热，生成 Fe_2O_3 连接桥而提高强度，因而预热温度较低。赤铁矿不发生放热反应，需在较高温度下才能提高强度。为了缩短链箅机的长度，新设计的链算机倾向于采用高温短时预热制度。

3）焙烧和均热

预热后的球团在回转窑内焙烧。生球经干燥预热后，由链算机尾部的铲料板铲下，通过溜槽进入回转窑窑尾，物料随回转窑沿周边翻滚的同时，沿轴向向窑头方向移动。窑头设有燃烧器（烧嘴），由它燃烧燃料供给热量，以保持窑内所需的焙烧温度；烟气由窑尾排出导入链算机。球团在翻滚过程中，经高温焙烧后，在靠近窑头的区段内进行均热，最后从窑头排料口卸入冷却机。

回转窑生产率不仅与矿石种类、性质有关，也与窑型及工艺参数有关。回转窑的参数包括长度、直径、长径比、斜度、转速、物料在窑内停留时间、填充率等。回转窑的热工制度根据矿石性质和产品种类确定，窑内温度一般为 1300～1350℃，自熔性球团矿焙烧温度一般为 1250℃左右。

窑内结圈是回转窑生产中常见的事故。这是由细粒物料在高温作用下，在窑内壁的圆周上结成的一圈厚厚的物料。在高温带内结窑皮和结圈，对回转窑生产均有影响。窑皮能保护该带的衬料，不使它过早地被磨损，并能减少窑体热量的散失。但若在燃烧带结圈，就会缩小窑的断面和增加气体及物料的运动阻力。并且结圈还会像遮热板一样，使得燃烧带的热不能辐射到窑的冷端，结果使燃烧带温度进一步升高，使该带衬料的工作条件恶化。

回转窑焙烧球团矿的主要缺点是结圈。相比之下，生产酸性球团矿的回转窑，结圈现象轻。生产自熔性球团矿的回转窑则较容易结圈。回转窑结圈的原因是多方面的，原料、燃料质量、回转窑的生产操作好坏对结圈都有影响。具体原因有球团中粉末多、气氛控制不当、温度控制不当、原料的 SiO_2 含量高等。球团中粉末多是引起回转窑结圈的内在原因。球团中粉末多的原因，一是生球筛分效率差，使得球团中夹带小母球或块状物料；二是生球在链算机上结构受到破坏，开裂或者爆裂；三是预热球强度差。粉末物料易结圈是由于小颗粒在较低的温度下就可产生软熔，而大颗粒需在较高温度下才发生软熔。由于大小颗粒软熔性能的差别导致球团中的粉末易结圈。最新的研究报道表明，当粉末量较高，在窑壁上黏附挂料时，固相黏结也可引起较严重的结圈，在某些情况下甚至成为回转窑结圈的主要原因。另外，燃料煤灰分高和灰分熔点低也会造成回转窑结圈。

结圈与回转窑的热工制度有着密切的关系。从物料在窑内运动过程中可以看出，紧靠着窑壁的颗粒，在它刚出现在物料表面时，温度达到最高值。当此温度达到物料熔化的温度时，物料就会产生软熔或出现液相，并黏附在窑衬上。这些软熔物料或液相也会黏附其他物料，当这些物料转到低温位置时就会固结下来，如此反复下去，若不及时采取措施，就会出现结圈。

除此之外，物料中的低熔点物质数量的多少，物料化学成分的波动，气氛的变化，生产过程是否稳定都对结圈产生直接的影响。结圈物可分为两种类型，其一是在高温区由于粉末熔化，逐渐黏附在窑壁上而形成的一种圈，这种圈结构致密，其中所含铁矿物为 Fe_2O_3，而且液相较发达。另一种类型的圈，与上述结圈物不同，其结构疏松，Fe_2O_3 呈棱角较大的结晶，结圈物粒度较粗，其强度较差。

由于结圈对回转窑生产的影响很大，所以链算机－回转窑球团厂应严格控制原、燃料质量并建立严格的焙烧制度，而且要采取有效措施来清理结圈。通常处理结圈的方法有：①往复移动燃烧带位置将圈烧掉。②用风或水对圈实行骤冷，使其收缩不匀而自行脱落。③停止生产,待窑冷却后,采用人工打圈。这种方法停窑时间长、劳动强度大、对衬料损害也大,不得已时才采用。④采用机械方法清除结圈。一种机械是刮圈机,这种机械在头部设置有合金刮刀。机架固定在车轮上,使用时,开启马达将刮刀伸入窑内除圈,其优点是不停窑清圈。另一种方法比较简单,即用猎枪射击窑内的结圈物,该法也不用停窑。

4)冷却

1200℃左右的球团从回转窑卸到冷却机上进行冷却,使球团最终温度降至100℃左右,以便皮带机运输和回收热量。目前链算机 – 回转窑球团厂,除少数球团厂采用带式冷却机外,其余大部分均采用环式冷却机鼓风冷却。日本神户球团厂和加古川球团厂除用环式鼓风冷却机以外,还增加了一台简易带式抽风冷却机。

环式冷却机有两段式和三段式两种。两段冷却分为高温冷却段(第一冷却段)和低温冷却段(第二冷却段),中间用隔墙分开。高温冷却段出来的热废气温度达 1000 ~ 1100℃,作为二次燃烧空气返回窑内利用。过去低温段热风,各厂均作废气排至大气。现在新建的球团厂采用回流换热系统回收低温段热风供给链算机干燥段使用。

三段冷却将环式冷却机分为三段,每一段配备一台冷却风机,各段之间用隔墙分开。一段热风作为二次燃烧空气返回窑内利用,二段热风引入链算机升温预热段,三段热风引入链算机鼓风干燥段。我国新建的链算机 – 回转窑多数采用三段环式冷却。

冷却料层高度一般在 500 mm 以上,冷却时间为 26 ~ 30 min,每吨球团矿的冷却风量一般都在 2000 Nm³ 以上。

10.4.3　带式焙烧机工艺

带式焙烧机是国外广泛采用的球团焙烧设备,但目前我国应用较少。带式焙烧机具有下列特点:

(1)生球料层较薄(200 ~ 400 mm),可避免料层压力负荷过大,又可保持料层透气性均匀。

(2)工艺气流以及料层透气性所产生的任何波动只能影响到一部分料层,而且随着台车水平移动,这些波动很快就消除。

(3)可根据原料不同,设计成不同温度、气体流量、速度和流向的各个工艺段,因此带式焙烧机可以用来焙烧各种原料的生球。

(4)采用热气流循环,利用焙烧球团矿的显热,球团能耗较低。

(5)可以制造大型带式焙烧机,单机能力大。

10.4.3.1　带式培烧机工艺类型

带式焙烧机采用铺边料和铺底料的方法,以防止挡板、算条、台车底架梁过热。生球采用鼓风和抽风并用的干燥工艺,先由下向上往生球料层鼓入热风,然后向下抽风干燥,以避免下层球因过湿而削弱球的结构。为了回收球团矿显热,采用鼓风冷却,冷却风首先经过台车和底料层预热后,再穿过高温球团料层,避免了球团矿冷却速度过快,使球团矿质量得到改善。根据矿石类型采用不同的气体循环方式和换热方式,带式焙烧机工艺一般分为如下四种类型:

第一种类型用于生产赤铁矿和磁铁矿的混合精矿球团。如图 10 – 27 所示,采用鼓风循环和抽风循环混合使用,前段冷却热风直接进入回热罩供预热、焙烧、和均热带使用,机尾

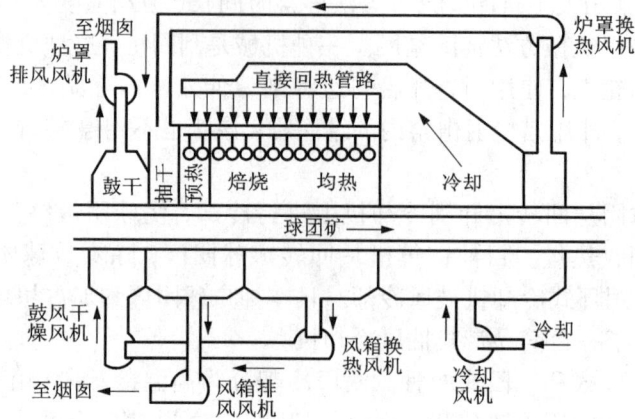

图 10-27 带式焙烧机法工艺类型之一

冷却热风通过炉罩换热风机进入抽风干燥段。焙烧段和均热段出来的热风进入鼓风干燥段。鼓风干燥段、抽风干燥段以及预热段的气流通过烟囱排入大气。

第二种类型由第一种类型稍加修改后用于生产磁铁矿精矿球团。如图 10-28 所示，主要修改是炉罩内换热气流全部采用直接循环，抽风干燥段由直接回热罩供风。取消了炉罩换热风机，将冷却段较冷端连同鼓风干燥段和抽风干燥段的气流排入大气。

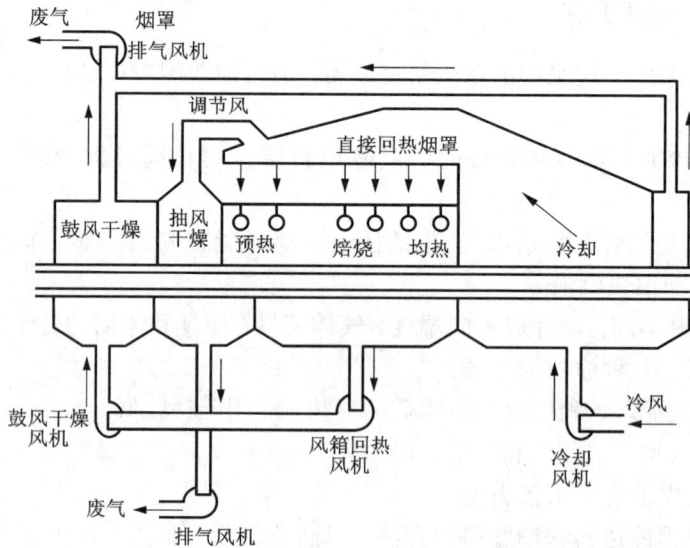

图 10-28 带式焙烧机法工艺类型之二

第三种类型用于生产赤铁矿球团。如图 10-29 所示，根据生球需要较长干燥和预热时间的特点，增大了焙烧机的面积，同时增加抽风干燥和预热区所需的风量。采用炉罩换热气流全部直接循环，预热段、焙烧段、均热段都采用直接循环热风。

第四种类型是为处理含有害元素的铁矿石配置的球团工艺。如图 10-30 所示，将高温抽风区(焙烧后段和均热段)的废气排出，以消除某些矿物产生的易挥发性染物对环境的污

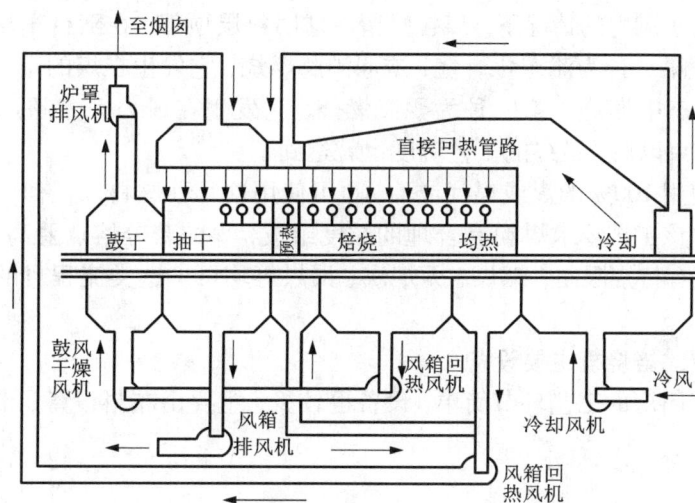

图 10 – 29　带式焙烧机法工艺类型之三

染，也可以处理含有结晶水的矿物。在抽风干燥段和预热段之间设置脱水段，由预热段和焙烧段的前段供风，抽出的风供给抽风干燥段。鼓风干燥段由冷却段低温端供风，出来的风排入大气。

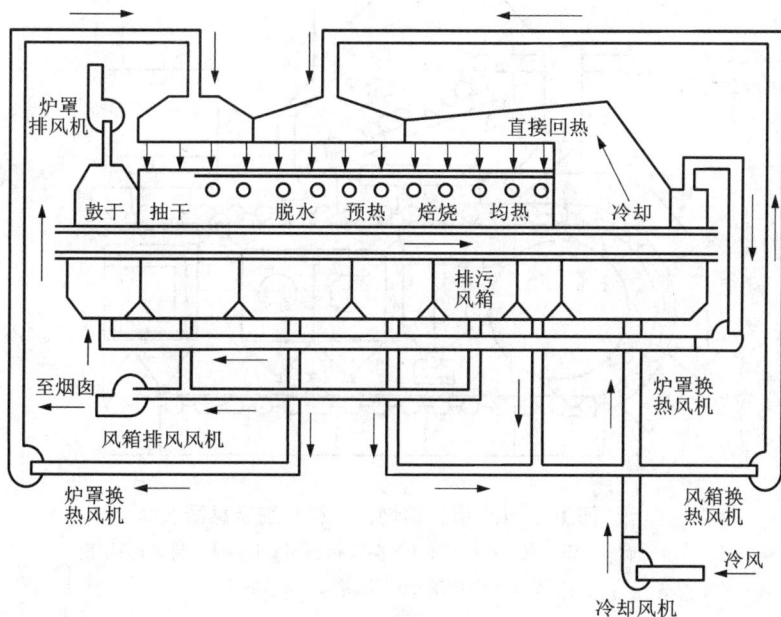

图 10 – 30　带式焙烧机法工艺类型之四

　　20 世纪 80 年代鲁奇公司又设计了一种以煤代油的新型带式焙烧机。使用这种焙烧机的方法称为鲁奇多级燃烧法。该法首先将煤破碎到一定粒度组成，通过一种特制的煤粉分配器在鼓风冷却段两侧用低压空气将煤粉喷入炉内，并借助于从下向上鼓入的冷却风，将煤粉分配到各段中去燃烧。煤粉在带式焙烧机内的燃烧由三种类型组成：第一种为固定层燃烧，它发生在煤的重力大于风力的情况下，煤粒停留在球团料层顶部，在随台车移至焙烧机的卸料端的过程中燃烧。第二种为流态化燃烧，或叫沸腾燃烧，它发生在煤的重力和风力相当的情况下，煤在悬浮状态中燃烧。第三种为飘飞燃烧，它发生在风力大大超过煤粉重力的情况下，当飘飞燃烧结束以后，最终的工艺温度也就达到了。

这种流程可使用100%的煤或煤气或油，也可使用这几种燃料以任何一种比例关系在带式焙烧机上焙烧。该工艺要求煤粉有合理的粒度组成，煤的灰分熔点要高于球团焙烧温度。至于煤的种类，没有特别限制，烟煤、无烟煤、褐煤等均可。这类流程目的在于降低球团矿的生产成本。

10.4.3.2 带式焙烧机主要设备

带式焙烧机球团厂的工艺环节简单，设备也较少，主要由布料设备、带式焙烧机和附属风机组成。

1）布料设备

带式焙烧机的布料设备包括生球布料和铺底、边料两部分（见图 10-31）。生球布料由三个设备联合组成：梭式皮带机（或摆动皮带机）、宽皮带、辊式布料器；宽皮带的速度较慢而且可调，其宽度一般比焙烧机台车宽 300 mm 左右。在宽皮带上装有电子秤，随时测出给到台车上的生球量。边、底料从铺底料槽分别通过边、底料溜槽给到台车上，并用阀门调节给料量。铺底料槽装有称量装置，控制料槽料位。

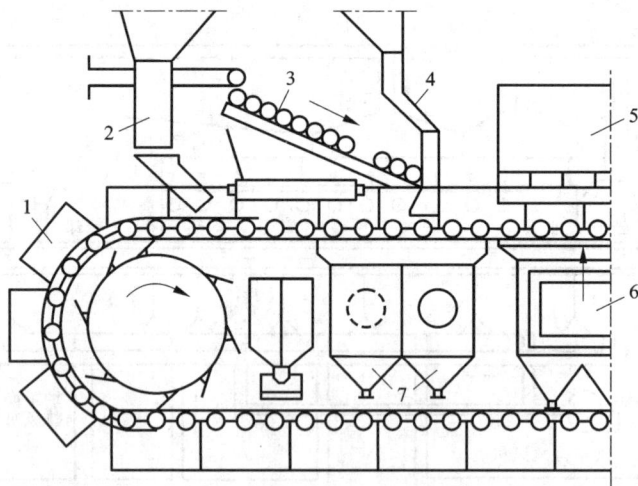

图 10-31 带式焙烧机布料系统示意图
1—台车；2—铺底料矿槽；3—辊式布料机；4—铺边料矿槽；
5—鼓风干燥炉罩；6—风箱；7—返料漏斗

2）传动装置

焙烧机传动装置由调速马达、减速装置和大星轮组成。台车通过星轮带动被推到工作面上，沿着台车轨道运行。头部设有散料漏斗和散料溜槽，收集回行台车带回的散料和布料过程漏下的少量粉料。在散料漏斗和鼓风干燥风箱之间设有两个副风箱，以加强头部密封。

尾部星轮摆架有两种形式：摆动式和滑动式。DL 型焙烧机为滑动式。当台车被星轮啮合后，随星轮转动，台车从上部轨道渐渐翻转到下部回车轨道，在此过程中进行卸矿。当两台车的接触面达到平行时才脱离啮合。因此,台车在卸矿过程中互不碰撞和发生摩擦,接触保持了良好的密封且台车寿命延长。当台车受热膨胀时,尾部星轮中心摆架滑动后移,在停机冷却后,由重锤带动摆架滑向原来的位置。卸料时漏下的散料由散料漏斗收集,经散料溜槽排出。

3)台车和算条

鲁奇公司制造的带式焙烧机的台车由三部分组成:中部底架和两边侧部分。边侧部分是台车行轮、压轮和边板的组合件,用螺栓与中部底架连成整体。中部底架可翻转 180°。当台车发生挠性变形后可翻转过来使用,以矫正变形,加上台车和算条材质均为镍铬合金钢,所以台车和算条寿命可大大延长。

4)密封装置

带式焙烧机需要密封的部位有:头、尾风箱,台车滑道和炉罩与台车之间。头、尾风箱一般采用弹簧滑板密封。

5)风箱

带式焙烧机各段风箱分配比例是由焙烧制度所决定的。通过球层的风量、风速和各段停留时间因原料的不同而不同,需要根据生产经验或通过试验确定。当机速和其他条件一定时,这些参数主要取决于各段风箱的面积和长度,焙烧机风箱总面积是根据产量规模来确定的。

6)风机

带式焙烧机所需风机比其他焙烧设备的风机都多。按其用途主要分为废气风机、气流回热风机、鼓风冷却风机和助燃风机 4 种。废气风机的作用是将鼓风冷却的热废气或风箱废气排放到大气中。气流回热风机的作用是把热气引入到炉罩内或引入助燃风系统,作回收热量之用。鼓风冷却风机用于鼓风冷却,将冷空气鼓到球层使球团矿冷却。助燃风机用于将助燃风鼓入燃烧室,供燃料燃烧用。风机性能应满足焙烧设备各段风量、风压及温度的工艺要求。

10.4.3.3　带式培烧机焙烧工艺过程

用带式焙烧机生产球团矿时,生球干燥、预热、焙烧、均热及冷却都在同一台设备——带式焙烧机上完成。

1)布料

生球布到带式焙烧机台车上之前,首先要在台车上铺上底料(底料厚 100 mm),并且在布生球的同时,还要铺边料。底、边料是从成品球团矿中分离出来的。

底料的作用是:①保护台车和炉算免受高温烧坏;②使气流分布均匀,改善料层透气性,使球团矿焙烧均匀;③抽风时可吸收一部分废气的热量,避免废气热损失过大,其潜热在鼓风冷却带可回收;④鼓风冷却时,避免下层球急冷,维持一定的高温保持时间,从而保证球团矿质量较均匀。

边料的作用是:①保护台车两侧边板,防止被高温烧坏;②防止两侧边板漏风。

为了保证球层具有良好的透气性并保证成品球粒度均匀,生球在撒布到台车上之前,必须筛除不合格粒级的球及粉末。带式焙烧机的生球布料系统由摆动皮带(或可逆式皮带)、宽皮带和辊式布料器组成。生球经辊式布料器后均匀地分布到台车上。辊式布料器的作用是:①起筛分作用,筛除大球及小于 8 mm 的小球;②提高生球强度,生球在布料器上的滚动过程中，表面变得光滑，颗粒排列更致密；③降低生球落差。

2）生球干燥

带式焙烧机一般设有鼓风干燥段和抽风干燥段，其目的是为了强化干燥过程。先进行鼓风干燥，使下层球加热到露点以上的温度，可避免向下抽风时由于水分冷凝出现过湿层，同时在向上鼓风时，下层球部分水分被排除，因而也可提高下层球的破裂温度和抗压强度。鼓风干燥后转为抽风干燥，这样可防止上层球因进一步过湿而结构破坏，同时也可提高干燥速度。不同原料制备的生球，所能承受的干燥温度和所需要的干燥时间不同。

3）预热

赤铁精矿制备的球团矿，预热主要是保证不因为升温过快使结构遭到破坏；磁铁精矿球团在预热阶段，保证球团从外到内，宏观上要氧化完全，否则就会产生同心裂纹，降低球团矿强度；对于菱铁矿或含硫高的球团，预热温度和升温速度必须细心控制，升温速度适当减慢，否则会因升温速度过快，使球团内碳酸盐剧烈分解而开裂。

4）焙烧

球团在焙烧带完成固相反应和再结晶、结构致密及形成少量液相的过程。焙烧带温度一般在 1250~1340℃，若温度过低，因致密化程度差，强度降低；如温度过高，液相过多，球团产生黏结，料层透气性变差，不但影响球团矿质量，而且降低生产率。

5）均热

均热带一般不再由燃料燃烧供热，而是由第一冷却段的热气体直接供热，热气体由球层上部向下部通过。一方面使球团继续完成固结过程，未被氧化的 Fe_3O_4 继续氧化；另一方面使下层球也具有一定的高温保持时间。

6）冷却

冷却带一般采用二段鼓风冷却。第一段冷空气通过球层被加热到 750~800℃，一般一部分热空气送到均热带，其余部分作为二次助燃风。第二段冷却风被加热到 300~400℃，作为抽风干燥段的热源和一次助燃风。冷却段采用鼓风方式，其目的是：①防止台车受高温作用；②鼓入的冷风通过底料被加热到一定温度，避免球团矿骤冷而降低强度；③利用台车和底料的潜热，节省能耗。

10.4.4 三种球团焙烧工艺的比较

三种球团焙烧工艺在设备类型、原料适应性、过程特点、操作特性、生产能力等方面都有各自的特点。

1）竖炉工艺

竖炉工艺具有设备简单、对材质无特殊要求、操作维护方便、热效率高等优点，但也存在如下缺点：

（1）受气流穿透深度的局限和热场均匀性的要求，竖炉宽度不宜太大，布料皮带和轨道长度又限制了竖炉的长度，因而竖炉单机生产能力小，一般最大年产量为 50 万 t 左右。

（2）由于依赖于磁铁矿的氧化放热作用供热，因而只适应于用磁铁矿生产球团，赤铁矿只能配入较小的比例。

（3）由于炉内热场和球团运行速度不均匀的特性，使球团焙烧不均匀。

（4）球团焙烧过程热制度由竖炉尺寸、热场特性和球团运行速度三方面因素共同控制，球团干燥、预热、焙烧等炉内过程的热制度相互关联和制约，不能单独控制，因而操作灵活性差。

（5）整个过程球团在炉内运动，相互之间的挤压和摩擦易使球团磨损甚至破裂，因而要求球团在干燥和预热时具有较好的热强度。

（6）炉顶气体温度高，要求生球具有较高的爆裂温度。

2）链箅机－回转窑工艺

链箅机－回转窑工艺优点如下：

（1）球团在回转窑内固定热场中运动，当料流和窑内热场稳定时，所有的球团都以同样的运动轨迹通过热场，焙烧过程均匀。

（2）设备易于实现大型化，因而单机生产能力大。

（3）干燥、预热、焙烧过程的温度都容易单独调节和控制，因而操作灵活性强。

（4）原料适应性较竖炉广。

但是，由于干燥、预热、焙烧和冷却需分别在三台设备上进行，设备环节多，因而投资较竖炉大。由于球团在回转窑内因运动冲击而易破损，因而对预热球强度要求高。此外，该工艺还存在回转窑易结圈的问题。

3）带式焙烧机工艺

带式焙烧机工艺全部工艺过程在一台设备上进行，设备简单、可靠、维护方便，操作灵活，适合焙烧各种原料，热效率高，单机生产能力大。但是，由于全部过程都在带式机上完成，因而带式机作业温度高且温度波动大，对材质要求高，单位投资较前两种工艺大。

10.5　球团生产过程质量要求

10.5.1　生球质量要求

造球是球团矿生产工艺中非常重要的环节，所造生球性能直接影响后续的干燥、预热、焙烧工序及最终成品球团矿的产量和质量。因此，对造球性能要加强检测，为后续工序创造良好条件。生球质量性能主要包括生球水分、粒度组成、抗压强度、落下强度和爆裂温度。

生球水分因原料不同而有所不同，其适宜值一般取决于原料性能，以获得最好的生球强度和良好的成球过程为宜。生球粒度一般要求 9 ~ 16 mm，且要求具有较好的均匀性。生球粒度过大则传热和传质速率慢，影响干燥、预热、焙烧过程速率。生球粒度的均匀性对于料层透气性具有较大影响，生球粒度愈均匀，生球料层透气性愈高，球团矿产量也愈高。

生球抗压强度是抵抗生球运输过程及干燥料层压力的需要，要求生球不致于因承受料层压力而发生变形或破碎。一般要求生球抗压强度不低于 10 N/球。落下强度是抵抗转运和布料过程中冲击力的需要，其要求根据流程转运次数确定。一般要求生球落下强度不低于 3.0次/0.5 m，有些球团厂要求生球落下强度不低于 4.0 次/0.5 m。

爆裂温度是生球在 1.5 m/s 的风速下干燥时发生爆裂的球数不大于 4% 时的干燥温度，用来评价生球抵抗干燥脱水过程中内部蒸气压的能力，也称为生球的热性能指标。生球爆裂温度的要求因焙烧方法的不同而不同。竖炉法要求爆裂温度高，而链箅机－回转窑法和带式焙烧机法对生球爆裂温度要求相对较低，但生球爆裂温度影响干燥时间，从而影响了链箅机和带式焙烧机的干燥面积。

10.5.2　预热球质量要求

预热球强度主要是用来评价球团预热效果，同时用来考查其对焙烧过程机械作用力的承受能力。竖炉法和带式焙烧机法对预热球强度没有明确要求，而链算机－回转窑法则由于球团在回转窑焙烧过程中处于运动状态，需要预热球有一定的机械强度。

链算机－回转窑法对球团强度的要求主要用抗压强度和 AC 转鼓指数两个指标来衡量。对于这两个指标的具体要求，各国球团厂的标准不尽相同。日本要求预热球抗压强度不小于 150 N/球；美国则重点考察 AC 转鼓指数，要求不大于 5%；我国要求预热球抗压强度不小于 400 N/球，AC 转鼓指数不大于 5%。一般回转窑直径愈大，对预热球强度要求愈高。

思考题

1. 球团法与烧结法的原料准备有什么不同？为什么？
2. 为什么竖炉不能大型化，并且一般只适用于焙烧磁铁精矿球团？
3. 为什么带式焙烧机是一种灵活性最大、使用最广泛的球团焙烧设备？
4. 回转窑结圈的原因是什么？在工艺设计和操作上应如何避免回转窑结圈？

第 11 章　压团原理与工艺

　　压团是指通过施加机械压力将粉末物料在模型中加工成具有一定形状、尺寸、密度和强度团块的过程。通过压团实现粉末物料造块的方法称为压团法。为了使团块具有所需的强度,加压成型后一般还需要经过相应的固结过程。该法工艺简单,广泛应用于有色冶金、煤炭工业、化工、耐火材料、建材工业等,特别适用于处理量小的细粒物料(包括粉矿)造块。在铁矿造块方面,常用于处理钢铁厂各种固体废料,将废料制成团块,应用于炼铁或炼钢。

　　压团法是最早使用的一种造块方法。与烧结和球团法相比,压团法具有如下优点:

　　(1)工艺简单,造块成本低。

　　(2)适用的原料粒度范围宽,粒度上限可达到 10 mm 甚至更大,而不需要进行破碎处理,而球团法则要求原料具有足够的细度。

　　(3)对原料种类适应性强,各种含铁废料均可用于制备强度良好、性能稳定的团块产品。

　　(4)团块用于高炉时,具有较大的安息角,偏析程度比球团矿小。

　　压团法的不足之处是处理能力小,不适于大规模生产。

11.1　压团原理

11.1.1　加压过程中颗粒的位移和变形

　　在模型内自由松装的细粒物料,在无外力情况下,呈自由堆积状态,依靠颗粒之间的摩擦力和机械咬合,相互搭接,造成很大的颗粒间孔隙,这种现象称为"拱桥效应"(如图 11-1 所示)。此时,颗粒间仅存在简单的面、线、点接触,具有不稳定性和流动性,处于暂时平衡状态。当向颗粒上加外力时,"拱桥效应"遭到破坏,则颗粒发生位移和变形,导致颗粒间接触面积增大,孔隙度减少。

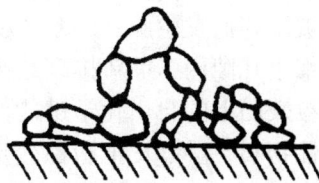

图 11-1　"拱桥效应"示意图

　　如图 11-2 所示,在加压过程中,粉末颗粒的位移有多种形式,包括移近图(a),分离图(b),滑动图(c),转动图(d)和嵌入图(e)。这些位移形式使颗粒间接触面减少或增加。对于颗粒群来说,各种位移形式会同时发生,一个颗粒可能同时与多个颗粒以不同形式(包括方向和位置)发生位移,故颗粒群体内位移是十分复杂的过程。位移的结果是使颗粒间接触面积增大,颗粒群堆积密度增大,并在一定范围内与所施压力成正比。

　　随着施加压力的增人,当颗粒间产生最大位移,不再有位移空间,或位移阻力增大时,将发生颗粒变形。颗粒变形的主要形式有弹性变形、塑性变形和脆性断裂。弹性变形是指除去外力后可以恢复颗粒原状的变形。塑性变形是指除去外力后不能恢复原状的变形,易发生于具有塑性的固体颗粒,变形程度随颗粒塑性和压力增大而增加。脆性断裂是在外力作用下颗粒结构发生的破坏性变形，这种变形易发生在塑性小的颗粒。当压力超过颗粒的承受极限，而颗粒又不能通过塑性变形缓冲压力时，即发生脆性断裂。颗粒的脆性断裂产生新的颗粒断面，并使颗粒数量增加。

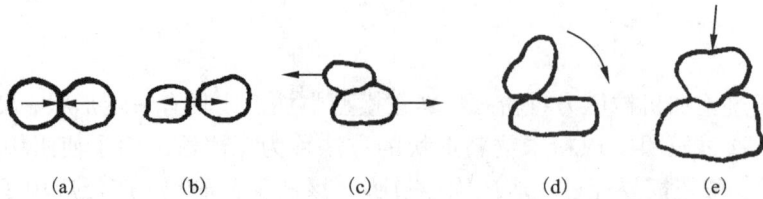

图 11 - 2　加压过程中粉末位移的几种形式

固体颗粒形状是各种各样的，通常矿物颗粒外表凹凸不平且有许多棱角，甚至连通常球形颗粒的表面也是不光滑的，所以颗粒之间的接触是通过棱角和凸峰来实现的。它们之间的接触面积是很小的，加压时，即使压力不大，但集中到这些小的接触区时，单位面积上的压力就变得很大。如果该压力超过了物料变形的临界应力时，则在颗粒的棱角和凸峰处首先开始变形，使颗粒间接触面积增大。如果压力继续增大，颗粒的变形就会向接触区的颗粒内部发展。

图 11 - 3 简略地表示了压团机理。假设外力 p 作用于模型内一松散物料，在压制的第一阶段，颗粒位移发生重新排列并排除孔隙内气体，使物料致密化。这一阶段耗能较少但物料体积变化较大。继续压制时，根据被压制物料的特性不同，可能发生脆性断裂和塑性变形两种过程。脆性物料易被压碎而发生脆性断裂，新生的细颗粒会充填在细小孔隙内，重新排列结果使密度增大，新生颗粒表面上的自由化学键能使各颗粒黏结。对于塑性物料，颗粒发生塑性变形，颗粒间相互围绕着流动，产生强烈的范德华力黏结作用。实际上，在大多数情况下，两种过程同时发生，并在一定条件下能够引起机理的转换。

颗粒的三种变形形式对团块的致密性和强度有不同的影响。塑性变形由于可以增加颗粒间的接触面积，因而有利于团块强度的提高。弹性变形则由于撤除压力后会因恢复形状而产生弹性后效，从而使颗粒间原有的紧密堆积状态受到一定程度的破坏，因而会降低致密程度和强度。

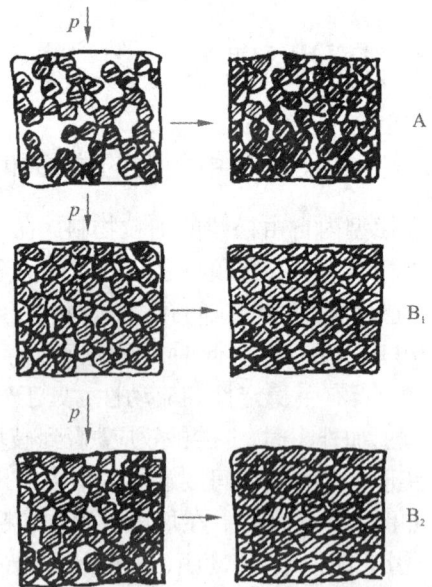

图 11 - 3　压制机理图

因此，弹性变形对压团强度具有不利影响。脆性断裂对压团具有双重性影响，一方面，脆性断裂产生的细颗粒可填充细小孔隙，可增强团块致密性，断裂产生的新鲜表面具有更高的活性，可增强颗粒间的相互作用。另一方面，在添加黏结剂压团时，断裂产生的新鲜表面往往难以与黏结剂接触并发生相互作用，从而降低黏结成型作用效果。

11.1.2　压团过程团块密度变化规律

如图 11 - 4 所示，粉末物料在模型中受压时密度变化可分为三个阶段。

第一阶段为位移阶段。压力相对较低，料层内"拱桥效应"被破坏，颗粒发生相对位移并填充孔隙，结果松散料层体积大大减小，密度迅速增加（见图 11 - 4 曲线 a 段）。第二阶段为密度恒定阶段（见图 11 - 4 曲线 b 段），随压力增加和加压时间延长，物料已达到紧密堆积状态，孔隙减至最小，在此阶段内，继续增大压力时，团块密度并没有增大，而颗粒内部的应力增大，该阶段一直持续到加压压力达到颗粒的临界应力时结束。第三阶段为颗粒变形阶段（见图 11 - 4 曲线 c 段）。压力达到超过细粒的临界应力值（即极限强度），固体颗粒发生变形或裂碎，颗粒之间再排列和相互充填，团块密度又随之增大。

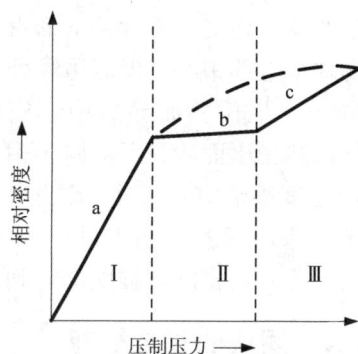

图 11 - 4　团块密度与压力的关系

应该指出，在上述三个阶段中，固体颗粒的位移和变形不是截然分开的。在第一阶段，团块的密度增加以颗粒位移为主，同时也可能发生少量颗粒变形。第二阶段，加压压力转化为颗粒内部应力，位移和变形都不明显。在第三阶段，团块的致密化以颗粒变形为主，同时也发生碎裂和少量位移。物料受压时发生的过程随物料特性的不同而不同。对于又硬又脆的物料，压制时，团块密度曲线变化比较平坦。对于塑性好的物料，加压过程中没有明显的密度恒定阶段，密度在加压时持续增加（见图 11 - 4 中虚线）。

11.1.3　压团过程中物料的受力分布

在压团过程中，对细粒物料施加的压力主要消耗在两部分。一部分消耗于内摩擦力（P_1），又称静压力。主要用来克服固体颗粒间产生的摩擦，使颗粒产生位移甚至变形，最终使之达到紧密堆积程度，获得压紧效果。另一部分消耗于外摩擦力（P_2），又称压力损失，主要用来克服固体颗粒料层压实时形成的对模型壁的侧压力，使固体颗粒移动过程中与模型壁产生摩擦力，导致压力损失，使团块内部所受的力随着离受压面距离的增大而减小。

由此可知，压团过程中施加的总压力（P）至少为静压力和压力损失之和。即：

$$P = P_1 + P_2 \tag{11-1}$$

而 P_2 值的大小表示为：

$$P_2 = P_{侧} \cdot f \cdot S \tag{11-2}$$

式中：f 为物料与模壁间的摩擦系数；$P_{侧}$ 为物料对模壁的侧压力，N/cm^2；S 为物料与模壁的接触面积，cm^2。

固体颗粒在压实时物料对模壁形成的侧压力（$P_{侧}$），等于物料受压时横向膨胀给模壁产生的作用力。侧压力的大小与压团压力、物料颗粒之间的摩擦力、物料的塑性等因素有关。压团压力大，物料传递给模壁的作用力也大；物料颗粒之间的摩擦力大，则侧压力减小，物料塑性好，更易产生侧向膨胀而使侧压力增大。同时，侧压力与距受压面的距离有关，离受压面的距离越远，侧压力越小。对于垂直向下单向冲压的压团方式来说，则表现为侧压力随团块高度降低而逐渐减小。造成这种现象的主要原因是外摩擦力的影响。

由于压力的损失，致使团块密度沿离开受压面的方向减小。以单向垂直加压为例，如图 11-5 所示，团块密度沿高度向下逐渐降低，即受压物料的上部密度大，离受压面远的下部密度低。在横断面上，团块最上部中心密度因边缘处摩擦阻力大且中心颗粒易发生位移而导致中心密度远比边缘小。相反，远离受压面的最下部因压力下降，则出现边缘部分密度小于中心部分。因此，团块密度出现定向差异。采用双面加压时，可一定程度抵消这种定向差异，使团块密度与强度都得到改善。

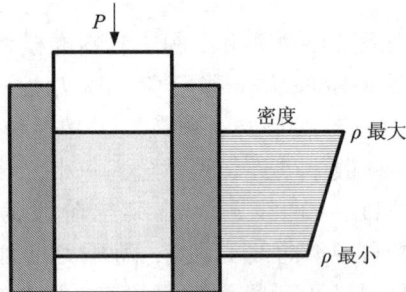

图 11-5　单向压制时团块
密度沿高度方向的分布

11.1.4　团块的黏结机理

团块的黏结机理，根据是否添加黏结剂的情况，分为有黏结剂黏结和无黏结剂黏结两种类型。除此以外，水分在团块黏结过程中也起着非常重要的作用。

11.1.4.1　水分对压团的作用

与粉料成球过程相似，水分在压团过程与团块黏结中同样具有重要作用。其作用主要表现在以下三个方面。

(1)降低颗粒间的位移阻力及压力的磨擦损失。

水分在压团过程中具有良好的润滑作用。粉末物料中的水分在颗粒表面形成水膜，将颗粒包裹，使颗粒间的摩擦力减小，大大降低了颗粒间的位移阻力，有利于颗粒的紧密排列，使团块密度增大。此外，颗粒与成型模内壁间的摩擦力因这种润滑作用而减小，从而减小了因模壁的摩擦而导致的压力损失，既提高了物料的受力程度，又降低了因压力损失而导致的团块密度的不均匀性。

(2)在颗粒间形成毛细力，增强了颗粒间的黏结作用。

当颗粒间在压团压力作用下紧密排列时，颗粒间距离减小，以致于相邻颗粒表面的薄膜水连成一体，即产生毛细力的作用，使颗粒相互黏结，从而增强了颗粒间的黏结作用力。

(3)为黏结剂提供了有效的介质作用。

压团所用的黏结剂，多数需要在水的介质条件下才能产生黏结作用。一方面，水分是黏结剂的迁移介质，可以促进黏结剂向物料颗粒表面迁移；另一方面，许多黏结剂通过在水介质中发生电离或形成胶体而产生黏结性能。对于基团作用为主的有机黏结剂，水分可以使其电离出带电基团，通过这些带电基团与物料颗粒表面的吸附产生黏结作用。对于无机黏结剂，水分可以使其形成胶体，使这些胶体对物料颗粒产生胶黏作用。除此以外，多数黏结剂的水介质中都会发生大幅度的体积膨胀，从而充填颗粒间的孔隙，增强桥联作用。

11.1.4.2　无黏结剂时的黏结机理

没有黏结剂时团块黏结机理主要有两种观点：

一种观点认为团块的强度取决于团块内固体颗粒间存在的摩擦力(即内摩擦力)，因为细粒物料的颗粒表面呈凹凸不平的粗糙状态，在紧密接触后表面会相互楔住和钩结而发生颗粒间机械啮合。为了证明这种观点，人们在相同的压团压力下，对化学成分相同而颗粒结构

(颗粒外表形状、粒度组成等)不同的几种铁矿粉进行了成型试验,发现用树枝状或楔形的粒子比用球形或平滑粒子能够制得更牢固的团块,其抗压强度可相差几十倍,而抗拉强度相差100倍左右。在测试过程中还发现每一种团块本身的抗拉强度比抗压强度要小几十倍。在解释这种现象时,认为倘若颗粒间的黏结不是由于机械啮合的原因,而是颗粒间分子黏结力相互作用的话,则团块的抗拉强度与抗压强度的差别,应在 3～5 倍之间,而不可能如此悬殊。因此确认在压团过程中,随着压团压力增加,颗粒间的接触表面积增加,促使固体物料颗粒间的啮合(如钩结、楔住)作用加强,颗粒间的摩擦力大大增加,从而使团块强度得到提高。

另一种观点认为,团块强度主要决定于颗粒间分子力的相互作用及薄膜水分子力和天然胶结物质分子力的作用,这三种力统称为分子黏结力。当压团压力逐渐增高时,物料颗粒间接触表面积也相应增大,会促使有更多的接触表面处于分子力作用的范围,在宏观上就表现为团块强度提高。也有很多例子证实这一观点,如在相同的压团条件下,塑性好的泥质氧化镍矿粉或泥质褐铁矿粉的团块强度远比硬而脆的假象赤铁矿粉和磁铁矿粉的团块强度要大;干燥的磁铁矿粉尽管其颗粒形状不规则且表面粗糙,只能在高压压团时才能获得一定强度的团块,然而,经过适当润湿之后,虽颗粒形态和粗糙度不变,却可以在较低压力下获得强度较好的团块。此外,颗粒不易啮合的表面光滑的煤粉仍可很好地进行压团等。因此可得出结论:在压团过程中,随着压团压力增加,颗粒间接触表面积相应地增大,由于分子黏结力与颗粒间接触表面积是成正比例地增大,从而使分子黏结力的作用加强,导致团块强度提高。

上述两个观点都能解释实践中某些现象,说明了它们都能正确反映事物内部规律的某个侧面,但皆有各自的片面性。事实上,在无黏结剂压团过程中,上述两个观点所描述两种机理是同时存在的,只是由于不同原料的颗粒物理性能(硬度、塑性、脆性和弹性等)、化学性能(润湿性,吸附能力及化学组成等)和压团过程进展的程度不同,而表现出的作用强弱不同而已。无黏结剂团块的强度是随矿物塑性增大而增大的。例如在相同压力的条件下,各种矿物的团块强度会依下列次序而下降:泥质褐铁矿、泥质氧化镍矿、硅质氧化镍矿、铬铁矿、含水赤铁矿、假象赤铁矿、磁铁矿。这种现象是因为:塑性好的矿粉压团时,物料易于产生变形,使颗粒间接触面积迅速增大,毛细水分很容易被挤到团块的外表面,从而使得颗粒表面分子能更多地处于分子力作用范围,薄膜水也能起到自己的作用,使分子间的联结作用非常强烈。这种情况下团块强度是由颗粒间的机械啮合和分子力的联结共同作用提供的,而后者更为重要。但对脆且硬的矿粉而言,其压团性较差,在压团过程中,团块内物料的弹性内应力作用显著,当压力除去时,由于"弹性后效"作用,出模型后的团块体积增大,使颗粒间接触面积减少。这时,团块强度主要靠颗粒间的机械啮合(内摩擦力)起作用,而分子间的联接力及薄膜水的黏结力的作用不显著,故硬而脆的矿粉所制成的团块强度较差,通常需要加入黏结剂后方可提高团块强度。此外,就同一种矿粉而言(仅指适于高压压团的物料),在压团的初始阶段,由于团压压力较小,团块强度主要靠颗粒间机械啮合起作用,随着团压压力增加,颗粒接触面积增大,颗粒本身甚至发生塑性变形,则在颗粒间接触面上出现分子相互作用的数量增加,会促使团块强度进一步提高。因此,在正常压团压力条件下,团块强度皆是由于颗粒间的机械啮合和分子力的相互联结两种机理共同作用的结果。

11.1.4.3　有黏结剂时的黏结机理

虽然颗粒间的摩擦力和分子作用力在压团中对团块的黏结具有一定的作用,对一些物料甚至能满足团块强度要求,但对于多数物料来说,单靠这两种作用力很难满足团块强度要求。因此，为了达到足够的团块强度，常常需要在原料中加入一定量的黏结剂来增强颗粒间的黏结作用，满足团块的强度要求。

黏结剂存在时，团块的黏结力主要来自于黏结剂的作用。黏结剂在压团中与在前述粉料成球中的作用机理类似，主要是通过黏结剂与颗粒表面结合，并在颗粒间形成桥联作用使颗粒相互黏结（参看本书第8章）。黏结强度与黏结剂与颗粒表面的相互作用力和黏结剂连接桥自身强度有关。根据黏结剂种类及压团物料颗粒表面特性的不同，黏结剂与颗粒表面的相互作用有物理吸附、化学吸附、静电吸附以及毛细力作用等类型。黏结剂连接桥强度与黏结剂自身的内聚力有关，其大小因黏结剂种类不同而不同。

11.2 压团设备

压团成型设备种类很多，在矿物原料成型中最广泛使用的是对辊式压团机和冲压式压团机，其中，尤以辊式压团机最为普遍。除此以外，也有少数厂家使用环式压团机。在型煤生产中，还有螺旋挤压式煤棒机等压团设备。本节主要介绍对辊压团机、冲压式压团机以及环压式压团机。

11.2.1 对辊式压团机

对辊式压团机压团主要靠两个相向转动的辊轮，使进入两辊间隙的混合料在辊面的型槽中受压成型。对辊加压方式压料时间短，因而对物料产生的压力较低。保证压团效果的途径有两个方面，一是减小两辊间的间距，另一方面是增大进入间隙物料的密度。一般压团压力为 $1000 \sim 2500 \ N/cm^2$，若控制压辊转速和增加两辊增压弹簧时，压力可增大至 $3500 \ N/cm^2$ 以上。增大进料密度的主要方法是加压给料。

图 11 - 6 为对辊压团机工作过程示意图。为保证正常供料压团，下料时首先要使料箱内有足够的料量以造成料柱压力，使型槽 A 处充满料量，随压辊转动到 B 处使物料初压，若料柱压力不足，则型槽 B 处的料会被向上挤回到加料箱内，这将导致团块密度小、强度低。因此为提高供料体积密度和团块强度，对加料箱上采用预压混合料装置，也同时起到均匀供料的作用。在 C 处正式压团，压成后的团块从 D 处卸出。

对辊式压团机主要由机架、传动装置、加压装置、压辊、辊面以及给料装置等几个部分组成。传动装置的作用是使两个辊体以一定转速发生相向转动。加压装置的作用是将压力传递到辊轴上，使两个辊面对物料产生辊压作用。加压装置有机械加压式和液压式两种类型。相比之下，液压式加压装置具有加压能力强、压力稳定等优点。压辊和辊面是压团过程中直接对物料加压的部件，通过压辊的回转运动，使辊面对物料施加压力，将物料加工成具有一定形状的团块。为使物料受压后被加工成具有一定形状的团块，两辊辊面上开出型槽，型槽数目和大小根据需要设计，其产品可为卵形、枕形或椭球

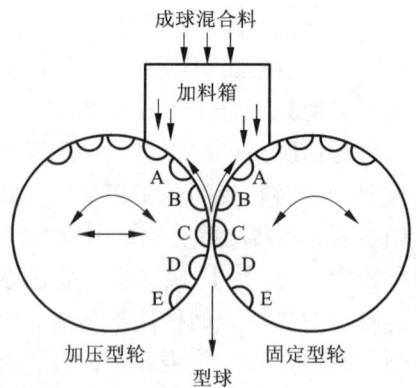

图 11 - 6 对辊成型机剖面示意图

形。设备生产能力取决于型槽的数量、大小以及圆辊的转速。

给料装置除要求均匀稳定地向两辊间隙给料以外，还应对物料具有预压作用，以提高进口物料的密度，降低其可压缩比。因此，给料装置作用是将物料以一定的压力给入两辊间隙，由漏斗和加压装置组成。给料过程的加压方式一般有料柱加压和机械加压两种，其中机械加压给料方式以螺旋加压机最为常用。图 11－7 为几种强制加料的螺旋加料（预压）形式。这类设备不仅可将预压压力加到物料上，还可克服物料被反挤回到加料箱的现象，并可对对辊压团机设计作相应改进，如最佳型轮直径、成型压力等，这对设备设计总体尺寸和制造成本都有很大影响。

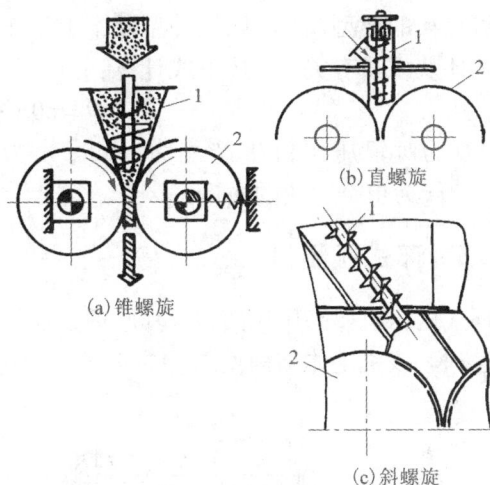

图 11－7　竖螺旋预压器
1—料斗；2—辊体

11.2.2　冲压式压团机

冲压式压团机又称冲杠式压团机，压团机的具体形式多种多样。按加压方向，可分水平式或垂直式两种类型。按冲杆的数量，可分为单杠冲压式和多杠冲压式。冲压式压团机压制时间较长，压力较高（通常可达 10000 N/cm² 以上）。

图 11－8 为单杠水平冲压式压团机工作过程示意图。压团成型部分的主要构件为冲压杆和成型模具，通过曲柄转动带动冲杆作往返运动，对物料加压。其成型过程如下：

第一阶段（a），混合料经过供料口装入成型模具内，此时冲压杠处于最右空转位置死点上。

第二阶段（b），冲压杆向左推进，将约有一团块的料推离供料口并使之达到前期最后一块压成团块后方，曲柄转到接近垂直位置。

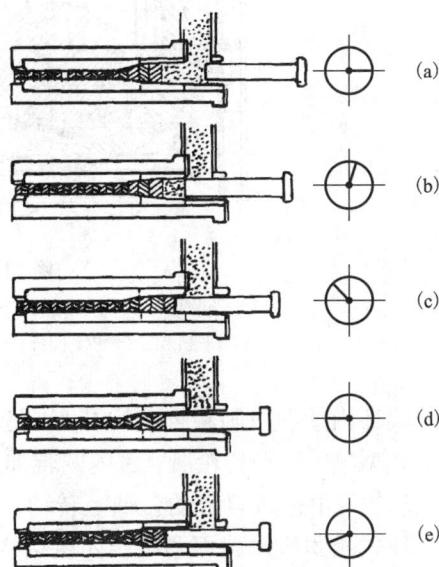

图 11－8　单杠冲压机的压制过程示意图

第三阶段（c），冲压杆继续向左推进，压力增加，使矿物颗粒相互紧密接触而聚结成团块。由于团块与成型模具各壁面相摩擦及型槽缩口等原因，团块上要产生反压力。冲压杆此时近于压团过程终结。

第四阶段（d），冲压杆进到压团过程最左边，把一串团块向出团口推并使团块继续受压，团块进入缩口后密度进一步增大，强度提高。曲柄转到左侧水平位置。

第五阶段（e），冲压杆开始回程，团压压力减少，团块体积发生一些膨胀，膨胀值大小则取决于受压物料的弹性。

每压制一团块，冲压杆的传动曲柄必须转动一圈，压杆则往复一次。该机易磨损部件主要是可更换的成型模具，团块外型基本上呈砖形。设备生产能力与曲柄转速或冲压杆往返频率以及团块质量有关，可按下式计算：

$$Q = 60n \cdot m \times 10^{-6} \qquad (11-4)$$

式中：Q 为对辊压团机生产能力，t/h；n 为曲柄的转速，r/min；或冲压杆的往返频率，次/min；m 为单个团块的质量，g/个。

11.2.3 环式压团机

环式压团机属高压压团机，其原理是在外圆环和内圆辊的同向转动中对物料加压，完成成型过程。该机主体结构见图 11-9。

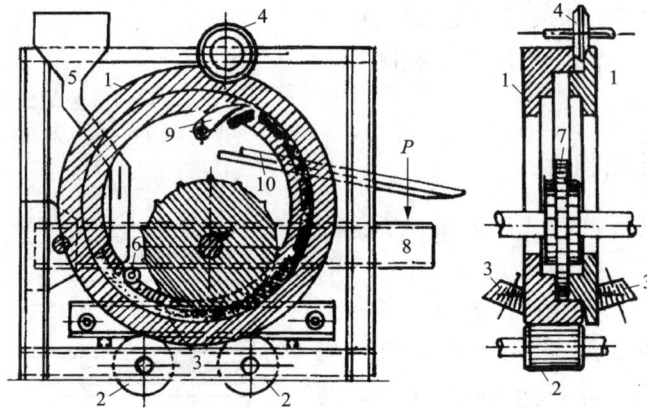

图 11-9 环式压团机

1—外圆环；2—传动托轮；3—散料槽；4—轴向定位轮；5—加料溜槽；
6—平料轮；7—内圆辊；8—加压双梁；9—脱模刮刀；10—产品溜槽

外圆环内壁和内圆辊辊面均开有成型槽。外圆环靠传动托轮摩擦传动，混合料从供料溜槽送入成型槽，经平料轮后，由内圆辊加压，压力大小由压在圆辊轴上的双梁调节。内圆辊属于从动辊，由被压料带动在轴上转动，成型后的团块带到刮刀处从上部刮出，并落到溜槽排出。环式压团机比前面两种压团机结构复杂，维护费用高得多，目前在工业中使用较少。

11.3 压团工艺

11.3.1 黏结剂的选择

对于大多数物料来说，压团需要借助黏结剂的作用才能获得强度较好的产品。因此，黏结剂常常是压团工艺的重要组成部分。

一般选用的黏结剂可分为无机黏结剂和有机黏结剂，确定的黏结剂一般单独使用，但有时为追求综合效果，也常采用多种黏结剂组合而成的复合黏结剂。

压团黏结剂的选择主要从以下几方面考虑，即：

(1)来源广泛，能保证稳定供应来源，且成分稳定。

(2)价格适当，能为压团厂家所接受。

(3)能保证团块具有足够的冷态及热态强度，且适合于长期贮存和抵抗气候变化。

(4)添加后容易与矿物原料混匀。

(5)不污染生产环境，且不增加下一步冶炼或处理工序的有害杂质。

在压团工艺中，常用的无机黏结剂有水泥、消石灰、水玻璃及冶炼粒状矿渣等，有时还有用黄泥和陶土。常用的有机黏结剂有煤焦油、沥青类，纸浆废液、糖浆、淀粉、腐植酸盐，以及合成黏结剂如羧甲基纤维素、聚丙烯酰胺类等。

11.3.2　压团工艺过程

压团工艺一般较简单，具有流程短和设备少的特点，其原则流程见图 11-10 所示。

配料是将不同原料按比例配合一起。混合是将各原料充分混匀，不仅要求将不同原料品种混合均匀，还要求将原料粒度混合均匀。当添加黏结剂时，因其配入量较少，无论是粉状或液体黏结剂，在选择混匀设备时应考虑到与原料充分混匀并使黏结剂均匀黏附到每个颗粒表面。碾揉的目的是使压团料塑性化，并加强黏结剂与颗粒表面的相互作用。压团后需要进行筛分，将团块中的散料分离出来并返回压团。压成的生团块一般需要经固结后才能得到强度满足后续加工要求的团块产品。

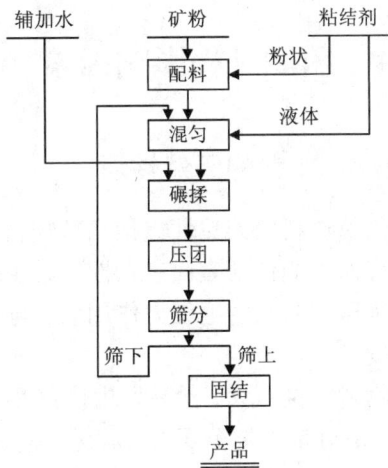

图 11-10　黏结剂压团原则流程

11.3.3　团块固结方法

为了保证团块强度，压制后的团块一般都需要经过固结后才能制成团块产品，固结的工艺方法因所采用的固结方式不同而不同。主要的固结工艺方法有干燥固结、高温固结、养护固结、碳酸化固结等几种类型。

干燥固结是通过干燥脱水后，依靠黏结剂的作用实现固结。干燥方法有强制干燥法和自然干燥法两种。强制干燥法是指在干燥设备中将团块加热到一定温度以脱除水分的方法。自然干燥法是指将团块在晾晒场铺开，利用阳光和风的作用脱除水分。强制干燥脱水速度快，干燥时间短，但需要干燥设备并消耗燃料。自然干燥不需要专用的干燥设备，也不消耗燃料，但脱水速率慢，干燥时间长，且往往脱水不彻底，团块中具有较高的残留水分。采用有机黏结剂时，常用强制干燥法使团块固结。

高温固结是指在高温条件下，通过原料中某些组分的质点扩散或组分间的固相反应，在颗粒间形成连接而使团块固结，其机理与球团焙烧固结相似。高温固结一般具有较高的固结强度。采用高温固结时，一般要将生团块先干燥，以避免生团块直接进入高温而产生爆裂。

养护固结是指在湿态下养护使团块黏结剂固化或颗粒接触界面发生反应增强团块强度的固结方式。如用水泥或石膏作黏结剂时，需要进行湿态养护，使水泥或石膏与水发生凝胶反应，在物料颗粒间形成桥联骨架作用使团块固结。当原料中含有金属铁等易在电解质中发生氧化的成分时，可加入一定量的电解质压团，通过湿态养护，使物料颗粒中易氧化组分在电解质的作用下发生氧化，相邻颗粒通过氧化产物相互连接，从而实现团块的固结。由于金属铁的氧化是一个锈化过程，因而将这种固结又称为锈化固结。

碳酸化固结是针对消石灰黏结剂采用的一种特有固结方式。通过通入 CO_2 气体，将 $Ca(OH)_2$ 转变成为 $CaCO_3$，借助 $CaCO_3$ 在颗粒间的结晶形成晶桥骨架连接，实现团块的固结，使团块具有足够的强度。碳酸化固结的一般方法是将富含 CO_2 的热废气通入固结炉内与团块中的消石灰发生碳酸化反应，产生的水分随热废气排出。影响碳酸化固结速率的因素有生团块的大小与气孔率、废气的流量与 CO_2 浓度、废气的温度以及生团块中 CaO 与水分的含量等。

11.4　压团过程影响因素

11.4.1　物料的天然性质

细粒物料的天然性包括细粒物料的表面性能、塑性、颗粒形状、粒度及粒度组成。

表面性能包括表面亲水性、电性以及与黏结剂的亲和力等方面的性能。表面亲水性强的物料则压团时水的毛细力作用大，与黏结剂的亲合力强则能在黏结剂的作用下形成良好的团块强度。

物料塑性愈大，愈易发生位移和变形，料层阻力越小，则可在较小压团压力下达到物料紧密，更好地发挥分子黏结力作用，团块强度较高。原料塑性除决定于本身主要矿物成分外，在很大程度上还取决于所含脉石成分。例如，泥质氧化镍矿为比硅质氧化镍矿具有更大的塑性。一般地，含黏土或高岭土成分高的原料，塑性总是比含石灰石和二氧化硅的原料大。

细粒物料的颗粒形状对团块密度和强度影响正好相反。在压团压力相同条件下，球形颗粒物料表面相对比较光滑易位移，因而成型团块密度较大，而多角形、树枝状和针状颗粒的物料因位移较困难、阻力大使团块密度小。但是，团块强度后者比前者高，因为颗粒形状越复杂，颗粒间的机械啮合作用越强，从而团块强度增加。

研究结果证明，凡是能提高团块强度的因素，皆能使团块的"弹性后效"明显减少，颗粒形状的影响即是如此。

压团物料的粒度的影响也很重要。粒度太细而均匀的物料，其松装密度小，不易压制，粒度太大而均匀的物料，其单个颗粒体积大，位移和变形也不易，故压制性能也差。因此，太粗或太细且均匀的物料对提高团块的密度和强度都不利，并使"弹性后效"增加。

具有一定粒度组成的物料压团性能最好。因为大小不一的物料，当遵循傅列尔粒度相对要求百分含量时，有利于小颗粒填充到大颗粒之间的孔隙中去，以达到颗粒的紧密排列和组合，可明显提高团块密度和强度，"弹性后效"亦大大减少。

11.4.2　添加物

当细粒物料压团性能差、团块强度要求高时，通常选用适当的添加物以改善压团效果。

有时，为改善冶炼过程，应考虑加特定的添加物，尤其是黏结剂类物质。

一般来说，添加物对压团过程的作用有：

(1)减少细粒物料颗粒间及颗粒与模壁间的摩擦，以利于压团过程的进行。

添加物多半为性软而易于变形的物质，甚至是液体。当加入添加物后，一方面使颗粒表面较均匀地包裹了一层薄的添加物起润滑作用，大大减少了颗粒表面的粗糙状况，使物料颗粒间摩擦力减小，有利于颗粒的位移；另一方面，当细粒物料相对于模壁运动时，同样起到润滑作用，以改善和减少颗粒与模壁的摩擦，使因摩擦而引起的压力损失大大减少，从而保证团块密度沿团块高度分布更加均匀，并可在较低压力下完成压团过程，如沥青、纸浆废液等，水玻璃，膨润土，石灰等添加物皆具有上述特性。

(2)能促进压团时细粒物料迅速变形，并能减少由于密度分布不均匀和"弹性后效"造成的团块开裂。

添加物实际上指黏结剂类物质，其最大特点还在于增加压团物料的塑性，使其易于变形和增加颗粒间的黏附能力。例如添加消石灰或膨润土物质，因其比铁矿粉更软和更易塑性变形，使铁矿粉压制的团块强度远比无添加物的大得多，而且取得密度和强度同时增加的效果。

(3)在颗粒间起黏结作用，增强颗粒间的黏结力，提高团块强度。

黏结剂类的添加物可通过物理吸附或化学吸附与颗料表面发生强有力的黏结作用，并通过黏结剂自身的桥架作用，将相邻颗粒紧紧连接在一起，增强了颗粒间的连接强度。黏结剂的黏结作用通常是获得高强度团块的重要保障。

(4)使颗粒表面发生物理、化学变化，改变表面特性，促进颗粒表面的质点迁移，实现表面黏结。

有些添加剂本身没有黏结能力，但可以与颗粒表面发生物理、化学作用，使相邻颗粒表面发生物质迁移，并通过这种物质迁移将两颗粒连接在一起。比较典型的例子是锈化固结，添加剂的作用是提供电解质环境，使颗粒表面发生锈化反应，相邻颗粒表面的锈化反应产物连接在一起，从而形成了颗粒连接。一般地，能与颗粒表面发生作用生成新产物的添加物容易产生这种类型的作用。

11.4.3　压团工艺条件

压团过程中的工艺条件，如压团压力、水分、加压方式、加压时间、加压速度等是影响团块强度的主要因素。

1)压团压力和物料水分

压团的压力和水分是两个紧密相关又互为影响的因素，对压团效果具有决定性作用，尤其在无添加物压团中更为显著。

这一关系是由压团过程的物理本质所决定的。在压团过程中随细粒物料逐渐紧密，孔隙率逐渐减少，其内的适宜水分则逐渐充满在孔隙中，从而减少颗粒间摩擦起润滑剂的作用，使颗粒靠拢而紧密，并通过毛细力对颗粒产生黏结作用。压团压力愈大，这一效果愈明显。物料含水量过多和过少都会使团块强度降低，这一关系与压团压力的变化见图 11-11 所示。由图可知，对同一细粒物料可在任一团压压力下压团，均相应有一最适宜水分值使团块强度达最高值。随着压力的增大，适宜的压团水分减小。水分过大使团块强度下降的原因有两个,一是水在孔隙内填充,阻碍了颗粒的位移和团块的紧密,二是孔隙水毛细力减小。

若压团压力过高时,团块内的硬而脆的颗粒若不能承受则发生开裂和破散,其新生成表面间的内聚力较小,使原团块黏结的连续性结构部分被破坏,则团块反而失去强度。

2)加压方式、速率及加压时间

加压方式、速率及加压时间等因素对脆而硬的物料压团的影响尤为明显。例如磁铁矿粉加铸铁屑压团时,由于物料颗粒之间及颗粒与模壁之间摩擦力大,若采用单向加压时,会使压团压力沿团块高度显著降低,团块密度沿团块高度差别较大。若单纯靠提高单向加压来提高团块下部密

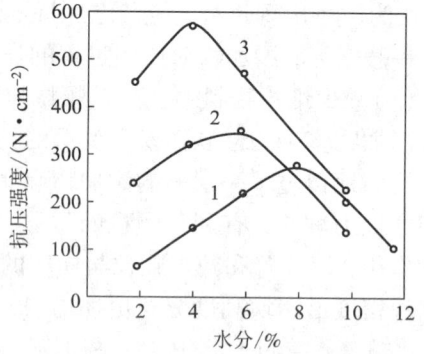

图 11-11 压力与水分对磁铁
精矿生团块强度的影响
1—压力 2500 N/cm²;2—压力 5000 N/cm²;
3—压力 10000 N/cm²

度,则会使团块上部易产生应力集中现象,而使团块沿高度分层和开裂。因此改用双向加压或对混合料多次加料方式,在相同的压力条件下,团块沿高度的密度均匀性提高,相应可提高团块强度。对那些硬度较高、流动性较差、粒度太粗的物料,采用减慢加压速度和延长加压时间具有较好的效果,因为这样可以使压力缓慢传递,促进细粒物料产生逐步位移和变形,颗粒达到重新排列和密集,孔隙率减少,使团块密度和强度提高。

在设备设计和实际工艺中,为获得高强度团块,不仅需要考虑加压的总时间,还应考虑压团各阶段的时间分配。需要注意的是,在最大压团压力下作用时间愈长,则团块强度愈好。因此,应使加压过程中最初阶段时间最短、最大压力下加压时间最长,速度最慢,这样可使团块获得最大紧密程度,同时应选择双向加压方式压团。

3)给料方式

给料方式决定了给入物料的密度,对压团具有重要影响。一般压团时对物料所能达到的压缩比仅为 2.0~2.5。若进口物料过于松散,物料的可压缩比大于压团设备的压缩比能力时,难以达到团块所要求的密度。因此需要进口原料有一定的密度,当进口密度大时压出的团块强度才能尽可能提高。为提高进料密度,常采用加压强制加料方式(即预压),降低进口物料的可缩比,从而使团块密度和强度获得最大提高。强制加料方式目前皆用螺旋强制给料机,它可兼顾运输和预压作用。通过加压强制给料,可充分破坏物料自然堆料时的"拱桥效应",排除细粒物料中孔隙内的气体,对物料产生初步位移紧密,可提高团块的密度,并减少团块的"弹性后效"。

思考题

1. 何谓压团法、弹性后效、压缩比?

2. 细粒物料的压团压力主要消耗于何处?如何克服沿团块高度物料密度分布不均匀的问题?

3. 简述团块黏结机理分类,各是如何发挥其作用的。

4. 分析影响压团团块强度的因素。

第 12 章　铁矿造块方法与技术的发展

12.1　复合造块法

12.1.1　复合造块法产生的背景

经过近百年的发展，铁矿造块逐渐形成了烧结和球团两种主要方法。烧结法适用于粗粒铁矿粉为主要原料的造块，球团法专用于处理细粒铁精矿。由于机械性能和冶金性能优良，高碱度烧结矿和酸性球团矿分别成为现代烧结、球团法造块的主流产品。除欧美少数高炉采用全部熔剂性球团矿作炉料外，目前世界绝大部分高炉均采用高碱度烧结矿配加酸性氧化球团矿的炉料结构模式。

由于受前苏联模式的影响，我国烧结生产在炼铁炉料的制备中占据支配地位，现有的 10 亿 t/a 造块生产总规模中，高碱度烧结矿高达 8 亿 t、球团矿仅约 2 亿 t，酸、碱炉料不平衡成为长期困扰我国众多钢铁企业的难题。商品球团矿生产主要集中在巴西等少数国家，进口球团矿不仅运距远、成本高，而且其数量也无法满足全世界的巨大需求。一些企业甚至不得不配加酸性熔剂进行炼铁生产，这与提高入炉原料铁品位，实现优质、高效、低能耗炼铁生产方向背道而驰。

进入新世纪后，为解决炼铁原料短缺、愈来愈依赖进口的矛盾，我国加大了铁矿选矿的攻关力度，自产微细粒铁精矿的供应量快速增加，远远超过了现有球团生产的处理能力。钢铁企业不得不将大量细粒铁精矿用于烧结生产，导致烧结生产过程恶化，产、质量降低，能耗增加。这不仅使优质铁原料的优势得不到发挥，而且对选矿技术的发展和进步也极为不利。

随着钢铁工业的快速发展，传统优质铁矿资源不断枯竭，人类对自身生存的环境也日益关切。各种非传统含铁原料，如低品位、难处理以及复杂共生铁矿，钢铁厂内的各种含铁废料、尘泥，化工厂和有色冶炼厂产生的含铁渣尘等的利用和处理日益迫切。这些原料大部分采用现行的烧结法或球团法无法有效处理，即使少量作为配料加入烧结和球团料中，也会显著影响造块生产过程和产、质量。

研究开发铁矿造块新方法、新技术，高效利用不断增加的微细粒铁精矿和各类难处理的含铁原料，并解决酸性、碱性炉料严重失衡的问题，成为新世纪初我国钢铁生产面临的最紧迫的课题之一。

基于以上背景，中南大学烧结球团与直接还原研究所经多年探索和研究，开发出铁矿粉复合造块法，较好地解决了上述问题与难题。新方法于 2008 年率先在我国包头钢铁公司投入工业应用。

12.1.2 复合造块工艺流程与技术特点

基于不同含铁原料制粒、造球、烧结与焙烧性能的差异，复合造块法提出了原料分类、分别处理、联合焙烧、复合成矿的技术思想：将造块用全部原料分为造球料（Pelletizing Materials）和基体料（Matrix Materials）两大类。造球料包括传统的铁精矿、难处理和复杂矿经磨选获得的精矿、各种细粒含铁二次资源等与黏结剂；基体料则是除上述原料以外的其他原料，包括全部粒度较粗的铁粉矿、熔剂、燃料、返矿，当含铁原料中细精矿为主（比例超过60%）时，基体料也可以部分甚至全部为细粒铁精矿。在工艺路线上，该方法将质量比占20%~60%（具体比例视全部原料的具体情况而定）的造球料制备成直径为 8~16 mm 的酸性球团，而将基体料在圆筒混合机中混匀并制成 3~8 mm 高碱度颗粒料，然后再将这两种料混合，并将混合料布料到带式烧结/焙烧机上，采用新的布料方法使球团在混合料中合理分布，通过点火和抽风烧结、焙烧，制成由酸性球团嵌入高碱度基体组成的人造复合块矿。在成矿机制方面，混合料中的酸性球团以固相固结获得强度，基体料则以熔融的液相黏结获得强度。这种方法既不同于单一烧结法，又不同于单一球团法，但同时兼具两者的优点，故称为复合造块法。复合造块法的原则工艺流程如图 12-1 所示。

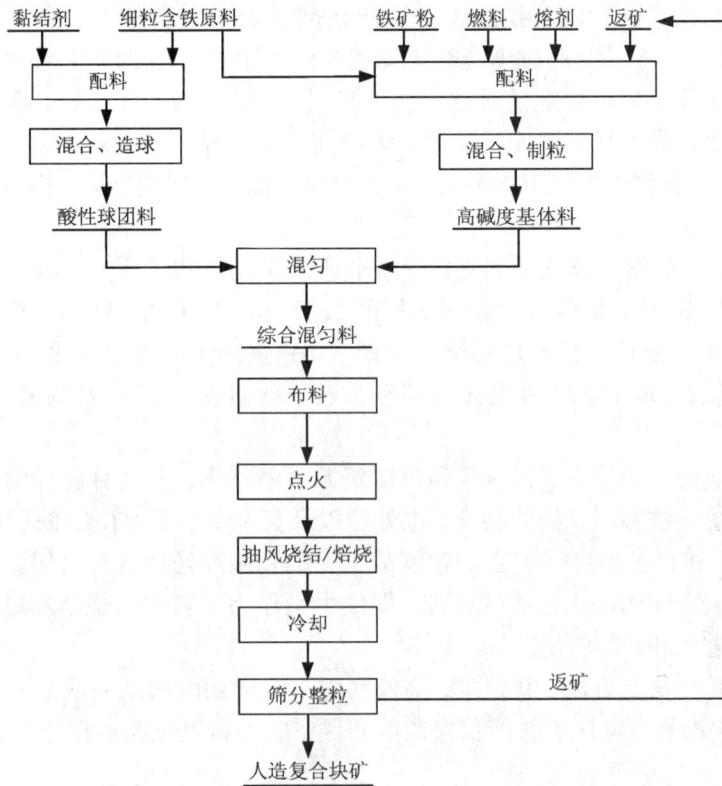

图 12-1 铁矿粉复合造块法的原则工艺流程

由于通过调整造块工艺中酸性球团料的比例，就可以调整产品的总碱度，使得复合造块法可在总碱度由 1.2 至 2.2 的广泛范围内，制备优质炼铁炉料。这就为现行生产企业解决高碱度烧结矿过剩但酸性料不足的矛盾提供一条有效途径, 新建联合钢厂如原料结构具备, 则可不必同时建设烧结和球团两类造块工厂 (车间), 从而简化钢铁制造流程, 降低生产成本。复合造块法突破了近百年来形成的高炉炼铁炉料由烧结和球团两套工艺生产的传统模式, 实现了在一台烧结机上制备出兼具高碱度烧结矿和酸性球团矿性能的复合造块产品。

复合造块法的技术特点及其与烧结法、球团法以及小球团烧结法 (参 12.3 节) 的比较如表 12-1 所示。与烧结法相比, 复合造块法可大量处理各类细粒物料而保持较高技术经济指标。与球团法相比, 复合造块法适应的原料粒级范围更宽, 并可以处理传统球团法难造球、难焙烧的细粒含铁原料。

表 12-1　复合造块法与其他造块方法的比较

比较项目	烧结法	球团法	小球团/小球烧结法	复合造块法
原料粒度范围	小于 10 mm	-0.045 mm 80% ~90%	0~5 mm	造球料 -0.075 mm 60% ~90% 粗粒料小于 10 mm
原料种类	粉矿 精矿	精矿	精矿 细粒粉矿	粉矿、精矿、含铁尘泥等
制粒/造球准备	所有原料制粒, 至 3~10 mm	所有原料造球, 至 15~16 mm	所有原料造球, 至 5~10 mm	粗粒制粒至 3~10 mm; 细粒造球至 8~16 mm; 总粒级 3~16 mm
燃料添加方式	全部内配	外部供热	内配 + 外滚	全部内配至基体料
干燥段	不需设干燥段	需设干燥段	需设干燥段	不需设干燥段
边料的需要	不需要	视焙烧设备而定	需要铺边料	不需要铺边料
强度机理	熔融相黏结	固相固结	固相固结	熔融相黏结 + 固相固结
产品外观	不规则块状	球形	以点状连接的"葡萄状"小球聚集体	酸性球团嵌入高碱度基体的不规则块状
产品碱度	1.8~2.2	一般 <0.2	一般 <1.2 或 >2.0	1.2~2.2

以下重点比较复合造块法与小球团烧结法的区别:

(1) 在原料适应性方面, 小球团法要求原料粒度为 0~5 mm, 因而主要用来处理铁精矿; 复合造块法可以处理 0~10 mm 的原料, 在粒级上涵盖烧结法和球团法适应的原料范围, 在种类上还可以处理难以造球、难焙烧的物料。

(2) 在原料准备方面, 小球团法将全部原料制备成 5~10 mm 球团; 复合造块法则将球团料制备成直径 8~16 mm 的球团, 基体料制成 3~10 mm 的颗粒群, 进入焙烧作业物料的总粒级范围为 3~16 mm。

(3) 在燃料添加方面, 小球团烧结法以部分内配和部分外滚两种方式加入; 复合造块法将全部燃料以内配方式加入基体料。

(4) 在布料方面, 小球团烧结法要设移动带式台车铺边料, 以防止气流偏析; 复合造块法无需铺边料。

小球团烧结法需在烧结前设干燥段对生球团进行干燥; 复合造块法不需另外设干燥段。

小球团烧结法产品强度靠扩散 (固相) 黏结获得; 复合造块法产品强度由扩散 (固相) 黏

结和熔融相黏结的复合作用获得。

小球团烧结法产品外观为"葡萄状"小球聚集体,单球易于从聚集体中脱落;复合造块法产品中,球团被嵌入基体料中,不会脱落。

日本小球团烧结法产品的碱度大于2.0,我国安阳钢铁公司报道的小球团烧结的产品碱度为2.0~2.2,也有小球团烧结矿碱度小于1.2的报道,但很少见到小球团烧结法制备碱度为1.2~2.0产品的报道。从工艺原理和生产实践看,小球团法不适宜制备中等碱度产品;复合造块法则可在碱度1.2~2.2的范围内,制备兼具高碱度烧结矿和酸性球团矿性能的炼铁炉料。

12.1.3 复合造块法的成矿原理

复合造块产品由球团和基体两部分组成,为满足高炉冶炼的要求,两部分均应具有良好的机械强度和冶金性能;为防止球团自基体中脱落,球团须与基体紧密连接。根据铁氧化物的固结成矿原理并结合复合造块的特点,构建出复合造块的理想固结成矿模式:基体部分以铁酸钙为黏结相的液相固结成矿,球团部分以铁氧化物固相固结成矿,在两者之间的过渡区,铁酸钙液相渗入球团表层与铁氧化物交织成矿。产品为酸性球团嵌入高碱度基体的复合结构。

为了实现这种理想的复合结构,在原料配置方面,本方法将碱性熔剂全部加入基体部分,使之形成高碱度基体料,而造球料则为酸性料;在焙烧过程控制方面,创造同时满足球团料和基体料成矿的热工条件。通过研究建立了以高料层、低配碳量和低抽风负压为主要技术特征的复合造块焙烧工艺制度。获得的嵌入式复合造块产品宏观结构见图12-2。

图12-2 复合造块产品的宏观结构

从显微结构(图12-3)中可以清晰观察到基体、球团和过渡带三部分,基体侵蚀球团表层形成的过渡带将球团部分与基体部分紧密连接,形成有机整体。基体部分以针状、柱状铁酸钙的液相黏结为主,球团部分以铁氧化物再结晶的固相固结为主,过渡带中铁酸钙与铁氧化物相互交结。这种新的固结模式实现了固相固结和液相固结的有机结合,形成了新的铁矿粉造块固结成矿理论,为优质复合造块产品的制备奠定了成矿学基础。

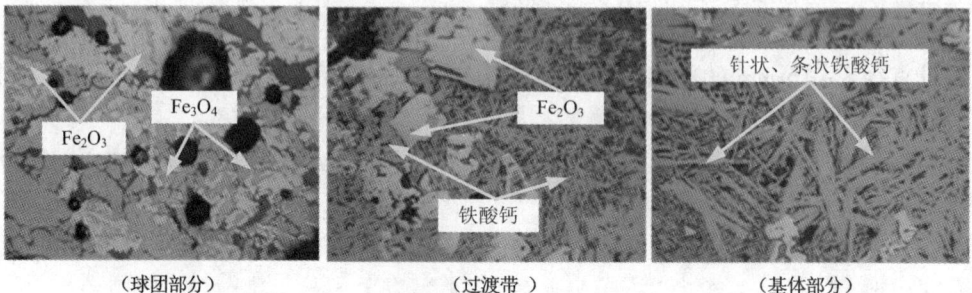

(球团部分)　　　　(过渡带)　　　　(基体部分)

图12-3 复合造块产品中各部分的微观结构

12.1.4 复合造块法的作用与优势

12.1.4.1 制备中低碱度炉料

采用涟钢公司原料进行的研究发现,在常规烧结工艺下,随着碱度的降低烧结矿产、质量指标明显恶化,当碱度由 2.0 降低至 1.5 时,烧结矿转鼓强度由 63.0% 下降为 52.7%,利用系数从 1.65 $t \cdot m^{-2} \cdot h^{-1}$ 降至 1.47 $t \cdot m^{-2} \cdot h^{-1}$,当碱度进一步降至 1.2 时,转鼓强度则降至 45.9%,利用系数降至 1.37 $t \cdot m^{-2} \cdot h^{-1}$。

而采用复合造块法,在全部碱度范围内,产品转鼓强度和利用系数均明显高于烧结法,其利用系数高出 25% ~30%,虽然随碱度的降低,复合块矿的转鼓强度虽有所下降,但在碱度为 1.2 时仍获得 58.7% 的好指标。

另外,采用复合造块法还可以降低焦粉用量 10% 以上,同等料层高度下抽风负压降低 20%,具有明显的节能减排效果。

12.1.4.2 高铁低硅细粒原料造块

将高铁低硅原料制备成球团,采用复合造块工艺,随着球团配比增加,造块产品中 SiO_2 的含量逐渐降低,而产品产、质量指标不仅不降相反逐渐改善。当球团配比达到 40%,SiO_2 总含量降低至 4.06% 时,利用系数为 1.710 $t \cdot m^{-2} \cdot h^{-1}$,转鼓强度 71.15%。与 SiO_2 含量为 4.51% 时烧结法结果相比,利用系数提高了 23%,转鼓强度提高了近 7 个百分点。复合造块法是处理高铁低硅原料非常有效的方法。

12.1.4.3 超高料层造块

在抽风负压相同的情况下,采用复合造块工艺可大幅度提高料层高度(700 ~ 1000 mm)。虽然在 700 mm 以上,随料层厚度提高,复合造块利用系数略有下降,但料高 900 mm 时的利用系数仍高于料高 600 mm 时常规烧结的利用系数,而转鼓强度则比与 600 mm 常规烧结法高近 3 个百分点。

12.1.4.4 复杂难处理资源的造块

将复合造块法应用于含氟铁矿、钒钛磁铁矿、镜铁矿和含铁粉尘的造块,获得了优良的产、质量指标,产品的低温还原粉化率明显改善(表 12 −2)。

大量研究与生产实践表明,复合造块法集烧结法和球团法的优点于一体,具有如下优势:

(1)可利用烧结机在碱度由 1.2 至 2.2 的广泛范围内制备优质炼铁炉料,为解决现行企业酸性料不足的矛盾提供了一条切实可行的途径;新建钢铁企业采用复合造块法,可不必同时建设烧结和球团两类造块工厂,从而简化钢铁制造流程,降低生产成本。

(2)与烧结法相比,复合造块法可在相同料高下大幅提高烧结机生产率,在相同的烧结速度下可实现超高料层(>700 mm)操作,获得提高产品质量和节约燃料消耗的显著效果。

(3)复合造块法可高效处理粗、细含铁原料。用于造球的细粒物料既可以是传统的细粒铁矿,也可以是难以造球和焙烧的各类难处理精矿、二次含铁原料等,从而有效扩大了钢铁生产可利用的资源范围。

表 12 − 2　复合造块法处理各类难造块资源的效果及比较

（TSP：烧结法；CAP：复合造块法；R：总碱度）

原料类型	造块方法	主要造块条件	主要造块指标			低温还原粉化率/RDI$_{+3.15}$/%
			成品率/%	利用系数/(t·m^{-2}·h^{-1})	转鼓强度/%	
含氟铁矿	TSP	$R=2.2$，含氟矿总配比40%	72.98	1.40	57.71	67.01
	CAP	$R=1.6$，含氟矿总配比60%，其中40%用于造球	77.43	1.56	65.05	70.89
钒钛磁铁矿	TSP	$R=2.0$，钒钛矿总配比55%	63.73	1.38	54.19	60.84
	CAP	$R=2.0$，钒钛矿总配比55%，其中50%用于造球	77.45	1.63	62.19	64.56
	CAP	$R=2.0$，钒钛矿100%，其中50%用于造球	73.12	1.45	63.44	85.01
镜铁矿	TSP	$R=2.0$，镜铁矿总配比20%	69.92	0.93	63.45	72.68
	CAP	$R=2.0$，镜铁矿总配比40%，全部用于造球	81.33	1.71	71.12	77.45
含铁粉尘	TSP	$R=2.0$，含铁粉尘总配比10%	72.12	1.36	63.41	74.56
	CAP	$R=2.0$，含铁粉尘总配比10%，全部用于造球	76.12	1.55	65.76	78.57

12.1.5　复合造块法的工业实践

复合造块及高炉冶炼工业试验于 2008 年 4 至 9 月分别在包头钢铁公司 3$^{\#}$烧结机（265 m^2）和 5$^{\#}$高炉进行。工业试验期以含氟精矿为主要原料，在碱度为 1.53 的条件下，作业率较常规烧结提高 2.81 个百分点，平均产量提高 210 t/d，固体燃耗降低 7.87 kg/t − s。高炉使用复合块矿后，入炉铁品位提高 0.19 个百分点，硅石添加量由原来的 25.87 kg/t 降低至 13.6 kg/t；高炉利用系数提高 0.209 t/（m^3·d），焦比降低 13.41 kg/t，煤比增加 6.77 kg/t，渣比降低 41.0 kg/t。

在工业试验成功后，包钢公司随即在三烧车间投入复合造块工业生产。多年的生产实践表明，5$^{\#}$高炉使用碱度 1.5 左右的复合造块产品后，硅石加入量由原来的 25.87 kg/t 进一步降低至 9.78 kg/t，利用系数提高 0.169 t/（m^3·d），入炉矿铁品位提高 0.44 个百分点，入炉焦比降低 11.92 kg/t，煤比降低 3.12 kg/t，综合焦比降低 13.29 kg/t，渣比降低 37 kg/t。从而实现在不新建球团厂的条件下解决了长期困扰包钢炼铁生产的酸性炉料不足问题，经济效益十分显著。

随着包钢主东矿区的开发，巴润铁精矿产量大幅增加。由于该矿粒度超细、难烧结、难焙烧的特性，导致其在烧结或球团生产中的最大使用量均不超过 40%。鉴于复合造块法在三烧车间生产的成功实践及其产品在 5$^{\#}$高炉的优良应用效果，包钢于 2010 年 1 月开始对四烧车间两台 265 m^2 烧结机进行改造，采用复合造块工艺处理超细巴润铁精矿，2011 年 1 月投入工业生产，投产后将巴润精矿的配比由原来40%提高到60%，4#高炉和6#高炉使用复合造块产品后冶炼指标显著改善。

此外，为解决钢铁生产过程产生的含铁尘泥的利用问题，包钢在复合造块生产过程中，将所有含铁尘泥配入球团料，实现了含铁尘泥的全部利用，并生产出优质的复合造块产品。

12.2　废气循环烧结法

12.2.1　废气循环烧结的基础

烧结生产产生的废气主要为烧结机废气和冷却机废气两类。废气循环利用的目的是减少排放废气的数量和节能。

废气的循环利用，须满足下列基本条件：

（1）废气要有足够的含氧量。研究发现，在循环利用废气进行烧结时，如 O_2 的浓度低于15%~16%，将对烧结机生产能力和烧结矿质量产生很大影响。

（2）废气要有较高的温度。烧结机和冷却机的废气，只在几个地点超过300℃。利用温度较低的废气，在经济上是不合理的，因为热损失大，为了回收利用热量须增加电费。

（3）废气粉尘含量及其处理。对粉尘含量高的废气必须进行净化，因此相应会增加投资和生产成本。

研究表明，仅在最后的几个风箱处，废气的温度较高，含氧量也足够。开始几个风箱中的废气含水分太高，在循环利用时会产生腐蚀和粉尘黏结的问题。在循环利用废气时必须注意，在大多数情况下，废气中残余的污染物、水分等不能以冷态进入后面的干式电除尘器。为了预热废气可采用适当数量的高温废气，或设置补充加热器，或采用冷却机的热空气。采用高温废气时，会降低废气循环的效果；设置补充加热器时，会增加热耗；采用冷却机的热空气时，只在冷却机设置有除尘设施时（现在一般都有这种设施）才能实现。

来自最后几个风箱的废气含有大量粉尘，必须进行除尘，以保护余热利用风机。热废气可用于点火炉和保温阶段，从而节约点火煤气，增加点火炉中的含氧量，改善上部烧结料层的燃料燃烧状况。

试验发现，当回收的 SO_2 浓度低于2%时，被烧结带以上各层所吸收的 SO_2 数量很少；而当 SO_2 的浓度较高时，则有相当数量的 SO_2 留在烧结矿中。

在烧结矿冷却时，冷却机头部的废气由于含有大量粉尘必须进行净化。这样回收的热废气才可用于烧结过程。因为只有经过净化的废气，才能满足含氧量、水分和残余污染物的要求。粉尘含量，尤其是废气温度对于废气是否能用于烧结过程，具有十分重要的意义。

12.2.2　废气循环模式及分析

烧结废气循环可有多种模式。以下以 400 m² 烧结机为对象，介绍三种减少废气量的模式及其节能的效果。模式一是只利用烧结机废气循环使废气减少量达到最大的方法；模式二是在模式一的基础上用冷却机的热废气来降低煤气耗量的方法；模式三是在与模式二相同废气量的条件下采用烧结矿保温，进一步节约总热耗的方法。作为对比的常规烧结工艺的操作情况是：用焦炉煤气点火，用周围环境空气烧结，点火炉的长度占烧结台车总长度的7.5%，点火空气为来自冷却机的低温热气体。

1）烧结机的废气循环

在模式一中（见图 12－4），机尾风箱的废气（221℃）引至前面的抽风段，代替冷空气进入点火炉。循环废气的外罩占抽风面积的 51.25%，作为点火炉的延续部分。这种循环方法排出的废气量减少至原来数量的 60.4%，可以减少固体燃料的消耗量 8.83% 或者 1.055×10^5 MJ/h。虽然煤气消耗（用于加热进入除尘器的低温废气）量增加了 3.2×10^4 MJ/h，但总热耗却减少了 7.35×10^4 MJ/h。

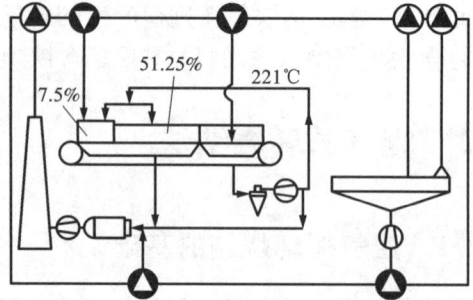

图 12－4　模式一的废气循环利用系统

这种模式对烧结矿的保温作用可以使烧结矿质量均匀，而生产能力减少甚微。这种循环方法排出的剩余废气须加热到 150℃ 后才能进电除尘器。

2）冷却机热废气的利用

在模式二中（见图 12－5），排出的废气不用焦炉煤气加热，而是加入从冷却机一段来的废气（温度约 330℃），使其温度达到 150℃。在用冷却机废气加热排放的废气时，加入的冷却机废气数量较大，因此废气排放量可减少至一般烧结时废气量的 69.5%。再将冷却机其余废气加到烧结机的剩余部分，以进一步减少燃料配比。这种循环利用废气模式可大量减少总热耗，减少量为 134.5 kJ/h。

3）烧结矿的保温

模式三（见图 12－6）所示的循环利用废气模式，其目的不在于进一步减少废气量，而在于用循环废气对烧结矿进行保温，以此来降低固体燃料配比，使烧结矿质量均匀，提高烧结矿的质量。废气的循环量与模式二相同，但是在点火炉以后保温阶段（占烧结台车总长度 15%）须用补充煤气把循环废气加热至 150℃。这种模式排出的废气量约为原来的 69.8%。

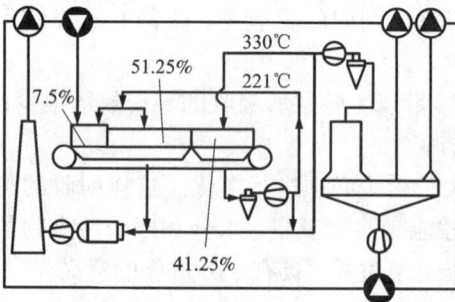

图 12－5　模式二的废气循环利用系统

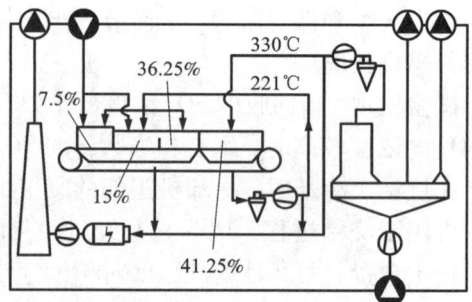

图 12－6　模式三的废气循环利用系统

4）各种废气循环方式的比较

表 12－3 给出了三种循环方式可能达到的节能指标以及固体、气体燃料的消耗的情况。

废气循环系统首先可大量减少废气量，同时可节约焦粉和总热耗。但煤气消耗量由于要对废气进行必要的预热而略有增加（模式一）。如果冷却机的热废气加入到废气循环系统中去，则冷却机的废气量可减少约 34%，但是这部分废气粉尘含量很高。从模式二还可看出，不但煤气消耗量减少了，同时总热耗也减少了。模式三表明，如果废气循环系统用于对烧结矿进行保温，则固体燃料可节约 30%；总热耗可减少 1.609×10^5 MJ/h。

表 12 - 3 三种循环模式中总热耗的变化

模式	固体燃料节约		煤气消耗量的变化	总热耗的减少量
	%	$\times 10^3$ MJ/h	$\times 10^3$ MJ/h	$\times 10^3$ MJ/h
一	8.83	105.5	+32.0	73.5
二	9.8	117.0	−17.5	134.5
三	30.29	361.4	+200.5	160.9

12.2.3 废气循环烧结典型工艺

1）EOS 工艺

EOS 工艺见图 12 - 7。其运行方式是先将所有烧结烟道排出的废气混合，然后将混合气 40% ~ 45% 借助于辅助风机循环到烧结台车的热风罩内（除去点火装置，烧结台车剩余部分全部用热风罩密封），循环途中添加新鲜空气，以保证烧结气流介质中的氧气含量充足（O_2 14% ~ 15%）。EOS 工艺可确保 45% ~ 50% 的烧结废气不会排放到大气中。

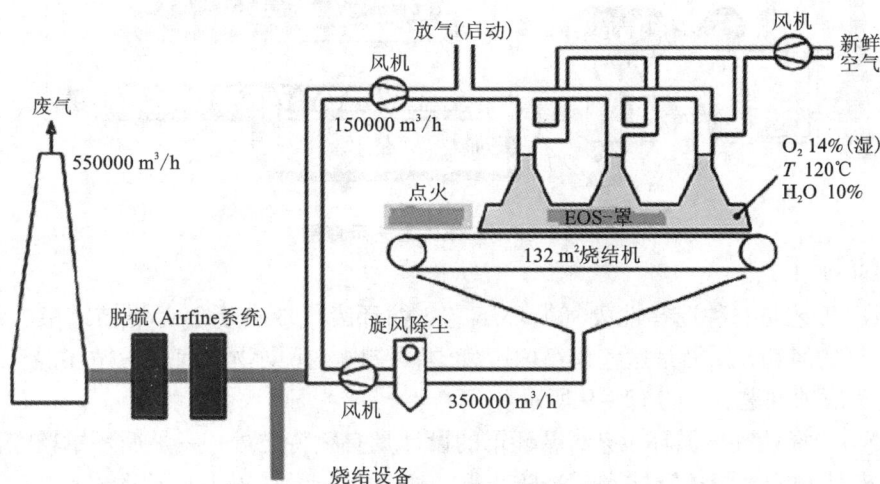

图 12 - 7 EOS 工艺的原理示意图

荷兰某烧结厂采用 EOS 工艺，烧结总废气排放量大幅降低，除废气中 CO_2 含量有所升高，粉尘、其他污染气体（NO_x、SO_2、C_xH_y、PCDD/F）含量明显降低。

2）LEEP 工艺

LEEP 工艺是基于烧结过程废气成分分布不均匀的特点而开发的，如图 12 - 8 所示。将废气风箱分为两部分，第一部分主要进行烧结料层水分的蒸发，第二部分主要进行高浓度 SO_2、氯化物、PCDD/F 的释放；而 CO、CO_2、NO_x 在两个部分即整个烧结过程中均匀分布。

LEEP 工艺将第二部分含污染物成分高的废气循环到覆盖整个烧结机的循环罩内，同时导入新鲜空气以保证氧气含量充足。进入烧结过程的污染物走向不同，粉尘被烧结矿层过滤，PCDD/F 经高温作用分解，SO_2 和氯化物被吸收，CO 在燃烧前沿的二次燃烧中为烧结提供热量，因而可适当减少固体燃料的用量。

第一部分含污染物较少的废气通过烟囱排放到大气中，明显减少了废气的总排放量。此部分污染物含量决定于烧结矿层对循环废气中污染物的过滤、分解、吸收等作用。

LEEP 工艺设置一个热交换器，将第一部分冷废气与第二部分热循环废气进行热交换，适当降低热循环废气温度，使烧结厂现有风机如常规烧结状态下正常工作，适当提高冷废气的温度，使气体温度保持在露点以上，抑制腐蚀作用。

相对常规烧结，LEEP 工艺获得节能减排效果显著。粉尘与 CO 减排在 50% 以上，SO_2 和 NO_x 减排可达 35% 和 50%，HF/HCl 稳定减排 50%，PCDD/F 减排效果最佳，达 75%~85%，还明显节约固体燃料消耗。

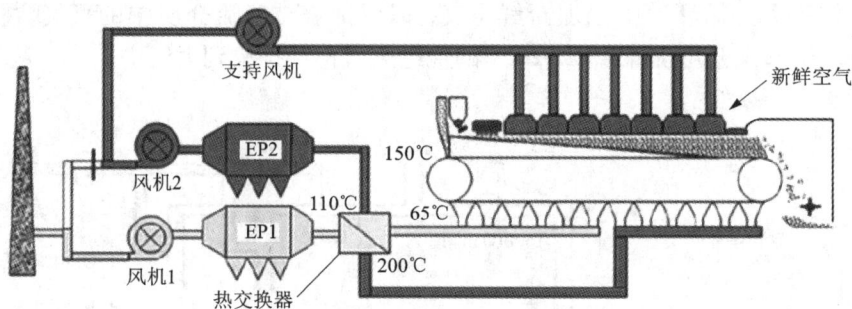

图 12 - 8　LEEP 工艺示意图

3）EPOSINT 工艺

EPOSINT 工艺是一种选择性废气循环工艺。循环废气取自于邻近烧结结束且废气温度快速升高区域的风箱，原因是这些风箱内废气中颗粒物与污染物浓度高。循环混合气的温度高，从而避免腐蚀问题，如图 12 - 9 所示。

EPOSINT 选择性废气循环工艺，循环罩的设计具有独特之处：一是循环罩覆盖烧结机的宽度，通过非接触型窄缝迷宫式密封来防止循环废气和灰尘从罩内自动逸出；二是循环罩不延伸到烧结机末端，从而让新鲜空气通过最后几个风箱流入烧结床，这样保证烧结矿进入冷却室之前得到有效的冷却，同时，台车敞开为维修工作带来了方便。

EPOSINT 选择性废气循环工艺，和 EOS、LEEP 工艺一样，降低了能源消耗，减少了 40% 的废气排放量，降低了焦粉用量。至于污染物循环，NO_x 与 PCDD/F 会在烧结床内分解而降低了排放量，SO_2 会被烧结矿吸收，CO 的二次燃烧用作能源，粉尘循环也降低其排放量。冷却室热风的利用，减轻了冷却室粉尘的排放。表 12 - 4 显示采用此工艺获得的优良指标。

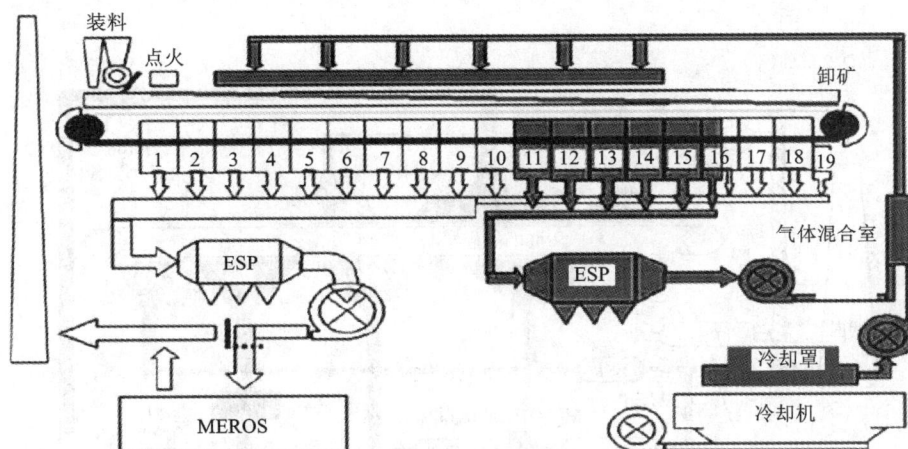

图 12 −9 奥钢联钢铁公司林茨第 5 烧结厂 EPOSINT 废气循环工艺示意图

表 12 −4 EPOSINT 选择性废气循环工艺的减排效果

参数	减排量
每吨烧结矿废气排放量	降低 25%~28%
烧结机粉尘	降低 30%~35%
冷却室粉尘	85%~90%
重金属颗粒	大约 30%~35%
SO_2	大约 25%~30%
NO_x	大约 25%~30%
PCDD/F	30%
CO	30%
焦粉用量	节约 2~5 kg/t 烧结矿

4）区域性废气循环工艺

新日铁八幡厂户畑 3 号烧结机区域性废气循环工艺示意图见图 12 −10。

区域性废气循环工艺，其原理是烧结机局部抽风、局部循环到烧结矿上层。这种选择性局部抽风与局部循环工艺是与 EOS 工艺的最大区别。新日铁八幡厂户畑 3 号 480 m² 烧结机被分为 4 个不同区域：

区域 1：对应烧结原料的点火预热段，废气循环到烧结机的中部，废气特点是高 O_2、低 H_2O、低温。

区域 2：废气经除尘后直接从烟囱排出，废气特点是低 SO_2、低 O_2、高 H_2O、低温。

区域 3：废气经除尘、脱硫［Mg（OH）$_2$ 溶液洗涤］、除雾后与区域 2 废气共同从烟囱排出，废气特点是高 SO_2、低 O_2、高 H_2O、低温。

区域 4：对应燃烧前沿附近的高温段，废气循环到烧结机的前半部，在点火区后面，废气特点是高 SO_2、高 O_2、低 H_2O、超高温度。

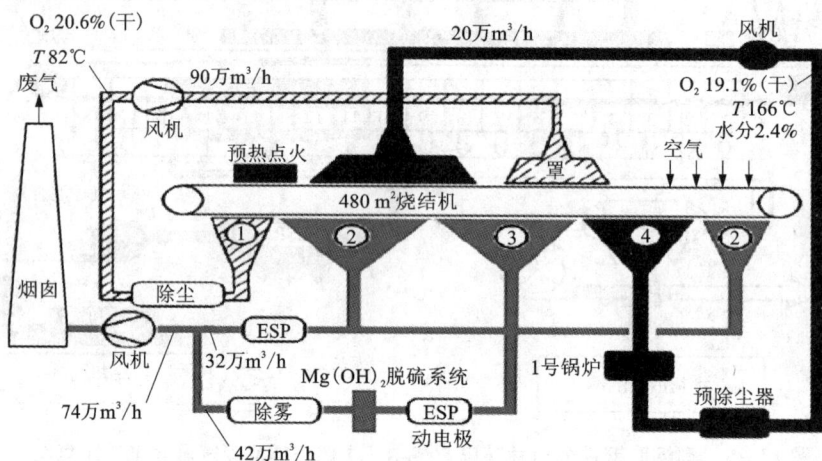

图 12 - 10　新日铁八幡厂户畑 3 号烧结机区域性废气循环工艺

　　这种区域性循环工艺可使循环废气量占总废气量的 25%，废气中氧气含量平均高于 19%，水分含量低于 3.6%。现场生产实践表明此循环工艺对烧结矿质量无负面影响(RDI 保持恒定，落下指数提高 0.5%)。

　　与常规烧结工艺相比，区域性废气循环工艺有两点优势：一是废气中未用的氧气可被循环到烧结机进行有效利用；二是将来自不同区域的废气依据其成分进行分别处理，从而明显减少了废气治理设施的投资和运营成本。

12.3　小球团烧结法

12.3.1　小球团烧结法的原理

　　小球团烧结法是 20 世纪 90 年代开发的烧结新方法，其目的是采用烧结机大量处理细粒铁精矿，因为随着铁精矿配比的增大，传统烧结法的生产率显著下降。在国外最早开发此项技术的是日本钢管公司研究所并首先在钢管公司的福山钢铁厂投入应用。我国北京科技大学和钢铁研究总院率先在国内开展小球团烧结法试验研究，酒钢、安钢等根据研究结果先后建厂实施。小球团烧结法可以像球团工艺一样使用细粒铁精矿并可同时处理烧结原料，造成结构如图 12 - 11 所示的小球，生球外滚焦粉后，在台车上连续焙烧形成球团烧结矿。

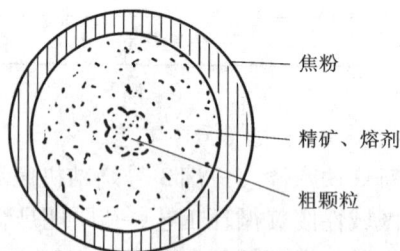

图 12 - 11　小球团烧结法的生球结构

　　小球团烧结矿产品是一种类似葡萄状的小球集合体，如图 12 - 12 所示。

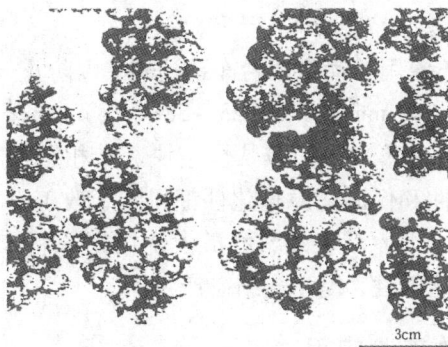

图 12 - 12　小球团烧结矿产品的外观特征

12.3.2　小球团法的工艺流程与特点

图 12 - 13 是福山 5#烧结小球团烧结的工艺流程。

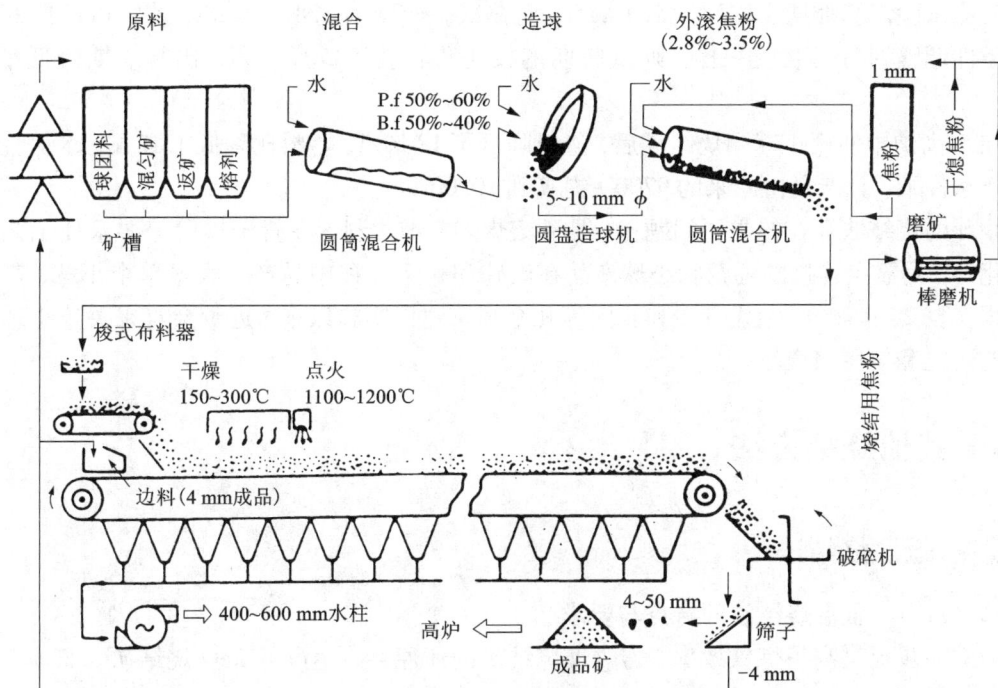

图 12 - 13　小球团烧结的工艺流程

小球团烧结工艺的主要特点如下：

（1）原料完全造成小球团，矿石混合料的粒度比传统烧结工艺所用的要小。

（2）焦粉分两段加入，首先向一次圆筒混合机内添加少量焦粉，与含铁物料和熔剂一起混合。大部分焦粉添加在最后的圆筒混合机中，使焦粉富集在小球表面，焦粉应破碎到 - 1.0 mm。

（3）制粒流程比传统烧结厂复杂，制成和布到炉算上的小球粒径为 5 ~ 8 mm。

（4）在点火之前，设置干燥段对小球进行干燥。

（5）除了铺底料之外，还使用移动带式台车铺边料，以防止气流偏析。

（6）主风机负压为 400 ~ 600 mmH$_2$O（3923 ~ 5884 Pa），显著低于传统烧结负压。

（7）产品为小球黏连在一起形成的团粒状烧结块。矿相结构主要由扩散型赤铁矿和细粒型铁酸钙组成，因而其还原性和低温还原粉化性都得到了改善。

小球团烧结法能适应粗、细原料粒级，可扩大烧结用原料来源。采用圆盘造球机制粒，可提高制粒效果，改善料层透气性，提高烧结矿产量。

12.3.3 小球团烧结法的工业应用

福山小球团工艺于 1988 年 11 月投产，在 5 个月试验期间，细粒球团料的混合比例逐渐由 20% 增加到 60%，产品中的 SiO$_2$ 含量则从 5.2% 降低到 4.7%。产品还原度为 70% ~ 75%。

为了验证小球团烧结矿的高炉冶炼效果，在福山 2$^\#$高炉（2828 m^3）和 5$^\#$高炉（4617 m^3）进行了对比试验。基准期焦比为 531.4 kg/t，而在试验期则为 528.7 kg/t，若将试验期的各种生产条件调整到与基准期一样，则试验期的校正焦比为 525.5 kg/t，比基准期降低了 5.9 kg/t。

在 5$^\#$高炉中使用小球团烧结矿后，渣量降低了 18 kg/t，燃料比降低了 12 kg/t，而且在全焦操作条件下，日产量由原来的 9700 t 提高到 10300 t。

小球团烧结法存在的主要问题：一是外滚煤粉、铺边料、设置干燥段等要求使工艺过程复杂化；二是靠点连接的葡萄状小球产品在破碎和转运过程中易产生大量单个小球，影响生产过程。自 20 世纪 90 年代日本和我国等几个国家建厂实施以来，近十余年来关于小球团烧结法的研究和应用报道较少。

12.4 其他烧结方法

12.4.1 低温烧结法

12.4.1.1 低温烧结法的特点与要求

为进一步提高高炉炼铁效率，需改善烧结矿的还原性，生产低 FeO 烧结矿。日本、澳大利亚等国学者结合本国烧结原料以赤、褐铁矿为主的特点，首先提出了低温烧结的概念。低温烧结是一种在较低温度（1250 ~ 1300℃）下，以强度好、还原性高的针状铁酸钙作为主要黏结相（约占 40%），同时使烧结矿中含有较高比例（约 40%）还原性高的残留原矿——赤铁矿的烧结技术。

在低温烧结法中，低温不是目的而是手段，其目的是制备高还原性烧结矿，以针状铁酸钙为黏结相、赤铁矿为残留矿，是高还原性烧结矿的结构特征和必然要求。理想的低温烧结不仅对烧结温度，而且对烧结原料种类、性质以及烧结工艺参数提出了严格的要求。

针状铁酸钙的生成条件主要包括碱度、温度和 Al$_2$O$_3$ 含量三个因素：

当碱度从 1.2 增加到 1.8 时，碱度每提高 0.1，铁酸钙平均增加 5.7%；而碱度从 2.1 增至 3.0 时,碱度每提高 0.1,铁酸钙平均增加 3.17% 。

温度在 1100 ~ 1200℃ 时,铁酸钙占 10% ~20%,晶粒间尚未连接,强度较差;1200 ~ 1250℃ 时铁酸钙占 20% ~30%,晶桥连接,有针状交织结构出现,强度较好;1250 ~ 1280℃ 时,铁酸钙占 30% ~40%,呈交织结构,强度最好;1280 ~ 1300℃ 时,结构由针状变为柱状,强度上升但还原性变坏。

Al_2O_3 促使铁酸钙生成,SiO_2 有利针状铁酸钙生成,控制烧结矿中 Al_2O_3/SiO_2 比例,有助于针状铁酸钙生成。

12.4.1.2　低温烧结技术

实现低温烧结生产的技术包括:

(1)原料实行整粒。要求富矿 <6 mm 粒级大于 90%;石灰石 <3 mm 粒级大于 90%;焦粉 <3 mm 粒级大于 85%,其中 <0.125 mm 粒级小于 20% 。

(2)改进混合料制粒技术。要求制粒小球中有还原性良好的核,成核颗粒可以选用赤、褐铁矿或高碱度返矿,配加足够的消石灰或生石灰,混合料中的核粒子与黏附粉比达到 50∶50 或 45∶55。

(3)生产高碱度烧结矿。碱度以 1.8 ~2.0 为宜,使复合铁酸钙达 30% ~40% 以上。

(4)调整烧结矿化学成分。尽可能降低混合料中 FeO 含量,$Al_2O_3/SiO_2 = 0.1 ~0.35$。

(5)降低点火温度。一般以 1050 ~ 1150℃ 为宜,点火时间以烧结表面呈黑灰色无过熔为宜。

(6)低水低碳厚料层(500 mm 以上)作业。烧结温度曲线由熔化型转变为低温型,烧结最高温度控制在 1250 ~ 1280℃,1100℃ 以上的高温保持时间 5 min 以上。

12.4.1.3　低温烧结法的应用

国外低温烧结大都采用赤铁矿富矿粉,因而容易实现低温烧结。该技术已在日本、澳大利亚等国家应用于工业生产,效果显著。1982 年,当时世界上最大的烧结机——日本八幡钢铁厂的若松烧结机(600 m²)采用低温烧结法,成功地生产出高还原性低渣量的烧结矿,落下强度(SI)大于 94%,低温还原粉化率(RDI)不超过 37%,还原度(RI)约为 70%,在 4140 m³ 高炉冶炼试验表明,烧结矿配比约 80% 时,焦比降低了 10 kg/t。1983 年日本和歌山厂在 109 m² 烧结机上进行低温烧结,烧结矿中 FeO 从 4.19% 降至 3.14%;焦粉用量从 45.2 kg/t 减少至 43.0 kg/t;JIS 还原度从 65.9% 增加至 70.5%;RDI 从 37.6% 降至 34.6%;高炉使用这种烧结矿后,焦比降低 7 kg/t,生铁含 Si 从 0.58% 降至 0.30% 。

我国唐钢自 1990 年以来也采用低温烧结工艺进行生产,固体燃耗降低 6 kg/t,FeO 降低 2% 左右(由 11.6% 下降到 9.13%),高炉焦比降低 20 kg/t 铁。龙岩钢铁厂进行了不加澳矿的低温烧结生产,结果 FeO 降低 2% (由 9.3% 下降到 7.3%),烧结矿还原性由 55% 提高到 65.4%,利用系数由 0.9 提高到 1.4 t/(m²·h)。

我国烧结厂大都采用细磨磁铁精矿或细磨精矿配加部分粉矿烧结,能够完全满足低温烧结法所要求原料条件的烧结厂极少,严格来说,上述几家公司的应用还不是本质意义上的低温烧结。在我国开发低温烧结技术是一项不同于国外的研究课题,要在我国广泛推广低温烧结,必须立足我国烧结生产实际,首先研究开发出符合我国原料结构特点的低温烧结模式、要求和工艺技术。

12.4.2 还原烧结法

还原烧结,又称为预还原烧结,即在对铁矿石进行烧结造块的同时,用还原剂(一般为固体)对铁矿石在低于生产液态铁的温度下进行还原的技术。常规烧结过程的主要作用只是使粉状物料固结成粒度及强度满足高炉冶炼需求的人造块状物料,产品中的铁主要以高价态的磁铁矿、赤铁矿和铁酸钙形式存在,含铁化合物的预还原和终还原均在高炉中完成。而预还原烧结产品中的铁主要以低价态的富士体和部分金属铁形式存在,终还原和熔化在高炉中完成。预还原烧结技术实质上将高炉上部的预还原过程移至烧结阶段完成,它简化并优化了高炉中完成的两步还原法,具有如下优点:

降低高炉的还原负荷,提高高炉炼铁生产效率,降低能源损失。

烧结矿的预还原以煤作为还原剂和主要能源,可以降低高炉焦炭消耗和 CO_2 的产生。

还原烧结矿具有更优的低温还原粉化性能和高温软熔性能,高炉冶炼时可使软融带厚度减薄、炉内压差减小,提高高炉的生产率。同时,还原烧结矿的细气孔减少,而粗气孔的量增加,这有助于减小高炉中透气阻力,改善透气性。

现有高炉可以直接用于铁的最终还原和熔化过程,从而降低设备投资与工艺开发的风险。

常规烧结 – 炼铁流程与还原烧结 – 炼铁流程的对比如图 12 – 14 所示。

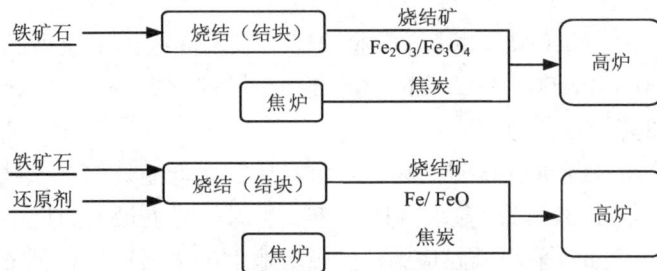

图 12 – 14 常规烧结 – 炼铁流程(上)与还原烧结 – 炼铁流程(下)的对比

日本首先进行了还原烧结的试验,用不同粒级的焦炭以对烧结矿内裹及外裹相结合的加入方式来增加铁矿石与还原剂的接触面积,当焦炭用量为 13% ~ 15%,内裹焦炭粒度在 0.0155 ~ 0.044 mm 之间时,烧结矿的还原率最高;为抑制烧结过程过熔发生,加入粒度小于 1 mm 的白云石($CaCO_3$ 和 $MgCO_3$),烧结矿的还原率可超过 40%;将混合料压缩成块状体(防止颗粒的内部含碳材料燃烧发生熔融)时的还原率可达到 60%。实验得到的还原烧结矿的还原粉化率(RDI)得到大幅度的改善,能够有效避免炉料在高炉上部的破损,同时还原率(RI)没有下降;还原烧结矿细小的气孔比普通烧结矿少而粗大气孔较多。

在烧结试验的基础上,进行了还原烧结矿模拟高炉生产的试验。普通烧结矿在 1000℃ 左右时软化、收缩开始加快,同时由于收缩,原料层的空隙率降低,炉压差升高。尤其是在 1150℃ 以上开始慢慢收缩,因此压差也高;温度 > 1400℃ 时,烧结矿会急剧收缩,完全熔化后压差下降。而还原烧结矿在温度 < 1400℃ 时收缩现象不明显,而当温度约为 1400℃ 时会快速收缩至完全熔化。因此,高炉使用还原烧结矿作为炉料,能改善高炉的透气性,降低炉内

压差,有助于减少还原剂,提高高炉的生产率。

国内外其他研究表明:当烧结矿的还原度由 0 增加至 40% 与 70% 时,烧结机中需要的 C(C/Fe) 则从 0.3% 增加至 0.70% ~ 1.00%,高炉中所需要的焦炭却从 2.00% 减少至 1.53% ~ 1.00%。此外,铁矿石在烧结机上与高炉的两步还原,使得炼铁总流程的 CO 排放量也呈下降趋势,焦粉利用效率显著提高。当还原烧结矿的还原度达到 30% 时,炼铁总的 CO_2 排放呈上升趋势;还原度达到 40% 时,CO_2 的排放量开始降低并与传统工艺持平;当还原度达到 70% 之时,CO_2 的排放进一步降低,且比传统工艺减少 10%。

12.4.3　富氧烧结法

12.4.3.1　富氧烧结原理

在正常配炭烧结条件下,当抽过料层气流速度达到某一数值时,燃烧前沿的移动速度往往落后于热波移动速度。富氧烧结提高了进入料层气体中的含氧量,促使炭粒快速燃烧,加快了燃烧前沿移动速度,使之与热波移动速度相匹配,此时烧结速度最快,烧结温度也较高,从而达到高产优质烧结的目的。

研究表明,随着进入料层空气中含氧量的增加,废气中 CO_2/CO 上升,炭的氧化反应更加充分,烧结的炭素利用率提高,同时烧结速度明显加快。

随着富氧率(进入烧结料层的气体中氧的百分含量)的提高,废气中的自由氧也上升。因此,提高富氧利用率是富氧烧结法能否取得经济效益的关键。

在 20% ~ 40% 的富氧范围内,烧结矿成品率、烧结机生产率和烧结矿强度均随富氧率的提高迅速增加;当富氧率超过 40% 时,继续提高富氧率则成品率变化不大,但生产率和烧结矿强度则继续提高。烧结生产率及机械强度提高的原因:①因废气量减少,燃烧温度提高,产生的液相量增加,黏结相量增加;②废气量减少使得冷却速度减慢,矿物结晶程度提高;③冷却速度减慢,产生热应力减少,产生裂纹减少;④由于强度好的矿物 $2CaO \cdot Fe_2O_3$ 及 $3CaO \cdot FeO \cdot 7Fe_2O_3$ 增加,玻璃相减少。此外由于烧结矿中 FeO 降低,Fe_2O_3 上升,产品还原性改善。由于烧结料层中氧化气氛的增强,烧结过程脱硫得到强化,而钠、钾、铅、锌等金属的挥发受到抑制。但是随富氧率的提高,烧结矿还原膨胀率有所增加,主要由于次生 Fe_2O_3 生成量增加,次生 Fe_2O_3 在还原过程中转变为 Fe_3O_4 引起体积膨胀,导致热裂现象。

12.4.3.2　富氧烧结的研究与应用

莫斯科钢铁学院对富氧烧结进行了一系列的实验。当富氧率达到 43.2% 时,垂直烧结速度提高了 21%,产量提高 21%;当富氧率到 95.2% 时,垂直烧结速度提高 64%,产量提高 70%。顿涅茨克钢铁研究院的研究发现,富氧率为 42% 时,垂直烧结速度提高 20%,产量提高 48%。产量提高的幅度大于垂直烧结速度提高的幅度的原因,是由于空气中含氧量增加,烧结过程改善及成品率提高。德国的实验表明,当富氧率为 26% 时,烧结矿的强度由 79.1% 提高到 83.5%。

前苏联耶拉基耶夫冶金工厂在一台 62.5 m^2 烧结机上进行富氧烧结工业试验。氧气是由雾化器送入烧结料层的。雾化器由一根两侧带有许多小孔的水冷管组成,安装在烧嘴壁板的间隙上,距离料面为 130 ~ 170 mm。供氧面积为烧结机总面积的 22%。氧气压力为 11 ~ 13 atm,通过机前缓冲罐降至 0.1 ~ 0.25 atm。试验期供氧速率为 17.5 m^3/h。富氧后烧嘴下的温度平均提高 10℃。烧结废气中自由氧为 10.2% ~ 13.4%,较基准期 8.8% ~ 11.6% 增加 1.6%(绝对值)。烧结生产率增加8.4%，垂直烧结速度增加7.1%。在工业试验期间烧结矿的强度有很大的改善，高炉入炉烧结矿含粉率(5~0 mm)由22.4%下降到18.7%，小块(10~0 mm)粒级由50.9%下降到44.8%。工业试验后该烧结机投入正常生产。由于这种供氧装置结构简单，安全可靠，后来该厂四台烧结机全部采用富氧烧结。

富氧烧结存在的主要问题是富氧利用率低，导致烧结生产成本上升。

12.4.4 双层烧结法

12.4.4.1 双层烧结法的原理

双层烧结法是基于烧结料层的自动蓄热现象而开发的烧结方法。双层烧结又可分为双层布料烧结和双层点火烧结。

双层布料烧结即将两种不同配碳量的混合料分层铺在烧结机上进行烧结，这样下部料层可以利用蓄热而减少配碳量。因此，双层布料烧结工艺既可以降低固体燃料消耗，又可以使烧结矿的质量均匀化。

双层点火烧结即先装下层料后点火烧结，然后再装上层料点火烧结。由于两层同时烧结，烧结时间缩短。理论上，烧结矿的产量最大可增加一倍，此外抽入的空气得以充分利用，风量节省1/2。因此双层点火烧结的主要优点是大幅度提高产量，节省风量。但是在没有富氧条件下，上层料铺好、点火后，下层料的燃烧很快会熄灭，主要原因是上层出来的废气含O_2低，因此双层点火烧结一般需要与富氧烧结相结合。研究表明，上层废气中含水对下层烧结影响不大，但要求上层废气中含氧量要保证在10.5%以上。

12.4.4.2 双层烧结的研究与应用

双层布料烧结工艺中，上下料层厚度比例及各层配碳量对烧结技术指标有重要影响。随着上层燃料增加和下层燃料减少，烧结的产量降低，而返矿则经过一个最低值。上料层越厚，同时下料层燃料愈少，则返矿向减少方向发展，当上下层厚度比为2/3和3/2时达到最小值。

前苏联烧结厂使用柯尔舒诺夫粉矿进行双层布料烧结试验，上层配碳为3.8%，下层配碳为3.2%，结果降低燃料消耗8%。在烧结库尔斯克精矿时，燃耗下降10%。日本烧结厂采用双层烧结，节约燃耗10%，增产2%。德国的试验，焦耗下降15%。前苏联查巴达-西伯利亚冶金厂试验认为烧结料含碳3.4%(其中上层为3.8%，下层3.2%)，各种主要指标为最佳，即烧结利用系数、机械强度及烧结矿合格率最佳。

前苏联新利佩茨克钢铁公司1985年进行了两种不同的碱度(上层为0.91，下层为2.08)的双层布料烧结试验。采用此工艺后，主要指标都得到改善。垂直烧结速度加快4%，成品率增加2.9%，利用系数按入炉计算提高了10.2%，返矿含量下降10.3%，高炉返回筛下物下降3.3%。

双层布料烧结工艺在前苏联有较大的发展，已有十余台烧结机采用此工艺，生产占全国总产量的21%，平均节约固体燃料10%。

前苏联顿涅茨克研究院进行了富氧双层点火烧结试验，并与普通烧结、单层富氧烧结相比较。试验结果表明，在富氧率42%进行双层点火烧结时，第一层出来的废气含氧12%左右，完全满足第二层烧结料中碳燃烧的需要。第二层出来的废气含氧2%~10%，平均为5%~6%，虽仍高于普通烧结，但已相差不大。同样采用42%富氧率烧结，与单层相比双层烧结可节省氧量30%，基本上解决了富氧烧结中氧的利用问题。此外，富氧双层烧结的垂直烧结速度比普通烧结提高44.4%，产量提高54.7%。由于烧结矿质量的改善，粉末少，还原性好，高炉产量提高，焦比降低，因而生铁成本降低，钢铁厂总体效益良好。

日本住友金属工业公司进行的富氧双层点火烧结工业试验表明，富氧双层烧结较单层烧结可提高料层高度，但风量减少近一半。成品率及冷强度均有所下降，还原性及低温还原粉化性基本不变。

12.4.5　热风烧结法

12.4.5.1　热风烧结原理

提高通过料层气流温度的烧结方法统称为热风烧结法。热风温度通常是300～1000℃。一些文献资料上报道的混合燃烧烧结法也属此类方法。

在烧结生产中由于料层的自动蓄热作用，料层下部热量过剩，温度较高，而料层上部热量不足，温度较低；同时，上部因抽入冷风急剧冷却，使烧结矿液相来不及结晶，形成大量玻璃质，并产生较大的内应力和裂纹，因此降低了表层烧结矿的强度。热风烧结以热风的物理热代替部分固体燃料的化学热，使烧结料层上、下部热量和温度的分布趋向均匀，料层温度分布如图12-15所示。热风烧结使上层温度提高，冷却速度降低，热应力降低，使上下层烧结矿的质量趋于均匀，从而提高烧结矿的成品率。

此外，采用热风烧结工艺可减少混合料中固体燃料的配比，固定碳分布趋于均匀，减少了形成脆性、薄壁、大孔结构的可能性，有利于整个料层烧结矿强度的提高。

热风烧结还能显著地改善烧结矿的还原性，这是因为配料中固体燃料的减少，降低了烧结矿的FeO含量；同时，热风烧结保温时间较长，有利于FeO再氧化；又因料层上下热量分布均匀，减少了过熔和大气孔结构，代之形成许多分散均匀的小气孔，提高了烧结矿的气孔率，增加了还原的表面积。

热风烧结时，用热风物理热代替部分固体燃料的燃烧热，而总热耗（即生产每吨烧结矿所消耗的热量）变化不大。热风烧结的主要作用是提高烧结矿强度、改善烧结矿的还原性能、降低固体燃料消耗。

12.4.5.2　热风烧结的技术参数

热风烧结技术参数包括热风温度、固体燃料配比、供风时间、料层厚度等。

1）热风温度

热风温度在200～300℃区间，垂直烧结速度降低不明显，超过这个范围，降低幅度比较大，热风烧结使高温带加宽，烧结料层阻力增加，有效风量减少。空气温度越高，对垂直烧结速度的影响就越大，如采取一些必要的改善料层透气性的措施，完全可以使热风烧结不降低垂直烧结速度。

烧结利用系数，在空气温度为200℃时略有升高，低于300℃时，基本不变化；高于300℃时，略有降低。热风温度低于300℃时，利用系数升高是因为烧结矿成品率提高了；高于300℃时，利用系数降低是因为垂直烧结速度有所降低。

在烧结矿强度不变的前提下，热风烧结可降低固体燃料消耗，还原气氛减弱，烧结矿中FeO含量降低。热风温度由室温提高到200℃，风温每提高100℃，烧结矿FeO含量降低约1.2%；风温从200℃提高到400℃，风温每提高100℃，烧结矿FeO含量下降0.96%。热风

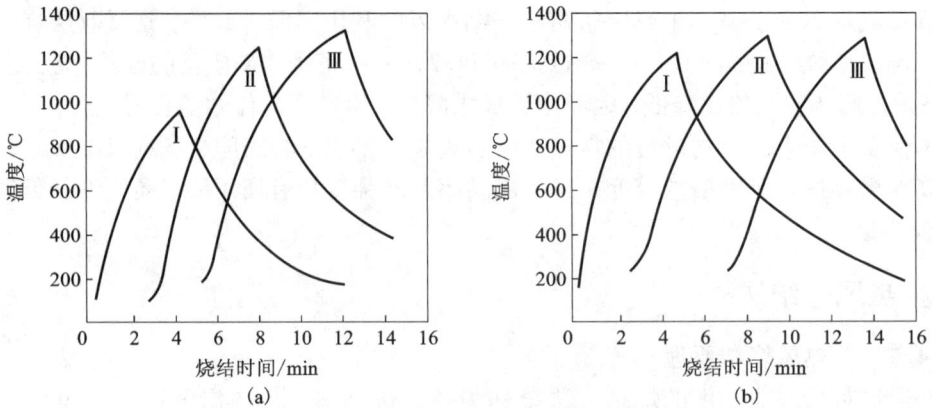

图 12－15　料层温度分布图

(a)普通烧结；(b)热风烧结

Ⅰ—料层上部；Ⅱ—料层中部；Ⅲ—料层下部

温度越高，降低 FeO 含量的效果越小。

低温还原粉化指数在热风温度低于300℃时基本不变；高于300℃时略有升高，但未超出高炉操作允许的范围。热风烧结使烧结矿热应力降低，玻璃体的结晶程度提高，有利于低温还原粉化指数降低。但由于 FeO 含量的降低，低温还原粉化指数有所升高。

热风烧结可以降低固体燃料和总热量消耗，改善烧结矿的冶金性能。考虑到高温热风的来源和输送的困难，热风温度以 200℃ 至 300℃ 为宜。

2)固体燃料配比

热风烧结时若不降低固体燃料配比，料层的总热量会增加，虽然烧结矿的强度和产量有所提高，但烧结矿中 FeO 含量显著升高。随着固体燃料降低，除垂直烧结速度略有影响外，其他各项冶金性能都有改善。固体燃料继续降低时，除利用系数和低温还原粉化指标略有恶化外，其他冶金性能都优于普通烧结。若固体燃料配比太低，虽然总热耗量降低显著，烧结矿的还原性能得到改善，其他各项冶金性能都恶化。在热风温度200℃的条件下，为保证各项冶金性能不降低或有所改善，降低固体燃料配比 10%～15% 较为合适。

热风烧结可以大幅度降低烧结矿的硫含量。热风烧结使还原气氛减弱，冷却层温度提高，都有利于硫的去除，这对于高硫原料的烧结尤为适宜。

3)供风时间

延长送热风时间可以带来更多的物理热，烧结矿的强度得到提高，但烧结矿的 FeO 含量有所增加，这意味着延长送热风时间还可以进一步降低固体燃料配比。适当延长供风时间可以提高利用系数，但供风时间过长时，利用系数明显降低。因此送热风时间不宜过长。

4)料层厚度

在热风烧结的条件下，料层提高后，与普通烧结呈现相同的趋势。由于自动蓄热作用的加强，烧结矿的 FeO 含量升高，热量有所富余。因此，随料层厚度增加，热风烧结降低固体燃料消耗的效果越明显。但厚料层热风烧结必须采取相应的技术措施改善烧结料层的透气性，否则会降低垂直烧结速度。

12.4.5.3　热风烧结工艺与应用

热风的来源是热风烧结能否用于工业生产的关键。根据热风产生的方法不同，热风烧结可分为热废气烧结、热空气烧结和富氧热风烧结三种工艺。

1）热废气烧结

热废气烧结是利用气体、液体或固体燃料燃烧产生的高温废气与空气混合后的热气流进行烧结，此方法又称为混合燃烧烧结法。根据供热方式的不同，可分为连续和非连续供热两种。

连续供热方式是在点火器后占烧结机长约三分之一的距离上，设置专门燃烧燃料的热风罩，烧嘴位于两侧，高温的燃烧产物同两侧自然吸入的空气混合，使之达到一定的温度。首钢烧结厂曾使用了这种方式获得了 600℃ 左右的热废气，使用后烧结固体燃料节省 27%，FeO 基本不变，高炉槽下小于 5 mm 粉末从 15.04%～15.82% 下降到 10.79%～12.56%，利用系数从 2.34 t/($m^2 \cdot h$) 下降到 2.06 t/($m^2 \cdot h$)。采用这种方法的缺点是废气含氧量低，影响烧结速度，而且设备庞大。

热废气烧结虽然能提高烧结矿成品率，降低固体燃料消耗，但使烧结生产率下降。如果采取相应的补偿措施，如改善混合料的透气性，适当增加抽风负压等，完全可以防止生产率下降，甚至有可能使生产率提高。

2）热空气烧结

把冷空气通过蓄热式热风炉或换热式热风炉加热到一定的温度，然后用于烧结，即是热空气烧结。图 12-16 是典型的热空气烧结流程。来自蓄热式热风炉 1 的加热空气，经过热风总管 2 和热风分布集聚器 3，送到每台烧结机的热风支管 5，然后到热风罩 7。某厂使用该流程后，加热空气温度为 840℃，每吨烧结矿总热耗节省 15%，固体燃料减少 25%，产量提高 8.3%，烧结矿 FeO 含量降低，强度有所提高。

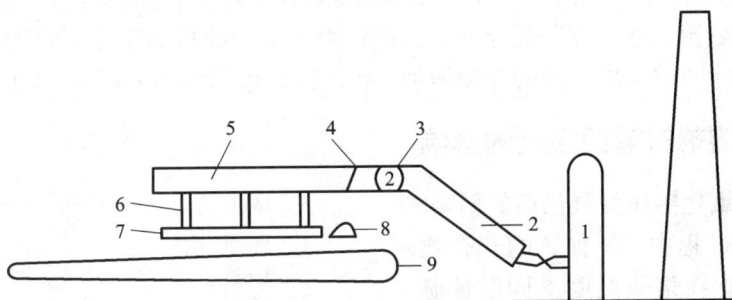

图 12-16　热空气烧结流程

1—热风炉；2—热风总管；3—热风分布集聚器；4—调节阀；5—热风支管；
6—热风导管；7—热风罩；8—点火器；9—带式烧结机

热空气烧结方法不仅能够获得热废气烧结达到的效果，而且克服了热废气烧结因含氧低带来的问题。

最有发展前途的方法是利用烧结工艺本身的余热。冷却机高温段热废气风温一般为 250～350℃，最高可达 400℃，将其用于热风烧结是可行的，有利于提高烧结过程热利用率。

3）富氧热风烧结

富氧热风烧结的特点是往热废气或热空气中加入一定数量氧气，以提高热风的含氧量。它比单用热风或单用富氧效果更好。这种方法不仅可以改善烧结矿质量，而且可以提高产量。与富氧烧结一样，富氧热风烧结的关键是解决好氧气来源及氧利用率低的问题。

12.5 熔剂性团矿的生产

12.5.1 熔剂性球团矿的发展背景

熔剂性球团矿是指在混合料中添加含 CaO 的熔剂(如生石灰、石灰石等)生产的球团矿。由于 MgO 具有改善球团矿冶性能特别是还原膨胀性能的作用,因而许多球团厂也用含镁添加剂生产含镁球团矿。添加只含镁、不含钙熔剂(如菱镁石、橄榄石等)制备的球团矿称为含镁酸性球团矿,添加既含钙又含镁熔剂制备的球团矿称为含镁熔剂性球团矿。关于熔剂性球团矿的碱度,国内外尚无统一定论,但从大量研究和生产实践报道来看,熔剂性球团的碱度多在 0.8~1.3 之间,也有人将熔剂性球团矿定义为碱度大于 0.6 的球团矿。

在烧结和球团两类制备炼铁炉料的主要方法中,球团法最显著的优点是能耗低、污染小、产品含铁高,其中氧化球团工序仅为烧结工序能耗的一半。由于球团的这些优点,发达国家很早就大力发展球团矿的生产,炼铁炉料中球团矿配比逐渐提高,目前有的高炉甚至采用 100% 的球团矿入炉炼铁。当球团矿配比提高时,如果采用酸性球团矿炼铁,高炉造渣所需的钙、镁等碱性成分就明显不足。因此,国外在 20 世纪 60 年代就开始研究添加白云石、石灰石、镁橄榄石的熔剂性球团,发现熔剂性球团的某些冶金性能甚至优于酸性球团。自 20 世纪 70 年代以来欧洲、北美和日本等国家就开始生产和在高炉中应用熔剂性及含镁球团。

由于历史的原因,我国高碱度烧结矿生产规模太大,形成了高碱度烧结矿加酸性球团矿的炉料结构,但球团矿比例至今不足 20%,提高球团矿碱度的空间有限,致使我国熔剂性球团的发展明显落后于其他国家。近年来,在钢铁生产节能减排的压力下,我国球团矿的生产迅速发展。随着球团矿入炉比例的继续增加,我国发展熔剂性球团矿生产的条件日渐成熟。

12.5.2 碱性熔剂对球团强度的影响

12.5.2.1 氧化钙和氢氧化钙的影响

在球团焙烧过程中,各种钙的化合物均分解为 CaO,它在焙烧温度下同酸性脉石或 Fe_2O_3 反应。

1)氢氧化钙对生球强度的影响

首先测定消石灰添加量对造球混合料比表面积的影响,使用三种不同比表面积的铁矿测定结果示于图 12-17。

通过添加粒度很细的添加剂,如消石灰,混合料比表面积得到改善,因此,可以使用粒度较粗的矿石。$Ca(OH)_2$ 对生球强度的影响参见图 8-36。在 $Ca(OH)_2$ 添加量较大的情况下,即使由粒度较粗 (740、1120 cm^2/g——曲线 I 、 II)的矿石制出的生球,其强度仍保持在 10 N/个球或低些。在矿石比表面积较大(1720 cm^2/g——

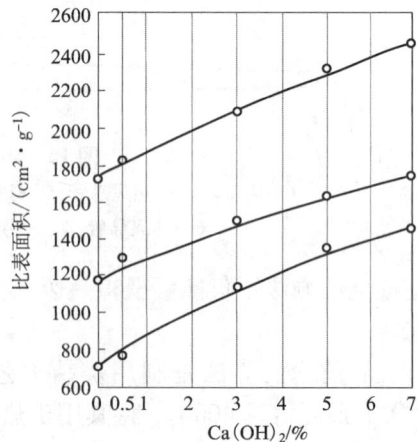

图 12-17 $Ca(OH)_2$ 对造球混合料比表面积的影响
$Ca(OH)_2$ 比表面积为 10000 cm^2/g

曲线Ⅲ)时,添加消石灰对提高生球强度作用更明显。因此,如果采用生石灰或消石灰生产熔剂性球团,可以不使用其他黏结剂。

2)氢氧化钙对干球强度的影响

图 12-18 示出了消石灰添加量对干球抗压强度的影响,从中可以看出,消石灰在干球中具有良好的黏结力。

3)氢氧化钙对焙烧球团强度和气孔率的影响

氢氧化钙对焙烧球团最终强度的影响很显著(见图 12-19)。即使磨矿粒度较粗的矿石,在添加 0.5% $Ca(OH)_2$ 之后,其焙烧球团抗压强度也在 2000 N/个球以上。

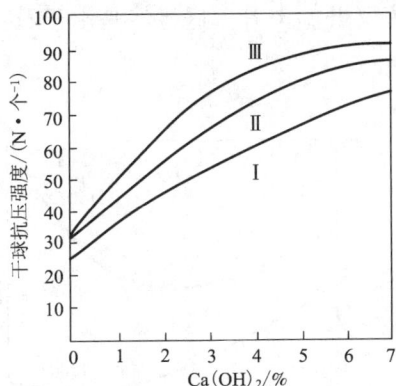

图 12-18 $Ca(OH)_2$ 对干球抗压强度的影响

矿石比表面积,cm^2/g(Ⅰ—740;Ⅱ—1120;Ⅲ—1720)

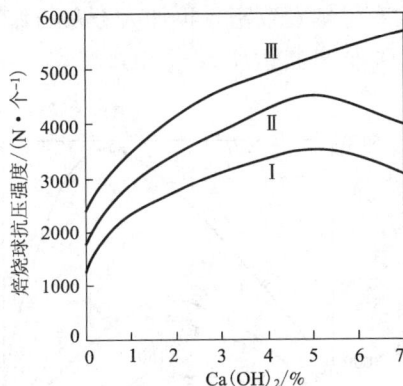

图 12-19 $Ca(OH)_2$ 对焙烧球团抗压强度的影响

矿石比表面积,cm^2/g(Ⅰ—740;Ⅱ—1120;Ⅲ—1720)

随着 $Ca(OH)_2$ 添加量加大到 5%,球团矿抗压强度一直增大。当添加量加大到 7% 时,球团强度下降。这可能是由于形成了玻璃质结构。这点可由图 12-21 所示的较低的球团气孔率得到证明。由图 12-20 看出,焙烧球团的抗磨强度随着消石灰添加量的增大而得到改善。粗粒矿石焙烧球团的气孔率(见图 12-21,曲线Ⅰ、Ⅱ)随着消石灰的增大只出现较小的变化。但是,比表面积较大的矿石(曲线Ⅲ)反应性较强,所以气孔率降低。

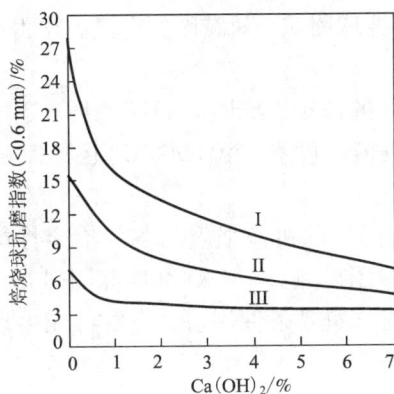

图 12-20 $Ca(OH)_2$ 对焙烧球团抗磨强度的影响

矿石比表面积,cm^2/g(Ⅰ—740;Ⅱ—1120;Ⅲ—1720)

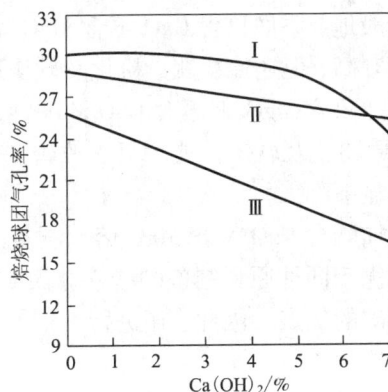

图 12-21 $Ca(OH)_2$ 对焙烧球团气孔率的影响

矿石比表面积,cm^2/g(Ⅰ—740;Ⅱ—1120;Ⅲ—1720)

12.5.2.2 石灰石和白云石的影响

为了进行对比，首先确定不添加石灰石时的最佳焙烧温度为 1250 ℃。然后在温度为 1250℃和1200℃条件下研究增加石灰石添加量的影响（见图12-22）。在较高的焙烧温度下 （1200℃），强度明显增大，当 $CaCO_3$ 添加量约为 8% 时，强度达到最大值，而在 1150℃，当添加 6% $CaCO_3$ 时，便达到其最大值。贮存六周之后，两种试样的强度均明显下降。在球团内观察到消石灰白点，这是由未矿化的游离 CaO 形成的。对于所有试样，最大强度都很良好，均在 2500 N/个球左右，这说明渣键起了很大作用。由图 12-23 看出，焙烧球团气孔率与 CaO 含量的关系很大。随着石灰石添加量加大到一定程度，球团气孔率不断下降，球团显微结构变得越发致密。再加大石灰石添加量时，气孔率又开始上升。这显然是由于石灰石分解时 CO_2 向外扩散所致。

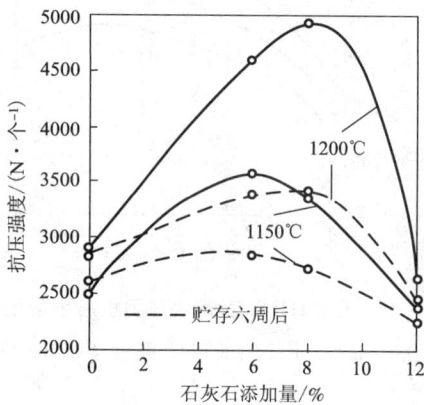

图 12-22　石灰石添加量和焙烧温度对不经贮存和
贮存六周后的磁铁矿球团抗压强度的影响

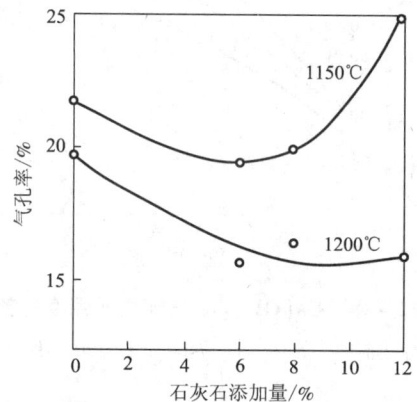

图 12-23　石灰石添加量和焙烧温度
对磁铁矿焙烧球团气孔率的影响

12.5.3　碱度与含镁熔剂对冶金性能的影响

一般地，添加只含 CaO 不含 MgO 熔剂制备的熔剂性球团矿，随碱度的升高，球团矿还原度明显升高，但还原膨胀、粉化及软熔性能有恶化趋势。

添加只含 MgO 但不含 CaO 的酸性球团矿，随 MgO 的增加，球团高温还原性、还原膨胀性、还原粉化及软熔性能均显著改善。但是，球团矿机械强度和低温（900℃）还原率随 MgO 增加明显下降。

添加既含 CaO 又含 MgO 熔剂制备的含镁熔剂性球团矿的机械强度与各项冶金性能指标均明显优于同种原料制备的酸性球团矿。含镁熔剂性球团矿兼具单一熔剂性球团矿和含镁酸性球团矿的优点。因此，在进行熔剂性球团矿的生产时，如果条件许可，应尽可能生产含镁熔剂性球团矿。

综合考虑机械强度与冶金性能，制备熔剂性球团时，消石灰、石灰石或白云石的总添加量不宜超过 6%，制备含镁熔剂性球团时，MgO 含量不宜超过 3%。

12.5.4　熔剂性球团矿的制备技术

12.5.4.1　碱性熔剂的选择与准备

如果采用生石灰作添加剂，在加水时 CaO 就会同水反应，生成氢氧化钙。这种反应系强烈放热反应，在水合（消化）过程中体积膨胀两倍。在消化和体积同时膨胀的过程中，$Ca(OH)_2$ 可以达到很高的比表面积，最高可达 $10000\ cm^2/g$ 以上。这样大的表面积上黏附的水量大于形成水合物的化学计算当量。同这样大的表面积相连接的过量水使氢氧化钙具有水凝胶的性质。这种水凝胶的胶体特性改善了矿石混合料的塑性，从而提高干燥球团的强度。因此，如果添加生石灰或消石灰作添加剂，可不用膨润土等黏结剂。

由于生石灰消化时体积显著增大，所以消化过程应当在造球之前完全结束，并且将所得的氢氧化钙与铁精矿均匀混合。如果生石灰在造球过程中才消化，在干燥过程开始时，便不可避免地要引起局部体积膨胀，因而使球团结构遭到破坏。为了防止这类现象，在实际生产中只使用氢氧化钙，因为它不必经过任何预先处理便可使用。

如果仅采用石灰石、白云石、菱镁石、橄榄石等矿物熔剂，由于它们均为天然矿物，不溶于水，在造球过程中不能起黏结作用，在此情况下必须使用黏结剂。在熔剂性球团生产中，石灰石、白云石等应当首先细磨至 0.1 cm 以下，最好与铁精矿相同的粒度，以保证在碳酸盐先分解之后，氧化钙能同脉石和赤铁矿完全反应。在焙烧球团内不应存在游离 CaO，因为经过一定时间之后，CaO 会产生水合反应，降低焙烧球团的机械强度。

12.5.4.2　原、燃料的选择与要求

熔剂性球团生产对铁原精矿和燃料粒度没有特殊要求。但由于碱性熔剂具有强烈的亲硫特性，导致产品含硫明显高于酸性球团。因此，生产熔剂性球团要求铁精矿和燃料硫含量尽可能低。为此，燃料选择上应避免使用固体燃料，而选用含硫低的气体或液体燃料。在条件许可的情况下，生产熔剂性球团应尽可能选择赤铁矿为原料。

12.5.4.3　熔剂性球团原料的混合

为确保碱性熔剂在混合料中充分分散和熔剂的全部矿化，熔剂性球团生产对原料混合的要求比酸性球团高，一般需采用两段，大型球团厂甚至需要三段混合。

12.5.4.4　熔剂性球团的造球

一般情况下，添加少量熔剂不会对铁精矿成球性能有显著影响。但熔剂性球团的特殊焙烧性能对造球工艺有特殊要求。熔剂性球团焙烧过程遇到的最大问题是由于液相生成导致的球团相互黏结。球团相互黏结导致竖炉下料困难、回转窑结圈，严重影响球团生产过程。解决此问题的方法是采用两段造球工艺，即在保持球团总化学成分或碱度不变的前提下，首先分出一小部分精矿或者一小部分熔剂。第一段采用含熔剂的混合料造球，筛去粉末后的生球进入第二段造球。第二段造球只加精矿或只加熔剂，在一次生球的表面包裹一层高熔点物料，从而阻止球团在高温焙烧时相互黏结。

12.5.4.5　熔剂性球团的焙烧

熔剂性球团焙烧温度与酸性球团差别很大。焙烧温度控制既要满足炼铁生产对强度的要求，又要防止因高温导致球团黏结。熔剂性球团适宜的焙烧温度除与球团矿碱度密切相关外，还与铁精矿和熔剂的种类、成分有关。图 12-24 和图 12-25 分别为以赤铁矿和磁铁矿为原料制备的球团矿在达到相同的抗压强度时，适宜的焙烧温度与碱度和熔剂配比的关系。

对赤铁矿球团,在碱度为 0.35 ~ 0.7 的范围内,适宜的焙烧温度由酸性球团的 1330℃ 降至 1250℃;当碱度增至 1.0 时,适宜的焙烧温度又升高到 1300℃。在 0 ~ 5% 的添加范围内,磁铁矿球团适宜的焙烧温度随碱性熔剂的增加一直在下降,其中高硅低铁磁铁矿的焙烧温度由 1250℃ 降至 1150℃(图 12-25 中的曲线 Ⅰ),高铁低硅超纯磁铁矿的焙烧温度由 1350℃ 降至 1175℃(图 12-25 中的曲线 Ⅱ)。

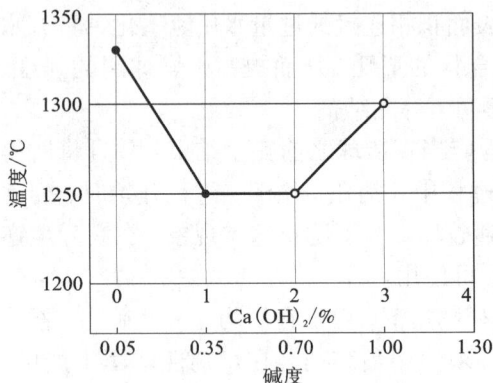

图 12-24　相同强度条件下添加剂
对赤铁矿球团焙烧温度的影响

赤铁矿球团:67.6% Fe、1.6% SiO_2、0.7% Al_2O_3;
球团强度:2600 N/个球

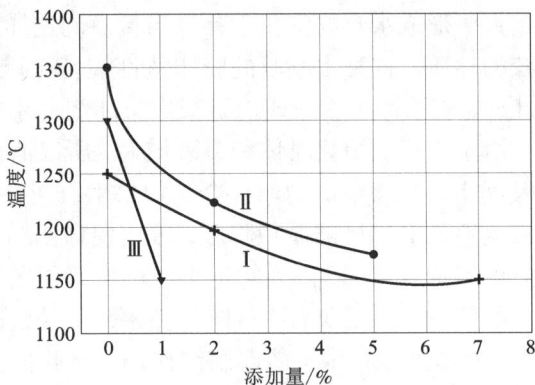

图 12-25　相同强度条件下添加剂对
磁铁矿球团焙烧温度的影响

Ⅰ—磁铁矿:(TFe 62% + SiO_2 10%) + $CaCO_3$ 5%,3500 N/个球;
Ⅱ—磁铁矿:(TFe 71% + SiO_2 1%) + Ca(OH)$_2$%,2500 N/个球;
Ⅲ—人工磁铁矿:(TFe 64.3% + SiO_2 8%) + Ca(OH)$_2$%,3000 N/个球

此外,碱性熔剂对赤铁矿的热分解行为有重要影响,添加 5% CaO 可以使赤铁矿的开始分解温度由大约 1400℃ 降低至 1150℃。若焙烧温度过高,球团内部已形成的再结晶赤铁矿就会分解,导致球团矿质量下降。这一现象对在焙烧过程中有氧化放热的磁铁矿球团尤其需要注意。防止此现象发生的主要措施是严格控制焙烧温度上限。

12.5.4.6　熔剂性焙烧球团的冷却

为防止从球团黏连结块,熔剂性球团的冷却风量应该高于酸性球团的风量。如果球团原料为磁铁矿时,这一措施尤其必要,因为在焙烧过程中未氧化完全的磁铁矿在冷却时会继续氧化、放热,使球团更易黏结。

12.5.5　熔剂性球团在我国的生产实践

国外生产熔剂性和含镁球团已有三十多年历史。我国虽然由于炉料结构的原因,大规模生产熔剂性球团的时机尚不成熟,但也有许多钢铁企业如鞍钢、首钢、济钢、武钢等,由于特殊需要在不同的历史时期进行过熔剂性球团矿的生产。首钢矿业公司球团厂为了给建设 200 万 t 熔剂性球团厂提供依据,曾于 2002 年进行过两次大规模熔剂性球团的生产试验。河北宣化正朴铁业有限责任公司自 2005 年开始采用竖炉进行熔剂性球团的生产,经过多年的探索和改进,生产逐渐趋于稳定,碱度逐渐由投产初期的 0.7 提高到 0.9,2013 年球团矿入炉比例达到 100%,取得了显著的增产、节焦和减排的效果。

12.6 新型球团黏结剂的开发

在铁矿球团生产过程中,黏结剂是不可或缺的一部分。黏结剂对制备过程以及球团矿的质量具有重要影响。目前,在球团生产中最广泛应用的黏结剂是膨润土。膨润土来源广、价格低廉,干球和成品球团机械强度高,但在球团制备中用量大、残留量高、球团矿铁品位低,而且膨润土对球团矿的还原性具有不良影响。过去几十年来,冶金工作者一直在研究开发膨润土的替代品。

12.6.1 有机黏结剂

天然高分子化合物或人工合成的高分子聚合物类黏结剂,具有分子量大、亲水性好等优点,并且在水溶液中具有较高的黏度,与铁精矿之间存在较强的化学作用,在球团制备过程中的用量较低,一般为 0.04% ~ 0.15% 。此外,与传统无机黏结剂不同,有机黏结剂主要由 C、H、O 等元素组成,在球团制备过程中可以完全挥发,不会降低成品球团矿的铁品位。

已经报道的有机黏结剂有羧甲基纤维素钠、海藻酸钠、瓜尔胶、变性淀粉、聚丙烯酰胺、腐植酸钠、磺化木质素等。市场上名目繁多的各种牌号的复合黏合剂,大部分是由上述物质复合而成。

12.6.1.1 羧甲基纤维素钠(又称 CMC)

羧甲基纤维素钠(又称 CMC)是一种阴离子型线性高分子物质,外观是白色或微黄色粉末,无味、无臭、无毒、不易燃、不霉变、易溶于水中成为黏稠性溶液,具有独特的理化特性,它集增稠、悬浮、乳化稳定和流变特性等功能于一体。

羧甲基纤维素钠由于在球团焙烧过程中被燃烧,实质上对球团矿化学成分没有影响。它无毒,既不含磷、硫,也不含氮,添加羧甲基纤维素钠的球团矿碱金属含量较低,至多与添加膨润土的球团矿碱金属含量相同。

羧甲基纤维素钠在球团中的用量通常为 0.4‰ ~ 1.0‰。在国外得到工业应用的佩利多主要成分是羧甲基纤维素钠。

德国研究结果表明,用 1‰佩利多代替 6.25‰膨润土,可使球团矿还原速率提高 0.22% ~ 0.28%/min。生球、干球、成品球强度虽均低于膨润土球团,但能够满足工业要求。

巴西里奥多斯铁矿公司球团厂生产表明:添加 0.7‰佩利多时,生球抗压强度为 9.31 N/个球,干球抗压强度为 16.5 N/个球,落下强度为 2.7 次/500 mm,成品球抗压强度为 3675 N/个球。

荷兰恩卡公司将佩利多与膨润土的添加量分别保持在 0.8‰和 8‰条件下进行对比试验,获得的结果是:加佩利多的球团矿 SiO_2 低 0.3% ~ 0.4% ,成品球团矿含铁量提高 0.6% ~ 0.8% ;加佩利多的生球强度较低,但仍能满足生产要求,稍为增加佩利多的添加量,就可获得较高的生球强度值;加佩利多的生球团的爆裂温度较加膨润土的球团高;加佩利多的成品球团矿强度较低,但二者差距不大,加佩利多的球团矿在 950℃ 和 1050℃ 温度下的还原度(R40)较加膨润土的球团矿高;低温还原粉化/软化和熔化性能指标,两者没有明显差别。

俄罗斯的研究表明,加入 1.5‰羧甲基纤维素钠的球团不能保证达到加入 1.5% ~ 1.8%

膨润土的球团的干球强度，联合使用羧甲基纤维素钠和膨润土（羧甲基纤维素钠为 0.5‰~1.0‰，膨润土为 4‰~8‰），另外再加入少量工业碳酸钠，这样制造的球团矿铁品位提高 0.4%~0.5%，还原性提高 30%。我国钢铁研究总院采用有机黏结剂制备的球团铁品位上升 1.60%，SiO_2 含量降低 2.30%，但是干球的机械强度明显低于配加 3.00% 膨润土球团。

有机黏结剂 CMC 和佩利多曾在巴西和瑞典等国家的部分企业曾成功应用于氧化球团矿的生产，但由于其价格高等因素，目前主要用于直接还原用铁矿球团的制备。

12.6.1.2　海藻酸钠

海藻酸钠是从海带中加碱提取碘化合物时的副产品，再经磨粉加工而制得的一种多糖类碳水化合物，是近年来发展较快的一种增稠剂，被某些单位引入球团制备，主要利用其高的黏结性能。我国有丰富的海带资源，为发展海藻酸钠提供了良好的条件，但海藻酸钠价格昂贵，为羧甲基纤维素钠的二倍以上。

12.6.1.3　丙烯酸盐和丙烯酸树脂

丙烯酸盐是聚合单体，通常用适当的碱中和丙烯酸的水溶液，即得相应的盐。丙烯酸的盐类中以钠盐和铵盐最为重要。澳大利亚的瓦亚拉厂采用丙烯酰胺和丙烯酸钠乳液，其用量为 0.05~0.1 kg/t，收到良好效果。

此外，丙烯酸树脂黏结剂，常用于各种材料的黏合，其特点是无色、耐氧和耐油脂，通常是乳胶或溶液，广泛用于板材与不同表面材料的黏合。使用最多的是丙烯酸乙酯、丙烯酸丁酯、2 - 乙基己酯与乙酸乙烯或丙烯酸甲酯的共聚物。乙酸乙烯与高比例的丙烯酸 - 2 - 乙基己酯的共聚物，可用作黏结剂。

12.6.1.4　聚丙烯酰胺及其共聚物

聚丙烯酰胺及其共聚物广泛用作絮凝剂、分散剂、增稠剂、黏合剂、清洗剂等。高分子量的聚丙烯酰胺及其共聚物最重要的用途之一是用作固液分离的絮凝剂和各种物料的黏结剂。

水解聚丙烯酰胺、聚丙烯酸钠、水解聚丙烯腈和酚醛树脂等四种高分子化合物均可显著提高磁铁精矿球团的抗压强度。

英国布拉德弗尔德胶体化学有限公司研制的 Alcotac 黏结剂是加工丙烯酰胺和丙烯酸的单体（异分子聚合物）后得到的。没有改性的聚合物溶于水是典型的絮凝剂，改性后成了良好的黏结剂。其中一种型号的成分是丙烯酰胺和丙烯酸钠的阴离子异分子聚合物。该聚合物混有碳酸钠（比例为 10:1）。用于球团生产的 Alcotac FE8 的用量为 0.3‰~0.4‰，焙烧后球团矿抗压强度大于 2000 N/个球，产生粉末少，还原性好。

虽然有机黏结剂用量低、黏结性能强并且可以提高球团矿铁品位，但大部分有机黏结剂价格比较昂贵，增加球团矿生产成本。此外，由于有机黏结剂在较低温度下就可以发生分解、燃烧等化学反应，使得黏结剂的热稳定性较差，生球爆裂温度以及预热球团和成品球团强度较低。在采用链箅机 - 回转窑生产球团矿的工艺中，当有机黏结剂球团在回转窑中焙烧时，形成大量粉末，致使回转窑结圈隐患增大。虽然有机黏结剂的研究开发已有数十年的历史，但至今尚未在铁矿氧化球团生产中推广应用。目前，国外以佩利多和 Alcotac FE8 为代表的有机黏结剂多用于直接还原用氧化球团的生产，而且多以赤铁矿为原料、采用带式机进行球团生产。

12.6.2　复合黏结剂

有机黏结剂具有用量小、残留量少等优点，但是价格昂贵、热稳定差、干球及预热球团强度低。因此，集无机、有机两种黏结剂优点于一体的复合黏结剂成为近十年来研究开发的重点。复合黏结剂可以分为两类：一类是无机成分为主，含少量有机成分，一类是有机成分为主配加少量无机成分。复合黏结剂的制备方法可分为物理混合和化学混合两种。

虽然膨润土价格低廉，但我国用作黏结剂的膨润土禀性差，需要改性。目前我国造球应用的黏结剂多以膨润土为主配加有机成分制备而成，这类黏结剂又可以称为有机膨润土。中南大学在深入研究铁矿颗粒黏结成球机理的基础上，建立了黏结剂塑性黏度与其作用效果之间的关系，开发出以有机钠盐为改性剂的膨润土质量调控技术，可针对不同原料条件生产出与之相匹配的膨润土产品。辽宁建平慧营化工有限公司采用此方法生产的膨润土，在鞍钢、太钢等多家钢铁企业应用，膨润土平均配比由 2.5% 以上降至 1%~1.5%。

此外，国内外还开发了黏土和胶化淀粉、消石灰与糊精或废糖浆，CMC 与三聚磷酸盐、高聚物与膨润土等混合的复合黏结剂，实验室中都取得了较好的效果，但工业应用不多。

很多学者开展了以有机黏结剂为主要成分的球团复合黏结剂研究。Murr 采用有机黏结剂与石灰混和的复合黏结剂制备球团，与有机黏结剂相比，复合黏结剂提高了生球和干球的强度，并已在工业上获得应用。有报道，采用羧甲基纤维素钠、α−淀粉、碳酸钠和多聚甲醛制备氧化球团，其用量可降低至 0.10%~0.15%，成品球团抗压强度可以大于 2000 N/个，但未实现工业应用。

中南大学以劣质煤为原料开发的腐植酸基黏结剂已成功应用于煤基回转窑直接还原铁球团的生产。黏结剂中腐植酸是一种高分子复杂芳香族物质，含有大量的羧基、羟基、羰基、胺基等功能基团。研究发现，该黏结剂能与铁矿颗粒之间发生化学吸附作用，可以降低铁精矿的接触角，改善润湿性能，使制备的生球具有较高的机械强度。除了有机成分之外，复合黏结剂中还存在少量的无机成分，如 CaO、Al_2O_3、SiO_2 等，可提高生球团热态性能，球团具有较高的爆裂温度以及干球、预热球机械强度。腐植酸基复合黏结剂不仅用量少、残留量低，与其他有机黏结剂或有机成分为主的复合黏结剂相比，其最大优势是价格低，制备球团的黏结剂成本与膨润土相当，具有良好的应用前景和市场潜力。

在多年不断改进与完善的基础上，2012 年中南大学与攀钢合作完成了腐植酸基复合黏结剂制备高炉炼铁用氧化球团的生产试验，采用 0.75% 的复合黏结剂完全取代膨润土，生产出满足高炉炼铁要求的优质球团矿。

思考题

1. 简述复合造块法的技术特点及其与烧结法、球团法和小球团烧结法的区别。
2. 与烧结法、球团法相比，复合造块法有什么作用与优势？
3. 简述废气循环利用的基本条件和几种典型废气循环烧结工艺的主要特点。
4. 简述小球团烧结法的工艺特点、优势和存在的问题。
5. 解释下列概念：低温烧结法，还原烧结法，富氧烧结法，双层烧结法，热风烧结法。
6. 分析富氧烧结的优点和影响富氧烧结工业应用的主要原因。

7. 分析双层烧结的优点和影响双层烧结工业应用的主要原因。

8. 与酸性球团相比，熔剂性球团的制备有什么特点？

9. 为什么在我国目前阶段熔剂性球团发展缓慢？

10. 球团黏结剂可分哪几类？各有什么特点？

第 13 章 造块生产节能与环境保护

13.1 烧结节能技术

在钢铁联合企业中,烧结工序能耗仅次于炼铁,居第二位,一般为企业总能耗的 9% ~ 12%。我国烧结工序的能耗指标与先进国家相比差距较大,每吨烧结矿的平均工序能耗要高 5 ~ 10 kg 标准煤,节能潜力很大。

烧结生产能耗主要由固体燃料消耗、气体燃料(点火)消耗和电耗构成,因此早期的烧结节能技术的开发均围绕这三个方面开展。烧结机尾部抽出的废气余热和烧结矿冷却时产生的废气余热之和约占烧结总能耗的 50%,这部分热量的回收利用对烧结节能意义重大,因而成为近年来烧结节能的重点。

13.1.1 烧结余热回收

烧结余热回收主要有两部分:一是烧结机尾部烟气余热,二是冷却机产生的废气余热。烧结烟气平均温度为 150℃,但其量大,其中烧结机尾部风箱排出的烟气温度为 400℃ 左右。冷却废气温度随冷却机部位不同而变化,一般为 100 ~ 450℃,冷却机中后部温度较低。

烧结烟气和冷却废气属中、低温热源,各国对其回收利用开展了大量研究。其中日本烧结废气余热利用技术发展最快,自 20 世纪 70 年代末开始,开发出冷却废气余热回收装置、烧结废气余热回收装置和烧结废气循环设施,并相继在工业上得到应用和推广。

13.1.1.1 烧结余热利用的方式

目前,国内外烧结废气余热回收利用方式主要有四种:一是直接将废烟气经过净化后作为点火炉的助燃空气或用于预热混合料,以降低燃料消耗,这种方式较为简单,但余热利用量有限,一般不超过烟气量的 10%;二是将废烟气通过热管装置或余热锅炉产生蒸汽,并入全厂蒸汽管网,替代部分燃煤锅炉蒸汽;三是将余热锅炉产生的蒸汽用于驱动汽轮机组发电;四是将废气循环用于烧结(详见 12.2 节),达到既节能又减排的目的。

将烟气用于点火和点火后的料面保温可以提高烧结气流温度,可同时节省煤气和固体燃料消耗。一般地,用 300℃ 热废气作为点火保温助燃空气比用常温空气可节省 25% ~ 30% 的煤气消耗。

余热预热混合料主要有两种方式:一是在点火前,将温度为 300 ~ 400℃ 的热废气以 0.7 ~ 1.0 m^3/s(标态)的流量通过料层,预热 1 ~ 2 min,以缩短表层混合料的烧结时间。预热气休带入的显热使混合料层的露点提高,过湿带变窄,同时焦粉的燃烧效率得到提高。二是利用余热锅炉产生的水蒸气加热混合料仓或通入二次混合机,以提高布料前混合料的初始温度,也可以达到提高烧结混合料露点的目的。

将环冷机段的高温废气(300 ~ 400℃)引入余热锅炉产生蒸汽,锅炉排出的二次废气进行闭路强制循环,返回锅炉入口,可提高进入锅炉的废气温度,提高余热利用率。

图 13 - 1 为日本釜石烧结蒸汽回收流程。带式冷却机高温部分废气量(标态) 4800 m^3/min,废气温度为 303℃,进入废热锅炉后产生的蒸汽量为 18.5 t/h,蒸汽压力为 78.4×10⁴ Pa,供用户使用。

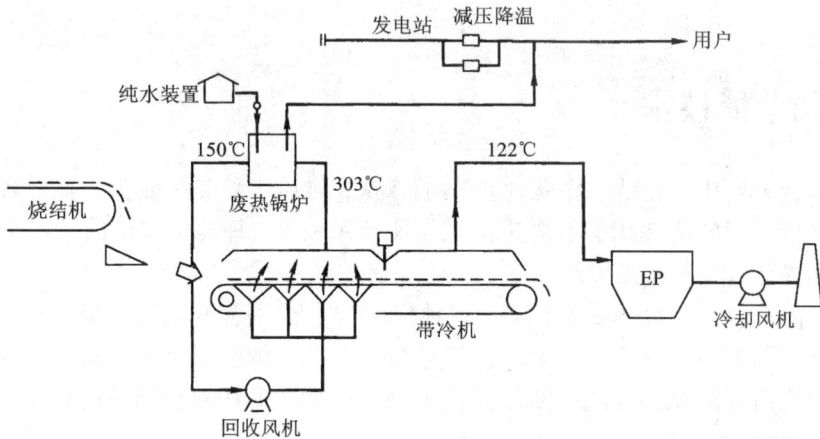

图 13 - 1 日本釜石烧结蒸汽回收流程

从实现能源梯级利用的高效性和经济性角度分析,余热发电是最为有效的余热利用途径,平均每吨烧结矿产生的烟气余热可发电约 20 kWh,折合吨钢综合能耗可降低 8 kg 标准煤。实际应用的余热发电方式按循环介质不同可分为:废热锅炉法、加压热水法和有机媒介法。

1)废热锅炉法

废热锅炉法如图 13 - 2 所示。一般要求废气温度 400℃以上。废气在锅炉内进行热交换后,水变成水蒸气,蒸汽推动蒸汽透平机,带动发电机发电。锅炉内的部分热水进入脱气器脱气后进行循环。

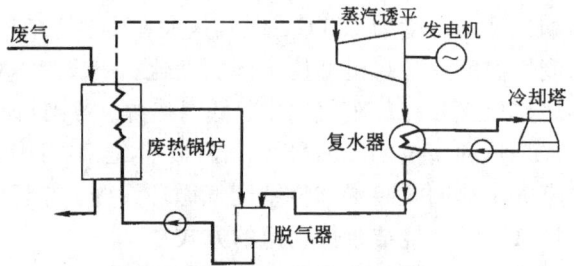

图 13 - 2 废热锅炉法流程

2)加压热水法

如图 13 - 3 所示,加热水在

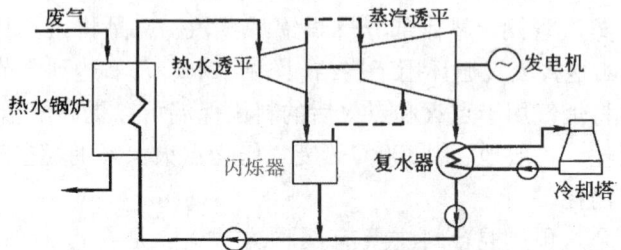

图 13 - 3 加压热水法流程

热水锅炉中经热交换后变成加压热水,然后进入热水透平并蒸发为蒸汽,再进入蒸汽透平驱动发电机发电。该法具有热回收率高的特点,适用于分散、量少、间断废热的回收,特别适用于 300~400℃ 的废气。

3）有机媒介法

有机媒介法如图 13 - 4 所示。类似于废热锅炉法，不同的是该法使用了低沸点的有机媒介代替水作为循环介质。该方法对废气温度在 200℃ 以下的气体特别有利。

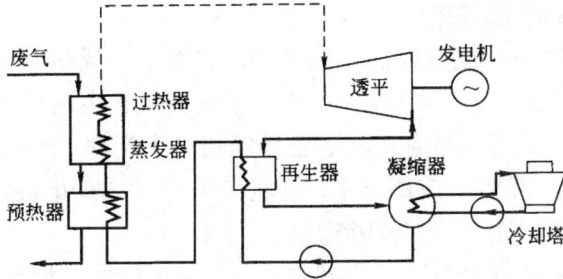

图 13 - 4　有机媒介法流程

13.1.1.2　影响烧结余热利用的因素

从冷却机最有效的回收烧结矿显热，必须保持热量稳定和热回收率高。

1）余热量

烧结矿带入冷却机的显热影响废气热量的变化。烧结矿温度变化，冷却废气的温度也随之变化。所以，提高进入冷却机的烧结矿温度是提高热回收量的重要途径。

进入冷却机的烧结矿温度在很大程度上受原料种类、配比、混合料水分和焦粉粒度以及点火热耗、料层高度、机速、风量的影响。从热回收的观点看，烧结终点控制在靠近排矿端是有利的，但又必须保证烧结矿成品率和质量。研究表明，为保证烧结矿质量、成品率并同时满足废热回收，烧结终点位置控制在最后一个风箱的前半部最为合适。

2）冷却介质初温

冷却介质初温影响烧结矿的冷却速度，从而影响热回收率。在烧结矿层厚、冷却介质流量一定的情况下，当冷却介质初温为 50℃ 时，烧结矿冷却速度为 12℃/min，当冷却介质温度为 120℃ 时，烧结矿冷却速度为 11.5℃/min。据此可求得冷却介质终温：当冷却介质初温为 50℃ 时，热交换后的介质终温比介质初温高 15℃；当冷却介质温度为 120℃ 时，介质终温比介质初温高 45℃。

因此，提高冷却介质初温是提高热回收率的有效方法，是控制并稳定热回收量变化的可靠措施。为了提高冷却介质初温，可将经热回收装置热交换后的冷却介质在冷却机内强制循环使用。

3）冷却料层厚度

冷却料层厚度是影响烧结矿冷却速度和冷却介质终温的主要因素。料层越高，烧结矿的冷却速度越小，冷却介质的终温也越高。

4）冷却介质流量

为了最有效地回收烧结矿显热，需要适宜的冷却介质流量。冷却介质流量取决于烧结矿温度、料层厚度、冷却介质初温等。而冷却机内的压力损失、漏风对介质流量也有一定的影响。实践表明：在烧结矿温度为 700℃、料层厚度为 1650 mm、介质初温 120℃ 的条件下，最适宜风量为每吨烧结矿 700 ~ 750 m³（标态）。即在此情况下，带入冷却机的烧结矿显热的回收率较大。

13.1.2 降低烧结电耗

13.1.2.1 降低烧结机漏风率

电力消耗在烧结工序中的比例仅次于固体燃料消耗，抽风机则是烧结厂最大的电耗设备，其电耗约占烧结生产总电耗的 70% ~ 80%。影响抽风机电耗的主要因素是烧结机的漏风。烧结机的漏风率过大，不仅增加电耗，还降低烧结生产率，恶化工作环境。实践表明，烧结机漏风率减少 10%，可增产 5% ~ 6%，每吨烧结矿可减少电耗约 2 kWh，成品率提高 1.5% ~ 2.0%，同时可减少噪声，改善环境。

烧结机的漏风主要存在于烧结风箱头部与尾部、台车与台车及台车与滑道之间、抽风管道各连接处、积灰排放口以及台车的边缘处，其中前两部分的漏风占烧结机总漏风率的 80%。

我国烧结机漏风率较高，一般在 30% ~ 50%，其主要原因是密封装置设计不合理，密封材料和设备使用寿命短。降低烧结漏风的主要措施一是加强对机头机尾两段的密封和滑道的密封，研制密封性好、使用寿命长的密封装置，二是定期更换台车和滑道，及时更换烧损的炉箅条和破损的挡板。对于台车边缘漏风，可在靠近栏板处用透气性小的箅条或在台车的两侧安装盲板炉箅条，适当提高边缘料水分，或用压辊轻压以提高边缘料堆密度也可以减少边缘漏风。

冷却风机的电耗也是不可忽视的。降低冷却电耗的主要途径是降低冷却机漏风率、优化冷却工艺参数。中冶长天公司开发的将动密封与静密封技术相结合的综合密封技术可将环冷机漏风率由 30% 降至 10% 以下。

13.1.2.2 单风机操作

一般大型烧结机多数配置有两台主风机，但在生产率降低的情况下，采用单台风机操作可有效节省电耗。

英国钢铁公司雷德卡烧结厂的烧结机配有 2 台风量为 18800 m³/min、负压为 1400 mm H₂O 的主风机。在减产的情况下采用单风机操作，其结果与 2 台风机操作相比，电耗约降低 6.5 kWh/t - s，使总电耗减低至 22.6 kWh/t - s，结果示于图 13 - 5。

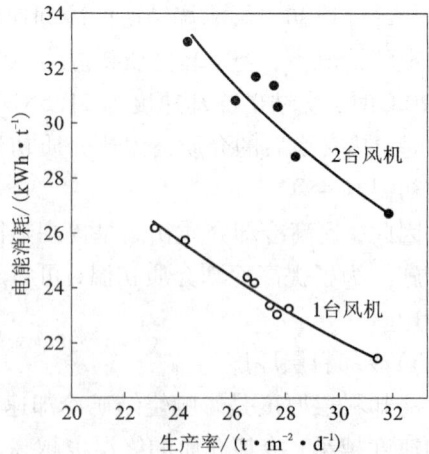

图 13 - 5 雷德卡厂用一台风机和两台风机操作的比较

13.1.2.3 控制风机转速

在低生产率情况下，控制主风机转速是降低电耗的又一途径。烧结生产率与通过烧结料层的风量成正比。因此，在低生产率状况下操作时，降低主风机风量，可以节省电能。若通过控制阀门开度调节风量，由于压头损失增加，将造成不必要的电能消耗。在此情况下，调节主风机转速控制装置，降低风机转速，可有效降低电耗。日本的实践表明，在电机转速为 600～900 r/min 的情况下，当生产率在 23 t/(m²·d) 时，可节省电耗约 10 kWh/t–s，约减少 3000 kW 的装机容量。

13.1.3　降低烧结燃料消耗

在过去数十年，降低燃料消耗一直是烧结工作者持续追求和研究的目标，并取得了巨大进步，烧结燃料消耗已由早期 60～70 kg/t 降至目前的 40～45 kg/t。前述的烧结新方法都具有不同程度降低烧结燃料消耗的效果，其中复合造块、废气循环烧结、低温烧结、热风烧结、富氧烧结、双层烧结节能效果尤其明显。近年来，随着原料准备技术精细化、混合料制粒和新型点火技术的发展与应用，以及料层厚度的进一步提高，烧结燃料消耗进一步降低。

13.1.3.1　原料准备的精细化

深入研究发现，矿石、燃料和熔剂的化学成分和粒度组成对烧结燃耗有重要影响。

烧结矿 FeO 含量每升高 1%，约增加热耗 125 MJ/t。FeO 含量受混合料中极细颗粒含量的影响。当混合料粒度较细时，料层的透气性变差，导致烧结矿中 FeO 升高和风机电耗增高。控制混合料中极细颗粒的含量可有效降低烧结燃料消耗。

但对酸性熔剂来说，一般应破碎得细一些，尤其是当矿石混合料中含有大量的褐铁矿时，以促进其在烧结过程中的反应。石灰石反应性好，可不需要像蛇纹石和硅石那么细。

三种不同粒度范围的焦粉的烧结试验结果示于表 13–1。粗粒级焦粉（–3.15 +1 mm）的烧结指标最好，细粒级焦粉（–1 mm）得到的结果最差。粗粒焦粉燃烧效率最高，料层温度也最高；而细粒焦粉燃烧效率低，产生的热量较小，因而烧结温度也较低，为了保证烧结矿的质量，细粒焦粉用量必然增加。燃料粒度的粗化不仅减少热耗，增加烧结矿产量，而且可改善烧结矿还原粉化性能。

表 13–1　不同粒级的焦粉对烧结操作的影响

烧结指标	焦粉粒级/mm		
	3.15～0	3.15～1	1～0
烧结生产率/(t·m⁻²·h⁻¹)	1.46	1.52	1.37
烧结机速度/(m·min⁻¹)	2.5	2.6	2.3
废气流量/(10³ m³·h⁻¹)	560	593	520
点火热量/(MJ·t⁻¹)	154	157	157
焦粉消耗(干)/(kg·t⁻¹)	36.0	33.6	40.1
总热量消耗/(MJ·t⁻¹)	1196	1126	1301
RDI–2.83 mm/%	25.3	23.5	26.2

焦粉中细粒（-0.25 mm）含量的影响如图 13-6 所示。当焦粉中细粒含量从 0 增加到 30% 时，烧结时间增加，生产率从 52 t/（m²·d）下降到 43 t/（m²·d）。虽然一开始焦粉配比下降（细粒含量从 0 增加到 10%），但随即就保持稳定了。一般认为，最理想的焦粉粒度范围为 0.25~3 mm。

除粒度以外，焦粉在料层中的分布状态对燃料消耗和产、质量指标也有影响。焦粉分加，即将一部分焦粉在制粒之前加到混合料中，而余下部分加到圆筒混料机的排料端（见图 13-7），使黏结在物料颗粒表面的焦粉多了，而被矿粉包覆的粗粒焦粉量减少。这样可提高焦粉的燃烧效率，一定程度降低焦粉消耗。

后加焦粉，是将所有的焦粉都在制粒后加入混合料中，使焦粉全都包覆在混合料颗粒的表面。后加焦粉的试验结果也示于图 13-6。从图中亦可看出，当加入的焦粉量和粒度组成都相同时（-0.25 mm 焦粒含量亦相同），烧结时间约减少了 2 min，而生产率却提高了约 6 t/（m²·d）（增加 10% 以上），烧结矿质量并未受到影响。

研究发现，焦粉分加对减少 NO_x 的生成是有利的。此外，富氧操作可显著改善焦炭的燃烧性，降低了焦粉的消耗并提高烧结生产率。

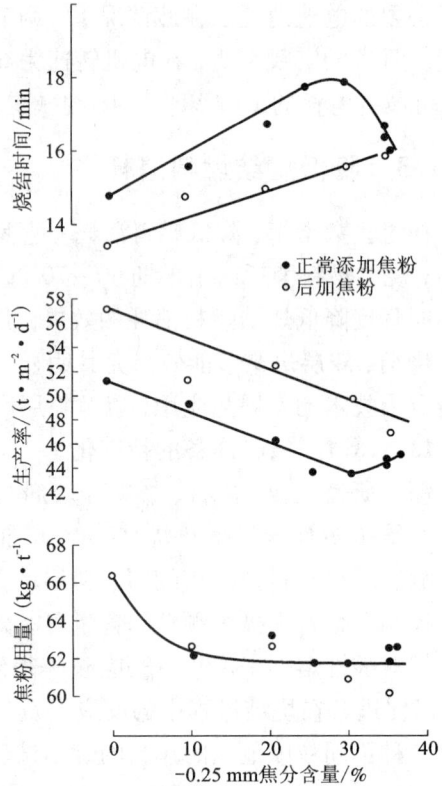

图 13-6   -0.25 mm 细粒焦粉含量和后加焦粉对烧结生产率和焦粉配比的影响

13.1.3.2   高料层烧结

由于随着料层厚度增加，焦粉和气体燃料消耗显著下降（见图 13-8），烧结矿质量提高，烧结料层厚度已由早期的 200~300 mm 提高到目前的平均 700 mm，个别企业达到 800 mm 甚至 1000 mm。日本千叶厂生产实践表明，料层厚度每增加 10 mm，节省焦粉 0.3 kg/t

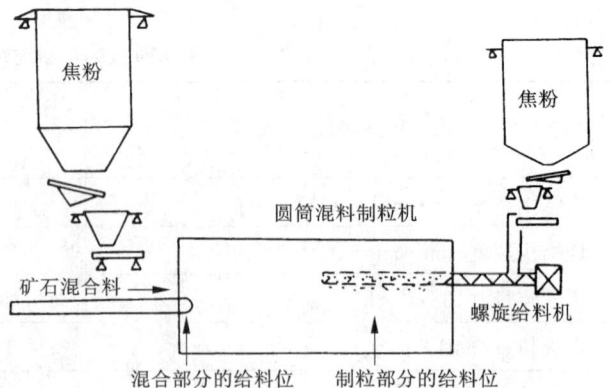

图 13-7   蒂森钢铁公司焦粉分加流程

烧结矿，节省电能 0.06 kWh/t 烧结矿。蒂森钢铁公司对 500 mm 厚料层做的烧结试验表明，料层厚度增加 50 mm，焦粉消耗可减少约 1 kg/t 烧结矿。

13.1.3.3   新型点火技术

烧结点火节能一般有两种途径：一是提高点火燃料的燃烧效率，二是提高点火热量的利用率，减少热损失。

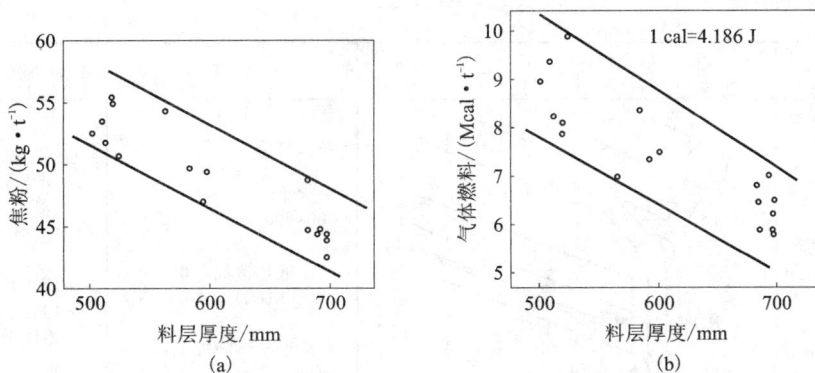

图 13 - 8　料层厚度对焦粉和气体燃料消耗的影响

利用热废气作为点火炉的助燃空气或者作为热源预热助燃空气，可以降低点火煤气消耗。资料显示，如果将助燃空气预热到 300℃，理论上可以节约点火煤气 24%。

用集中火焰直接点火，可以有效地提高到达料层表面的火焰温度，并提高点火热量利用率。目前研制的许多新型点火器，大多采用了这一原理。

20 世纪 80 年代以来，日本相继推出多种节能型点火烧嘴，使得日本烧结厂点火技术先进，能耗最低。具有代表性点火烧嘴的结构、特点和效果见图 13 - 9。

根据这些新型烧嘴的特点，可以归纳出新型点火烧嘴的基本要求是：

(1)点火器宽度方向上点火均匀；

(2)火焰短；

(3)火焰温度高。

近年来，宝钢与中南大学合作开发了微波热风点火新技术。以微波为点火能源，利用蓄热材料将空气加热后直接点火，点火气体中可达到与空气几乎完全相同的氧含量，半工业试验获得了大幅度降低点火温度和点火能耗的效果。

13.2　烧结球团烟气净化技术

13.2.1　烟气脱硫

在烧结与球团生产中，SO_2 气体产生的来源有两个方面：一是原料，如铁矿石、焦粉、煤和黏结剂；二是点火燃料，如煤气、重油等。烧结厂废气中 SO_2 浓度一般为 500 ~ 1500 mg/m^3；球团厂废气 SO_2 浓度为 300 ~ 600 mg/m^3。

烟气脱硫方法主要有石灰(石灰石) - 石膏法、氨吸收法、钢(铁)渣 - 石膏法、密相干塔法、循环流化床法和活性炭吸附法。

1)石灰(石灰石) - 石膏法

利用石灰乳(或石灰石乳)作为吸收剂，吸收烟气中的 SO_2 生成亚硫酸钙溶液。然后，调整亚硫酸钙溶液的酸度至适于其发生氧化反应的值(pH = 4 ~ 4.5)，用空气将其氧化为硫酸钙，即石膏。

种类	结构	特点	效果
线式烧嘴	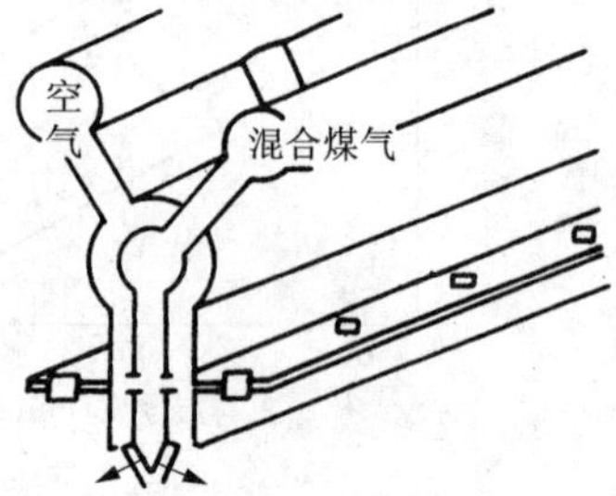	• 多孔烧嘴 • 短火焰 400~600 mm • 可用低热值混合煤气 (9.63 MJ/t) • 可更换前端烧嘴	• 点火消耗 28.05 MJ/t • 空燃比17 • 川崎千叶厂于1985年8月开始使用
长缝式烧嘴	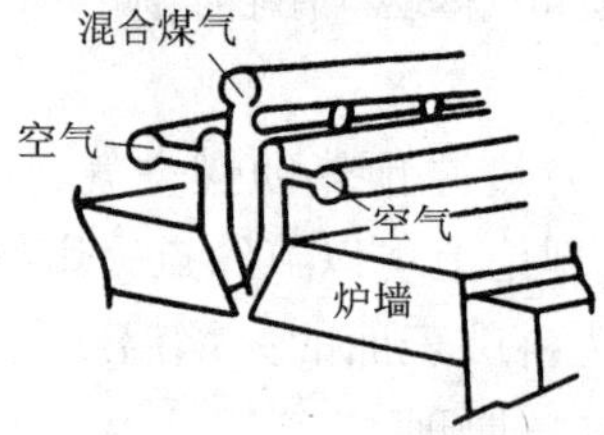	• 长缝式烧嘴 • 炉顶可移动 • 短火焰800 mm	• 点火能耗 29.31 MJ/t (混合煤气) • 川崎水岛厂于1985年4月开始使用
面燃烧式烧嘴	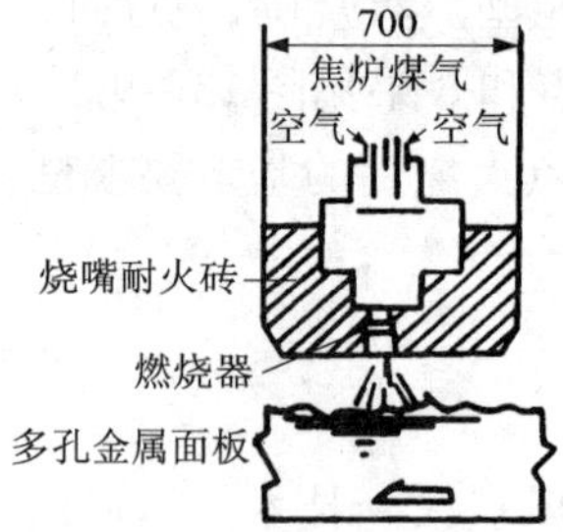	• 预混合型 • 短火焰 400 mm • Ni-Cr合金多孔燃烧面板	• 焦炉煤气消耗 1.46 m³(标)/t $m=1.1$ • 新日铁广畑厂于1985年7月开始使用
煤气-煤粉混烧式烧嘴	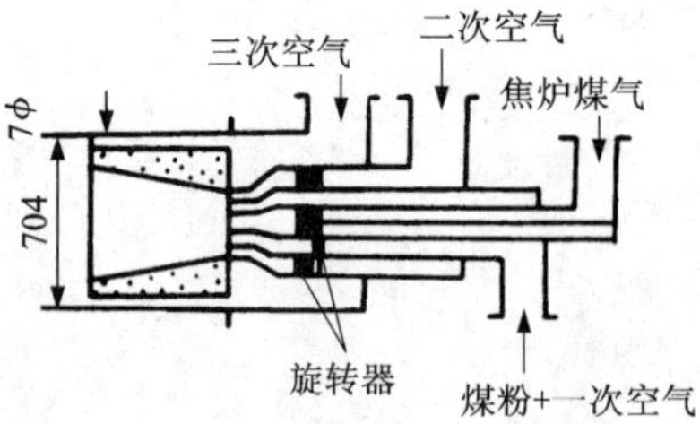	• 煤气和二次空气经旋转器喷入烧嘴 • 长火焰 800 mm	• 煤粉(-170目)+焦炉煤气(混入比10%) • 煤粉消耗1.7 kg/t • 焦炉煤气消耗 0.41 m³(标)/t • 住友和歌山于1982年10月开始使用
煤粉烧嘴	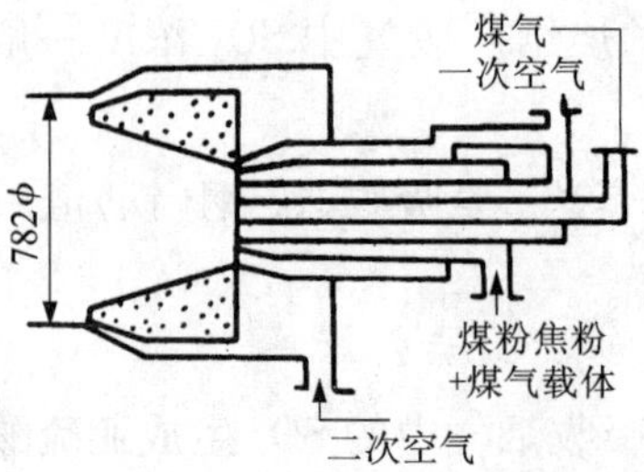	• 作辅助点火喷煤烧嘴 • 长火焰 800 mm	• 煤粉(-200目) • 煤粉消耗1.4 kg/t ($m=1.3$) • 新日铁吴厂于1984年10月开始使用

图 13－9　日本各种新型点火器图例

　　石灰(石灰石)－石膏法烟气脱硫工艺流程如图 13－10 所示,主要由冷却、吸收、pH 值调整、氧化、石膏分离和废水处理等几部分组成。此法技术上比较成熟,烟气脱硫率可达95% 以上,已在国内外多家烧结厂得到应用。

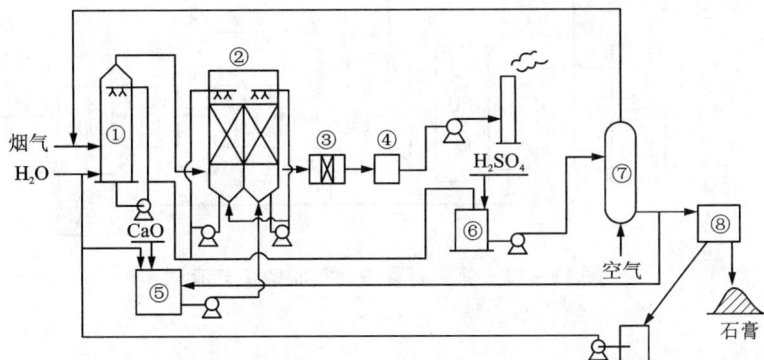

图 13－10　石灰(石灰石)－石膏法烟气脱硫工艺流程示意图
1—冷却塔；2—吸收塔；3—除雾器；4—补燃器；
5—石灰乳调节槽；6—pH 调整槽；7—氧化塔；8—石膏分离器

2)氨吸收法

　　根据烟气脱硫回收 SO_2 后所制备的产品不同,氨吸收法主要分为氨－硫铵法和氨－石膏法。

　　氨－硫铵法也称 NKK 法,其脱硫工艺流程如图 13－11 所示。其主要原理是利用焦炉煤气中的氨将烧结、球团厂废气中的 SO_2 除掉。首先,废气中的 SO_2 与吸收液亚硫酸铵溶液反应,生成亚硫酸氢铵,亚硫酸氢铵再与焦炉煤气中的氨反应,变为亚硫酸铵溶液。将此亚硫酸铵溶液又作为吸收液再与 SO_2 反应。这样往复循环,使溶液中亚硫酸铵的浓度愈来愈高,达到一定浓度后,将部分溶液分流出来,进行加压氧化,然后浓缩成为硫酸铵被回收。剩余的亚硫酸铵溶液加水稀释至浓度 50% 左右,再返回作脱硫反应的吸收液。此法脱硫率可达90% 以上。

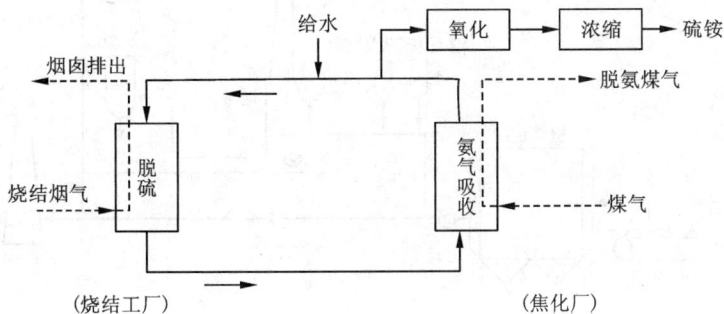

图 13－11　氨－硫铵法烟气脱硫工艺流程示意图

　　图 13－11 流程中,若在亚硫酸铵吸收液被氧化之前加入生石灰,经复分解反应后生成亚

硫酸钙,并在空气中氧化成石膏,则氨-硫酸铵工艺就变成氨-石膏法,其工艺流程如图13-12所示,氨-石膏法所得副产品为石膏而不是硫酸铵。

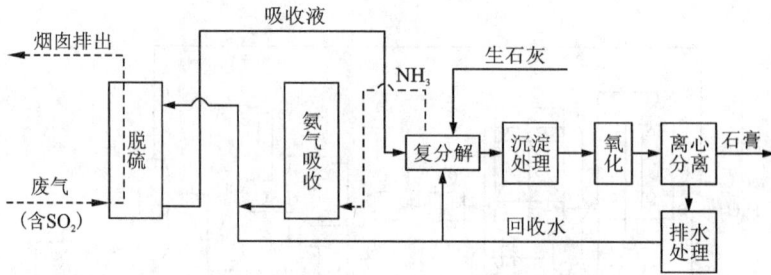

图13-12 氨-石膏法烟气脱硫工艺流程

3)钢(铁)渣-石膏法

此法是新日铁发明的,它利用钢铁厂废渣作为吸收剂。钢(铁)渣-石膏法工艺流程是:烟气经除尘器除尘后进入吸收塔,在吸收塔内喷淋废渣溶液,在中性或碱性溶液中进行脱硫。此法不设单独的氧化塔,吸收和氧化在同一塔内进行,在酸性溶液中,再脱硫和石膏的生成同时进行。此法工艺简单,脱硫效果较好,是一种较为经济的方法。

4)循环流化床法

循环流化床法是一种半干法脱硫技术。如图13-13所示,烟气经除尘后进入吸收塔。在吸收塔进口段,高温烟气与加入的吸收剂(消石灰)、吸附剂(活性炭)及循环灰充分预混合,进行初步的脱硫反应。然后,进入循环流化床里,在气流的作用下气固两相产生激烈的湍动与混合,反应界面不断磨擦、碰撞,产生一系列化学反应。携带大量吸收剂、吸附剂和反应产物的烟气降温后,从吸收塔进入脱硫布袋除尘器。除尘器捕集的脱硫灰经再循环系统,返回脱硫塔继续参加反应,如此循环。多余的少量脱硫灰渣送至灰仓。

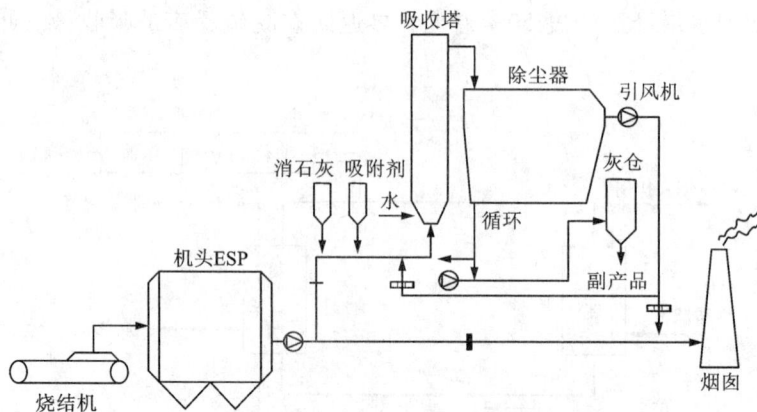

图13-13 烧结烟气循环流化床脱硫工艺流程示意图

该法以消石灰为脱硫剂,价廉易得;循环流化使脱硫剂与烟气中的SO_2充分接触,脱硫效率较高,SO_2脱除率可达90%以上;脱硫设施简单,运行成本较低。

5)密相干塔法

密相干塔法是一种典型的半干法脱硫技术。其原理是利用干粉状的钙基脱硫剂，与布袋除尘器捕集的大量循环灰一起进入加湿器进行增湿消化，使混合灰的水分含量保持在3%～5%，然后循环灰由密相塔上部进料口进入反应塔内。大量循环灰进入塔后，与由塔上部进入的含 SO_2 烟气进行反应。含水分的循环灰有极好的反应活性和流动性，另外塔内设有搅拌器，不仅克服了黏壁问题而且增强了传质，使脱硫效率可达90%以上。脱硫剂不断循环使用，有效利用率达98%以上。

6)活性炭吸附法

活性炭吸收法属干式脱硫法。含二氧化硫、氧和水蒸气的混合气体与活性炭接触时，在活性炭表面，二氧化硫被氧化为三氧化硫，并进一步与水蒸气反应生成硫酸被活性炭吸附。被吸附的硫酸浓度取决于温度和水蒸气的分压。稀硫酸进一步浓缩至70%的硫酸，或向稀硫酸中加入石灰或碳酸钙以石膏的形式回收。

日本新日铁于1987年在名古屋钢铁厂3号烧结机建成了活性炭法脱硫、脱硝装置，在实现较高的脱硫率(95%)和脱硝率(40%)的同时，还能够有效脱除二噁英，并具有良好的除尘效果。

7)其他脱硫方法

除上述主要方法外，烧结厂、球团厂烟气脱硫亦可采用循环菱镁矿法，也可把石灰石、白云石的粉末或消石灰等喷入高温废气中，它们分解后形成的氧化物随废气输送的过程中使 SO_2 固定，再用袋式除尘器将其捕集。循环菱镁矿法脱硫率达95%，被吸收的 SO_2 可进一步制备成商品硫酸。

13.2.2　烟气脱硝

烧结和球团生产过程中，NO_x 主要来源于燃料燃烧。燃烧形成的废气中 NO_x 以 NO 为主，占 NO_x 总体积的90%～95%。近年来，随着环境保护要求的日益严苛，烧结与球团生产过程中 NO_x 的净化问题也越来越受到重视。NO_x 的控制标准在国际上尚无统一规定。

目前，对 NO_x 的防治尚缺乏行之有效的方法，主要以预防措施为主，尽量限制 NO_x 的生成，其方法是：① 降低燃料含氮量。如采用低氮焦炭，或选用 NO_x 产生量少的混合煤气作为点火燃料。② 降低 NO_x 转换率。通过焦炭分层添加法和烧结、球团废气循环可以控制 NO_x 生成量和排放量。日本住友金属公司鹿岛烧结厂1977年投产的 $600 m^2$ 烧结机，采用烧结废气循环使用的工艺，使 NO_x 减少50%。

对于烟气中 NO_x 的净化，报导的方法有如下几种，其中以选择性催化还原法研究较多。

1)干式净化法

选择性催化还原法：以铂、铜或碱金属氧化物为催化剂，以 NH_3 或 H_2S 为还原剂，有选择地将废气中的 NO_x 还原为无害的 N_2 和水。该法的优点是反应温度可低至200～300℃，过程升温仅30～40℃，还原剂消耗不多。当 NH_3 与 NO_x 摩尔比为1，O_2 与 NH_3 摩尔比为10时，NO_x 脱除率可达99%。

非选择性催化还原法：以 CO、H_2、CH_4 等为还原剂，铂或钯等为催化剂将 NO_x 还原为 N_2 的方法。

吸附法：采用活性炭、活性氧化铝、分子筛等为吸附剂吸附 NO_x。使用此法时要求对废气预脱湿和冷却。分子筛吸附法已在美国三家工厂中应用。

吸收法：采用熔融碳酸盐，也可以用石灰乳或 NaOH 吸收 NO_x。该法优点是简单易行、投资少，但只能使废气中的 NO_x 降至 0.1% ~0.3%。

非催化还原法：当废气处于 700~1100℃温度范围内，不采用催化剂也可用氨还原 NO_x。另外，也可加分解促进剂促进还原作用，并扩大还原反应适宜的温度范围。

电子束照射法：经电子束照射一至数秒，废气中 NO_x、SO_x 生成硝酸铵、硫酸铵，再以除尘器回收硝酸铵、硫酸铵的微细固体粒子。该法具有反应时间短，温度低，可同时脱硫、脱硝等优点，NO_x、SO_x 的脱除率均为 90% 左右。

2）湿式净化法

碱或酸吸收法：用水、碱、硫酸等洗涤含 NO_x 废气以脱除 NO_x。NO_x 中 NO 所占的比例越大，NO_x 脱除率越低，当 NO/NO_2 之比为 1 时可获最佳效果。

络合吸收法：加入硫酸亚铁水溶液，在 pH 值为 5.5 以下，NO 与硫酸亚铁反应生成络合物使 NO_x 脱除。

氧化吸收法：采用臭氧、次氯酸盐、高锰酸钾、双氧水等氧化剂，将 NO_x 中的 NO 氧化为 NO_2 或 N_2O_5。

液相还原法：以亚硫酸盐溶液（亚硫酸钠、亚硫酸铵等）、硫化钠以及尿素等还原剂将 NO_x 还原成 N_2。

钢（铁）渣吸收法：此法用废渣作为吸收剂，吸收 NO_x。

目前，国内烧结机烟气脱硫所采用的方法还处于探索中。宝钢、梅钢采用石灰石－石膏法脱硫技术；三钢、济钢采用循环流化床脱硫技术；攀钢、柳钢采用氨法脱硫技术；太钢、宝钢湛江钢铁采用活性炭吸附法；五矿营口中板、韶钢采用氧化镁法脱硫技术等。

思考题

1. 烧结余热利用有哪些途径？各有什么特点？
2. 简述高料层烧结降低燃料消耗的原理。
3. 造块生产面临哪些方面的环保压力？
4. 简述常用烧结烟气脱硫技术的原理及特点。

第 14 章　造块生产自动控制原理

14.1　烧结矿化学成分控制

烧结矿化学成分主要包括碱度(R)、TFe、SiO_2、CaO、MgO、FeO、P 和 S 等。国内外生产实践表明，烧结矿化学成分的波动对高炉影响很大。烧结矿 TFe 含量波动值由 ±1.0% 降至 ±0.5% 时，高炉一般增产 1% ~ 3%。碱度波动值由 ±0.1 降至 ±0.075 时，高炉增产 1.5%，焦比降低 0.8%。但是，目前烧结矿化学成分波动大是国内外高炉面临的一个突出问题。因此，控制烧结矿化学成分，主要是控制其稳定性。

烧结矿化学成分控制具有如下特点：

(1)烧结矿化学成分(FeO，S 除外)的稳定主要受原料参数的影响，与状态参数关系不大。

(2)从原料下料到烧结成烧结矿，再到给出烧结矿化学成分的化验结果，需要长达几个小时的时间，即存在相当长的时间滞后。

(3)工艺过程具有动态复杂性和时变特性。

(4)烧结矿化学成分之间有很大的相关性，一种成分发生变化会引起其他成分的改变。

(5)烧结矿化学成分控制相当复杂，一种成分不能满足要求，并不一定是由于该成分本身变化引起的，由一个方面引起的成分变化，可能要从另一个方面去解决。

根据上述特点，采用数学模型与知识模型相结合的控制方法，建立基于预报的烧结矿化学成分控制专家系统，其流程图见图 14 - 1。

1)烧结矿化学成分预报模型

要解决烧结矿化学成分长时间滞后问题，必须对其提前预报，烧结矿化学成分预报方法有时间序列模型法、人工神经网络法、灰色模型法等。下面主要介绍时间序列预报模型的建立。

烧结矿化学成分与原料之间的关系可用多输入单输出(MISO)的 CAR(n)模型表示为公式(14 - 1)。

$$A_{ik}(z^{-1})y_i(k) = \sum_{j=1}^{m_i} B_{ijk}(z^{-1})u_{ij}(k)z^{-d} + e_i(k) \tag{14 - 1}$$

式中：$A_{ik}(z^{-1}) = 1 + a_{i1}(k)z^{-1} + \cdots + a_{il}(k)z^{-l} + \cdots + a_{in_i}(k)z^{-n_i}$；$B_{ijk}(z^{-1}) = b_{ij0}(k) + b_{ij1}(k)z^{-1} + \cdots + b_{ijl}(k)z^{-l} + \cdots + b_{ijn_{ij}}z^{-n_{ij}}$；$y_i(k)$ 为系统输出数据；$u_{ij}(k)$ 为系统输入数据；$e_i(k)$ 为零均值高斯白噪声；d 为时滞；a_{il}，b_{ijl} 为模型参数；n_i，n_{ij} 为模型阶数；m_i 为输入数据个数，以烧结矿化学成分为例，$i = 1 \sim 5$，分别代表 R，TFe，SiO_2，MgO，Al_2O_3。

所谓预报就是在 k 时刻根据已知的观测值 $y_i(k)$，$\cdots$，$y_i(k - n_i + 1)$ 及 $u_{ij}(k)$，$\cdots$，$u_{ij}(k - $

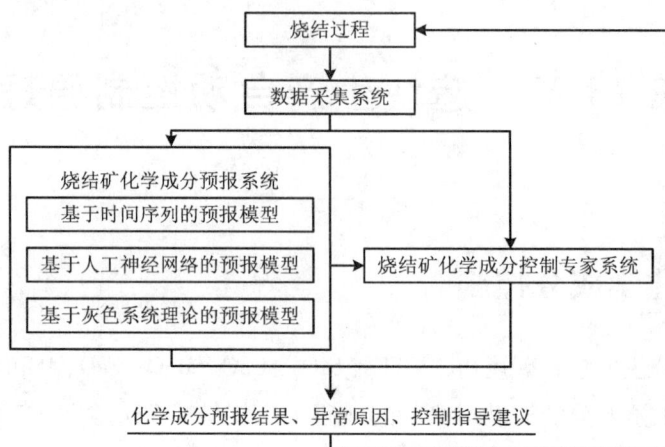

图 14 – 1 基于预报的烧结矿化学成分控制专家系统

$n_i - d + 1$)估计未来 $k + d$ 时刻的输出值 $\hat{y}_i(k + d/k)$，称作超前 d 步预报。

这种未来时刻的输出预报值应当是已知数据的某种函数，即可表示成公式(14 – 2)所示。

$$\hat{y}_i(k + d/k) = f_i\left[y_i(k), \cdots, y_i(k - n_i + 1), u_{ij}(k), \cdots, u_{ij}(k - n_{ij} - d + 1)\right] \quad (14 - 2)$$

它使得准则函数 J[见公式 14 – 3]达到最小值

$$J = E\left\{\left[y_i(k + d) - \hat{y}_i(k + d/k)\right]^2\right\} \quad (14 - 3)$$

模型的辨识分为模型结构的确定和模型参数的辨识。对于 MISO 模型，模型结构的确定主要是阶数和时滞的确定。模型参数是在结构确定的前提下进行辨识的。模型结构经离线确定后保持不变，模型参数则根据采集的新生产数据进行实时辨识。

2）烧结矿化学成分控制专家系统

烧结矿化学成分的控制主要是控制各成分的稳定性，波动范围愈小愈好。因为化学成分大的波动会引起冶炼时炉况的波动，尤其是 R 和 TFe，所以烧结矿化学成分控制以 R 和 TFe 为主，R 和 TFe 满足生产要求，其他成分未满足要求，可不进行调整；R 和 TFe 不满足生产要求，即使其他成分满足要求，也要进行调整。

烧结矿 R 的波动，有以下两方面的原因：①CaO 含量的波动引起的 R 波动。CaO 含量的波动都是由熔剂下料量波动引起的。②SiO_2 含量波动引起的 R 波动。SiO_2 含量波动一种情况是由于混匀矿配料不准及中和效果差等原因所引起的混匀矿成分波动，另一种情况是由于混匀矿下料量波动引起的。

烧结矿 TFe 的波动，主要由于混匀矿配料不准和其下料量波动所引起。

同时，混匀矿化学成分的波动及其流量的波动会引起 FeO 和 MgO 含量的波动，而 FeO 含量又受燃料量的影响，MgO 含量受菱镁石流量的影响。

从以上分析可知，仅根据某一种成分的状态来分析原因是不可能的，必须利用专家的经验知识，综合分析各成分的状态，才能找到真正的原因。

为了实现 R 和 TFe 的优化，同时为了避免出现大的波动，也为了减小预报误差的影响，采用以 R 和 TFe 状态及其变化趋势（由过去值、现在值和将来值决定）为调整依据，以"保证合格品，力争一级品"为调整原则。

（1）当 R 太高（或太低），TFe 太高（或太低）时，无论其他成分状态如何，R 和 TFe 都要进行调整。

（2）当 R 太高（或太低），TFe 较高（或较低）时，重点考虑调整 R，TFe 根据变化趋势决定调整与否，当 TFe 的预报值、现在值和过去值变化趋势一致时，调整 TFe，当变化趋势不一致时，暂不做调整。

（3）当 R 太高（或太低），TFe 适宜时，重点考虑 R 的调整。

（4）当 R 较高（或较低），TFe 太高（或太低）时，重点考虑调整 TFe，而 R 根据变化趋势决定调整与否。

（5）当 R 较高（或较低），TFe 较高（或较低）时，分别根据 R 和 TFe 的变化趋势决定它们是否调整。

（6）当 R 较高（或较低），TFe 适宜时，根据 R 的变化趋势决定它是否调整。

（7）当 R 适宜，TFe 太高（或太低）时，重点考虑 TFe 的调整。

（8）当 R 适宜，TFe 较高（或较低）时，根据 TFe 的变化趋势决定它是否调整。

（9）当 R 适宜，TFe 适宜时，无论其他成分状态如何，都不做任何调整。

专家系统的知识包括生产数据、事实、数学模型、启发性知识和元知识等五类知识，所以采用产生规则、谓词逻辑和过程表示相结合的混合知识表示模式，推理机采用过程化推理和正向推理相结合方式。

14.2　烧结过程状态控制

烧结过程状态主要包括烧结料层的透气性状态和热状态（温度状态），它们是相互影响的：透气性的好坏直接影响了气体在料层中的分布和流动状态，进而影响料层热量的传递及温度分布；而温度的高低会影响气体的流动速度，继而影响料层的透气性状态。

反映烧结过程状态的参数，如混合料透气性、废气温度上升点、烧结终点等，目前还难以实现在线检测。因此，必须通过软测量的方法对其进行分析、判断；由于烧结过程存在时间上的滞后，所以烧结终点等状态参数都需要提前预报。

14.2.1　烧结过程状态的软测量

软测量的基本思想是：根据影响或反映某一参数的可测数据，通过数学模型进行计算，或结合专家经验进行判断，得出该参数的计算值或状态。

14.2.1.1　烧结料层透气性的软测量

美国伯利恒钢铁公司烧结厂，通过检测圆辊布料器矿槽的混合料透气性来确定原始料层透气性的大小。混合料矿槽透气性检测的基本方法是吹气法，即向矿槽的混合料中吹压缩空气，通过测出其压力和空气流量（见图 14-2），用公式（14-4）计算透气率 J。

$$J = KQ/\sqrt{p} \qquad (14-4)$$

式中：Q 为通过空气流量，m^3/h；p 为吹入空气压力，MPa；K 为系数，$h \cdot m^{-3} \cdot (MPa)^{-\frac{1}{2}}$。

在意大利钢铁公司和日本新日铁公司，通过测定在恒定负压下通过料层的空气流量来在线连续监测点火前透气性。

中南大学根据现场实际生产情况，提出以下两种方法。

1）应用 Voice 公式计算料层透气性指数

透气性指数计算公式见式（14 – 5）。

即：
$$P = \frac{Q}{A}\left(\frac{H}{\Delta P}\right)^n \qquad (14 - 5)$$

式中：P 为料层透气性指数；Q 为通过料层的风量，m^3/min；A 为抽风面积，m^2；H 为料层高度，m；ΔP 为负压，Pa；n 为与流动状态有关的系数，点火前和烧结过程中一般取 $n = 0.6$。

烧结机风箱统一由机头向机尾进行编号，则点火炉对应的为 $1^{\#}$ 风箱。式中的 A 取 $1^{\#}$ 风箱所对应的

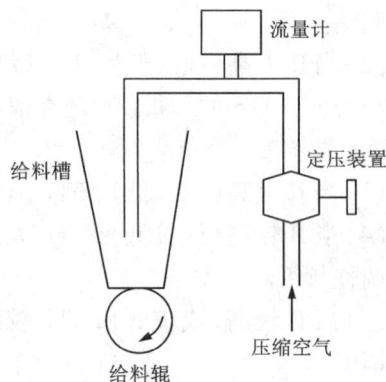

图 14 – 2　混合料透气率检测示意图

面积，H 和 ΔP 为 $1^{\#}$ 风箱处在线检测的料高和负压。因为抽风机的能力是一定的，抽风量主要通过风箱阀门的开口度调节，所以式中的 Q 可按抽风机的额定风量×风机的有效功率×风箱阀门开口度计。

2）透气性的模糊综合评判

在点火保温段，当透气性好时，通过料层的气体流量大，带走的热量相对就多，在点火煤气流量和压力一定的情况下，点火炉的温度低，相应的保温炉温度也低，而下部风箱的废气温度高，在抽风量一定的情况下，风箱负压低；反之亦然。但是，因为点火温度还受点火煤气流量、压力的影响，煤气流量和压力的变化反映到点火温度的变化又存在时间滞后，不能完全反映料层透气性的变化；而且有些烧结厂有点火温度的局部控制，保证了点火温度的稳定。所以也可以以点火、保温段对应的风箱温度、负压以及保温炉温度作为评判因子，采用模糊综合评判的方法对透气性进行评判。

14.2.1.2　烧结过程热状态的软测量

描述烧结过程热状态的方法比较多，归结起来可分为烧结废气温度法、台车侧板温度法、烧结料层温度场模拟模型以及机尾卸料区热像法等。目前应用比较多的是烧结废气温度法。

废气温度法是根据各个烧结风箱内热电偶检测到的废气温度来拟合曲线，根据计算得到的特征点来描述热状态。最早且常用的方法是烧结终点（burning through point，BTP），之后又提出烧结废气温度上升点（temperature rising point，TRP），烧结拐点（burning rising point，BRP）等方法。其定义见图 14 – 3。TRP 是指烧结料层的水分全部干燥完毕，由湿料带向干燥预热带转换的点，位于烧结机的中部位置；BRP 是指烧结料层由干燥预热带向燃烧带转换

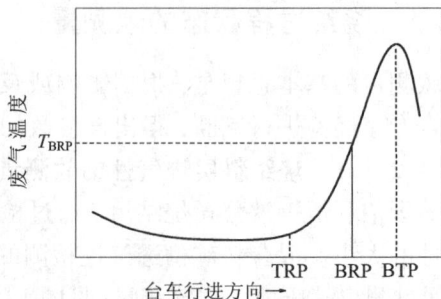

图 14 – 3　烧结废气温度曲线特征点示意图

的点，位于烧结机中后部位置，一般用某个废气温度值所处的位置表示；BTP 是指烧结废气温度的最高点，位于烧结机尾部。

烧结终点（BTP）：一般认为 BTP 应当控制在倒数第二个风箱的位置，通常采用最后 3 ~ 5

个风箱内的废气温度拟合二次曲线 [见式 (14-6)]。

$$T = aX^2 + bX + c \qquad (14-6)$$

式中：T 为风箱温度，℃；X 为风箱号或位置，WB 或 m；a，b，c 为系数。

烧结废气温度上升点 (TRP)：根据风箱废气温度检测值，拟合出多项式 [式 (14-7)]。n 的值可根据历史数据，用 CurveExpert 软件拟合确定，$a_0 \cdots a_n$ 根据在线检测数据实时确定。

$$T_g = a_0 + a_1 X + a_2 X^2 + \cdots + a_n X^n \qquad (14-7)$$

为了避免机尾漏风对废气温度产生的影响，对符合 n 次多项式关系拟合的烧结废气温度曲线的测点数据进行了选择。先对中部各测点温度进行一定的判断，若 $T(X_2) - T(X_1) < T_c$，且 $T(X_3) - T(X_2) > T_c$，则以 X_2 为中心，两边各取 2 个测点温度，再对这 5 个测点数据进行曲线拟合，然后计算曲线斜率为某一定值的实数解作为 TRP 的值。T_c 根据实际生产情况取值，一般取 10~20℃。由于多项式有可能存在多个实数解，为了确定符合实际情况的 TRP 值，设置了一定的求解范围，即根据前面的判断设为 $[X_1, X_3]$。

烧结拐点 (BRP)：日本的 R Nakajima 等人提出了 BRP 这一概念，他们是用烧结机倒数几个风箱 (倒数第一个风箱除外) 内的废气温度拟合二次曲线，然后将曲线某一温度所对应的位置作为 BRP 的值。根据烧结生产状态不同，BRP 的设定温度会有所区别，例如：日本 R Nakajima 等人提出 BRP 是 250℃所对应的风箱位置；太钢 660 m^2 的烧结机共有 31 个风箱，其 BRP 的设定温度为 180℃。

14.2.2　烧结过程状态的预报

烧结过程热状态的预报方法包括数学模型的方法和专家系统的方法。目前，常用于烧结过程状态预报的建模方法主要有：时间序列建模方法、人工神经网络建模方法和支持向量机建模方法等。

建立模型最主要的任务是确定输入、输出参数。输出参数是指预报的指标，例如，BTP 的预报模型，其输出参数是 BTP 的计算值，BRP 预报模型的输出是 BRP 的计算值。而输入参数是指各状态参数的影响参数，可以为一个或多个。

在日本川崎钢铁公司水岛厂开发的诊断型烧结操作控制专家系统中，烧结终点的预报包括长期预报 (约 30 min) 和短期预报 (约 10 min)。长期预报是由原料透气性来预报烧结终点，主要考虑原料配比的变化、矿槽原料的偏析和混合料水分变化等；短期预报是由温度上升点的风箱废气温度来预报。在日本川崎钢铁公司开发的烧结过程操作指导系统 (OGS) 中，根据原始料层透气性，应用自回归模型，分别对主抽风机的压力、风箱处的最高温度和烧结终点等参数进行了提前预报。美国的 Richard C. Corson 提出，根据废气温度开始上升点处 (靠近烧结机中部的风箱) 的温度前馈控制烧结终点。北京科技大学的郇安民等提出根据烧结机中部 11 号风箱的废气温度前馈控制烧结终点。韩国的 B. K. Cho 等认为，采用在拐点前区域废气温度比最高温度控制布料分道闸板，可使时间滞后大大缩短。这些实际上都是根据废气温度开始上升处的温度来预报烧结终点。

中南大学在研究中发现在正常生产条件下，当烧结终点稳定时，废气温度曲线的拐点 (称为正常拐点) 稳定在某一风箱位置，该风箱处的温度 (称为正常拐点温度) 稳定在一定范围内；当烧结终点变化时，正常拐点温度也随之变化。

因此，中南大学根据混合料透气性 P 对烧结拐点 BRP 和烧结终点 BTP 进行长期预报，应用废气温度上升点 TRP 和烧结拐点 BRP 对烧结终点 BTP 进行短期预报。

14.2.3 烧结过程状态的控制

烧结机分为纵向、横向和竖向三个方向。烧结过程竖向状态主要表现为烧结过程各带的厚度、移动速度等,其变化最终还是表现在纵向状态上。所以,烧结过程状态控制主要分为纵向状态的控制和横向状态的控制。

14.2.3.1 烧结过程纵向热状态控制

京滨烧结厂开发的烧结过程热状态控制系统中,利用烧结机台车速度与 BRP 的纵向位置二者的关系来控制台车速度,使 BRP 在烧结机长度方向上的位置保持稳定。

国外也提出基于燃烧带模型的烧结终点控制,在烧结过程中,燃烧带的垂直推进速度和台车水平移动速度,决定烧结终点的位置。而作用在燃烧带的主要因素是主风机的负

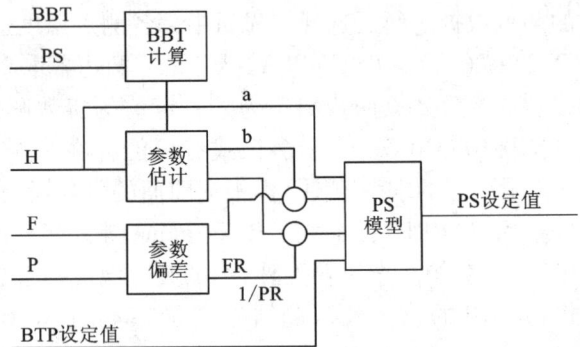

图 14-4 烧结机台车速度控制模型

压和混合料的料层阻力,由此推导出燃烧带的模型如式(14-8)所示。台车速度总控制模型如图 14-4 所示。

$$\frac{\mathrm{d}^2 x(t)}{\mathrm{d}t^2} = -A + Bx(t) \qquad (14-8)$$

式中:H 为料层厚度;$x(t)$ 为燃烧带的位置,$x(0) = H$,$x(\mathrm{BTT}) = 0$,$\frac{\mathrm{d}x(0)}{\mathrm{d}t} = 0$;$t$ 为时间[$t = 0$ 时为初始时间,燃烧带到达料层底部所需的时间为烧透时间(BTT)];A 为主风机产生的压力,可用烧结机的总废气流量来表示,$A = aFR$;B 为混合料内部阻力,定义为装入混合料透气性的函数,$B = b_1/PR$;a,b 为稳定情况的预测参数;FR,PR 为偏离稳定废气流量和透气性的偏差,在稳定情况下,FR 和 PR 都等于 1。

日本川崎钢铁公司水岛厂开发的烧结操作诊断型专家系统中,包括正常的 BTP 管理和非正常的 BTP 管理。正常的 BTP 管理包括实际 BTP 管理和预测 BTP 管理,通常用预测 BTP 管理进行 BTP 的控制,由于急剧的外部干扰等原因使实际 BTP 超过正常管理范围时,要立刻根据实际 BTP 管理进行控制的变动,总之,当 BTP 处于正常状态时采取改变台车速度的措施;非正常 BTP 管理功能以 1 min 为周期分别对冷却温度、EP 温度及主风机负压等进行操作状态的诊断,当它们超过规定值时,采取紧急措施改变台车速度、主风机闸门开启度。然后分析出现异常的原因,进行操作指导。消除异常状况后,根据实际 BTP 的状况使排风机闸门开启度和台车速度逐渐恢复到正常操作水平,然后返回到 BTP 管理功能。

中南大学开发了烧结过程纵向状态的模糊控制系统。从点火开始到烧结结束,烧结过程状态难以用同一个参数来描述,必须分别考虑各个阶段的状态。而同一时刻根据不同位置的状态会出现不同的控制结果,若只以某一阶段的状态进行控制,就可能出现误调整,所以要综合考虑,因此提出分段判断、综合协调的控制策略。

从点火开始到烧结结束的过程分成以下三个主要阶段：

（1）初始阶段　是指点火、保温阶段，这阶段主要反映混合料透气性的状态。通过混合料透气性的软测量模型进行计算。其计算结果可以用来预报后两个阶段的状态，同时也根据计算结果前馈控制混合料制粒水分和制粒效果。

（2）中期阶段　是指烧结过程进行到烧结机中部位置的阶段，它有两个反应参数：一是烧结废气温度上升点（TRP），另一个是烧结拐点（BRP）。这两个参数也是通过软测量模型计算，同时它们也可以通过原料透气性进行预报，而且也可以应用这两个参数预报烧结终点（BTP）。

（3）结束阶段　是指烧结过程即将结束、进行到烧结机尾部的阶段，主要参数是烧结终点（BTP）。BTP 可以通过原料透气性、TRP 和 BRP 进行预报。

根据烧结过程状态，采用模糊控制算法计算控制参数的调整量，再根据三个阶段的状态，对控制参数综合考虑，进行总体协调。用于控制烧结状态的参数包括：台车速度、混合料装料密度、料层高度、风机风门开口度等。

14.2.3.2　烧结过程横向热状态的控制

烧结过程横向热状态就是根据烧结机台车宽度方向不同点的 TRP、BRP 和 BTP 的计算值和预报值，判断横向烧结过程状态的均匀性。

日本京滨烧结厂根据台车下部间隔 1 m 的 5 条废气温度曲线来确定的 BRP 的横向分布，通过控制布料密度（由 5 个分段布料闸门的开度来控制）的横向分布来自动实现 BRP 沿台车宽度方向的均匀分布。布料厚度是用沿台车宽度方向安装的 5 个超声波料位计来检测的。主闸门控制台车宽度方向上的平均料量。圆辊布料器的转速由台车速度来控制。

计算公式见式（14-9）至式（14-11），其特点是横向 BRP 的分布是根据横向平均值的偏差来确定的，故避免了纵向 BRP 变化影响横向 BRP 的波动。

$$\delta BRP = BRP - \sum_{i=1}^{5} BRP/5 \tag{14-9}$$

$$\Delta U_i = \sum_{i=1}^{5} G_{ij} \cdot (\delta BRP_j - \delta BRP_j') \tag{14-10}$$

$$U_{i,l} = U_{i,(l-1)} + \Delta U_{i,l} \tag{14-11}$$

式中：i,j 为沿烧结机台车宽度方向的测点号（$i,j=1\sim5$）；δBRP 为 BRP 同其横向平均值的偏差；$\delta BRP'$ 为 BRP 同其横向平均值的偏差的设定值，为了横向均匀控制，$\delta BRP'$ 取为零；U 为布料厚度目标值，mm；ΔU 为布料厚度同目标值的偏差，mm；G 为由 δBRP 到 ΔU 的变换常数；l 为向过去的时间移式。

由式（14-9）计算出沿台车宽度方向上每一点 i 的 BRP 同平均值的偏差 δBRP。式（14-10）是将计算出的偏差变换成台车宽度方向上每一点 i 的平均布料厚度的目标偏差同前一个输出值的差 ΔU_i，其中 G_{ij} 为控制增益系数。为了横向均匀控制，BRP 横向平均值的所有目标偏差 $\delta BRP'$ 均为零，式（14-11）是计算台车宽度方向上每一点 i 的布料厚度目标值。

14.3　烧结能耗控制

燃料用量决定了烧结过程的能耗。日本川崎钢铁公司千叶厂在 No.3 和 No.4 烧结机上开发了烧结能耗控制系统（SECOS）。它是根据碳燃烧量（RC）和炽热区面积比（HZR）两个变量来判断烧结热量的波动，从而自动控制燃料配比。

14.3.1　RC 的推算与 HZR 的测定

14.3.1.1　RC 的推算

RC 是根据烧结废气中 CO、CO_2 的浓度和废气流量计算总的碳含量，减去点火炉混合煤气燃烧和混合料中碳酸盐分解产生的 CO_2 中的碳含量，再换算成燃料配比。即：

$$RC = [V_{ex} \cdot (CO + CO_2) - V_{CaCO_3} - V_{Dolo} - V_{MG}] \times \frac{13}{22.4} \times \frac{1}{M \times FC} \times 100 \qquad (14-12)$$

式中：V_{ex} 为废气量（干），m^3/h；V_{MG} 为混合煤气燃烧产生的 CO_2 量，m^3/h；CO、CO_2 为废气中 CO、CO_2 的体积浓度，%；在分析时，考虑到集气管内废气偏流和废气中粉尘的不良影响，在烧结废气风机出口处设置采样管。V_{Dolo}、V_{CaCO_3} 为白云石、石灰石热分解产生的 CO_2 量，m^3/h；料槽排出的混合料在烧结机上烧结废气成分测定出结果，约有 30 min 的滞后时间，因此石灰石、白云石用量需留有一定的跟踪时间才能用于计算。FC 为燃料中游离碳含量，%；M 为混合料用量，t/h：

$$M = PS \times H \times W \times \rho \times 60 \qquad (14-13)$$

式中：PS 为烧结机运行速度的测定值，m/min；H 为烧结料层高度的测定值，m；W 为烧结机台车宽度，m；ρ 为烧结机上混合料密度，t/m^3。

14.3.1.2　HZR 测定

用烧结机卸矿端设置的工业电视（ITV）监视器对即将落下的烧结饼断面进行摄像，摄像仪的图像信号由图像处理装置和仿真彩色装置处理后，按不同温度在彩色监视器上表示出来，同时由图像处理装置分离出 600℃ 以上的炽热区面积比，即 HZR。在计算过程中以 1 s 为单位计算 HZR，以每个台车的最大值作为控制值，利用上级过程计算机进行指数筛选处理。

14.3.2　控制机理

14.3.2.1　RC 和 HZR 的现状评价

RC 和 HZR 值每 5 min 计算一次，根据计算值与目标值的偏差，分 7 个等级来评价烧结状态，即按 0 ~ ±3 指数给予评价。例如，评价 0 表示当时的碳含量符合标准，评价 −3 表示比标准值少得多。

14.3.2.2　调整矩阵

根据 RC 和 HZR 各自的评价结果进行综合评价烧结热量水平。矩阵的综合评价 0 ~ ±3 表示所必需的焦粉调整量的大小和方向，只有 RC 和 HZR 出现同向偏差时才能选择调整值，以综合评价结果为基础计算燃料配比的适宜值，作为下级 DDC 的燃料供给量的设定值。

14.3.2.3　控制方法

因评价 RC 和 HZR 现状的 7 个等级的各自的临界值随操作水平、质量要求的变化而经常改变，所以采取了按常数和每 30 min 计算一次标准偏差修正临界值的方法，RC 对碳波动响应迅速（约 30 min），灵敏度高。HZR 由台车运行时间所引起的响应滞后时间长（约 85 min），而且易受碳含量以外的因素影响，所以不适宜用于短时间急剧波动情况的检测。针对这种情况，该系统可以从通常的 RC 和 HZR 矩阵控制转换为 RC 单项控制。

14.4 链算机－回转窑过程控制

链算机－回转窑生产过程控制的目的是稳定生产、优化球团矿产量和质量、降低设备损耗和生产能耗。其生产过程控制系统的结构如图 14－5 所示,它主要由链算机－回转窑过程模拟模型、平衡模型和控制专家系统等三部分组成。

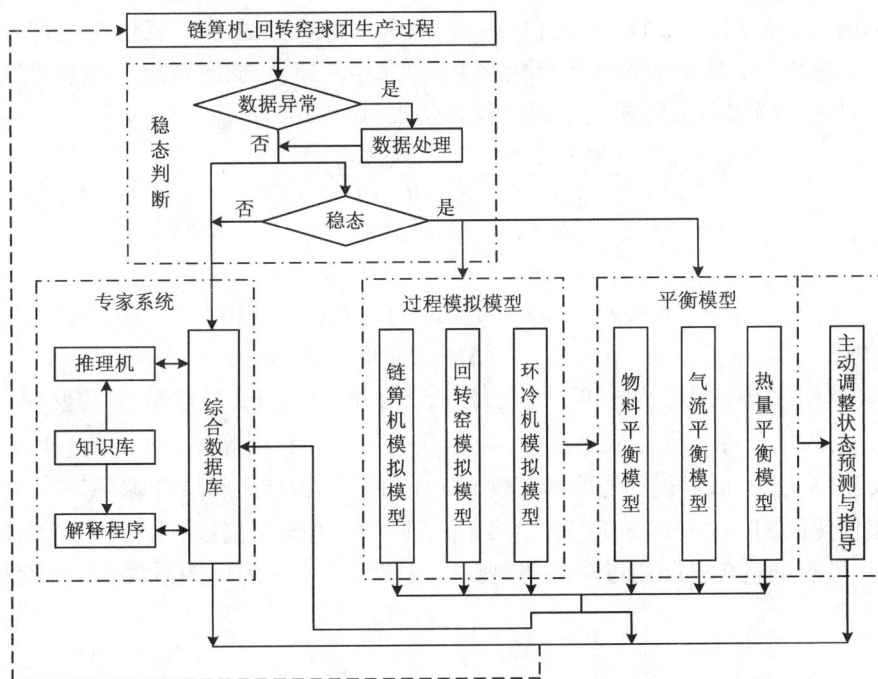

图 14－5 链算机－回转窑生产过程控制系统结构

链算机－回转窑过程模拟模型和平衡模型是基于稳态假设的,因此,模型使用前需要根据一定周期内检测数据波动情况进行生产状态稳定性判断。当数据波动未超过误差设定范围,则认为生产状态稳定,启动模型计算,专家系统采用实时生产检测信息和模型计算结果进行控制指导;否则,不启动模型计算,专家系统从数据库中读取上一稳态下模型计算结果历史数据与当前生产检测信息一起用于生产控制。

14.4.1 过程模拟模型

过程模拟模型包括链算机模拟模型、回转窑模拟模型和环冷机模拟模型。

14.4.1.1 链算机模拟模型

链算机模拟模型包括水分迁移模型、磁铁矿氧化模型和料层温度分布模型。模型的假设条件如下:

(1)初始球团料层视为粒度均匀的球体充填的多孔移动料层。

(2)链算机上热固结过程处于稳定状态。

（3）单个球团内没有温度梯度。

（4）球团料层内的固相热传导相对于气固对流传热可以忽略。

（5）竖向气体流速远远大于横向链算机机速。

（6）热损失仅限于算条蓄热。

（7）水分冷凝放热完全被气相吸收，球团内其他反应吸放热完全被固相吸收或由固相支出。

球团和气体含水量变化速率分别如公式（14-14）和（14-15）所示，水分蒸发吸热速率和冷凝放热速率如公式（14-16）和式（14-17）所示；球团中磁铁矿氧化反应符合有固体产物层的未反应核模型，球团中磁铁矿氧化率见公式（14-18）；球团料层气相热平衡方程如公式（14-19）所示，球团料层固相热平衡方程如公式（14-20）所示。

$$\frac{\partial W_p(x, t)}{\partial t} = -\frac{q_{ev}(x, t)}{\Delta H_{ev}\rho_p(1-\varepsilon_b)} \tag{14-14}$$

$$\frac{\partial W_g(x, t)}{\partial x} = -\frac{q_{ev}(x, t)}{\Delta H_{ev}M_g} \tag{14-15}$$

$$q_{ev}(x, t) = hA[T_g(x, t) - T_p(x, t)]a \tag{14-16}$$

$$q_{cd}(x, t) = \Delta H_{ev}M_g(W_g - W_{gs}) \tag{14-17}$$

式中：W_p 为球团水分含量，%；W_g 为气体水分含量，%；q_{ev} 为水分蒸发反应吸热速率，$J \cdot m^{-3} \cdot s^{-1}$；$q_{cd}$ 为水分冷凝反应放热速率，$J \cdot m^{-3} \cdot s^{-1}$；$x$ 为料层高度，m；t 为时间，s；ΔH_{ev} 为水分蒸发反应焓变，$J \cdot kg^{-1}$；ρ_p 为球团密度，$kg \cdot m^{-3}$；ε_b 为球团料层孔隙率，%；A 为单位体积球团料层传热面积，$m^2 \cdot m^{-3}$；T_g 为气体温度，K；T_p 为球团温度，K；W_{gs} 为气体中饱和水含量，%；a 为蒸发热在料层通过对流传热获得总热量中所占的比例系数，与温度相关。

$$\chi(x, t) = 1 - \left[\frac{r_m(x, t)}{r_0}\right]^3 \tag{14-18}$$

式中：χ 为球团中磁铁矿氧化率，%；r_m 为球团磁铁矿未反应核半径，m；r_0 为球团原始半径，m。

$$M_g C_g \frac{\partial T_g(x, t)}{\partial x} = hA[T_p(x, t) - T_g(x, t)] + q_{cd}(x, t) \tag{14-19}$$

$$\rho_p(1-\varepsilon_b)C_p\frac{\partial T_p(x, t)}{\partial t} = hA[T_g(x, t) - T_p(x, t)] - q_{ev}(x, t) + q_{ox}(x, t) \tag{14-20}$$

式中：q_{ox} 为磁铁矿氧化反应放热速率，$J \cdot m^{-3} \cdot s^{-1}$；$C_g$ 为气体比热，$J \cdot kg^{-1} \cdot K^{-1}$；$C_p$ 为球团比热，$J \cdot kg^{-1} \cdot K^{-1}$；其他符号意义同前。

根据不同温度下球团和气体比热实验室检测数据的拟合结果，C_p 和 C_g 计算如下：

$$C_p = \begin{cases} 671.9814 + 0.6280[T_p(x, t) - 273], & T_p < 973\ K \\ 895.9752 & T_p \geq 973\ K \end{cases}$$

$$C_g = 4.5502 \times 10^{-4}[T_g(x, t) - 273]^2 - 2.1340 \times 10^{-7}[T_g(x, t) - 273]^3$$
$$- 7.1448 \times 10^{-2}[T_g(x, t) - 273] + 1026.6034$$

链算机干燥段的水分迁移模型，可实现生产过程中沿链算机运行方向和料层高度方向任意位置球团料层水分实时分布状态透明化和球团水分蒸发速率的在线软测量，对过湿带的产生、移动，以及球团料层干燥效果进行实时监测；链算机预热段磁铁矿氧化模型，可实现生产过程中沿链算机运行方向和料层高度方向任意位置球团料层磁铁矿氧化率实时分布状态透明化，以及预热球团 FeO 含量的在线软测量。链算机温度场模型，可实现生产过程中链算机运行方向和料层高度方向任意位置球团料层温度分布的在线检测。

14.4.1.2　回转窑模拟模型

回转窑内球团沿周边翻滚的同时，沿轴向向前移动，与逆流气体以及窑壁进行热交换。回转窑截面传热途径如图 14-6 所示。

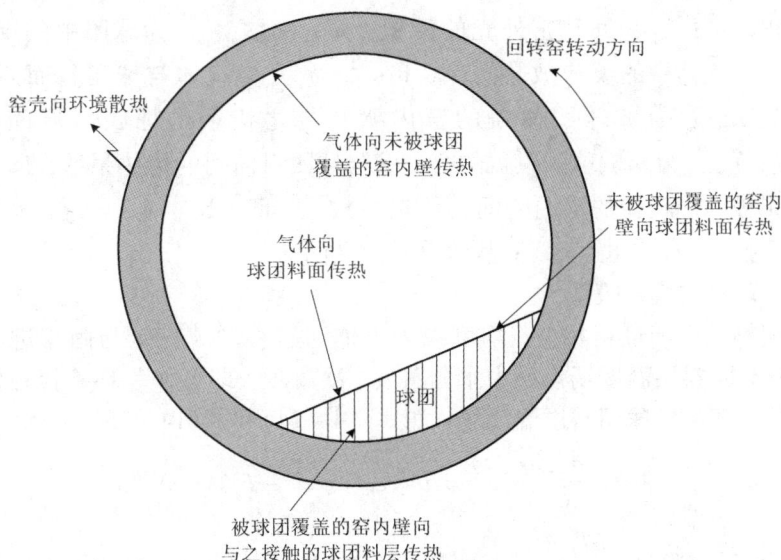

图 14-6　回转窑径向截面传热途径

当忽略球团料层内部的温度梯度，即假设回转窑轴向任意截面内物料混合良好、温度均匀，回转窑焙烧过程可采用一维轴向传热模型进行模拟。一维模型结构简单、计算速度快，较适合工业应用。

沿回转窑轴向，取长度为 dz 的微元段，针对微元体，引入如下假设：

（1）回转窑生产过程处于稳态。

（2）物料混合良好，温度均匀。

（3）气体温度均匀。

（4）火焰热量全部通过气体进行传递。

（5）回转窑外界环境温度恒定。

（6）忽略轴向导热。

（7）窑体进出口端面绝热。

对微元进行能量平衡分析，建立球团、气体和窑壁热平衡方程，分别如式（14-21）、式（14-22）和式（14-23）所示。

$$M_p C_p \frac{\mathrm{d}T_p}{\mathrm{d}z} = h_{g-ep} A_{ep} (T_g - T_p) + h_{cw-cp} A_{cw} (T_w - T_p) + h_{ew-ep} A_{ew} (T_w - T_p) + Q_{reaction-pellet}$$

$$(14-21)$$

$$M_g C_g \frac{\mathrm{d}T_g}{\mathrm{d}z} = h_{g-ew} A_{ew}(T_w - T_g) + h_{g-ep} A_{ep}(T_p - T_g) + Q_{reaction-gas} \qquad (14-22)$$

$$h_{g-ew} A_{ew}(T_g - T_w) - h_{cp-cw} A_{cw}(T_w - T_p) - h_{ep-ew} A_{ew}(T_w - T_p) = h_{sh-a} A_{sh}(T_{sh} - T_a)$$
$$(14-23)$$

式中：M_p 为球团质量流速，kg·s^{-1}；M_g 为气体质量流速，kg·s^{-1}；T_w 为回转窑内壁温度，K；T_{sh} 为回转窑外壳温度，K；T_a 为回转窑周围环境温度，K；z 为与窑尾轴向距离，m；A_{ep} 为未与窑壁接触的球团料面的面积，m^2；A_{cw} 为与球团接触的窑内壁的面积，m^2；A_{ew} 为未与球团接触的窑内壁的面积，m^2；A_{sh} 为回转窑外壳的面积，m^2；$Q_{reaction-pellet}$ 为球团中的反应放热速率，J·s^{-1}；$Q_{reaction-gas}$ 为气体中的反应放热速率，J·s^{-1}；h_{g-ep} 为气体与球团料面间的传热系数，J·m^{-2}·K^{-1}·s^{-1}；h_{cw-cp} 为被球团覆盖的窑内壁和与之接触的球团料层间的传热系数，J·m^{-2}·K^{-1}·s^{-1}；h_{ew-ep} 为未被球团覆盖的窑内壁与球团料面间的传热系数，J·m^{-2}·K^{-1}·s^{-1}；h_{g-ew} 为气体与未被球团覆盖的窑内壁间的传热系数，J·m^{-2}·K^{-1}·s^{-1}；h_{sh-a} 为窑外壳与周围环境间的传热系数，J·m^{-2}·K^{-1}·s^{-1}；其他符号意义同前。

14.4.1.3　环冷机模拟模型

环冷机与链箅机生产过程相似，均可视为气体通过移动填充床与固相进行热交换的过程，忽略链箅机球团料层温度场模型中水分蒸发、冷凝项，即可作为环冷机球团冷却过程模拟模型，用以计算环冷机球团料层温度场，如式(14-24)和式(14-25)所示。

$$M_g C_g \frac{\partial T_g(x,\ t)}{\partial x} = hA[T_p(x,\ t) - T_g(x,\ t)] \qquad (14-24)$$

$$\rho_p(1-\varepsilon_b)C_p \frac{\partial T_p(x,\ t)}{\partial t} = hA[T_g(x,\ t) - T_p(x,\ t)] + q_{ox}(x,\ t) \qquad (14-25)$$

式中符号意义同前。

14.4.2　平衡模型

链箅机-回转窑-环冷机是一个相互联系的统一整体，三台主体设备首尾相接，各段通过管道和风机相互连通、相互影响。物料、气流和热量在这样的封闭体系内运行，达到平衡状态。依据物质和能量守恒定律建立链箅机-回转窑-环冷机系统物料平衡模型、气流平衡模型和热量平衡模型，利用生产检测数据和过程模拟模型计算结果，实现系统平衡状态在线计算和分析。

根据质量守恒定律，链箅机-回转窑-环冷机系统物料的收入和支出项目如图14-7所示。

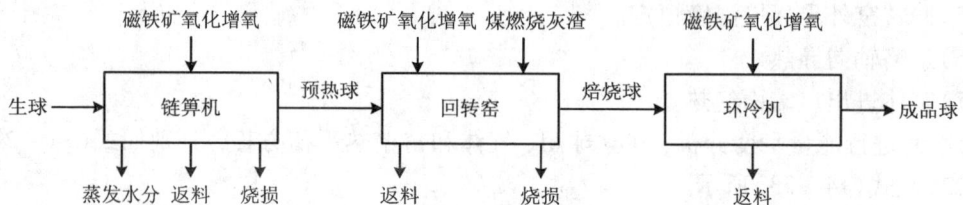

图14-7　链箅机-回转窑-环冷机物料收支项目

典型的链算机 – 回转窑 – 环冷机气流分布情况如图 14 – 8 所示,将图中气流分为风机出入口气流、穿过球团料层的气流、漏风/串风及其他气流四种。

风机出入口气流包括:气流 1、4、7、10 分别表示环冷 1#、2#、3#、4# 风机鼓入环冷Ⅰ段、Ⅱ段、Ⅲ段、Ⅳ段风箱的气流;13 表示助燃和喷煤风;18 表示进入回热风机的气流;26 表示进入主抽风机的气流;27 表示鼓干风机鼓出的气流。

穿过球团料层的气流包括:气流 28、23、20、16 分别表示进入鼓风干燥段、抽风干燥段、预热Ⅰ段和预热Ⅱ段料层的气流;气流 2、5、8、11 分别表示进入环冷Ⅰ段、Ⅱ段、Ⅲ段和Ⅳ段料层的气流。

漏风/串风包括:气流 15 是由于预热Ⅰ段和预热Ⅱ段隔墙开孔造成的串风;17 表示预热Ⅱ段风箱漏风;24 表示鼓风干燥风箱向抽风干燥风箱串风。

其他气流:气流 3、6、9、12 分别表示从环冷Ⅰ段、Ⅱ段、Ⅲ段和Ⅳ段烟罩排出的气流;气流 29、22、19、14 分别表示通过鼓风干燥段、抽风干燥段、预热Ⅰ段和预热Ⅱ段烟罩的气流;气流 21 和 25 分别表示预热Ⅰ段和抽风干燥段风箱排出的气流。

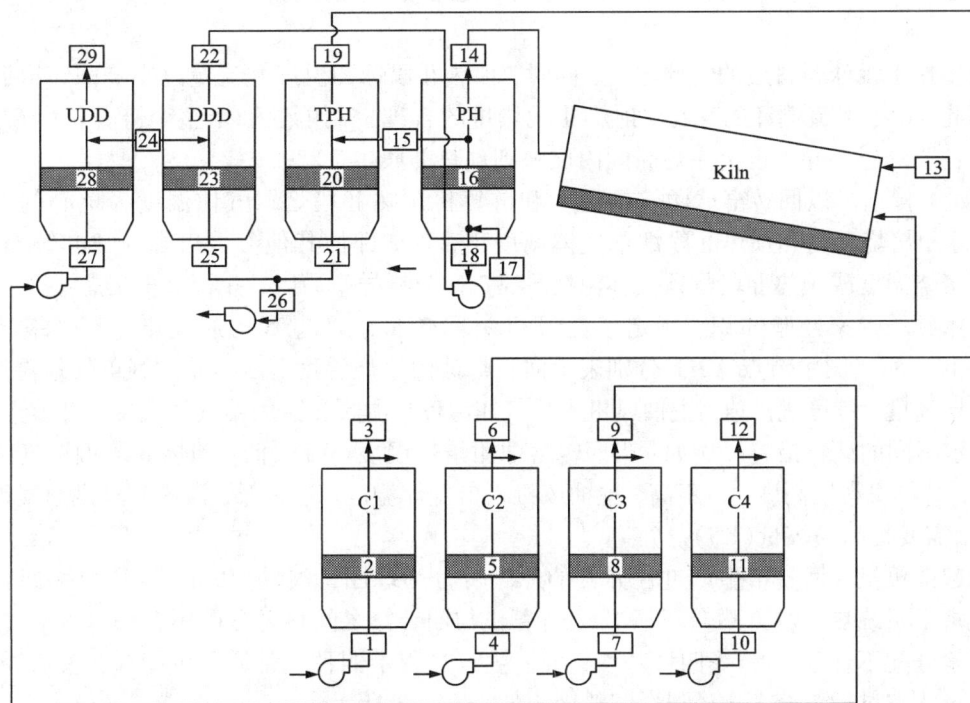

图 14 – 8　链算机 – 回转窑 – 环冷机气流分布

14.4.3　专家系统

通过对链算机 – 回转窑系统气流和料流的分析,各段生产过程的影响因素如图 14 – 9 所示。由图 14 – 9 可知:

(1)窑头喷入煤粉在回转窑中燃烧释放的热量是整个链算机 – 回转窑 – 环冷机系统最主要的热量来源,回转窑温度变化最先反映系统热量波动。

(2)预热Ⅱ段风箱温度一方面影响进入抽风干燥段球团料层的气体温度,另一方面也影

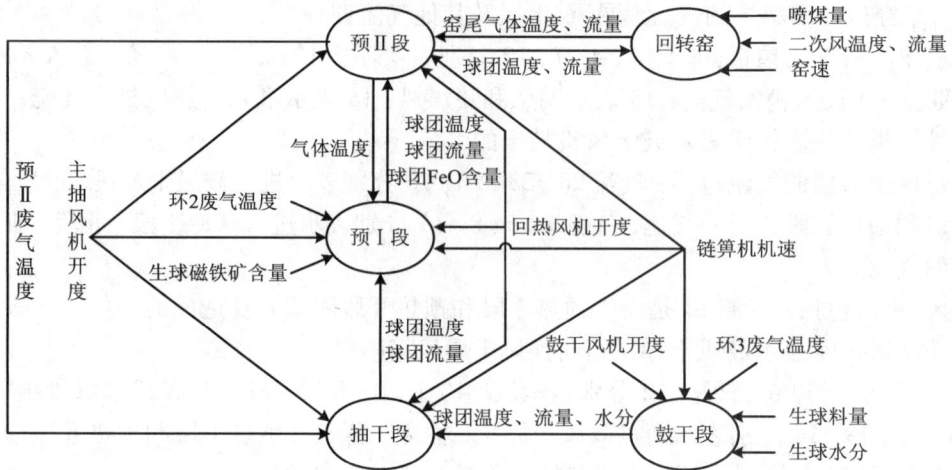

图 14 - 9　链箅机 - 回转窑各段影响因素分析

响进入预热Ⅰ段球团料层的气体温度，同时，预热Ⅱ段球团温度和流量也影响回转窑温度分布。因此，由于风流循环的存在，预热Ⅱ段热量的合理控制能够稳定整个链箅机生产过程，而其他各段的生产异常也会在短时间内反映到预热Ⅱ段生产状态中。

因此，提出了以回转窑球团焙烧温度和链箅机预热Ⅱ段烟罩气体温度为核心的控制策略：当球团焙烧温度和预热Ⅱ段烟罩气体温度正常时，即使其他参数出现异常亦暂不处理；当球团焙烧温度或预热Ⅱ段烟罩气体温度异常时，分析异常原因，并给出相应措施。

利用领域专家经验知识，制定了链箅机 - 回转窑生产过程控制规则，其网络结构如图 14 - 10 所示。图中节点 A ~ F 分别表示回转窑球团焙烧温度、预热Ⅱ段烟罩气体温度、链箅机料层高度、链箅机机速、主抽风机入口气体温度、预热Ⅱ段风箱气体温度；叶节点 K1 ~ K55 表示不同的调整措施。例如：当回转窑球团焙烧温度（A）太低，预热Ⅱ段烟罩气体温度（B）低，链箅机料层高度（C）不高，主抽风机入口气体温度（E）不低，预热Ⅱ段风箱气体温度（F）高，需要提高喷煤量（K5）。

引起链箅机 - 回转窑生产过程异常的原因可分为球团量波动（PA）、链箅机 - 回转窑 - 环冷机整个系统热量水平不合理（WS）、链箅机与回转窑之间热量分配不合理（GK）、链箅机各段热量分配不合理（GS）等四种基本类型。生产过程中四种异常原因可能存在交叠，因此，根据生产状态进行综合考虑，制订调整措施如表 14 - 1 所示。

链箅机 - 回转窑生产控制专家系统，以实时生产检测数据、过程模拟模型和平衡模型计算结果为依据进行在线生产控制指导，提高生产控制响应效率以及操作准确性、规范性。

过程模拟模型、平衡模型计算出的生产信息以及专家系统给出的控制指导意见作为生产调整措施，实现球团生产实时稳定和优化控制。

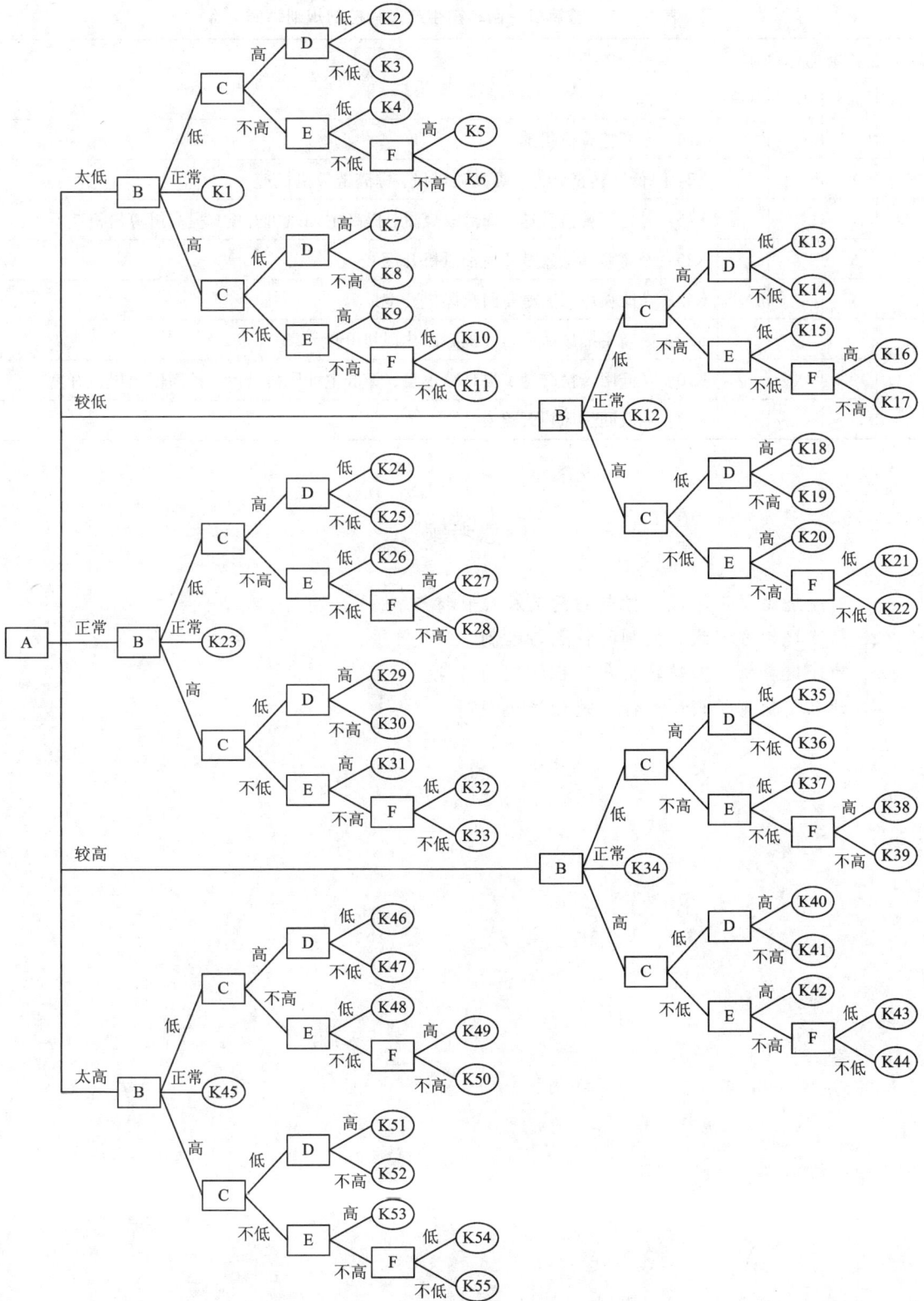

图 14-10　链算机-回转窑生产过程控制规则

表14-1　链箅机-回转窑生产过程控制规则举例

生产异常原因				举例
PA	WS	GK	GS	
√				K24：提高链箅机机速
√	√			K2：降低回转窑转速，提高喷煤量，提高链箅机机速
√		√		K46：提高回转窑转速，降低喷煤量，提高主抽风机开度，提高链箅机机速
	√			K26：提高喷煤量，提高主抽风机开度
	√		√	K43：降低喷煤量，提高回热风机开度
		√		K39：提高主抽风机开度，提高回热风机开度
		√	√	K10：降低回转窑转速，提高喷煤量，降低主抽风机开度，提高回热风机开度
			√	K27：降低回热风机开度

思考题

1. 简述烧结矿化学成分控制的意义及控制特点。
2. 简述烧结过程状态控制的特点与控制方法。
3. 简述链箅机-回转窑生产过程控制的特点。
4. 什么是软测量模型？什么是预报模型？

参考文献

[1] 周取定, 孔令坛. 铁矿石造块理论与工艺[M]. 北京: 冶金工业出版社, 1989.

[2] 付菊英, 姜涛, 朱德庆. 烧结球团学[M]. 长沙: 中南工业大学出版社, 1996.

[3] 肖琪, 付菊英. 球团理论与实践[M]. 长沙: 中南工业大学出版社, 1996.

[4] 姜涛. 烧结球团生产技术手册[M]. 北京: 冶金工业出版社, 2014.

[5] 陈新民. 火法冶金过程物理化学[M]. 北京: 冶金工业出版社, 1984.

[6] 习乃文. 烧结技术[M]. 昆明: 云南人民出版社, 1993.

[7] 郭兴敏. 烧结过程铁酸钙生产及其矿物学[M]. 北京: 冶金工业出版社, 1999.

[8] 周传典. 高炉炼铁生产技术手册[M]. 北京: 冶金工业出版社, 2002.

[9] 梅耶尔 K, 铁矿球团法[M]. 杉木译. 北京: 冶金工业出版社, 1988.

[10] 卡佩尔 F, 文德博恩 H. 铁矿粉烧结, 杨永宜等译. 北京: 冶金工业出版社, 1988.

[11] 王喜庆. 钒钛磁铁矿高炉冶炼[M]. 北京: 冶金工业出版社, 1994.

[12] 冶金部长沙黑色冶金矿山设计研究院. 烧结设计手册[M]. 北京: 冶金工业出版社, 1990.

[13] 付菊英, 朱德庆. 铁矿氧化球团基本原理工艺及设备[M]. 长沙: 中南大学出版社, 2005.

[14] 范晓慧. 铁矿造块数学模型与专家系统[M]. 北京: 科学出版社, 2013.

[15] William A. Knepper, Agglomeration[M]. Interscience Publishers. , 1962.

[16] K. V. S. Sastry, Agglomeration 77, Proceedings of the 2nd International Symposium on Agglomeration[M]. American Institute of Mining, Metallurgical, and Petroleum Engineers, Inc. , 1977.

[17] 《第三届国际造块会议论文选》编委会. 第三届国际造块会议论文选[M]. 长沙: 烧结球团编辑部出版, 1983.

[18] 《第四届国际造块会议论文选》编委会. 第四届国际造块会议论文选[M]. 鞍山: 鞍山黑色冶金矿山设计研究院, 1986.

[19] 周取定, 孙君泉, 谢良贤等(译). 第五届国际造块会议论文选[M]. 北京: 冶金工业出版社, 1991.

[20] 中国金属学会. 第六届国际造块会议论文选[M]. 北京: 冶金工业出版社, 1994.

[21] 中国金属学会. 2008年全国炼铁生产技术会议暨炼铁年会文集[M]. 宁波: 中国金属学会, 2008.

[22] 中国金属学会. 2010年全国炼铁生产技术会议暨炼铁年会文集[M]. 北京: 中国金属学会, 2010.

[23] 中国金属学会. 2012年全国炼铁生产技术会议暨炼铁年会文集[M]. 无锡: 中国金属学会, 2012.

[24] 中国金属学会. 2014年全国炼铁生产技术会议暨炼铁年会文集[M]. 郑州: 中国金属学会, 2014.

[25] 烧结球团编辑部. 铁矿球团论文选辑: 链算机 - 回转窑球团[M]. 长沙: 烧结球团编辑部, 2006.

[26] 黄艳芳. 复合粘结剂铁矿球团氧化焙烧与还原行为研究[D]. 长沙: 中南大学, 2012.

[27] 何国强. 难处理赤铁精矿制备氧化球团的基础及技术研究[D]. 长沙: 中南大学, 2011.

[28] 许斌. 铁矿石均热烧结基础与技术研究[D]. 长沙: 中南大学, 2012.

[29] 杨雪峰. 混合铁精矿生产氧化球团的基础与应用研究[D]. 长沙: 中南大学, 2011.

[30] BALL D F, et al. Agglomeration of iron ores[M]. New York: American Elsevier Pub. Co. , 1973.

[31] SRB J, RUZICKOVAZ Z. Pelletization of fines[M]. New York: American Elsevier Pub. Co. , 1988.

[32] JIANG T, QIU G, XU J, et al. Direct reduction of composite binder pellets and use of DRI[M]. Ahemdabad: Electrotherm Ltd. , India, 2007: 29 - 49.

[33] PIETSCH W. Agglomeration processes: phenomena, technologies, equipment[M]. Weinheim: John Wiley&Sons Inc. , 2002.

图书在版编目(CIP)数据

铁矿造块学/姜涛主编. —长沙:中南大学出版社,2016.6
ISBN 978 − 7 − 5487 − 2457 − 5

Ⅰ.铁... Ⅱ.姜... Ⅲ.铁矿物−造块 Ⅳ.TF5

中国版本图书馆 CIP 数据核字(2016)第 189841 号

铁矿造块学

主 编 姜 涛

副主编 范晓慧
　　　　李光辉

□责任编辑	韩 雪 邓立荣
□责任印制	易红卫
□出版发行	中南大学出版社
	社址:长沙市麓山南路　　　邮编:410083
	发行科电话:0731-88876770　传真:0731-88710482
□印　　装	长沙市宏发印刷有限公司

□开　　本	787×1092　1/16　□印张 21.75　□字数 552 千字
□版　　次	2016 年 6 月第 1 版　　□印次　2016 年 6 月第 1 次印刷
□书　　号	ISBN 978 − 7 − 5487 − 2457 − 5
□定　　价	55.00 元